ERICH SCHMIDT VERLAG

D1641776

Anlagenbezogener Gewässerschutz

Handbuch für Industrie-Anlagen zum Umgang
mit wassergefährdenden Stoffen (AwSV)

Von
Dr. Cedric Meyer
Dipl.-Ing. Frank Oswald (Hg.)

Unter Mitarbeit von
Dipl.-Ing. Henrik Faul
Dr.-Ing. Axel Nacken
Dr. rer. nat. Rudolf Stockerl
Dipl.-Ing. Holger Stürmer

ERICH SCHMIDT VERLAG

Bibliografische Information der Deutschen Nationalbibliothek
Die Deutsche Nationalbibliothek verzeichnet diese Publikation in der Deutschen
Nationalbibliografie; detaillierte bibliografische Daten sind im Internet über
http://dnb.d-nb.de abrufbar.

Weitere Informationen zu diesem Titel finden Sie im Internet unter
ESV.info/978-3-503-15751-8

Gedrucktes Werk: ISBN 978-3-503-15751-8
eBook: ISBN 978-3-503-15752-5

Dieses Papier erfüllt die Frankfurter Forderungen der Deutschen
Nationalbibliothek und der Gesellschaft für das Buch bezüglich der
Alterungsbeständigkeit und entspricht sowohl den strengen Bestimmungen
der US Norm Ansi/Niso Z 39.48-1992 als auch der ISO-Norm 9706.

Satz: schwarz auf weiss, Berlin
Druck und Bindung: Strauss, Mörlenbach

Inhaltsverzeichnis

Vorwort

Mit Einführung und Inkraftsetzung der neuen Verordnung über Anlagen zum Umgang mit wassergefährdenden Stoffen (AwSV) in 2017 wird das bisherige, teilweise sehr unterschiedliche jeweilige Landesrecht bundeseinheitlich geregelt. Aufgrund dieser zum Teil sehr großen Unterschiede kommt es dabei länderspezifisch zu ganz unterschiedlich ausgeprägten Verschärfungen bzw. Änderungen einzelner detaillierter Vorgaben. Betreiber, Wasserbehörden, Sachverständige und Juristen stehen vor umfangreichen neuen Vorgaben und entsprechenden Umsetzungsproblemen in der betrieblichen Praxis.

Das Handbuch soll eine Arbeitshilfe für den täglichen Gebrauch sein und zur Klärung ausgewählter rechtlicher Fragen beitragen; es liefert insbesondere eine zusammenfassende Darstellung der rechtlichen Vorschriften und der mit der Einführung der AwSV verbundenen Fragen. Wesentliche Kernaspekte der neuen Regelungen werden dabei zielgruppenorientiert von namhaften Autoren aus dem Bereich der Wasserbehörden, der Rechtsberatung, der Sachverständigenorganisationen und der Betreiberverantwortlichen behandelt und mit wertvollen ersten Erfahrungen aus der Praxis hinterlegt.

Das Herausgeber- und Autorenteam

Dr. Cedric Meyer ist Rechtsanwalt und als Fachanwalt für Verwaltungsrecht auf die umweltrechtliche Beratung und Vertretung von Unternehmen und Behörden spezialisiert. Er ist Mitherausgeber eines Standardkommentars zum Abwasser-Abgabengesetz und Mitautor eines Standardwerkes zur rechtskonformen Unternehmensgestaltung (Corporate Compliance). Er hält regelmäßig Vorträge, insbesondere zur rechtlichen Aus- und Weiterbildung von Umweltbeauftragten, im Rahmen von Inhouse-Seminaren und in Zusammenhang mit der umweltbezogenen Auditierung von Produktionsstandorten.

Dipl.-Ing. Frank Oswald ist HSEQ Manager in einem großen europäischen Mineralöl-konzern und seit 2009 Dozent für Umweltrecht an der staatlich anerkannten privaten Hochschule Iserlohn. Mehr als zehn Jahre war er Betriebsbeauftragter für Gewässerschutz und Immissionsschutz an großen Industriestandorten. Er ist Mitglied im Fachausschuss wassergefährdende Stoffe der Deutschen Vereinigung für Wasserwirtschaft, Abwasser und Abfall e. V. (DWA) und seit 2002 Mitautor diverser technischer Regeln (TRwS). Frank Oswald hält regelmäßig Weiterbildungsseminare für Umweltbeauftragte und kommentiert als Fachautor Umweltgesetze im WEKA Verlag.

Dipl.-Ing. Henrik Faul studierte Bauingenieurwesen an der Universität (TH) Karlsruhe. Nach verschiedenen Stationen in Ingenieurbüros und im Anlagenbau ist er seit 2009 bei der TÜV SÜD Industrie Service GmbH beschäftigt und dort seit 2014 technischer Leiter der Sachverständigenorganisation nach VAwS/AwSV. Er ist Mitglied im Koordinierungskreis der Sachverständigenorganisationen, in verschiedenen DWA-Arbeitsgruppen zu TRwS sowie im DIN-Normenausschuss „Werksgefertigte Metalltanks".

Dr.-Ing. Axel Nacken promovierte nach seinem Studium des Maschinenbaus, Fachrichtung Reaktortechnik, an der RWTH Aachen am Lehrstuhl für Allgemeine Mechanik, wo er als wissenschaftlicher Mitarbeiter beschäftigt war. 1990 trat er in die Technische Überwachung der Deutsche Solvay-Werke AG Werk Rheinberg ein und ist seit 1999 Leiter der Abteilung. Seit 1993 ist Axel Nacken Sachverständiger nach DruckbehV und VbF und seit 1995 Sachverständiger nach VAwS/AwSV. Er ist vorsitzendes Mitglied der VCI-Projektgruppe „Umgang mit wassergefährdenden Stoffen" sowie Mitglied des DWA-Fachausschusses IG6 „Wassergefährdende Stoffe". Herr Nacken ist außerdem Mitglied im Überwachungsausschuss der ÜChem.

Dr. Rudolf Stockerl absolvierte das Studium der Chemie und der Biologie für das Höhere Lehramt mit Erster Staatsprüfung und anschließender Promotion in Chemie. Er ist stellvertretender Leiter des Referats „Stoff- und Chemikalienbewertung" am Bayerischen Landesamt für Umwelt. Von 2000 bis 2014 war Herr Dr. Stockerl Mitglied, ab 2006 auch stellvertretender Vorsitzender der früheren "Kommission zur Bewertung wassergefährdender Stoffe (KBwS)" im Vollzug der VwVwS. Seit 2018 ist er auch wieder Mitglied der neu konstituierten KBwS im Vollzug der AwSV. Ihn zeichnet eine langjährige Mitarbeit in verschiedenen Arbeitsgruppen und Unterausschüssen des Ständigen Ausschusses „Grundwasser und Wasserversorgung" der Länderarbeitsgemeinschaft Wasser (LAWA) aus.

Dipl.-Ing. Holger Stürmer ist seit 2015 Referatsleiter im Nordrhein-Westfälischen Umweltministerium im Bereich Anlagensicherheit und Immissionsschutz. Zuvor war er über 20 Jahre in einer kommunalen Umweltschutzbehörde in leitender Position für den Bereich des betrieblichen Umweltschutzes, insbesondere wassergefährdende Stoffe, tätig. Er weist langjährige Gremienarbeit bei der DWA, dem DAfStB sowie beim VdS auf. Zudem arbeitet er regelmäßig in Bund/Länder-Arbeitskreisen zum Thema Umgang mit wassergefährdenden Stoffen und Anlagensicherheit mit.

Einleitung

Anlagen zum Umgang mit wassergefährdenden Stoffen haben eine erhebliche praktische Bedeutung. Die wohl umfassendste und noch immer aktuelle Erhebung wurde
von DESTATIS zuletzt im Jahre 2009 durchgeführt und 2011 veröffentlicht.[1] Danach
existierten 2009 1,3 Mio. nach der jeweiligen Landesgesetzgebung wiederkehrend
überwachungspflichtige Anlagen zum Umgang mit wassergefährdenden Stoffen. Diese
Anlagen verfügten über ein Fassungsvermögen von rund 113 Mio. m³. Dabei waren
mehr als 80 % aller im Jahr 2009 in Betrieb befindlichen Anlagen vor dem Jahr 2000
gebaut worden. Die Anlagen haben ein nicht unerhebliches Gefährdungspotenzial.
Wie das Statistische Bundesamt berichtet[2], wurden in 2017 741 Unfälle in Anlagen
zum Umgang mit wassergefährdenden Stoffen gemeldet. Bei diesen Unfällen wurden
10,2 Mio. Liter Schadstoffe unkontrolliert in die Umwelt freigesetzt.

Der anlagenbezogene Gewässerschutz hat auch rechtlich bereits eine lange Geschich-
te. Das Wasserhaushaltsgesetz (WHG) hatte schon in seiner ursprünglichen Fassung
beim Inkrafttreten am 1. März 1960 die grundsätzliche Forderung aufgestellt, dass
Stoffe nur so gelagert oder abgelagert werden dürfen, dass eine Verunreinigung eines
oberirdischen Gewässers oder des Grundwassers nicht zu besorgen ist (§ 26 Abs. 2,
§ 34 Abs. 2). Der Gesetzgeber hatte also ursprünglich nur die Lageranlagen in den
Blick genommen. Diese allgemeinen, eher programmatischen Vorgaben waren zuerst
durch landesrechtliche Verordnungen über das Lagern wassergefährdender Flüssigkeiten (sogenannte „Lagerverordnungen") konkretisiert worden. Sie beruhten auf wasser-
und baurechtlichen Ermächtigungen der Länder. So wurde z. B. die bayerische Lager-
verordnung (Verordnung über das Lagern wassergefährdender Flüssigkeiten und die
Anzeige bestehender Anlagen zum Lagern und Ablagern fester, flüssiger oder gasförmiger Stoffe [VLwF] vom 23.07.1965)[3] auf der Grundlage von Art. 37 Abs. 5 BayWG
erlassen. Im Fokus standen bereits damals die Anlagen zum Lagern von Mineralölprodukten.[4]

In der Folgezeit nahm der anlagenbezogene Gewässerschutz im WHG weiter Formen
an. Mit dem Vierten Gesetz zur Änderung des WHG vom 26.04.1976[5] wurden mit den
§§ 19g ff. WHG erstmals spezielle Vorschriften über das Lagern, Abfüllen und Umschlagen wassergefährdender Stoffe eingeführt. 1979 wurde von der LAWA eine Mus-
ter-Verordnung über Anlagen zum Lagern, Abfüllen und Umschlagen wassergefährdender Stoffe (Anlagenverordnung) entwickelt.[6]

---

1   DESTATIS, Erhebung aller Anlagen zum Umgang mit wassergefährdenden Stoffen, 2011.
2   www.destatis.de.
3   GVBl. S. 202.
4   Siehe z. B. auch die Verordnung über das Lagern wassergefährdender Flüssigkeiten (La-
    gerverordnung – VLwF) vom 21. Januar 1971 aus Niedersachsen, Nds. GVBl. 1971, S. 5.
5   BGBl. I S. 1109.
6   Siehe dazu *Holtmeier*, ZfW 1981, 1 und *Praml*, DÖV 1982, 842.

Ein weiterer wichtiger Entwicklungsschritt wurde mit dem Fünften Gesetz zur Änderung des WHG vom 25.07.1986[7] gemacht. Der Anwendungsbereich der §§ 19g ff. WHG wurde auf die Anlagen zum Herstellen, Behandeln und Verwenden wassergefährdender Stoffe erweitert. Ferner wurden Anforderungen an das Lagern und Abfüllen von Jauche, Gülle und Silagesickersäften in der Landwirtschaft gestellt. 1990 brachte die LAWA eine neue Muster-Anlagenverordnung (Muster-VAwS) heraus, die auch maßgebliche Bedeutung für die Ausgestaltung der Länder-VAwS'en hatte.[8] Alle 16 Länder sind dieser Empfehlung gefolgt und haben Anlagenverordnungen auf deren Grundlage erlassen. In den Folgejahren wurden in den Bundesländern jedoch teilweise erheblich abweichende Reglungen getroffen und insgesamt 16 Länder-VAwS'en festgelegt.

Mit der Grundgesetzänderung zum 01.09.2006 wurde der anlagenbezogene Gewässerschutz aus dem Bereich der Rahmengesetzgebungskompetenz in die konkurrierende Gesetzgebung (Art. 74 Abs. 1 Nr. 32 GG) verschoben. Der Bund kann seitdem auf diesem Gebiet Vollregelungen treffen. Mit dem neuen Wasserhaushaltsgesetz vom 31.07.2009[9] ist die Grundlage für konkretisierende Regelungen auf Verordnungsebene geschaffen worden. Ferner wurden die formalgesetzlichen Anforderungen an den anlagenbezogenen Gewässerschutz in die §§ 62 ff. WHG verlagert. Dabei hat der Gesetzgeber aber im Wesentlichen nur die Grundlagen in § 19g und § 19h WHG übernommen, nicht aber weitere Vorgaben aus §§ 19i ff. WHG.

Vor allem von der betroffenen Wirtschaft war seit langer Zeit eine Vereinheitlichung der Regelungen gefordert worden. Bereits im Jahre 2008 wurde mit den Arbeiten an der Erstellung einer bundeseinheitlichen Verordnung begonnen. Die Universität Leipzig erhielt den Auftrag über ein Forschungsvorhaben für vorbereitende Arbeiten. In einem knapp 880 Seiten starken Bericht von Juli 2009 wurden u. a. alle unterschiedlichen Regelungen der Länder-VAwS'en verglichen und wesentliche Unterschiede herausgearbeitet.[10] Bereits im August 2009 erfolgte im Kreis der betroffenen Verbände und Industriegruppen die erste Vorlage eines VUmwS-Diskussionsentwurfes.

Mit der Verordnung über Anlagen zum Umgang mit wassergefährdenden Stoffen (WassGefAnlV)[11] vom 31.03.2010 wurden im Wesentlichen die alten Regelungen aus §§ 19i ff. WHG auf Bundesebene (wieder) eingeführt. Der erste Entwurf einer bundeseinheitlichen Regelung wurde ebenfalls 2010 als Referentenentwurf vorgelegt.[12] Das Gesetzgebungsverfahren zog sich dann über stolze sieben Jahre hin. Der erste Entwurf wurde wesentlich umgestaltet und erweitert. Im April 2017 wurde dann die neue

---

7   BGBl. I S. 1165.
8   Dazu *Greinert*, ZfW 1992, 329.
9   BGBl. I S. 2585.
10   Institut für Infrastruktur und Ressourcenmanagement der Universität Leipzig, Bundeseinheitliche Regelung des Umgangs mit wassergefährdenden Stoffen 2009.
11   BGBl. I S. 377 (Nr. 14).
12   Entwurf des BMU über eine Verordnung über Anlagen zum Umgang mit wassergefährdenden Stoffen (E-VAUwS) 24. November 2010.

AwSV erlassen.[13] Sie trat im Wesentlichen zum 01.08.2017 in Kraft. Mit ihr wird das bisherige, teilweise sehr unterschiedliche Landesrecht bundesweit einheitlich geregelt. Mit dem Erlass der Regelungen verlieren die jeweiligen Regelungen der Bundesländer ihre Gültigkeit. Die Länder können keine abweichenden Regelungen erlassen (Art. 72 Abs. 3 S. 1 Nr. 5 GG).

Aufgrund bisheriger, teilweise sehr unterschiedlicher Länderregelungen kommt es dabei länderspezifisch zu ganz unterschiedlichen Verschärfungen bzw. Änderungen einzelner detaillierter Vorgaben. Betreiber, Wasserbehörden, Sachverständige und Juristen stehen vor umfangreichen neuen Vorgaben und entsprechenden Umsetzungsproblemen in der betrieblichen und verwaltungstechnischen Praxis. Der Gesetzgeber schätzt die mit der Umsetzung der AwSV entstehenden Kosten für die Wirtschaft auf mehr als 20 Mio. Euro wiederkehrende Kosten pro Jahr sowie auf einmalig ca. 10 Mio. Euro (ohne Kosten für die Landwirtschaft).[14]

Technische Anforderungen bleiben mit der AwSV im Wesentlichen erhalten, im organisatorischen Bereich müssen erhebliche Veränderungen umgesetzt werden, z. B.:

– eine zutreffende und vollständige Anlagendokumentation,

– eine korrekte Anlagenabgrenzung,

– anschließende Ermittlung der zu erfüllenden Anforderungen und Verpflichtungen auch für nicht prüfpflichtige Anlagen,

– Erweiterung der Anzeige- und Genehmigungsverfahren (abhängig vom Bundesland),

– eine deutlich gesteigerte Aufmerksamkeit auf den Umgang mit festen wassergefährdenden Stoffen,

– Einführung der Verpflichtung zur Weiterbildung im Fachbetrieb nach WHG.

Die eingangs erwähnte Bedeutung dieses Rechtsgebietes steht in einem gewissen Widerspruch dazu, dass bislang wenig Literatur zum Thema erhältlich war. Das vorliegende Handbuch soll hier Abhilfe schaffen. Es soll eine Arbeitshilfe für den täglichen Gebrauch sein und zur Klärung ausgewählter Fragen beitragen. Es liefert insbesondere eine zusammenfassende Darstellung der rechtlichen Vorschriften und der mit der Einführung der AwSV verbundenen Fragen. Wesentliche Kernaspekte der neuen Regelungen der AwSV wie die Anlagenüberwachung und Regelungen für bestehende Anlagen werden dabei übergreifend von verschiedener Seite (Behörden, Betreiber, Sachverständigenorganisation, Rechtsberatung) erörtert. Die Darstellung beginnt mit dem rechtlichen Rahmen in §§ 62 ff. WHG. Mit diesen formalgesetzlichen Regelungen werden die wesentlichen Weichen für das Rechtsgebiet gestellt. In Kapitel 2 werden die ausführlichen Begriffsbestimmungen in § 2 AwSV erläutert. Dies geschieht vor allem aus technischer Sicht. Hier werden Überschneidungen mit den Begriffsbestim-

---

13 BGBl. I S. 905 (Nr. 22).
14 Verordnungsentwurf, BR-Drucks. 77/14, S. 2.

mungen in Kapitel 1 bewusst in Kauf genommen. Anschließend wird erläutert, wie Stoffe und Gemische entsprechend den Vorschriften in §§ 3 ff. AwSV eingestuft werden. Dies hat gerade vor dem Hintergrund der verpflichtenden Selbsteinstufung erhebliche Bedeutung. „Herzstück" des Handbuches sind die Darstellungen der Betreiberpflichten in Kapitel 4 und Kapitel 5. Die Betreiberpflichten werden getrennt nach den eher technischen Anforderungen an Anlagen (§§ 13, 15; §§ 17–38 und §§ 49–51 AwSV) in Kapitel 4 sowie den eher formalen Betreiberpflichten hinsichtlich Anlagenbestimmung, Gefährdungsstufen, Anzeige, Dokumentation und Eignungsfeststellung (§§ 14, 39–48 AwSV) in Kapitel 5 dargestellt. In Kapitel 6 folgen Ausführungen zu den Sachverständigenorganisationen und Sachverständigen, den Güte- und Überwachungsgemeinschaften sowie Fachprüfern und den Fachbetrieben. Die Ermächtigungsgrundlagen der Behörden, die Regelungen zu bestehenden Anlagen sowie weitere Übergangsvorschriften werden in Kapitel 7 beschrieben. Im letzten Kapitel des Handbuches werden die Regelungen des anlagenbezogenen Gewässerschutzes als Haftungsthema im Bereich der Ordnungswidrigkeiten und der sonstigen Umwelthaftung erläutert.

Abkürzungsverzeichnis

a. a. .R. d. T.	allgemein anerkannte Regeln der Technik
a. F.	alte Fassung
Abs.	Absatz
Art.	Artikel
AwSV	Verordnung über Anlagen zum Umgang mit wassergefährdenden Stoffen
BauO	Bauordnung
BayWG	Bayerisches Wassergesetz
BBodSchG	Bundes-Bodenschutzgesetz
BetrSichV	Betriebssicherheitsverordnung
BGB	Bürgerliches Gesetzbuch
BGBl	Bundesgesetzblatt
BImSchG	Bundes-Immissionsschutzgesetz
BImSchV	Verordnung zur Durchführung des Bundes-Immissionsschutzgesetzes
BVerwG	Bundesverwaltungsgericht
ChemG	Chemikaliengesetz
d. h.	das heißt
DIBt	Deutsches Institut für Bautechnik
DWA	Deutsche Vereinigung für Wasserwirtschaft, Abwasser und Abfall e. V.
EU	Europäische Union
EuGH	Europäischer Gerichtshof
g. F.	geänderte Fassung
gem.	gemäß
GewO	Gewerbeordnung
GG	Grundgesetz
HBV-Anlagen	Anlagen zum Herstellen, Behandeln oder Verwenden wassergefährdender Stoffe
i. S. d.	im Sinne des
JGS-Anlagen	Anlagen zum Lagern und Abfüllen von Jauche, Gülle und Silagesickersäften

Kap.	Kapitel
LAU-Anlagen	Anlagen zum Lagern, Abfüllen und Umschlagen wassergefährdender Stoffe
lit.	litera
LöRüRL	Löschwasserrückhalterichtlinie
Mio.	Million
Mio.	Million
n. F.	neue Fassung
Nr.	Nummer
OWiG	Ordnungswidrigkeitengesetz
Rn.	Randnummer
S.	Satz, Seite
StGB	Strafgesetzbuch
TRbF	Technische Regeln brennbarer Flüssigkeiten
u. Ä.	und Ähnliches
UmweltHG	Umwelthaftungsgesetz
USchadG	Umweltschadensgesetz
UVPG	Gesetz über die Umweltverträglichkeitsprüfung
VAwS	Verordnung über Anlagen zum Umgang mit wassergefährdenden Stoffen
VbF	Verordnung brennbarer Flüssigkeiten
VCI	Verband der chemischen Industrie
VLwF	Verordnung über das Lagern wassergefährdender Flüssigkeiten
VUmwS	Verordnung zum Umgang mit wassergefährdenden Stoffen
VwVfG	Verwaltungsverfahrensgesetz
VwVwS	Verwaltungsvorschrift wassergefährdende Stoffe
WasgefStAnlV	Verordnung über Anlagen zum Umgang mit wassergefährdenden Stoffen
WGK	Wassergefährdungsklasse
WHG	Wasserhaushaltsgesetz
z. B.	zum Beispiel

Kapitel 1: Rechtlicher Rahmen

Dr. Cedric C. Meyer

1.1   Grundsätze in §§ 62 ff. WHG

Die Grundsätze des anlagenbezogenen Gewässerschutzes sind in den §§ 62 ff. WHG vorgegeben. Die Vorschriften bilden den formell-gesetzlichen Rahmen, der durch Rechtsverordnung ausgefüllt werden kann. So bleiben vor allem technische Details dem Verordnungsgeber überlassen. Die Verlagerung von Detailregelungen auf Verordnungsebene hat den Vorteil, dass auf neue technische Entwicklungen schneller reagiert werden kann, da die Änderung einer Verordnung einfacher möglich ist als die Änderung eines formellen Gesetzes.[15]

Die §§ 62, 63 WHG konkretisieren die §§ 5, 32 Abs. 2 S. 1, 45 Abs. 2 S. 1 und § 48 Abs. 2 S. 1 WHG und gehen diesen Vorschriften vor.[16] Bei Überschneidungen der §§ 62, 63 WHG mit anderen Rechtsgebieten (wie dem Abfall-, Gewerbe-, Immissionsschutz-, Bau-, Berg-, Gefahrstoff- oder Gefahrguttransportrecht) kommt die jeweils strengste Vorschrift zum Tragen.[17]

§ 62 WHG regelt Anforderungen an den Umgang mit wassergefährdenden Stoffen. Die Vorschrift dient dem Schutz von Gewässern, vor allem im Hinblick auf das Lagern und Abfüllen von Mineralölprodukten sowie den Einsatz wassergefährdender Stoffe in Industrie und Gewerbe.[18] Anders als bei Abwasseranlagen, die darauf abzielen, Stoffe in Gewässer einzutragen, soll bei Anlagen zum Umgang mit wassergefährdenden Stoffen ein Stoffeintrag in Gewässer gerade vermieden werden.[19] In verschiedenen anderen Rechtsbereichen (z. B. Immissionsschutz-, Arbeitssicherheits-, Stoff- und Bauproduktenrecht) sind ebenfalls Anforderungen an die Beschaffenheit von Anlagen zum Umgang mit wassergefährdenden Stoffen geregelt. Da diese die Erfordernisse des Gewässerschutzes jedoch nicht unmittelbar mit einbeziehen, kann nicht auf eine spezielle wasserrechtliche Regelung verzichtet werden.[20]

---

15   Vgl. *Gößl*, in: Sieder/Zeitler/Dahme (Begr.)/Knopp, WHG, Stand: 2/2017, § 62 Rn. 135.
16   Vgl. VG Frankfurt (Oder), Urt. v. 04.11.2010 – 5 K 213/07, juris Rn. 61; BT-Drs. 7/888, S. 17 f.; BT-Drs. 7/1088, S. 16, zu Nr. 17.
17   Vgl. BVerwG, Beschl. v. 17.06.2014 – 7 B 14/14, UPR 2014, S. 398 f.; VG Augsburg, Beschl. v. 22.11.2013 – Au 3 S 13.1768, juris Rn. 34.
18   Vgl. *Gößl*, in: Sieder/Zeitler/Dahme (Begr.)/Knopp, WHG, Stand: 2/2017, § 62 Rn. 1.
19   Vgl. *Berendes*, WHG, 2010, § 62 Rn. 1.
20   BT-Drs. 16/12275, S. 70.

§ 63 WHG regelt als behördliche Vorkontrolle die Eignungsfeststellung von Anlagen zum Umgang mit wassergefährdenden Stoffen sowie von Anlagenteilen und technischen Schutzvorkehrungen. Der Zweck der Norm besteht darin, durch eine präventive Kontrolle der technischen Gestaltung von Anlagen zum Lagern, Abfüllen oder Umschlagen wassergefährdender Stoffe (sogenannte LAU-Anlagen) noch vor deren Errichtung sicherzustellen, dass die Anforderungen des § 62 WHG eingehalten werden können. Denn zu diesem Zeitpunkt sind Änderungen der Konzeption in der Regel noch ohne größeren Aufwand möglich.[21]

§ 63 WHG ist durch Gesetz vom 18.07.2017 neu gefasst worden.[22] Die Änderungen sind am 28.01.2018 in Kraft getreten.[23] Grund für die Änderungen ist das EuGH-Urteil zu Bauprodukten vom 16.10.2014.[24] Danach sind zusätzliche Anforderungen an den Marktzugang und die Verwendung von Bauprodukten, die von harmonisierten europäischen Normen erfasst werden und mit der CE-Kennzeichnung versehen sind, mit einer EU-Richtlinie[25] nicht vereinbar. Für europäisch harmonisierte Bauprodukte wird es deshalb künftig keine allgemeinen bauaufsichtlichen Zulassungen mehr geben. Diese geänderte Rechtslage begründet auch Änderungsbedarf in § 63 WHG.[26] Darüber hinaus wird der insgesamt novellierungsbedürftige § 63 WHG auch in anderen Punkten überarbeitet, um hierdurch insbesondere die Systematik und Verständlichkeit der Regelungen zu verbessern.[27]

1.1.1 Anforderungen

Eine nachteilige Veränderung der Eigenschaften von Gewässern darf nach § 62 Abs. 1 S. 1 WHG nicht zu besorgen sein. Die Regelung bezieht sich auf Gewässer i. S. d. § 2 Abs. 1 WHG. Meeresgewässer i. S. d. § 2 Abs. 1a, § 3 Nr. 2a WHG sind keine Gewässer i. S. d. § 2 Abs. 1 WHG. Der **Besorgnisgrundsatz** ist also bei oberirdischen Gewässern, bei Grundwasser und bei Küstengewässern zu beachten. Er gilt jedoch nicht für Gewässer im Bereich der deutschen ausschließlichen Wirtschaftszone und des Festlandsockels. In diesem Bereich sind lediglich die Bewirtschaftungsziele des § 45a WHG – insbesondere das darin enthaltene Verschlechterungsverbot – zu beachten. Dies hat Auswirkungen auf die Beurteilung von Bohrinseln und Offshore-Windparks:

---

21 Vgl. *Gößl*, in: Sieder/Zeitler/Dahme (Begr.)/Knopp, WHG, Stand: 2/2017, § 63 Rn. 15.
22 Art. 1 des Gesetzes zur Einführung einer wasserrechtlichen Genehmigung für Behandlungsanlagen für Deponiesickerwasser, zur Änderung der Vorschriften zur Eignungsfeststellung für Anlagen zum Lagern, Abfüllen oder Umschlagen wassergefährdender Stoffe und zur Änderung des Bundes-Immissionsschutzgesetzes vom 18.07.2017 (BGBl. I S. 2771).
23 Art. 5 Abs. 1 des Gesetzes vom 18.07.2017 (BGBl. I S. 2771, 2773).
24 EuGH, Urt. v. 16.10.2014 – C-100/13.
25 Richtlinie 89/106/EWG des Rates v. 21.12.1988 zur Angleichung der Rechts- und Verwaltungsvorschriften der Mitgliedstaaten über Bauprodukte (ABl. L 40 v. 11.02.1989, S. 12).
26 BT-Drs. 18/11946, S. 14.
27 BT-Drs. 18/11946, S. 1.

Auf der einzigen deutschen Gas-Bohrinsel „A6-A" gilt der Besorgnisgrundsatz des § 62 WHG nicht, weil sich diese ca. 300 km von der deutschen Nordseeküste entfernt im Bereich des deutschen Festlandsockels befindet. Demgegenüber befindet sich die einzige deutsche Öl-Bohrinsel „Mittelplate" nur ca. 7 km von der deutschen Nordseeküste entfernt und damit im Küstengewässer, sodass der Besorgnisgrundsatz auf ihre Anlagen zum Umgang mit wassergefährdenden Stoffen zur Anwendung kommt. Sofern Offshore-Windparks Anlagen zum Umgang mit wassergefährdenden Stoffen beinhalten (z. B. Getriebeölbehälter bei Windkraftanlagen, die über ein Getriebe verfügen), kommt es für die Anwendbarkeit des Besorgnisgrundsatzes ebenfalls darauf an, ob sich die Anlage innerhalb des Küstengewässers (z. B. Offshore-Windpark „Riffgat") oder im Bereich der deutschen ausschließlichen Wirtschaftszone bzw. des Festlandsockels (z. B. Offshore-Windpark „BARD Offshore 1") befindet.

Eigenschaften von Gewässern sind gem. § 3 Nr. 7 WHG die auf die Wasserbeschaffenheit, die Wassermenge, die Gewässerökologie und die Hydromorphologie bezogenen Eigenschaften von Gewässern und Gewässerteilen. Eine nachteilige Veränderung liegt vor, wenn sich die physikalische, chemische oder biologische Beschaffenheit des Wassers gem. § 3 Nr. 9 WHG im Vergleich zum vorherigen Normalzustand ungünstig verändert, wobei kein gesamter Wasserkörper betroffen sein muss und nur geringfügige oder belanglose Beeinträchtigungen für den Wasserhaushalt außer Betracht bleiben. Im Vergleich zu einer Verschlechterung i. S. d. § 27 Abs. 1 Nr. 1, Abs. 2 Nr. 1 WHG beinhaltet eine nachteilige Veränderung der Eigenschaften von Gewässern schon deshalb niedrigere Voraussetzungen, weil sich die Verschlechterung i. S. d. § 27 Abs. 1 Nr. 1, Abs. 2 Nr. 1 WHG immer auf Wasserkörper i. S. d. § 3 Nr. 6 WHG bezieht, während eine nachteilige Veränderung i. S. d. § 62 Abs. 1 S. 1 WHG auch Veränderungen erfasst, die sich nur lokal auswirken.

Der Begriff der **Besorgnis** ist hier wie bei § 48 Abs. 2 WHG zu verstehen. Von einer Besorgnis ist demnach auszugehen, wenn die Möglichkeit eines entsprechenden Schadenseintritts nach den gegebenen Umständen und im Rahmen einer sachlich vertretbaren, auf konkreten Feststellungen beruhenden Prognose nicht von der Hand zu weisen ist.[28] Ein Schadenseintritt ist dann nicht zu besorgen, wenn er nach menschlicher Erfahrung unwahrscheinlich ist.[29] Um dem Besorgnisgrundsatz zu genügen, muss die Anlage über geeignete Sicherheitsvorkehrungen verfügen. So muss z. B. sichergestellt werden, dass keine wassergefährdenden Stoffe aus der Anlage austreten können, dass die Standsicherheit gewährleistet ist und dass die Anlage gegenüber den zu erwartenden mechanischen, thermischen und chemischen Einflüssen hinreichend widerstandsfähig ist. Dabei kommen z. B. Maßnahmen wie Auffangeinrichtungen, doppel-

---

28 BVerwG, Urt. v. 12.09.1980 – IV C 89.77, ZfW 1981, S. 87, 88 f.; dem folgend VGH München, Urt. v. 05.12.1996 – 22 B 96.2050, ZfW 1998, S. 322, 324; VG München, Urt. v. 28.06.2011 – M 2 K 11.1003.
29 BVerwG, Urt. v. 16.07.1965 – IV C 54.65, ZfW 1965, S. 113, 115 f.; Urt. v. 26.06.1970 – IV C 99.67, ZfW 1971, S. 109, 112; dem folgend VGH München, Urt. v. 17.10.1974 – 82 VIII 71; VG Frankfurt (Oder), Urt. v. 04.11.2010 – 5 K 213/07; VG München, Urt. v. 28.06.2011 – M 2 K 11.1003.

wandige Anlagen (siehe Kap. 2.3) oder Leckanzeigegeräte in Betracht.[30] Welche genauen Anforderungen einzuhalten sind, wird auf Verordnungsebene gem. § 62 Abs. 4 WHG konkretisiert (siehe dazu die §§ 17–24 AwSV). Ist eine nachteilige Veränderung der Eigenschaften von Gewässern zu besorgen, liegt eine Gefahr für die öffentliche Sicherheit und Ordnung vor, welche die zuständige Behörde gem. § 100 Abs. 1 S. 2 WHG zum Einschreiten berechtigt.[31]

Zum Tatbestandsmerkmal **„nicht zu besorgen ist"** entschied das Bundesverwaltungsgericht (BVerwG) in einem Grundsatzurteil, dass dies strenger zu verstehen sei als „drohende Gefahr".[32] Eine Besorgnis kann also schon dann vorliegen, wenn noch keine drohende Gefahr im ordnungsrechtlichen Sinne besteht. Zu beachten sei laut BVerwG auch, dass das Gesetz nicht von „wenn zu besorgen ist" spreche, sondern die negative Formulierung „dass nicht zu besorgen ist" verwende.[33] Dies besage, *„dass eine gewisse Wahrscheinlichkeit geradezu ausgeräumt sein müsse. Reine Möglichkeiten werden allerdings nie völlig ausgeschlossen werden können. Das ‚nicht zu besorgen' ist aber dahin zu deuten, dass keine auch noch so wenig naheliegende Wahrscheinlichkeit besteht, was darauf hinausläuft, es müsse nach menschlicher Erfahrung unwahrscheinlich sein. Das Gesetz ist hier also überaus streng."*[34] In einer späteren Entscheidung bestätigte das BVerwG seine Rechtsprechung und fügte hinzu: *„Es ist etwas anderes, ob bestimmte Verhaltensweisen für unzulässig erklärt werden, wenn gewisse negative Auswirkungen zu besorgen sind, oder ob sie nur für den Fall erlaubt werden, dass jene Auswirkungen nicht besorgt zu werden brauchen. Im ersten Fall müssen jene Auswirkungen – nach der im Polizeirecht üblichen Terminologie – hinreichend wahrscheinlich [...], im andern Fall unwahrscheinlich sein."*[35] Ob eine nachteilige Veränderung zu besorgen ist, hänge von der Abwägung aller Umstände ab, aus denen sich ein Anlass zur Sorge ergeben kann.[36] Eine Besorgnis sei immer schon dann anzunehmen, wenn die Möglichkeit eines entsprechenden Schadenseintritts nach den gegebenen Umständen und im Rahmen einer sachlich vertretbaren, auf konkreten Feststellungen beruhenden Prognose nicht von der Hand zu weisen ist.[37]

Für die Anlagen nach § 62 Abs. 1 S. 3 WHG gilt Abs. 1 S. 1 entsprechend mit der Maßgabe, dass der **bestmögliche Schutz** der Gewässer vor nachteiligen Veränderungen ihrer Eigenschaften erreicht wird. Die entsprechende Anwendung bedeutet, dass

---

30 Vgl. *Berendes/Janssen-Overath*, in: Berendes/Frenz/Müggenborg (Hrsg.), WHG, 2017, § 62 Rn. 24.
31 Vgl. BVerwG, Urt. v. 16.11.1973 – IV C 44.69, ZfW 1974, S. 296, 299; *Czychowski/ Reinhardt*, WHG, 11. Aufl. 2014, § 62 Rn. 37; *Gößl*, in: Sieder/Zeitler/Dahme (Begr.)/ Knopp, WHG, Stand: 2/2017, § 100 Rn. 81.
32 BVerwG, Urt. v. 16.07.1965 – IV C 54.65, ZfW 1965, S. 113, 115 f.
33 Vgl. § 48 Abs. 2 WHG.
34 BVerwG, Urt. v. 16.07.1965 – IV C 54.65, ZfW 1965, S. 113, 115 f.; VG München Urt. v. 28.06.2011 – M 2 K 11.1003.
35 BVerwG, Urt. v. 26.06.1970 – IV C 99.67, ZfW 1971, S. 109, 112 f.
36 BVerwG, Urt. v. 26.06.1970 – IV C 99.67, ZfW 1971, S. 109, 113.
37 BVerwG, Urt. v. 12.09.1980 – IV C 89.77, ZfW 1981, S. 87, 88 f.; VG München, Urt. v. 28.06.2011 – M 2 K 11.1003.

die Anlagen nach Abs. 1 S. 3 so beschaffen sein und so errichtet, unterhalten, betrieben und stillgelegt werden müssen, dass der bestmögliche Schutz erreicht wird. Entgegen dem irreführenden Wortlaut werden durch das Erfordernis des bestmöglichen Schutzes weniger strenge Anforderungen gestellt als bei Anlagen nach Abs. 1 S. 1.[38] Bei Abs. 1 S. 3 handelt es sich also um eine Privilegierung gegenüber Abs. 1 S. 1.[39] In Bezug auf die JGS-Anlagen hielt der Gesetzgeber den bestmöglichen Schutz für ausreichend und eine Anwendung des Besorgnisgrundsatzes für nicht sachgerecht.[40] Hinsichtlich der Umschlagsanlagen sollten Anforderungen von solcher Strenge vermieden werden, die den Umschlag – insbesondere den Schiffsumschlag – in der Praxis unmöglich machen würden. Denn Mehrfachsicherheiten (wie Doppelwandigkeit oder Auffangvorrichtungen) sind beim Umschlagen häufig technisch nicht realisierbar oder wären so aufwendig, dass jede Wirtschaftlichkeit verloren ginge.[41]

Bestmöglicher Schutz bedeutet daher, dass durch gewisse Erleichterungen gegenüber den Anforderungen für Anlagen nach Abs. 1 S. 1 das Risiko des Austretens von wassergefährdenden Stoffen aus einer Anlage i. S. d. Abs. 1 S. 3 in geringem Maße erhöht wird, wobei Abs. 1 S. 3 aber nicht zu Gewässerverunreinigungen berechtigt.[42] Dies bedeutet für eine Lagerstätte von Festmist keine Relativierung des Schutzniveaus. Anders als etwa bei einem Umschlagplatz, bei dem mit Rücksicht auf die Besonderheit einer solchen Anlage gewisse Erleichterungen gegenüber den Anforderungen an Anlagen nach Abs. 1 S. 1 einzuräumen sind, weil andernfalls für das Wirtschafts- und Gesellschaftsleben notwendige Vorgänge in nicht vertretbarem Umfang eingeschränkt würden, entsprechen bei einer Anlage zum bloßen Lagern von Festmist die Anforderungen des Abs. 1 S. 3 dem Besorgnisgrundsatz.[43] Im Ergebnis entsprechen die Anforderungen des bestmöglichen Schutzes weitgehend dem Besorgnisgrundsatz.[44] Die Ansicht, wonach Anlagen gem. Abs. 1 S. 3 mit Vorkehrungen ausgestattet sein müssten, die nach menschlicher Erfahrung eine Gewässerverunreinigung „ausschließen"[45], ist nicht überzeugend, da dies einen strengeren Maßstab bedeuten würde als beim Besorgnisgrundsatz. Letzterer verlangt nämlich lediglich, dass eine Gewässerverunreinigung nach menschlicher Erfahrung „unwahrscheinlich", aber nicht „ausgeschlossen" ist. Es muss deshalb auch beim bestmöglichen Schutz ausreichend sein, dass eine Gewässerverunreinigung nach menschlicher Erfahrung unwahrscheinlich ist.

---

38 VG Ansbach, Urt. v. 07.09.2011 – AN 15 K 11.01010, ZfW 2012, S. 165, 166.
39 BT-Drs. 16/12275, S. 70.
40 BT-Drs. 10/3973, S. 15, zu § 19g Abs. 2.
41 *Gößl*, in: Sieder/Zeitler/Dahme (Begr.)/Knopp, WHG, Stand: 2/2017, § 62 Rn. 124.
42 Vgl. OVG Schleswig Urt. v. 23.06.2011 – 4 LB 2/10, juris Rn. 36, bestätigt durch BVerwG, Beschl. v. 05.10.2011 – 7 B 54.11.
43 OVG Schleswig, Urt. v. 23.06.2011 – 4 LB 2/10, juris Rn. 36, bestätigt durch BVerwG, Beschl. v. 05.10.2011 – 7 B 54.11.
44 *Berendes/Janssen-Overath*, in: Berendes/Frenz/Müggenborg (Hrsg.), WHG, 2017, § 62 Rn. 26; *Czychowski/Reinhardt*, WHG, 11. Aufl. 2014, § 62 Rn. 45.
45 OVG Lüneburg, Urt. v. 05.09.1996 – 3 L 7866/94, ZfW 1997, S. 249, 250; *Czychowski/Reinhardt*, WHG, 11. Aufl. 2014, § 62 Rn. 45; *Kotulla*, WHG, 2. Aufl. 2011, § 62 Rn. 28.

Die Errichtung einer Güllelagune, d. h. eines Erdbeckens mit Dichtungsbahnen aus Kunststoff zur Lagerung von Flüssigmist, trägt den Anforderungen des Abs. 1 S. 3 nicht Rechnung, weil sie im Gegensatz zu einem Erdbecken aus Beton den bestmöglichen Gewässerschutz nicht gewährleistet.[46]

Während die Verordnung über Anlagen zum Umgang mit wassergefährdenden Stoffen (WasgefStAnlV) v. 31.03.2010 gem. § 4 WasgefStAnlV auf Anlagen zum Lagern und Abfüllen von Jauche, Gülle und Silagesickersäften (sogenannte **JGS-Anlagen**) keine Anwendung fand, regelt die Anlage 7 AwSV Anforderungen an JGS-Anlagen. Die Erstreckung der AwSV auf JGS-Anlagen hielt der Bundesrat für erforderlich, um bei der Umsetzung der Nitratrichtlinie eine einheitlich geltende bundesrechtliche Vollregelung zu schaffen, die alle landwirtschaftlichen Betriebe im Hinblick auf technische Anforderungen an JGS-Anlagen im Wettbewerb gleichstellt. Damit werde eine seit Langem – vor allem von der betroffenen Wirtschaft – geforderte Vereinheitlichung des Anlagenrechts zum Schutz der Gewässer geschaffen, das sich im Laufe der Zeit in den Ländern in einigen Punkten unterschiedlich entwickelt hat.[47]

1.1.2 Erfasste Anlagen und Tätigkeiten

§ 62 Abs. 1 S. 1 WHG bezieht sich auf **Anlagen** zum Lagern, Abfüllen, Herstellen und Behandeln wassergefährdender Stoffe sowie auf Anlagen zum Verwenden wassergefährdender Stoffe im Bereich der gewerblichen Wirtschaft und im Bereich öffentlicher Einrichtungen (siehe auch Kap. 2.1). Anlage ist eine selbstständig ortsfeste oder ortsfest benutzte Funktionseinheit von nicht ganz unerheblichem Ausmaß, die für eine gewisse Dauer vorgesehen ist und der Erfüllung bestimmter Zwecke dient.[48] Umstritten ist, ob der Anlagenbegriff darüber hinaus einen technischen Mindestaufwand voraussetzt[49] oder ob es auf das Vorhandensein baulicher Anlagen, technischer Geräte, maschineller oder sonstiger Teile nicht ankommt.[50] Der Streit hat nur eine geringe praktische Bedeutung, da der Umgang mit flüssigen und gasförmigen wassergefährdenden Stoffen ohnehin einen technischen Mindestaufwand voraussetzt. Relevant wird der Streit vor allem bei der Frage, ob Dungstätten auf unbefestigtem Grund und ohne Auffangvorrichtung eine Anlage sein können. Entsprechend dem Normzweck des Gewässerschutzes ist der Anlagenbegriff weit zu verstehen.[51] Dem folgend ist das zusätzliche Kriterium des technischen Mindestaufwands für das Vorliegen einer Anlage nicht erforderlich.

---

46   OVG Lüneburg, Urt. v. 05.09.1996 – 3 L 7866/94, ZfW 1997, S. 249, 250.

47   BR-Drs. 77/14 (Beschl.), S. 2, 11.

48   Vgl. OVG Schleswig, Urt. v. 23.06.2011 – 4 LB 2/10, juris Rn. 33.

49   So *Breuer*, in: Öffentliches und privates Wasserrecht, 3. Aufl. 2004, Rn. 756; *Gößl*, in: Sieder/Zeitler/Dahme (Begr.)/Knopp, WHG, Stand: 2/2017, § 62 Rn. 33.

50   So OVG Schleswig, Urt. v. 23.06.2011 – 4 LB 2/10, juris Rn. 33 f., bestätigt durch BVerwG, Beschl. v. 05.10.2011 – 7 B 54/11, juris Rn. 8.

51   OVG Schleswig, Urt. v. 23.06.2011 – 4 LB 2/10, juris Rn. 33.

Der Anlagenbegriff erfasst auch ortsbewegliche Lagerbehälter wie z. B. ortsbewegliche, der Lagerung dienende Tanks und Gefäße.[52]

In der neuen AwSV findet sich in § 2 Abs. 9 eine detaillierte Definition:

""Anlagen zum Umgang mit wassergefährdenden Stoffen (Anlagen) sind

1. selbständige und ortsfeste oder ortsfest benutzte Einheiten, in denen wassergefährdende Stoffe gelagert, abgefüllt, umgeschlagen, hergestellt, behandelt oder im Bereich der gewerblichen Wirtschaft oder im Bereich öffentlicher Einrichtungen verwendet werden, sowie

2. Rohrleitungsanlagen nach § 62 Abs. 1 S. 2 des Wasserhaushaltsgesetzes.

Als ortsfest oder ortsfest benutzt gelten Einheiten, wenn sie länger als ein halbes Jahr an einem Ort zu einem bestimmten betrieblichen Zweck betrieben werden; Anlagen können aus mehreren Anlagenteilen bestehen."

Die Anlagendefinition der AwSV kann lediglich als Anhaltspunkt zur Bestimmung des Anlagenbegriffs i. S. d. § 62 Abs. 1 WHG herangezogen werden. Denn § 62 Abs. 4 Nr. 3 WHG enthält lediglich eine Verordnungsermächtigung für „Anforderungen an die Beschaffenheit und Lage von Anlagen nach Abs. 1". Es besteht hingegen keine Verordnungsermächtigung für die nähere Bestimmung, was überhaupt Anlagen i. S. d. Abs. 1 sind.[53] Dennoch ist die Verwendung der Anlagendefinition des § 2 Abs. 9 AwSV zu empfehlen, weil sie politisch nicht mehr umstritten ist.

Da Einheiten erst als ortsfest oder ortsfest benutzt gelten, wenn sie länger als ein halbes Jahr an einem Ort zu einem bestimmten betrieblichen Zweck betrieben werden, sind Kraftfahrzeuge mit Benzin- oder Dieselantrieb[54] oder Schiffe (z. B. Öltanker) keine Anlagen i. S. d. § 62 Abs. 1 WHG. Es ist jedoch zu beachten, dass Einheiten auch schon vor Ablauf eines halben Jahres als ortsfest oder ortsfest benutzt gelten können, wenn offensichtlich ist, dass sie dauerhaft an einem Ort zu einem bestimmten betrieblichen Zweck betrieben werden sollen und nicht bloß ein Provisorium darstellen. So kann etwa die auf offenem Feld über drei Monate hinaus erfolgte Lagerung von Festmist auf einer Fläche von ca. 5–10 m² eine Anlage i. S. d. § 62 Abs. 1 WHG sein, wenn der Landwirt nicht über eine zentrale Dungstätte verfügt und die Festmistlagerung somit eine Dauerlösung darstellt.[55] Ab welcher Größe eine solche Festmistlagerstätte als Anlage i. S. d. § 62 Abs. 1 WHG gilt, ist eine Frage des Einzelfalls.[56] Das räumliche Ausmaß darf jedoch nicht ganz unerheblich sein, wobei hier eine Fläche von ca. 5 m² bereits ausreichen soll.[57]

---

52 Vgl. BT-Drs. 7/888, S. 17 f., zu § 19g.
53 So auch *Gößl*, in: Sieder/Zeitler/Dahme (Begr.)/Knopp, WHG, Stand: 2/2017, § 62 Rn. 27.
54 Vgl. BR-Drs. 77/14, S. 116.
55 OVG Schleswig, Urt. v. 23.06.2011 – 4 LB 2/10, juris Rn. 33 f.
56 BVerwG, Beschl. v. 05.10.2011 – 7 B 54/11, juris Rn. 8.
57 OVG Schleswig, Urt. v. 23.06.2011 – 4 LB 2/10, juris Rn. 33.

Eine Anlage i. S. d. § 62 Abs. 1 WHG muss zu dem **Zweck** betrieben werden, mit wassergefährdenden Stoffen umzugehen, also diese zu lagern, abzufüllen, umzuschlagen, herzustellen, zu behandeln oder zu verwenden. Dies ist bei einem Tank, in dem z. B. Heizöl oder Benzin gelagert wird, selbstverständlich der Fall. Es reicht hingegen nicht aus, dass in einer Anlage, die eigentlich für einen anderen Zweck betrieben wird, auch ein Umgang mit wassergefährdenden Stoffen stattfindet. Wird z. B. eine Maschine regelmäßig unter Einsatz chemischer Mittel gereinigt und wirken für eine bestimmte Zeit wassergefährdende Stoffe auf die Behältnisse oder andere Anlagenteile ein, so handelt es sich dadurch noch nicht um eine Anlage zum Umgang mit wassergefährdenden Stoffen. Der Supermarkt, in dem überwiegend Lebensmittel, aber auch einige Wasch- und Reinigungsmittel angeboten werden, ist auch keine Anlage zum Umgang mit wassergefährdenden Stoffen.[58]

Zu den Anlagen i. S. d. § 62 Abs. 1 WHG gehören z. B. länger als ein halbes Jahr abgestellte Tankfahrzeuge, Eisenbahnkesselwagen oder Aufliegertanks für Lastkraftwagen, aber auch zur Lagerung von Reinigungsmitteln benutzte Fässer.[59] Zudem sind eingebaute Lagertanks, Lagerhallen und Umschlagplätze Anlagen i. S. d. § 62 Abs. 1 WHG.[60]

Der wasserrechtliche Anlagenbegriff gem. §§ 62, 63 WHG ist enger als der immissionsschutzrechtliche Anlagenbegriff.[61] Letzterer umfasst nämlich auch ortsveränderliche technische Einrichtungen wie Maschinen oder Geräte gem. § 3 Abs. 5 Nr. 2 Bundes-Immissionsschutzgesetz (BImSchG). Zudem ist z. B. ein gesamtes Walzwerk eine Anlage gem. § 4 BImSchG i. V. m. der 4. Verordnung zur Durchführung des Bundes-Immissionsschutzgesetzes (BImSchV), wobei dieses aus vielen Anlagen gem. § 62 WHG besteht.[62] Eine Anlage i. S. d. § 62 WHG umfasst hingegen nur den Teil einer Produktionsanlage, der zum Umgang mit wassergefährdenden Stoffen betrieben wird.

Lagern (siehe Kap. 2.2) ist das Vorhalten von wassergefährdenden Stoffen zur weiteren Nutzung (Verwendung, Be- oder Verarbeitung), Abgabe oder Entsorgung.[63] Zu unterscheiden ist das Lagern vom Ablagern. Bei Letzterem ist eine spätere Verwendung oder sonstige Einwirkung auf den Stoff gerade nicht beabsichtigt. Wer Stoffe ablagert, will sich ihrer vielmehr endgültig entledigen. § 62 WHG beinhaltet bewusst nicht den Begriff des Ablagerns, da insoweit das Abfallrecht gilt.[64]

---

58   Vgl. BR-Drs. 77/14, S. 116.
59   VGH München, Beschl. v. 20.07.1988 – 8 CS 88.00657, ZfW 1989, S. 100, 102.
60   *Berendes*, WHG, 2010, § 62 Rn. 4.
61   *Berendes/Janssen-Overath*, in: Berendes/Frenz/Müggenborg (Hrsg.), WHG, 2017, § 62 Rn. 11.
62   *Berendes/Janssen-Overath*, in: Berendes/Frenz/Müggenborg (Hrsg.), WHG, 2017, § 62 Rn. 11.
63   OVG Berlin-Brandenburg, Urt. v. 12.12.2013 – OVG 11 B 1.11, juris Rn. 32; vgl. auch § 2 Abs. 20 AwSV.
64   *Berendes*, WHG, 2010, § 62 Rn. 4.

Abfüllen (siehe Kap. 2.3) ist das Befüllen von Behältern oder Verpackungen mit wassergefährdenden Stoffen.[65] Es kann sowohl in ortsfeste als auch in ortsbewegliche Behälter oder Verpackungen abgefüllt werden. Beispiele sind das Einfüllen von Motorenöl in zum Verkauf bestimmte Literdosen[66], das Befüllen von Geräten, in denen wassergefährdende Stoffe als Betriebsmittel dienen, das Befüllen von Fahrzeugen mit Treibstoff[67] oder das Befüllen von Eisenbahnkesselwagen, Tankwagen oder Kanistern.[68] Das „Abfüllen" ist vom „Umschlagen" abzugrenzen.

Umschlagen (siehe Kap. 2.3) wird in § 2 Abs. 23 AwSV definiert als *„das Laden und Löschen von Schiffen, soweit es unverpackte wassergefährdende Stoffe betrifft, sowie das Umladen von wassergefährdenden Stoffen in Behältern oder Verpackungen von einem Transportmittel auf ein anderes. Zum Umschlagen gehört auch das vorübergehende Abstellen von Behältern oder Verpackungen mit wassergefährdenden Stoffen in einer Umschlaganlage im Zusammenhang mit dem Transport."*

Herstellen (siehe Kap. 2.3) meint das Erzeugen und Gewinnen von wassergefährdenden Stoffen.[69] Dabei braucht der Ausgangsstoff nicht wassergefährdend zu sein. Erfasst werden damit insbesondere Produktionsanlagen der chemischen Industrie.[70]

Als **Behandeln** (siehe Kap. 2.3) sind solche Vorgänge zu verstehen, bei denen bereits produzierte wassergefährdende Stoffe weiterverarbeitet werden. Derartige Vorgänge werden vollständig weder durch den Begriff „Herstellen" noch durch den Begriff „Verwenden" abgedeckt.[71] Behandeln meint das Einwirken auf wassergefährdende Stoffe, um deren Eigenschaften zu verändern.[72]

Verwenden (siehe Kap. 2.3) meint das Anwenden, Gebrauchen und Verbrauchen von wassergefährdenden Stoffen unter Ausnutzung ihrer Eigenschaften im Bereich der gewerblichen Wirtschaft und im Bereich öffentlicher Einrichtungen.[73] Darunter fallen insbesondere Produktionsvorgänge, bei denen wassergefährdende Stoffe als Veredelungs- oder Reinigungsstoffe oder als Ausgangsstoffe für das Endprodukt benötigt werden. Dabei spielt es keine Rolle, ob der Stoff erhalten bleibt, physikalisch oder chemisch umgewandelt wird oder z. B. durch Verbrennen untergeht.[74] Verwendungs-

---

65 *Berendes*, WHG, 2010, § 62 Rn. 4; *Kotulla*, WHG, 2. Aufl. 2011, § 62 Rn. 9; vgl. auch § 2 Abs. 22 AwSV.

66 *Sanden*, in: Giesberts/Reinhardt (Hrsg.), BeckOK Umweltrecht, Stand: 5/2017, § 62 Rn. 9.

67 *Czychowski/Reinhardt*, WHG, 11. Aufl. 2014, § 62 Rn. 24.

68 Vgl. *Gößl*, in: Sieder/Zeitler/Dahme (Begr.)/Knopp, WHG, Stand: 2/2017, § 62 Rn. 104.

69 *Berendes*, WHG, 2010, § 62 Rn. 4; vgl. auch § 2 Abs. 25 AwSV.

70 *Czychowski/Reinhardt*, WHG, 11. Aufl. 2014, § 62 Rn. 25.

71 BT-Drs. 10/3973, S. 14, zu Art. 1 Nr. 8 lit. b).

72 *Berendes/Janssen-Overath*, in: Berendes/Frenz/Müggenborg (Hrsg.), WHG, 2017, § 62 Rn. 18; vgl. auch § 2 Abs. 26 AwSV.

73 *Berendes*, WHG, 2010, § 62 Rn. 4; vgl. auch § 2 Abs. 27 AwSV.

74 Vgl. *Gößl*, in: Sieder/Zeitler/Dahme (Begr.)/Knopp, WHG, Stand: 2/2017, § 62 Rn. 107.

anlagen sind z. B. Entfettungs-, Galvanisierungs-, Feuerungs- und Kühlanlagen sowie chemische Reinigungsanlagen oder Wärmepumpen.[75]

Erfasst werden aber nur Anlagen zum Verwenden wassergefährdender Stoffe im Bereich der gewerblichen Wirtschaft und im Bereich öffentlicher Einrichtungen. Es besteht Einigkeit darüber, dass lediglich Anlagen in Privathaushalten und die Urproduktion wie Landbewirtschaftung[76], Forstwirtschaft, Fischerei, Bergbau und Gartenbau nicht erfasst sein sollen.[77] Wegen dieser Ausnahme u. a. für bergbauliche Anlagen wird auch das sogenannte Fracking nicht von § 62 WHG erfasst, selbst wenn dabei wassergefährdende Stoffe verwendet werden.

Errichten (siehe Kap. 2.3) ist nach § 2 Abs. 28 AwSV das Aufstellen, Einbauen oder Einfügen von Anlagen und Anlagenteilen.

Das **Unterhalten** einer Anlage umfasst alle Maßnahmen, die der Erhaltung und Wiederherstellung des bestimmungsgemäßen Zustandes dienen, wie z. B. Wartungs-, Reparatur- oder Reinigungsarbeiten.[78]

Zum **Betrieb** einer Anlage gehört die erstmalige dem Verwendungszweck entsprechende Nutzung der Anlage.[79] Außerdem unterfällt dem Betrieb die erneute, dem Verwendungszweck entsprechende Nutzung der Anlage nach einer vorübergehenden störungsbedingten Außerbetriebnahme.[80]

Stilllegen (siehe Kap. 2.3) ist nach § 2 Abs. 30 AwSV die dauerhafte Außerbetriebnahme einer Anlage.

Adressat der sich aus § 62 Abs. 1 und Abs. 2 WHG ergebenden Pflichten ist der **Betreiber** der Anlage.[81] Darüber hinaus besteht jedoch auch die Möglichkeit, durch Rechtsverordnung nähere Regelungen über Pflichten für Dritte, die Tätigkeiten im Zusammenhang mit der Anlage ausführen, zu erlassen.

Wie auch beim Betreiber-Begriff i. S. d. BImSchG[82] ist Betreiber, wer in tatsächlicher und rechtlicher Hinsicht über die Anlage bestimmt und auch wirtschaftlich für sie verantwortlich ist, also ihre Kosten trägt und Nutzen aus ihr zieht.[83] Für die Betreibereigen-

---

75 Vgl. *Berendes/Janssen-Overath*, in: Berendes/Frenz/Müggenborg (Hrsg.), WHG, 2017, § 62 Rn. 19; *Kotulla*, WHG, 2. Aufl. 2011, § 62 Rn. 12.

76 Vgl. BT-Drs. 10/3973, S. 20, zu Art. 1 Nr. 8 lit. b).

77 Vgl. *Kotulla*, WHG, 2. Aufl. 2011, § 62 Rn. 12; *Sanden*, in: Giesberts/Reinhardt (Hrsg.), BeckOK Umweltrecht, Stand: 5/2017, § 62 Rn. 9.

78 *Berendes/Janssen-Overath*, in: Berendes/Frenz/Müggenborg (Hrsg.), WHG, 2017, § 62 Rn. 22; *Kotulla*, WHG, 2. Aufl. 2011, § 62 Rn. 23.

79 *Czychowski/Reinhardt*, WHG, 11. Aufl. 2014, § 62 Rn. 30; *Kotulla*, WHG, 2. Aufl. 2011, § 62 Rn. 23.

80 *Meyer*, in: Landmann/Rohmer (Begr.), Umweltrecht, Stand: 12/2017, § 62 WHG Rn. 18.

81 Vgl. *Sanden*, in: Giesberts/Reinhardt (Hrsg.), BeckOK Umweltrecht, Stand: 5/2017, § 62 Rn. 4.

82 *Jarass*, BImSchG, 11. Aufl. 2015, § 3 Rn. 81 ff.

83 VGH Kassel, Beschl. v. 20.04.2009 – 7 B 838/09, ZfW 2010, S. 153, 157; vgl. VG Neustadt, Urt. v. 28.11.2005 – 3 K 1549/05.NW, juris Rn. 23.

schaft spricht auch, wenn jemand über Anweisungsbefugnisse gegenüber eventuell hinzugezogenen Beschäftigten verfügt.[84] Dagegen ist kein Betreiber, wer zwar zu Weisungen befugt, selbst aber weisungsgebunden ist. In zeitlicher Hinsicht umfasst das Betreiben bereits den etwaigen Probebetrieb einer Anlage und endet erst mit der endgültigen Außerbetriebsetzung der Anlage.[85] Im Rahmen von Miet-, Pacht- und Leihverhältnissen können auch mehrere Personen nebeneinander Betreiber sein: neben dem Eigentümer auch Pächter, Mieter, Leasingnehmer oder sonstige Nutzungsberechtigte.[86] Sofern jedoch der Eigentümer keinen Nutzen aus der Anlage zieht, ist er nicht Betreiber.[87]

Fehlt es an der rechtlichen Verfügungsmacht aus Eigentum oder Vertrag, kann Betreiber dennoch derjenige sein, der eine Anlage (z. B. eine Tankstelle) zu seinen betrieblichen Zwecken und auf eigene Rechnung nutzt. Kommt es im Rahmen dieser Nutzung zu einem Verstoß gegen wasserrechtliche Pflichten, kann er noch im Nachhinein als Handlungsstörer herangezogen werden.[88] Bei Tankstellen sind regelmäßig sowohl die Mineralölgesellschaft als auch der Verwalter als Betreiber anzusehen, wenn der Verwalter als Handelsvertreter i. S. d. § 84 HGB im Namen und für Rechnung der Gesellschaft gegen Provision tätig wird und im Tankstellenvertrag geregelt ist, dass ihm die Einhaltung der behördlichen Bestimmungen obliegt.[89] Die bloße Wahrnehmung einer Gefahrenabwehrpflicht durch einen Insolvenzverwalter als Zustandsverantwortlichen begründet für ihn keine Stellung als Betreiber einer Anlage zum Umgang mit wassergefährdenden Stoffen.[90]

§ 62 WHG bindet sowohl private als auch öffentliche Betreiber.[91] Zudem ist die Norm bei allen behördlichen Entscheidungen – insbesondere im Rahmen von Anlagenzulassungen nach anderen Rechtsvorschriften – zu beachten.[92]

1.2 Anforderung: Allgemein anerkannte Regeln der Technik

Nach § 62 Abs. 2 WHG dürfen Anlagen i. S. d. Abs. 1 nur entsprechend den allgemein anerkannten Regeln der Technik beschaffen sein sowie errichtet, unterhalten, betrieben und stillgelegt werden. Allgemein anerkannte Regeln der Technik sind diejenigen Prinzipien und Lösungen, die in der Praxis erprobt und bewährt sind und sich bei der Mehrheit der Praktiker durchgesetzt haben.[93] Hierfür kommen **DIN-Vorschriften** und

---

84 Vgl. *Breuer*, Öffentliches und privates Wasserrecht, 3. Aufl. 2004, Rn. 766; *Sanden*, in: Giesberts/Reinhardt (Hrsg.), BeckOK Umweltrecht, Stand: 5/2017, § 62 Rn. 40.
85 VGH Kassel, Beschl. v. 20.04.2009 – 7 B 838/09, ZfW 2010, S. 153, 157.
86 *Gößl*, in: Sieder/Zeitler/Dahme (Begr.)/Knopp, WHG, Stand: 2/2017, § 62 Rn. 143.
87 Vgl. *Breuer*, Öffentliches und privates Wasserrecht, 3. Aufl. 2004, Rn. 766.
88 Vgl. VGH Mannheim, Beschl. v. 06.10.1995 – 10 S 1389/95, ZfW 1997, S. 35, 37 f.
89 Vgl. *Gößl*, in: Sieder/Zeitler/Dahme (Begr.)/Knopp, WHG, Stand: 2/2017, § 62 Rn. 143.
90 VGH Kassel, Beschl. v. 20.04.2009 – 7 B 838/09, ZfW 2010, S. 153.
91 Vgl. zur privaten Heizöllagerung VG Neustadt, Beschl. v. 24.01.2011 – 4 L 1/11.NW, juris Rn. 9.
92 Vgl. OVG Lüneburg, Urt. v. 15.05.1992 – 6 L 52/90, ZfW 1993, S. 116.
93 BVerwG, Beschl. v. 30.09.1996 – 4 B 175/96, ZfW 1997, S. 173, 174; OVG Magdeburg, Beschl. v. 03.03.2011 – 4 L 103/10, juris Rn. 4.

sonstige technische Regelwerke als geeignete Quellen in Betracht. Sie haben aber nicht schon kraft ihrer Existenz die Qualität von anerkannten Regeln der Technik und begründen auch keinen Ausschließlichkeitsanspruch. Sie begründen eine tatsächliche Vermutung dafür, dass sie sicherheitstechnische Festlegungen enthalten, die einer objektiven Kontrolle standhalten. Sie schließen den Rückgriff auf weitere Erkenntnismittel aber nicht aus.[94] Zu den technischen Regeln gehören insbesondere solche der Deutschen Vereinigung für Wasserwirtschaft, Abwasser und Abfall e. V. (DWA) und des Deutschen Instituts für Bautechnik (DIBt).[95] Es sind auch ungeschriebene Regeln der Technik zu beachten. Dazu gehört z. B., dass für Lochfraß anfällige Metalle nicht für die Anlage verwendet werden oder dass eine Sicherung des Untergrundes erfolgt, die gewährleistet, dass wassergefährdende Stoffe nicht in den Boden gelangen können.[96] Die allgemein anerkannten Regeln der Technik begründen lediglich einen Mindeststandard, der weniger hoch ist als der Stand der Technik gem. § 3 Nr. 11 WHG. Bei Letzterem sind nicht die allgemeine Anerkennung und die praktische Bewährung ausschlaggebend. Der rechtliche Maßstab für das Erlaubte oder Gebotene wird vielmehr an die „Front der technischen Entwicklung" verlagert. Bei der Formel vom Stand der Technik gestaltet sich die Feststellung und Beurteilung der maßgeblichen Tatsachen für Behörden und Gerichte allerdings schwieriger. Sie müssen in die Meinungsstreitigkeiten der Techniker eintreten, um zu ermitteln, was technisch notwendig, geeignet, angemessen und vermeidbar ist.[97]

Die Nichteinhaltung des Mindeststandards der allgemein anerkannten Regeln der Technik stellt eine Ordnungswidrigkeit gem. § 103 Abs. 1 Nr. 7 WHG dar. Außerdem liegt dann ein Verstoß gegen zivilrechtliche Sorgfaltspflichten und damit ein Verschulden des Betreibers bei Schadensersatzansprüchen Dritter aus § 823 Abs. 1 BGB vor.[98]

1.3 Erstreckung auf bestimmte Rohrleitungsanlagen (§ 62 (1) S. 2 WHG)

Die Anforderungen aus § 62 Abs. 1 S. 1 WHG gelten auch für Rohrleitungsanlagen (siehe auch Kap. 2.2), die

1. den Bereich eines Werksgeländes nicht überschreiten,

2. Zubehör einer Anlage zum Umgang mit wassergefährdenden Stoffen sind oder

3. Anlagen verbinden, die in engem räumlichen und betrieblichen Zusammenhang miteinander stehen.

---

94 BVerwG, Beschl. v. 30.09.1996 – 4 B 175/96, ZfW 1997, S. 173, 174.
95 Vgl. § 15 AwSV.
96 *Kotulla*, WHG, 2. Aufl. 2011, § 62 Rn. 31.
97 BVerfG, Beschl. v. 08.08.1978 – 2 BvL 8/77, BVerfGE 49, S. 89, 135 f.
98 OLG Zweibrücken, Urt. v. 23.03.1999 – 5 U 4/95, NJW-RR 2000, S. 1554, 1555 f.; *Gößl*, in: Sieder/Zeitler/Dahme (Begr.)/Knopp, WHG, Stand: 2/2017, § 62 Rn. 116.

Rohrleitungsanlagen i. S. d. § 62 Abs. 1 S. 2 WHG sind alle technischen Einrichtungen, die der Beförderung von wassergefährdenden Stoffen in geschlossenen Röhren dienen.[99] Ob es sich um feste oder flexible Leitungen handelt, ist dabei unerheblich.[100] Auch Schlauchleitungen oder Rohre mit Gelenkverbindungen werden daher erfasst.[101] Zu den Rohrleitungsanlagen gehören auch ihre Formstücke, Armaturen, Förderaggregate, Flansche und Dichtmittel.[102] Auf Rohrleitungsanlagen, die die Voraussetzungen des § 62 Abs. 1 S. 2 WHG nicht erfüllen, finden die Vorschriften zum Befördern wassergefährdender Stoffe in Rohrfernleitungsanlagen gem. §§ 20 ff. UVPG i. V. m Nr. 19.3 Anl. 1 UVPG Anwendung.[103] Dies folgt aus Nr. 19.3 Anl. 1 UVPG.

1.4 Definition wassergefährdender Stoffe

§ 62 Abs. 3 WHG enthält eine Definition des Begriffes wassergefährdende Stoffe (siehe auch Kap. 2.1). Danach sind „wassergefährdende Stoffe" i. S. d. dritten Abschnitts des WHG feste, flüssige und gasförmige Stoffe, die geeignet sind, dauernd oder in einem nicht nur unerheblichen Ausmaß nachteilige Veränderungen der Wasserbeschaffenheit herbeizuführen. § 62 Abs. 3 WHG entspricht dem früheren § 19g Abs. 5 S. 1 WHG a. F., wobei der bisher verwendete Begriff „nachhaltig" durch die in § 9 Abs. 2 Nr. 2 WHG normierte Erheblichkeitsschwelle ersetzt wurde. Die beispielhafte Aufzählung bestimmter wassergefährdender Stoffe in § 19g Abs. 5 S. 1 WHG a. F. (Säuren, Laugen, Alkalimetalle, Siliciumlegierungen mit über 30 % Silicium, metallorganische Verbindungen, Halogene, Säurehalogenide, Metallcarbonyle, Beisalze, Mineral- und Teeröle sowie deren Produkte, flüssige sowie wasserlösliche Kohlenwasserstoffe, Alkohole, Aldehyde, Ketone, Ester, halogen-, stickstoff- und schwefelhaltige organische Verbindungen, Gifte) entfiel, da der Gesetzgeber es fachlich nicht für gerechtfertigt hielt, gerade die in § 19g Abs. 5 S. 1 WHG a. F. genannten Stoffe besonders hervorzuheben.[104] Die Aufzählung kann jedoch noch i. R. d. Auslegung herangezogen werden. Der Begriff „wassergefährdende Stoffe" umfasst „Stoffe" i. S. d. § 3 Nr. 1 sowie „Zubereitungen" i. S. d. § 3 Nr. 4 des Chemikaliengesetzes (ChemG) in der Gültigkeit v. 01.06.2008 bis 17.08.2010.[105] Nach § 3 Nr. 1 ChemG a. F. (identisch mit der aktuellen Fassung des ChemG) wird Stoff wie folgt definiert: *„Chemisches Element und seine Verbindungen in natürlicher Form oder gewonnen durch ein Herstellungsverfahren, einschließlich der zur Wahrung seiner Stabilität notwendigen Zusatzstoffe und der durch das angewandte Verfahren bedingten Verunreinigungen, aber mit Ausnahme von Lösungsmitteln, die von dem Stoff ohne Beeinträchtigung seiner Stabilität und ohne Änderung seiner Zusammensetzung abgetrennt werden können".* „Zuberei-

---

99 *Kotulla*, WHG, 2. Aufl. 2011, § 62 Rn. 13.
100 Vgl. § 2 Abs. 19 AwSV.
101 *Kotulla*, WHG, 2. Aufl. 2011, § 62 Rn. 13.
102 Vgl. § 2 Abs. 19 AwSV.
103 Vgl. BT-Drs. 16/12275, S. 70, zu Abschnitt 3; *Sanden*, in: Giesberts/Reinhardt (Hrsg.), BeckOK Umweltrecht, Stand: 5/2017, § 62 Rn. 17.
104 BT-Drs. 16/12275, S. 71.
105 BT-Drs. 16/12275, S. 71.

tungen" waren gem. § 3 Nr. 4 ChemG a. F. „aus zwei oder mehreren Stoffen bestehende Gemenge, Gemische oder Lösungen". Mittlerweile wurde der Begriff „Zubereitungen" in § 3 Nr. 4 ChemG ersetzt durch den Begriff „Gemische" (siehe Kap. 2.1). Danach besteht ein Gemisch oder eine Lösung aus zwei oder mehr Stoffen. Ob Stoffe rechtlich als „Abfall" einzustufen sind, spielt bei der Frage, ob es sich um wassergefährdende Stoffe handelt, keine Rolle. Auch Abfälle können wassergefährdende Stoffe sein.[106] Unter Wasserbeschaffenheit ist gem. § 3 Nr. 9 WHG *„die physikalische, chemische oder biologische Beschaffenheit des Wassers eines oberirdischen Gewässers oder Küstengewässers sowie des Grundwassers"* zu verstehen. Ein Stoff ist geeignet, dauernd oder in einem nicht nur unerheblichen Ausmaß nachteilige Veränderungen der Wasserbeschaffenheit herbeizuführen, wenn eine nicht ganz entfernt liegende Möglichkeit einer Gewässerschädigung besteht. Nicht erforderlich ist demnach, dass eine Schädigung zu erwarten ist. Zu den wassergefährdenden Stoffen gehören z. B. die in § 19g Abs. 5 S. 1 WHG a. F. genannten (siehe oben), aber auch Jauche, Gülle, Silagesickersäfte und vergleichbare in der Landwirtschaft anfallende Stoffe.[107]

In der neuen AwSV enthalten die §§ 3–12 Regelungen zur Einstufung von Stoffen und Gemischen (siehe Kapitel 3).

1.5 Eignungsfeststellung, § 63 Abs. 1 WHG

§ 63 WHG regelt als behördliche Vorkontrolle die Eignungsfeststellung von Anlagen zum Umgang mit wassergefährdenden Stoffen sowie von Anlagenteilen und technischen Schutzvorkehrungen. Zwar sind in verschiedenen Rechtsbereichen (z. B. Arbeitssicherheits-, Bauproduktenrecht) ebenfalls Eignungsanforderungen für Anlagen zum Umgang mit wassergefährdenden Stoffen geregelt. Da diese Regelungen jedoch keine spezifisch wasserbezogenen behördlichen Vorkontrollen vorsehen, ist das Instrument der Eignungsfeststellung – unbeschadet der Ausnahmen nach § 63 Abs. 3 WHG – unverzichtbar. § 63 Abs. 1 WHG normiert die grundsätzliche Pflicht zur Eignungsfeststellung für Anlagen zum Lagern, Abfüllen oder Umschlagen wassergefährdender Stoffe (sogenannte LAU-Anlagen). Diese sind also am strengsten reglementiert. Anlagen zum Herstellen, Behandeln oder Verwenden wassergefährdender Stoffe (sogenannte HBV-Anlagen) werden hingegen nicht von der Eignungsfeststellung erfasst. § 63 Abs. 2 WHG regelt Ausnahmen von der Eignungsfeststellungspflicht. § 63 Abs. 3 WHG nennt Fälle, in denen die Eignungsfeststellung entbehrlich ist, weil sie durch Instrumente der behördlichen Vorkontrolle aus anderen Rechtsgebieten ersetzt wird.

Der am 28.01.2018 in Kraft getretene neue § 63 Abs. 1 WHG erstreckt das Erfordernis der Eignungsfeststellung auch auf die wesentliche Änderung (siehe Kap. 2.3) von LAU-Anlagen. Diese Änderung beruht zum einen darauf, dass das Gefährdungspotenzial von LAU-Anlagen im Falle ihrer wesentlichen Änderung vergleichbar ist mit dem

---

106 Vgl. BT-Drs. 16/12275, S. 71.
107 Vgl. *Sanden*, in: Giesberts/Reinhardt (Hrsg.), BeckOK Umweltrecht, Stand: 5/2017, § 62 Rn. 26.

Gefährdungspotenzial, das sich aus Errichtung und Betrieb solcher Anlagen ergibt. Die Eignungsfeststellung auch in Fällen wesentlicher Änderungen tritt an die Stelle der nach bisherigem Recht möglichen Erteilung einer Eignungsfeststellung für Anlagenteile und technische Schutzvorkehrungen. Nach bisheriger Praxis ist in den Fällen wesentlicher Änderungen, üblicherweise eine Eignungsfeststellung für das betreffende Anlagenteil bzw. die betreffende technische Schutzvorkehrung erteilt worden, das oder die Gegenstand der wesentlichen Änderung war. In Fällen wesentlicher Änderungen bezieht sich die Eignungsfeststellung auch künftig somit grundsätzlich nicht auf die Anlage als Ganzes, sondern auf das Anlagenteil oder die Anlagenteile, das oder die wesentlich geändert werden sollen. Anlagenteile, die nicht geändert werden, bleiben hierbei grundsätzlich unberücksichtigt. Lediglich insoweit, als die wesentliche Änderung Auswirkungen auf nicht geänderte Anlagenteile hat oder die wesentliche Änderung sich auf die Eignung der Anlage insgesamt auswirkt, sind auch andere Anlagenteile oder das Gesamtgefüge der Anlage in den Blick zu nehmen. Dies gilt z. B., wenn eine bisher drucklos betriebene Anlage nach der wesentlichen Änderung unter Druck betrieben werden soll und sich dieser erhöhte Betriebsdruck auch auf Anlagenteile auswirkt, die nicht geändert werden.[108]

§ 63 Abs. 2 WHG enthält Ausnahmen von der Eignungsfeststellungspflicht. So besteht gem. § 63 Abs. 2 S. 1 Nr. 1 WHG keine Pflicht zur Eignungsfeststellung für Anlagen zum Lagern und Abfüllen von Jauche, Gülle und Silagesickersäften (sogenannte JGS Anlagen) sowie von vergleichbaren in der Landwirtschaft anfallenden Stoffen.[109] Nach § 63 Abs. 2 S. 1 Nr. 2 lit. a) WHG bedarf es außerdem keiner Eignungsfeststellung, wenn wassergefährdende Stoffe kurzzeitig i. V. m. dem Transport bereitgestellt oder aufbewahrt werden und die Behälter oder Verpackungen den Vorschriften und Anforderungen für den Transport im öffentlichen Verkehr genügen. Darüber hinaus sieht § 63 Abs. 2 S. 1 Nr. 2 lit. b) WHG vor, dass keine Pflicht zur Eignungsfeststellung besteht, wenn wassergefährdende Stoffe in Laboratorien in der für den Handgebrauch erforderlichen Menge bereitgehalten werden.

In § 63 Abs. 2 WHG wurde die Ausnahmeregelung in § 19h Abs. 1 S. 2 Nr. 1 WHG a. F. nicht fortgeführt, weil entsprechende und zugleich konkretere bundeseinheitliche Regelungen für Anlagen, Anlagenteile oder technische Schutzvorkehrungen einfacher oder herkömmlicher Art (sogenannte EOH-Anlagen) gem. § 63 Abs. 2 S. 2 WHG in der vorgesehenen künftigen AwSV getroffen werden sollten.[110] Eine Übergangsregelung für Bestandsanlagen ist in § 68 Abs. 8 AwSV enthalten. Danach bedürfen bestehende EOH-Anlagen keiner Eignungsfeststellung nach § 63 WHG.

Darüber hinaus werden in § 1 Abs. 3 S. 3 und § 41 AwSV Fälle geregelt, in denen ebenfalls keine Eignungsfeststellung erforderlich ist. Nach § 1 Abs. 3 S. 3 AwSV bedürfen oberirdische Anlagen mit einem Volumen von nicht mehr als 0,22 Kubikme-

---

108 BT-Drs. 18/11946, S. 15.
109 Vgl. *Meyer*, in: Landmann/Rohmer (Begr.), Umweltrecht, Stand: 12/2017, § 62 WHG Rn. 8 ff., 24.
110 BT-Drs. 16/12275, S. 72.

tern bei flüssigen Stoffen oder mit einer Masse von nicht mehr als 0,2 Tonnen bei gasförmigen und festen Stoffen keiner Eignungsfeststellung, wenn sich diese Anlagen außerhalb von Schutzgebieten (siehe Kap. 2.3) und festgesetzten oder vorläufig gesicherten Überschwemmungsgebieten befinden. Schließlich enthält § 41 AwSV weitere Fälle, die keiner Eignungsfeststellung bedürfen, weil diesen Anlagen die Einschätzung eines geringeren Risikos zugrunde liegt.[111]

Die am 28.01.2018 in Kraft getretene neue Regelung in § 63 Abs. 2 S. 2 Nr. 2 WHG erweitert die bestehende Verordnungsermächtigung dahingehend, dass durch Rechtsverordnung auch geregelt werden kann, dass über die Bestimmungen des neuen Abs. 4 hinaus bestimmte weitere Anlagenteile als geeignet gelten, einschließlich hierfür zu erfüllender Voraussetzungen. Die Notwendigkeit einer solchen Regelung ist von der Wirtschaft und den Sachverständigen angemahnt worden. Das Entfallen der Eignungsfeststellung (§ 63 Abs. 2 S. 2 Nr. 1 WHG n. F.) bedeutet, dass für die Anlage als Ganzes keine behördliche Vorkontrolle in Form einer Eignungsfeststellung erforderlich ist. Demgegenüber bewirkt die Fiktion, nach der bestimmte Anlagenteile als geeignet gelten (§ 63 Abs. 2 S. 2 Nr. 2 WHG n. F.), dass im Rahmen der für die Anlage als Ganzes erforderlichen Eignungsfeststellung die betreffenden Anlagenteile keiner gesonderten Prüfung mehr bedürfen. In diesen Fällen ist nur die Geeignetheit der übrigen Anlagenteile sowie des Gesamtgefüges der Anlage, bestehend aus den einzelnen Anlagenteilen und ihrer Zusammenfügung, im Hinblick auf die Einhaltung der wasserrechtlichen Anforderungen zu prüfen. Im Ergebnis führt dies zu mehr Rechtsklarheit und Erleichterungen im Vollzug.[112]

§ 63 Abs. 3 WHG regelt Fälle, in denen die Eignungsfeststellung entbehrlich ist, weil sie durch Instrumente der behördlichen Vorkontrolle aus anderen Rechtsgebieten ersetzt wird. Sofern die Eignung einer Anlage aufgrund europäischen Bauproduktenrechts bereits anderweitig feststeht, stellt § 63 Abs. 3 S. 1 Nr. 1 WHG von dem Erfordernis der Eignungsfeststellung frei.[113] Nach § 63 Abs. 3 S. 1 Nr. 2 WHG entfällt die Eignungsfeststellung für Anlagen, Anlagenteile oder technische Schutzvorkehrungen, bei denen nach den bauordnungsrechtlichen Vorschriften über die Verwendung von Bauprodukten, Bauarten oder Bausätzen auch die Einhaltung der wasserrechtlichen Anforderungen sichergestellt wird. Gemäß § 63 Abs. 3 S. 1 Nr. 3 WHG entfällt die Eignungsfeststellung auch für Anlagen, Anlagenteile oder technische Schutzvorkehrungen, die nach immissionsschutzrechtlichen Vorschriften unter Berücksichtigung der wasserrechtlichen Anforderungen der Bauart nach zugelassen sind oder einer Bauartzulassung bedürfen. Schließlich bestimmt § 63 Abs. 3 S. 1 Nr. 4 WHG, dass die Eignungsfeststellung für Anlagen, Anlagenteile oder technische Schutzvorkehrungen entfällt, für die eine Genehmigung nach baurechtlichen Vorschriften erteilt worden ist, sofern bei Erteilung der Genehmigung die wasserrechtlichen Anforderungen zu berücksichtigen sind.

---

111 Vgl. BR-Drs. 144/16, S. 167.
112 BT-Drs. 18/11946, S. 15 f.
113 BT-Drs. 17/10310, S. 8, 14.

Der bisherige Ausnahmetatbestand der immissionsschutzrechtlichen Bauartzulassung (§ 63 Abs. 3 S. 1 Nr. 3 WHG g. F.) wird aus Gründen der Rechtsbereinigung in dem am 28.01.2018 in Kraft getretenen § 63 Abs. 3 WHG nicht fortgeführt. Nach derzeitigem Immissionsschutzrecht gibt es für eignungsfeststellungspflichtige LAU-Anlagen keine Bauartzulassung.

Die bisherigen Ausnahmetatbestände für Bauprodukte (§ 63 Abs. 3 S. 1 Nr. 1 und 2 WHG g. F.) betreffen nicht die Anlage als Ganzes, sondern einzelne Anlageteile; sie werden daher (in geänderter Form) im neuen § 63 Abs. 4 S. 1 Nr. 1 und 2 WHG fortgeführt, der für bestimmte Anlagenteile eine Eignungsfiktion normiert.[114]

Der ebenfalls am 28.01.2018 in Kraft getretene neue § 63 Abs. 4 S. 1 WHG regelt für die dort aufgeführten Anlagenteile eine Eignungsfiktion. Nach den Änderungen im Bauordnungsrecht infolge des EuGH-Urteils zu Bauprodukten vom 16.10.2014 muss der Wegfall der Eignungsfeststellung für europäisch harmonisierte Bauprodukte künftig neu geregelt werden (§ 63 Abs. 4 S. 1 Nr. 1 und S. 2 WHG n. F.). Demgegenüber können die derzeitigen Vorschriften über den Wegfall der Eignungsfeststellung für rein national zu regelnde Bauprodukte und Bauarten (§ 63 Abs. 3 S. 1 Nr. 2 WHG g. F.) im Wesentlichen fortgeführt werden (§ 63 Abs. 4 S. 1 Nr. 2 und 3 WHG n. F.).[115]

Schließlich ist am 28.01.2018 ein neuer § 63 Abs. 5 WHG in Kraft getreten. Danach stehen in bestimmten Fällen den Verwendbarkeitsnachweisen nach § 63 Abs. 4 S. 1 Nr. 2 WHG n. F. sowie den Bauartgenehmigungen oder allgemeinen bauaufsichtlichen Zulassungen nach § 63 Abs. 4 S. 1 Nr. 3 WHG n. F. Zulassungen aus einem anderen Mitgliedstaat der Europäischen Union, einem anderen Vertragsstaat des Abkommens über den Europäischen Wirtschaftsraum oder der Türkei gleich, wenn mit den Zulassungen dauerhaft das gleiche Schutzniveau erreicht wird. Diese Änderung trägt einer entsprechenden Forderung der Europäischen Kommission im Rahmen des Notifizierungsverfahrens nach der Richtlinie (EU) 2015/135 Rechnung.[116]

1.6   Regelungswirkung

Die Eignungsfeststellung gem. § 63 WHG ist ein genehmigender Verwaltungsakt.[117] Teilweise wird sie nur als „Brauchbarkeitsnachweis" betrachtet und nicht als Vollgenehmigung, da sie nur die Eignung bescheinige und keine umfassende Legalisierungswirkung habe.[118] Dies wird der Bedeutung der Eignungsfeststellung allerdings

---

114 BT-Drs. 18/11946, S. 16.
115 BT-Drs. 18/11946, S. 16.
116 BT-Drs. 18/12573, S. 3, 9.
117 Vgl. *Meyer*, in: Landmann/Rohmer (Begr.), Umweltrecht, Stand: 12/2017, § 63 WHG Rn. 5.
118 Vgl. *Berendes*, WHG, 2010, § 63 Rn. 4; *Breuer*, Öffentliches und privates Wasserrecht, 3. Aufl. 2004, Rn. 763; *Czychowski/Reinhardt*, WHG, 11. Aufl. 2014, § 63 Rn. 6; *Drost*, Das neue Bundeswasserrecht für Anlagen zum Umgang mit wassergefährdenden Stoffen, 2011, Rn. 123; *Kotulla*, WHG, 2. Aufl. 2011, § 63 Rn. 3; *Salzwedel/Durner*, in: Hansmann/Sellner (Hrsg.), Grundzüge des Umweltrechts, 4. Aufl. 2012, § 8 Rn. 167.

nicht gerecht. Sie befreit von einem grundsätzlich bestehenden Verwendungsverbot und weist auch sonst alle Merkmale eines rechtsgestaltenden Verwaltungsaktes auf.

Jedenfalls handelt es sich um einen Verwaltungsakt, der den Grundsätzen des allgemeinen Verwaltungsverfahrens unterliegt und daher sowohl mit Nebenbestimmungen als auch mit einem Widerrufsvorbehalt erteilt werden kann. Seine Aufhebung richtet sich nach den §§ 48, 49 VwVfG. Auch der vorzeitige Beginn kann zugelassen werden. Wenn die technischen Anforderungen erfüllt werden, besteht ein Rechtsanspruch auf den Erlass der Eignungsfeststellung.[119] Die Eignungsfeststellung entfaltet ihre legitimierende Wirkung auch dann, wenn sie rechtswidrig ist. Sie darf nur nicht nichtig sein. Nichtig wäre die Eignungsfeststellung, wenn sie an einem schweren Fehler leidet. Das dürfte aber eher selten der Fall sein.

Die Eignungsfeststellung verliert ihre Wirksamkeit grundsätzlich nicht durch den Ablauf einer bestimmten Frist, solange nichts anderes in der Eignungsfeststellung geregelt ist. Entsprechende im Immissionsschutz- oder Baurecht bekannte Regelungen gibt es im Wasserrecht nicht.

Die Eignungsfeststellung bedarf eines vorherigen Antrags durch den Anlagenbetreiber. § 42 AwSV sieht vor, welche Antragsunterlagen erforderlich sind.[120] Wegen des Erfordernisses eines Antrags handelt es sich bei der Eignungsfeststellung um einen mitwirkungsbedürftigen Verwaltungsakt. Da es sich außerdem nicht um einen personenbezogenen, sondern um einen sachbezogenen Verwaltungsakt handelt, geht die Eignungsfeststellung auf den Rechtsnachfolger über.

1.7 Voraussetzungen

Die Behörde bescheinigt mit der Eignungsfeststellung, dass die Anlage bzw. die Anlagenteile oder technischen Schutzvorkehrungen den Anforderungen des § 62 WHG entsprechen und daher keine Bedenken hinsichtlich des Gewässerschutzes bestehen.[121]

Die Alternativmöglichkeit einer Bauartzulassung anstelle der Eignungsfeststellung gem. § 19h Abs. 2 WHG a. F. wurde aus Gründen der Deregulierung in § 63 WHG nicht fortgeführt. Maßgeblich hierfür war, dass für Bauprodukte oder Bausätze in zunehmendem Maße Zulassungen oder Nachweise aufgrund bauordnungsrechtlicher Vorschriften erteilt wurden, sodass die wasserrechtliche Bauartzulassung in der Praxis mittlerweile weitgehend an Bedeutung verloren hat.[122]

---

119 Vgl. *Berendes*, WHG, 2010, § 63 Rn. 4; *Breuer*, Öffentliches und privates Wasserrecht, 3. Aufl. 2004, Rn. 763; *Czychowski/Reinhardt*, WHG, 11. Aufl. 2014, § 63 Rn. 7; *Kotulla*, WHG, 2. Aufl. 2011, § 63 Rn. 5; *Sanden*, in: Giesberts/Reinhardt (Hrsg.), BeckOK Umweltrecht, Stand: 5/2017, § 63 WHG Rn. 10.

120 BR-Drs. 77/14, S. 31.

121 Vgl. *Czychowski/Reinhardt*, WHG, 11. Aufl. 2014, § 63 Rn. 6; *Drost*, Das neue Bundeswasserrecht für Anlagen zum Umgang mit wassergefährdenden Stoffen, 2011, Rn. 123.

122 BT-Drs. 16/12275, S. 71.

Ist für eine Anlage eine Planfeststellung (z. B. gem. § 68 Abs. 1 WHG) oder eine immissionsschutzrechtliche Genehmigung gem. § 4 Abs. 1 BImSchG erforderlich, so sorgt die jeweilige Konzentrationswirkung (§ 75 Abs. 1 VwVfG bzw. § 13 BImSchG) dafür, dass keine gesonderte Eignungsfeststellung erforderlich ist. Im Rahmen des Planfeststellungs- bzw. immissionsschutzrechtlichen Genehmigungsverfahrens müssen aber die wasserrechtlichen Anforderungen – insbesondere die des § 62 WHG (gem. § 68 Abs. 3 Nr. 2 WHG bzw. § 6 Abs. 1 Nr. 2 BImSchG) – geprüft werden.[123]

Eine Eignungsfeststellung, die vor dem 01.03.2010 nach § 19h Abs. 1 WHG a. F. erteilt worden ist, gilt gem. § 105 Abs. 3 S. 1 WHG als Eignungsfeststellung nach § 63 Abs. 1 WHG fort. Außerdem besagt § 105 Abs. 3 S. 2 WHG, dass eine Eignungsfeststellung nach § 63 Abs. 1 WHG nicht erforderlich ist, wenn eine Bauartzulassung vor dem 01.03.2010 nach § 19h Abs. 2 WHG a. F. erteilt wurde. Bei § 63 WHG handelt es sich – wie bei § 62 WHG – weder um ein Schutzgesetz i. S. d § 823 Abs. 2 BGB noch um eine nachbarschützende Norm, da § 63 WHG anlagen- und nicht personenbezogen ist.[124]

---

123 Vgl. *Berendes/Janssen-Overath*, in: Berendes/Frenz/Müggenborg (Hrsg.), WHG, 2017, § 63 Rn. 10; *Czychowski/Reinhardt*, WHG, 11. Aufl. 2014, § 63 Rn. 4, 9; *Sanden*, in: Giesberts/Reinhardt (Hrsg.), BeckOK Umweltrecht, Stand: 5/2017, § 63 WHG Rn. 5.
124 Vgl. *Czychowski/Reinhardt*, WHG, 11. Aufl. 2014, § 63 Rn. 4; *Drost*, Das neue Bundeswasserrecht für Anlagen zum Umgang mit wassergefährdenden Stoffen, 2011, Rn. 125; *Gößl*, in: Sieder/Zeitler/Dahme (Begr.)/Knopp, WHG, Stand: 2/2017, § 63 Rn. 17; *Meyer*, in: Landmann/Rohmer (Begr.), Umweltrecht, Stand: 12/2017, § 62 WHG Rn. 3.

Kapitel 2: Begriffsbestimmungen

Dr.-Ing. Axel Nacken

Schon im täglichen Leben kommt es oft vor, dass verschiedene Menschen unter ein und demselben Wort etwas völlig Unterschiedliches verstehen. Im besten Fall führt dies zu spaßigen Missständnissen, im schlechtesten Fall zu einer Katastrophe. Erschwerend kommt beim Umgang mit Gesetzestexten, Verwaltungsvorschriften, Erlassen u. Ä. hinzu, dass die Sprache der Juristen und die der staatlichen Verwaltung für den Laien nur schwer verständlich ist. Insbesondere Techniker schrecken vor dem Lesen von Rechtstexten aufgrund von Stil und Wortwahl sehr oft zurück. Auch die Denkweise von Juristen erschließt sich den meisten Technikern nur schwer und oft auch nur unvollständig.

Umso bedeutsamer ist es für die Anwendung einer Vorschrift, dass für wichtige Begriffe ein gemeinsames Verständnis hergestellt wird. Dies geschieht über die Begriffsbestimmungen, die mehr oder weniger klar herausarbeiten, was im nachfolgenden Gesetzestext unter bestimmten Worten verstanden werden soll. Die Begriffsbestimmungen gehören zu den wichtigsten Festlegungen einer Vorschrift oder technischen Regel, weil sie entscheidend sind dafür, ob eine Vorschrift überhaupt angewandt werden muss oder nicht.

§ 2 der AwSV enthält 30 Begriffsbestimmungen. Der Anwender der Verordnung sollte immer auch einen Blick auf diese Begriffsbestimmungen haben.

2.1   § 2 Abs. 1–10

Wassergefährdende Stoffe (§ 2 Abs. 2)

„Wassergefährdende Stoffe sind feste, flüssige und gasförmige Stoffe und Gemische, die geeignet sind, dauernd oder in einem nicht nur unerheblichen Ausmaß nachteilige Veränderungen der Wasserbeschaffenheit herbeizuführen und die nach Maßgabe von Kapitel 2 [der AwSV, der Autor], als wassergefährdend eingestuft sind oder als wassergefährdend gelten."

Eine fast gleichlautende Definition enthält § 62 Abs. 3 WHG, allerdings ohne Hinweis auf die Gemische, da hier der Stoffbegriff im umfassenderen Sinn neben einzelnen Stoffen auch Gemische aus solchen Einzelstoffen bereits einschließt. Im selben Sinn ist auch der Begriff Stoff im Titel der AwSV zu verstehen. Von besonderer Wichtigkeit ist der letzte Teil der Definition. Er gibt Antwort auf die in § 62 Abs. 3 WHG offengebliebene Frage, welche Stoffe geeignet sind, *„dauernd oder in einem nicht nur uner-*

heblichen Ausmaß nachteilige Veränderungen der Wasserbeschaffenheit herbeizuführen". Stoffe und Gemische können den Tatbestand der dauernden und nicht nur unerheblichen nachteiligen Gewässerveränderung erfüllen, wenn sie als wassergefährdend eingestuft sind oder als wassergefährdend gelten. Bezüglich der Einstufung wird auf Kapitel 2 in Verbindung mit Anlage 1 der AwSV verwiesen. Während die Wassergefährdungsklasse für einen einzelnen Stoff eine konzentrationsunabhängige Kenngröße ist, spielt für die Einstufung eines Gemisches neben den jeweiligen Wassergefährdungsklassen der einzelnen Komponenten auch deren jeweilige Konzentration eine Rolle. Die Anlage 1 Nr. 5.2 der AwSV enthält Anweisungen, wie Gemische in Abhängigkeit von ihrer Zusammensetzung in eine Wassergefährdungsklasse einzustufen sind (siehe dazu Kap. 3). Einen Sonderfall des Gemisches stellen die wässrigen Lösungen dar, bei denen aufgrund der Verdünnung eine Gewässergefährdung geringer wird.

Gemäß § 6 Abs. 4 AwSV gibt das Umweltbundesamt die Einstufung wassergefährdender Stoffe in eine Wassergefährdungsklasse im Bundesanzeiger bekannt. Bisher geschah dies durch eine „Allgemeine Verwaltungsvorschrift wassergefährdende Stoffe – VwVwS", letzte Fassung vom 30.07.2005. Zum Inkrafttreten der AwSV hat das Umweltbundesamt mit Datum 01.08.2017 eine „Bekanntmachung der bereits durch die oder auf Grund der Verwaltungsvorschrift wassergefährdende Stoffe eingestuften Stoffe, Stoffgruppen und Gemische gem. § 66 S. 1 der Verordnung über Anlagen zum Umgang mit wassergefährdenden Stoffen" (BAnz AT 10.08.2017 B5) veröffentlicht. Darin sind alle seit 2005 neu eingestuften Stoffe sowie Änderungen der WGK von bis dahin eingestuften Stoffen aufgelistet. Zusätzlich hat das Umweltbundesamt eine „Bekanntmachung der aufschwimmenden flüssigen Stoffe nach Anlage 1 Nummer 3.1 der Verordnung über Anlagen zum Umgang mit wassergefährdenden Stoffen" (BAnz AT 10.08.2017 B6) veröffentlicht.

Diese Veröffentlichungen sind durch Umstufungen und Erweiterungen einem ständigen Wandel unterworfen Es bedarf keiner Erörterung, dass der Anwender beim Neubau oder der wesentlichen Änderung einer Anlage zum Umgang mit wassergefährdenden Stoffen die jeweils aktuelle Einstufung seiner Planung zugrunde legen muss. Für Stoffe, deren Einstufung bereits veröffentlicht ist, muss er gezielt nach den aktuellen Einstufungen suchen. Sehr hilfreich ist die Veröffentlichung der Einstufungen durch das Umweltbundesamt im Internet (http://webrigoletto.uba.de/rigoletto/public/welcome.do). Zu den Folgen einer Umstufung von wassergefährdenden Stoffen für den Betrieb genehmigter Anlagen sind die Schlussvorschriften der AwSV, insbesondere §§ 66 und 67, heranzuziehen.

Solange ein Stoff nach Maßgabe des Kapitels 2 in Verbindung mit Anlage 1 der AwSV nicht eingestuft bzw. seine Einstufung nicht im Bundesanzeiger veröffentlicht ist, gilt die Wassergefährdung als nicht sicher bestimmt mit einer vorsorglichen Einstufung in die Wassergefährdungsklasse 3. Sofern ein Stoff wiederum als nicht wassergefährdend eingestuft ist, ist er aus dem Geltungsbereich des Abschnitts 3 des WHG und der AwSV entlassen.

Stoffe, Gemische (§ 2 Abs. 3 u. 4)

Die Definitionen für Stoffe und Gemische sind dem Chemikaliengesetz entnommen. Danach ist ein Stoff definiert als ein chemisches Element und seine Verbindungen einschließlich der zur Stabilisierung erforderlichen Zusätze und herstellbedingten Verunreinigungen. Im Sinne der AwSV bedeutet „Stoff" also nicht, dass es sich um einen chemisch reinen Stoff handeln muss; ein gewisses Maß an Zusätzen und Verunreinigungen wird akzeptiert. Mit Propenylenoxid stabilisiertes Allylchlorid mit herstellbedingten Verunreinigungen von 2-Chlorpropan, 1-Chlorpropan und 1,5-Hexadien gilt danach als Stoff. Ein Stoff kann durch ein Herstellungsverfahren gewonnen oder natürlichen Ursprungs sein.

Ein Gemisch besteht aus zwei oder mehreren Stoffen. Es kommt nicht darauf an, ob die Gemische aktiv hergestellt wurden oder zufällig entstanden sind. Bezüglich der Gewässergefährdung ist diese Unterscheidung unerheblich.

Es bleibt offen, unter welchen Bedingungen ein stabilisierter und herstellbedingt verunreinigter Stoff zum Gemisch wird. Die Begründung zur AwSV führt aus, dass die Begriffsbestimmungen eng im Sinne des ChemG auszulegen seien. Einen deutlichen Hinweis, ob es sich um einen Stoff oder ein Gemisch handelt, geben daher die Zulassungen nach der EU-Verordnung 1907/2006/EG (REACH). Aus der Sicht des Gewässerschutzes wird die Grenze zum Gemisch überschritten, wenn

– die herstellbedingten Verunreinigungen oder die zur Stabilisierung zugesetzten Stoffe die Berücksichtigungsgrenzen für die Einstufung von Gemischen in Wassergefährdungsklassen gem. Anlage 1 der AwSV überschreiten,

– Zumischungen anderen Zwecken als der Stabilisierung dienen,

– es sich um gezielt hergestellte Gemische handelt, z. B. lösemittelhaltige Farben,

– es sich um im Rahmen von Produktionsverfahren entstandene Gemische handelt, z. B. Zwischenprodukte.

Vergälltes Ethanol z. B. wird als Gemisch zu gelten haben, da das Vergällungsmittel nicht der Stabilisierung dient und auch keine herstellbedingte Verunreinigung darstellt. Es wurde schließlich gezielt zugemischt, um das Ethanol ungenießbar zu machen. 1,2-Dichlorpropan als Gemisch spiegelbildlicher Stereoisomere (Racemat) wird hingegen als Stoff gelten können.

Im Zusammenhang mit den „festen Gemischen" wurde diskutiert, inwieweit auch Dachziegel, Betonrohre, Kalksandsteine u. Ä. der AwSV unterworfen werden. Hier ist die nicht in die AwSV übernommene Definition des § 3 Ziffer 5 ChemG hilfreich. Danach ist ein „Erzeugnis" definiert als *„Gegenstand, der bei der Herstellung eine spezifische Form, Oberfläche oder Gestalt erhält, die in größerem Maße als die chemische Zusammensetzung seine Funktion bestimmt".* Die Begründung zu § 2 Abs. 2 und 3 führt dazu aus: *„Die Begriffsbestimmungen unter Absatz 2 und 3 beinhalten nicht den Begriff des Erzeugnisses nach § 3 Satz 1 Nummer 5 ChemG. Die Begriffsbestim-*

43

mung in Absatz 2 und 3 ist insofern eng im Sinne des ChemG auszulegen." Erzeugnisse in diesem Sinne unterliegen damit nicht der AwSV.

Indes kommt das VG Trier in einem Urteil, ob die Lagerung von Autoreifen einer Löschwasserrückhaltung gem. AwSV bzw. VAwS Rheinland-Pfalz bedarf, zu dem Ergebnis, dass Autoreifen ein Gemisch im Sinne des Wasserrechtes darstellen: „*.... Allein der Vollständigkeit halber sei darauf hingewiesen, dass bei Anwendung der avisierten Bundesverordnung .... ein Anlagenbetreiber nach § 4 Abs. 1 AwSV verpflichtet ist, eine Klassifizierung vorzunehmen. Von dieser Pflicht zur Selbsteinstufung ist er indes unter anderem befreit, wenn die Stoffe unabhängig von einer Einstufung als stark wassergefährdende (WGK 3) betrachtet werden (§ 4 Abs. 2 Nr. 4 AwSV) oder Stoffe nach § 3 Abs. 2 und 3 AwSV vorliegen. Zu den Letztgenannten gehören nach § 3 Abs. 2 Satz 1 Nr. 8 AwSV auch feste Gemische (vorbehaltlich des Satzes 2 und einer abweichenden Einstufung nach § 10 AwSV), die als ‚allgemein wassergefährdend' gelten und in keine Wassergefährdungsklasse eingestuft werden müssen. Die im vorliegenden Verfahren zu lagernden Autoreifen würden bei Anwendung der AwSV danach als ‚allgemein wassergefährdend' gelten ... Nach § 20 AwSV müssen Anlagen so geplant, errichtet und betrieben werden, dass die bei Brandereignissen austretenden wassergefährdenden Stoffe, Lösch-, Berieselungs- und Kühlwasser sowie die entstehenden Verbrennungsprodukte mit wassergefährdenden Eigenschaften nach den allgemein anerkannten Regeln der Technik zurückgehalten werden. Da die entsprechenden Anforderungen nicht von einer bestimmten Wassergefährdungsklasse abhängig gemacht werden, wären hierunter auch die allgemein wassergefährdenden Stoffe bzw. Gemische zu fassen.*" [125]

Man wird abwarten müssen, welche Ansicht sich durchsetzt. Im genannten Fall ist das Erfordernis einer Löschwasserrückhaltung in der Sache unstreitig, die Begründung ist allerdings diskussionswürdig.

Die Aggregatzustände (§ 2 Abs. 5–7)

Ganz entscheidend für eine Gewässergefährdung und die dagegen zu ergreifenden Schutzmaßnahmen ist der Aggregatzustand eines Stoffes. Dieser bestimmt sein Ausbreitungsverhalten und damit seine Möglichkeiten, ein Gewässer zu erreichen (abgesehen von Anlagen zum Umgang mit wassergefährdenden Stoffen an oder in Gewässern) und dieses bei Vorliegen der entsprechenden chemischen, physikalischen oder biologischen Eigenschaften zu gefährden.

Feste Stoffe verbleiben, wenn vom Lösen in Wasser, Verwehen oder Abschwemmen abgesehen wird, an der Stelle, an der sie anfallen. Sie fließen und versickern nicht.

Niedrigviskose Newtonsche Flüssigkeiten setzen einer Formänderung nahezu keinen Widerstand entgegen. Sie haben das Bestreben, eine ebene Oberfläche zu bilden, und können durch Fließen je nach der Gestaltung des Bodens weite Strecken zurücklegen.

---

125 VG Trier, 10.12.2014 – 5 K 1450/14.TR.

Sie sind in der Lage, in porösen Untergründen zu versickern und unter dem Einfluss der Schwerkraft mehr oder weniger schnell zu fließen. Auf die besonderen Fließeigenschaften nicht-newtonscher oder hochviskoser Flüssigkeiten soll hier nicht eingegangen werden.

Im gasförmigen Zustand können sich die Teilchen in großem Abstand frei voneinander bewegen. Gase haben das Bestreben, den zur Verfügung stehenden Raum durch Konvektion oder Diffusion einzunehmen.

Jeder Stoff kann in jedem Aggregatzustand auftreten; dies ist nur eine Frage von Temperatur und Druck. Die Übergänge können fließend sein, so etwa bei zähen (hochviskosen) Flüssigkeiten oder Flüssigkeiten mit hohem Dampfdruck. Als Beispiel für zähe Flüssigkeiten seien Schweröl oder Bitumen genannt. Flüssigkeiten mit hohem Dampfdruck sind z. B. Cyanwasserstoff oder 2-Chlorpropen.

Die AwSV übernimmt die Definitionen der EG-Verordnung 1272/2008 (CLP-Verordnung). Für die Belange des Gewässerschutzes ist das Verhalten von Stoffen und Gemischen bei Umgebungsbedingungen entscheidend. Nur wenn wassergefährdende Stoffe in die Umgebung gelangen, können sie ein Gewässer gefährden. Der Zustand, in dem sie sich in geschlossenen Anlagen befinden, ist dafür unerheblich (nicht aber bezüglich der Belange z. B. der BetrSichV).

„Gasförmig" sind Stoffe und Gemische, die

1. bei einer Temperatur von 50 Grad Celsius einen Dampfdruck von mehr als 300 Kilopascal (3 bar) haben oder

2. bei einer Temperatur von 20 Grad Celsius und dem Standarddruck von 101,3 Kilopascal vollständig gasförmig sind.

„Flüssig" sind Stoffe und Gemische, die

1. bei einer Temperatur von 50 Grad Celsius einen Dampfdruck von weniger als 300 Kilopascal (3 bar) haben,

2. bei einer Temperatur von 20 Grad Celsius und einem Standarddruck von 101,3 Kilopascal nicht vollständig gasförmig sind und

3. einen Schmelzpunkt oder einen Schmelzbeginn bei einer Temperatur von 20 Grad Celsius oder weniger bei einem Standarddruck von 101,3 Kilopascal haben.

„Fest" sind Stoffe und Gemische, die nicht gasförmig oder flüssig sind.

Zwischen Flüssigkeit und Festkörper gibt es keine klare Grenze. Mit zunehmender Viskosität nähern sich Flüssigkeiten immer mehr dem Verhalten von Festkörpern. Die früher gebräuchliche Abgrenzung von „fest" zu „flüssig" über Penetrometerverfahren, z. B. gemäß der zurückgezogenen TRbF 003, ist nicht mehr zulässig. Daher finden die früher verwendeten Zustände „pastös" und „salbenförmig" keine Verwendung mehr. Salben und Pasten sind gemäß den Abgrenzungskriterien der AwSV als Flüssigkeit oder Feststoff einzustufen. Verflüssigte Gase wie Chlor oder Vinylchlorid gelten als Gase im Sinne der AwSV, geschmolzenes Paraffin als fester Stoff oder Kohlenwasserstoffe im dampfförmigen Zustand, etwa im Gasraum einer Destillationskolonne, gelten als flüssig.

Gärsubstrate landwirtschaftlicher Herkunft zur Gewinnung von Biogas
(§ 2 Abs. 8 AwSV)

Der Begriff wird im Zusammenhang mit Anlagen zur Gewinnung von Biogas verwendet. Es wird näher beschrieben, was alles unter diesen Begriff fällt.

Anlagen zum Umgang mit wassergefährdenden Stoffen (§ 2 Abs. 9)

Der Begriff der Anlage ist von zentraler Bedeutung für die Anwendung der AwSV. Das maßgebliche Volumen einer Anlage bestimmt zusammen mit der Wassergefährdungsklasse die Stufe des Gefährdungspotenzials und damit formelle Pflichten wie Prüfpflicht, Fachbetriebspflicht und Anzeige. Zusammen mit der Betriebsweise bestimmt die Stufe des Gefährdungspotenzials, ob für Anlagen eine Eignungsfeststellung und bauaufsichtliche Zulassungen für bestimmte Bauprodukte erforderlich sind oder nicht. § 14 AwSV gibt vor, durch wen und nach welchen Kriterien Anlagen voneinander abzugrenzen sind. Bevor jedoch mit der Anlagenabgrenzung begonnen wird, ist zu allererst zu prüfen, ob überhaupt eine Anlage im Sinne der AwSV vorliegt. Gemäß § 2 Abs. 9 AwSV gilt:

„Anlagen zum Umgang mit wassergefährdenden Stoffen" (Anlagen) sind

1. selbständige und ortsfeste oder ortsfest benutzte Einheiten, in denen wassergefährdende Stoffe gelagert, abgefüllt, umgeschlagen, hergestellt, behandelt oder im Bereich der gewerblichen Wirtschaft oder im Bereich öffentlicher Einrichtungen verwendet werden, sowie

2. Rohrleitungsanlagen nach § 62 Absatz 1 Satz 2 des Wasserhaushaltsgesetzes.

Als ortsfest oder ortsfest benutzt gelten Einheiten, wenn sie länger als ein halbes Jahr an einem Ort zu einem bestimmten betrieblichen Zweck betrieben werden; Anlagen können aus mehreren Anlagenteilen bestehen."

Danach sind folgende Randbedingungen zu erfüllen, damit es sich um eine Anlage zum Umgang mit wassergefährdenden Stoffen im Sinne der AwSV handelt:

– Es wird gelagert, abgefüllt, umgeschlagen, hergestellt, behandelt oder verwendet. „Transportieren" ist nicht genannt. Allerdings kann die Abgrenzung zwischen Umgang und Transport aufgrund von Überschneidungen beider Rechtsbereiche bei den Schnittstellen (Be- und Entladebereiche) schwierig zu ermitteln sein.

– Es wird mit wassergefährdenden Stoffen umgegangen. Dies sind Stoffe, die in eine Wassergefährdungsklasse oder als allgemein wassergefährdend eingestuft sind oder wegen fehlender Veröffentlichung durch das Umweltbundesamt als WGK3-Stoff anzusehen sind.

– Die Stoffe, mit denen umgegangen wird, sind nicht vom Ausschluss des § 62 Abs. 5 WHG erfasst.

– Die Anlage ist ortsfest oder wird ortsfest verwendet.

Ortsfest ist eine Anlage, wenn sie nicht dazu bestimmt ist, ihren Aufstellungsort zu wechseln. Die Anlagenteile ortsfester Anlagen sind in der Regel auf ihren Fundamenten verankert und durch fest angeschlossene Rohrleitungen miteinander verbunden. Eine nicht ortsfeste Anlage ist dazu bestimmt, ihren Aufstellungsort betriebsmäßig zu wechseln. Sie ist entsprechend konstruiert, z. B. mit Vorrichtungen zum Anschlagen von Tragmitteln versehen oder zur Aufnahme mit einem Gabelstapler vorbereitet. Das bekannteste und am weitesten verbreitete Beispiel sind Baustellen-Tankstellen, die in der Nähe einer Baustelle aufgestellt werden und dem Baufortschritt folgen, spätestens jedoch bei Beendigung der Bauarbeiten abtransportiert werden. Auch Baustellencontainer, in denen wassergefährdende Stoffe auf Baustellen gelagert werden, zählen zu den nicht ortsfesten Anlagen. Gefahrstoffschränke hingegen, die grundsätzlich ortsveränderlich sind, aber dauernd an ein und derselben Stelle verbleiben, sind ortsfest genutzte Anlagen.

Eine ortsfeste Verwendung liegt vor, wenn eine nicht ortsfeste Anlage länger als ein halbes Jahr an derselben Stelle betrieben wird. Dies kann bei Großbaustellen wie z. B. langen Tunneln, Talbrücken oder Autobahnbaustellen der Fall sein. Es bleibt allerdings offen, wie weit eine Anlage verlagert werden muss, damit eine erneute nicht ortsfeste Verwendung beginnt. Die Verlegung von einer Ecke eines Werkplatzes oder einer Werkstatt zu einer anderen wird nicht genügen.

Eine ortsfeste Verwendung ohne die Halbjahresfrist liegt vor, wenn jemand z. B. einen Transportcontainer als Vorlage- oder Lagerbehälter in eine Prozess- oder Lageranlage einbaut. Das Kriterium für eine ortsfeste Verwendung ist hier die feste Verrohrung mit der Anlage und eine etwaige Verankerung mit einem Fundament oder Stahlbau.

Fass- und Gebindelager (§ 2 Abs. 10)

„Fass- und Gebindelager" sind Lageranlagen für ortsbewegliche Behälter und Verpackungen, deren Einzelvolumen 1,25 Kubikmeter nicht überschreitet. Solche Lageranlagen sind durch ein geringes Volumen des einzelnen Behältnisses, aber eine große Anzahl von Einzelbehältnissen gekennzeichnet. Typische Vertreter solcher Behälter sind die allseits bekannten Fässer und IBCs. Aber auch Farbdosen in den Lagern von Farbenherstellern oder in Säcke verpackte Feststoffe wie Kunstdünger oder Streusalz fallen darunter. Diese Definition einer Untergruppe der Lageranlagen ermöglicht es, besondere Vorschriften zur Vereinfachung von Bau und Betrieb zu erlassen, die der Eigenheit dieses Lagertyps Rechnung tragen. Unter diesem Gesichtspunkt ist die Beschränkung des Volumens des Einzelgebindes auf 1,25 m³ zu sehen. Eine Lageranlage für größere Behältnisse wie etwa 40'-Container kann keine Erleichterungen in Anspruch nehmen und gilt als normale Lageranlage.

2.2   § 2 Abs. 11–20

Heizölverbraucheranlagen (§ 2 Abs. 11)

Auch diese Definition dient dazu, spezielle Regelungen treffen zu können, da dieser Anlagentyp sehr weit verbreitet ist. Gemeint sind alle Lageranlagen für Heizöl, also auch der private Heizöltank. Verbrauchsanlagen, also die Brennereinheit, sind nur erfasst im Bereich der gewerblichen Wirtschaft und öffentlicher Einrichtungen. Damit eine Anlage als „Heizölverbraucheranlage" im Sinne der AwSV gilt, müssen Randbedingungen eingehalten werden:

– Die Anlage dient dem Beheizen oder Kühlen von Wohn-, Geschäfts- und sonstigen Arbeitsräumen oder dem Erwärmen von Wasser; das Erzeugen von Dampf fällt nicht darunter.

– Es werden Heizöl EL und andere in der Definition genannte Brennstoffe verwendet.

– Der Jahresverbrauch übersteigt 100 m³ nicht.

– Die Tanks werden höchstens viermal im Jahr befüllt.

Damit fallen beispielsweise folgende Anlagen nicht unter die Definition „Heizölverbraucheranlagen" und sind wie normale Lager- bzw. Verwendungsanlagen zu behandeln:

– Heizungsanlagen von großen Krankenhäusern, Bürogebäuden o. Ä., wenn der Verbrauch 100 m³ im Jahr übersteigt,

– mit Heizöl EL betriebene Zünd- und Stützfeuerungen von Dampfkesseln,

– Anlagen, die Heizöl S als Brennstoff verwenden,

– Anlagen zur Beheizung von Armaturenstationen, begehbaren Rohrkanälen, Dükern oder Lagerräumen; es ist zweifelhaft, ob diese Orte unter „Arbeitsraum" fallen, auch wenn sich dort Arbeitnehmer zu Kontroll- und Wartungszwecken aufhalten.

Eigenverbrauchstankstellen (§ 2 Abs. 12)

Auch hier handelt es sich um einen speziellen Anlagentyp, für den Sonderregelungen getroffen sind. Eigenverbrauchstankstellen sind Tankstellen, die Fahrzeuge des zugehörigen Betriebes mit Kraftstoff versorgen. Die Art des Kraftstoffes ist nicht eingeschränkt; es dürfte sich in der überwiegenden Zahl der Fälle um Otto- oder Dieselkraftstoff handeln. Eigenverbrauchstankstellen sind der Öffentlichkeit nicht zugänglich; sie werden nur von einem begrenzten, speziell unterwiesenen Personenkreis bedient, und ihr Jahresumschlag ist auf 100 m³ begrenzt.

Typische Betreiber von Eigenverbrauchstankstellen sind z. B. größere landwirtschaftliche Betriebe, Speditionsunternehmen oder Eisenbahngesellschaften. Sofern z. B. bei großen Speditionen oder großen Betriebswerken der Eisenbahn die Jahresabgabe 100 m³ übersteigt, handelt es sich nicht mehr um Eigenverbrauchstankstellen im Sinne der AwSV. Es sind dann die Vorschriften für öffentliche Tankstellen in Verbindung mit den zutreffenden TRwS einzuhalten.

Biogasanlagen (§ 2 Abs. 14)

Durch die Definition wird beschrieben, welche Anlagenteile zu einer Biogasanlage gehören. Sie bedeutet nicht, dass die genannten Anlagenteile eine Anlage i. S. d. § 14 AwSV bilden. Es ist dem Anlagenbetreiber unbenommen, eine Biogasanlage in mehrere eigenständige Anlagen aufzuteilen, ohne dass er jedoch dadurch den für Biogasanlagen geltenden Vorschriften entgeht.

Unterirdische Anlagen (§ 2 Abs. 15)

Unterirdische Anlagen und Anlagenteile entziehen sich der Erkennung von Undichtheiten und der einfachen Zustandsbeurteilung durch Besichtigung oder Messverfahren, die einen Zugang erfordern, wie z. B. die Wanddickenmessung. Es sind besondere technische und organisatorische Maßnahmen erforderlich, um unterirdische Anlagen und Anlagenteile sicher zu betreiben. Für Planung und Betrieb ist es daher besonders wichtig, nach welchen Gesichtspunkten Anlagen und Anlagenteile als unterirdisch gelten.

Wenn auch im Kern gleichlautend, hat es in den abgelösten Länderverordnungen viele Formulierungen gegeben, die mehr oder weniger unbefriedigend waren. Jedoch hat sich in der Praxis eine Ansicht herausgebildet, die nun Eingang in die AwSV gefunden hat. Kriterium ist die Erkennung von Undichtheiten.

Anlagen oder Anlagenteile sind unterirdisch, wenn sie *„vollständig oder teilweise im Erdreich eingebettet sind"* oder „nicht vollständig einsehbar in Bauteilen, die unmittelbar mit dem Erdreich in Berührung stehen, eingebettet sind". Die Aufzählung ist abschließend, da alle anderen Anlagen und Anlagenteile als oberirdisch gelten. Weiter heißt es: *„Alle anderen Anlagen sind oberirdisch; oberirdisch sind insbesondere auch Anlagen, deren Rückhalteeinrichtungen teilweise im Erdreich eingebettet sind, sowie Behälter, die mit ihren flachen Böden vollflächig oder mit Stützkonstruktionen auf dem Untergrund aufgestellt sind."* Alte Streitfragen sind damit beantwortet: Rückhalteeinrichtungen gelten als oberirdisch, auch wenn sie teilweise im Erdreich eingebettet sind. Ebenso gelten die Böden von Flachbodentanks als oberirdisch.

Beispiele:

– Eine im Erdreich verlegte Verbindungsleitung zwischen Tanklager und Füllstelle für Tankfahrzeuge ist unterirdisch, da sie betrieblich wassergefährdende Flüssigkeiten fortleitet.

– Eine im Erdreich verlegte Rohrleitung als Teil einer Rückhalteeinrichtung, etwa der Verbindung einer Ableitfläche zu einem Auffangraum, gilt als oberirdisch, da sie nur im Falle von Undichtheiten der flüssigkeitsumschließenden Wandungen mit

49

Produkt beaufschlagt wird und insofern nicht anders betrieben wird als der Auffangraum.

- Ein in einem Keller einsehbar aufgestellter Heizöltank ist oberirdisch.

- Ein vor dem Haus eingeerdeter Heizöltank ist unterirdisch.

- In einem begehbaren Düker unter einem Fluss oder Verkehrsweg verlaufende Rohrleitungen gelten als oberirdisch.

- Leitungen in einem Schutzrohr gelten als unterirdisch.

- Eine in einem Betonfundament verlegte Produktrohrleitung gilt als unterirdisch.

- Eine auf einem Viertel ihres Umfangs im Erdboden liegende produktführende Rohrleitung gilt als unterirdisch; wenn sie nur noch mit der Sohle aufliegt, liegt der Grenzfall vor. Aus praktischen Erwägungen wird man jedoch verlangen müssen, dass ein zur Leckageerkennung ausreichender Abstand vom Erdboden gegeben ist. Dieser Abstand richtet sich nach den Umständen des Einzelfalls. 30 cm werden im Regelfall ausreichend sein.

Wenn ein Anlagenteil unterirdisch ist, gilt die gesamte Anlage als unterirdisch mit den entsprechenden Folgen für die Prüfung durch Sachverständige und die Fachbetriebspflicht. Ein Heizöltank sei vor dem Haus oberirdisch aufgestellt, aber die Zuleitung zur Heizungsanlage ist im Erdreich verlegt. Damit gilt die gesamte Anlage als unterirdisch.

Rückhalteeinrichtungen (§ 2 Abs. 16)

Unter diesem Begriff sind alle Einrichtungen zusammengefasst, die dazu dienen, im Schadensfall aus den stoffumschließenden Wandungen austretende wassergefährdende Stoffe daran zu hindern, in ein Gewässer zu gelangen. Aufgrund ihrer physikalischen Eigenschaften sind sie insbesondere für Flüssigkeiten erforderlich. Je nach Anlagenkonzeption sind dies:

- Auffangräume, in denen ausgetretene wassergefährdende Flüssigkeiten bis zu ihrer Entsorgung verbleiben; die zur Anlage gehörigen Behälter und Rohrleitungen können, müssen aber nicht im Auffangraum stehen. Bei entzündlichen, leichtentzündlichen oder hochentzündlichen Flüssigkeiten sind aus Brandschutzgründen die Behälter im Regelfall im Auffangraum aufzustellen.

- Auffangwannen sind kleinere ortsbewegliche Auffangräume, auf die Fässer, IBCs und ähnliche Kleingebinde gestellt werden, wenn ein baulich erstellter Auffangraum zu aufwendig ist oder den Betrieb der Anlage erschwert, etwa durch Schwellen, die die Befahrbarkeit behindern.

- Ableitflächen, Kanäle und Rohrleitungen, über die ausgetretene wassergefährdende Stoffe einem Auffangraum zugeführt werden.

– Rückhalteflächen sind befestigte Flächen, die der Rückhaltung von festen Stoffen oder kleinen Mengen von Flüssigkeiten dienen.

Doppelwandige Anlagen (§ 2 Abs. 17)

Doppelwandige Anlagen sind Anlagen; die aus zwei voneinander unabhängigen Wänden bestehen, von denen jede den mechanischen, chemischen und thermischen Belastungen des Anlagenbetriebes standhalten muss. Zentrales Sicherheitselement ist ein Zwischenraum zwischen diesen beiden Wandungen, der mit einem Leckanzeigesystem auf Undichtheiten einer Wand überwacht wird. Ein Behälter aus ideal aufeinandergelegten Blechen erfüllt die Anforderungen an doppelwandige Behälter nicht, da es am überwachbaren Zwischenraum mangelt. Dieser wird dadurch hergestellt, dass ein ausreichend dickes Drahtgewebe, etwa eine Baustahlmatte, zwischen die beiden Wandungen gelegt wird. Sehr verbreitet ist auch die Ausführung, einen der Mäntel aus Tränenblech herzustellen. Die Ausführung im Bereich von Stutzen und hier insbesondere im Bereich der Flansche ist schwierig und aufwendig; Beispiele hierfür finden sich in DIN EN 1708-1 Abschnitt 6.4. Daher sollen alle Stutzen oberhalb des zulässigen Flüssigkeitsstandes angeordnet werden. Oberhalb des zulässigen Flüssigkeitsstandes ist eine doppelwandige Ausführung eines Behälters nicht erforderlich.

Abfüll- und Umschlagflächen (§ 2 Abs. 18)

Dies sind Flächen, auf denen wassergefährdende Stoffe abgefüllt oder umgeschlagen werden. In der Regel sind es Stellflächen für ortsbewegliche Behälter (Flaschen, Dosen, Säcke, Container, Tank-Lkw, Eisenbahnfahrzeuge usw.). Flächen, die ausschließlich dem Fahrzeugverkehr dienen wie Zufahrten, Warteplätze oder Abstell- und Rangiergleise gehören nicht dazu.

Rohrleitungen (§ 2 Abs. 19)

Rohrleitungen dienen dem Zweck, Stoffe in ihnen fortzuleiten. Dies kann über längere Strecken bis zu mehreren Kilometern geschehen, wenn etwa in großen Standorten Anlagen miteinander verbunden werden, oder auch nur über wenige Meter zwischen benachbarten Apparaten. Die fortgeleiteten Stoffe können Gase, Dämpfe, Flüssigkeiten oder auch feste Stoffe in der Form von Staub oder Granulat sein. Rohrleitungen können unter erheblichem Überdruck stehen oder auch drucklos betrieben werden. All dies setzt die AwSV als gegeben und berücksichtigt voraus. Die Definition stellt lediglich klar, dass eine Rohrleitung fest oder flexibel sein kann und dass zu ihr die Formstücke, Armaturen, Förderaggregate (Pumpen, Verdichter), Flansche und Dichtmittel gehören. Zu den Dichtmitteln zählen nicht nur die Dichtungen in Flanschverbindungen, sondern auch Wellendichtungen von Armaturen und Pumpen.

Lagern (§ 2 Abs. 20)

Lagern ist das Vorhalten von wassergefährdenden Stoffen zur weiteren Nutzung, Abgabe oder Entsorgung. Es ist dies die Bevorratung von Rohstoffen, Zwischenprodukten und Endprodukten, um bei Störungen in den logistischen Abläufen produktions- oder lieferfähig zu bleiben. Davon zu unterscheiden ist das Bereitstellen zum Transport, die transportbedingte Unterbrechung oder das Vorhalten von wassergefährdenden Stoffen für den Handgebrauch und die Verwendung im Rahmen von Produktionsverfahren, auch Vorlage genannt. Zur Abgrenzung wurde die 24-Stunden-Regel entwickelt, wonach im Regelfall von einem „Lagern" auszugehen ist, wenn ein Behälter mehr wassergefährdende Stoffe aufnehmen kann, als an einem Tag umgesetzt wird. Diese Abgrenzung gilt nicht für die transportbedingte Unterbrechung, die durchaus mehrere Tage dauern kann, wenn etwa ein Tank-Lkw wegen des Wochenendfahrverbotes zwei Tage auf einem Rastplatz steht oder ein Eisenbahnkesselwagen in einem Rangierbahnhof mehrere Tage auf Weiterbeförderung wartet.

Beispiele:

– Ein Tank kann fünfmal mehr Flüssigkeiten fassen, als in einem kontinuierlich ablaufenden Prozess am Tage verbraucht wird → Lagerung.

– Ein Tank fasst 10.000 m³ wassergefährdende Flüssigkeit, die nachgeschaltete Produktion verbraucht aber 15.000 m³ am Tag → keine Lagerung, sondern Vorhaltung.

– Kesselwagen werden befüllt und auf den Gleisen der Werksbahn zu einem Zug zusammengestellt oder warten dort auf die Übernahme durch ein Eisenbahnverkehrsunternehmen → Bereitstellung zum Transport, sobald die Wagen transportfähig sind, d. h. verschlossen und verplombt (und solange der Empfänger nicht der eigene Betrieb ist).

– Zur Überbrückung eines Anlagenstillstandes oder als zeitlich begrenzter Ausgleich für zu geringe ortsfeste Lagerkapazitäten wird ein Zug aus Kesselwagen auf den Gleisen der Werksbahn abgestellt und nach und nach entleert → Lagerung, aber nicht ortsfest; sofern diese Überbrückung nicht mehr als sechs Monate dauert, unterliegt sie nicht der AwSV. Es sind jedoch allgemeine Maßnahmen zum Gewässerschutz gem. § 5 WHG zu ergreifen, um einen Gewässerschaden zu verhindern.

§ 14 AwSV enthält Vorschriften, unter welchen Umständen von einer Lagerung auszugehen ist. Deponien, auf denen Abfälle abgelagert werden, gelten nicht als Lager im Sinne der AwSV. Für Deponien gelten Spezialvorschriften des Abfallrechtes.

2.3   § 2 Abs. 21–33

Abfüllen (§ 2 Abs. 22)

„Abfüllen" ist das Befüllen von Behältern oder Verpackungen mit wassergefährden-den Stoffen. Unter „Behälter und Verpackungen" sind sowohl ortsfeste als auch be-wegliche Behältnisse zu verstehen. Nicht in den Begriffsbestimmungen enthalten ist der mit dem Befüllen eng zusammenhängende Begriff des Entleerens, obwohl das Entleeren eines ortsbeweglichen Behältnisses auch ein Umgang mit wassergefährden-den Stoffen ist. Wenn ein Behälter gefüllt wird, muss im Regelfall ein anderer entleert werden. Beim Befüllen besteht die Gefahr, dass eine Überschreitung des zulässigen Füllstandes des aufnehmenden Behältnisses vorkommen kann. Beim Entleeren besteht diese Gefahr nicht. Folglich werden an Abfüllstellen die höheren Anforderungen ge-stellt. Eine Abfüllstelle erfüllt im Regelfall immer auch die Anforderungen an eine Entleerstelle.

Füll- und Entleerstellen, in denen Transportfahrzeuge befüllt oder entleert werden, bilden die Schnittstelle zum Transport. Das Befüllen und Entleeren ist als Vorberei-tungs- bzw. Abschlusshandlung auch von den Transportvorschriften erfasst. Diese stehen jedoch in keinem Zusammenhang mit den Vorschriften der AwSV; beide Rechtsbereiche gelten parallel zueinander. Die Fahrzeuge sind nicht Bestandteil der Anlage. Straßen- oder Eisenbahnfahrzeuge mit aufgesetzten Tankcontainern gelten als Fahrzeuge.

Wenn keine Fahrzeuge, sondern Tankcontainer, Dosen, Kanister, Fässer o. Ä. befüllt werden, handelt es sich ebenfalls um eine Füllstelle. Im Gegensatz zu Tankfahrzeugen werden solche Gebinde im Regelfall einem Lager zugeführt, um sie verpackt in größe-ren Einheiten oder zu einem späteren Zeitpunkt zu versenden. Als Lager gelten auch Flächen, auf denen solche Gebinde regelmäßig zum Transport bereitgestellt werden. Es kommt nicht darauf an, dass die einzelnen Gebinde einmal oder mehrfach wech-seln. Es kommt nur auf die Regelmäßigkeit der Bereitstellung an.

Umschlagen (§ 2 Abs. 23)

„Umschlagen" ist zum einen das Laden und Löschen von Schiffen. Durch die unver-meidbare unmittelbare Nähe zum Wasser sind möglichen Schutzmaßnahmen Grenzen gesetzt. Daher ist der Maßstab für Sicherungsmaßnahmen der bestmögliche Schutz. Die allermeisten Anwender der AwSV werden sich mit derartigen Anlagen nicht be-fassen müssen.

Zum anderen ist „Umschlagen" das Umladen von wassergefährdenden Stoffen in Behältern oder Verpackungen von einem Transportmittel auf ein anderes, z. B. Fässer aus einem Eisenbahnwagen auf einen Lkw. Das Umschlagen ist damit durch zwei Merkmale charakterisiert:

– Die wassergefährdenden Stoffe befinden sich in Behältnissen oder Verpackungen.

– Diese Behältnisse werden von einem Landfahrzeug auf ein anderes umgeladen; es muss sich dabei nicht um verschiedene Verkehrsträger handeln.

Es wird zurzeit diskutiert, ob das Be- und Entladen von Landfahrzeugen mit wassergefährdenden Stoffen in Gebinden und Verpackungen ein Umschlagen im Sinne der AwSV ist. Dazu muss die Frage beantwortet werden, ob ein Gabelstapler oder ein Kran ein Ladehilfsmittel oder ein Transportmittel ist. Das Umfüllen von z. B. Heizöl aus einem Eisenbahnkesselwagen in einen Tank-Lkw, mit dem die Belieferung der Kunden vorgenommen wird, mittels einer Schlauchleitung ist mangels Behälter oder Verpackung eindeutig kein Umschlagen, sondern ein Abfüllen.

Intermodaler Verkehr (§ 2 Abs. 24)

Die Begriffsbestimmung erfolgt, um die Anlagen des intermodalen Verkehrs von anderen Umschlaganlagen abgrenzen und spezielle Vorschriften erlassen zu können. Entscheidend ist, dass die wassergefährdenden Stoffe in ein und derselben Ladeeinheit auf verschiedenen Verkehrsträgern transportiert werden. „Ladeeinheit" können Container oder auch die Sattelauflieger von Lkws sein. Große Containerhäfen zum Umschlag von Lkws oder Schienenfahrzeugen auf Schiffe sind z. B. Hamburg, Rotterdam, Bremen/Bremerhaven oder der JadeWeserPort Wilhelmshaven. Auch an Flüssen gibt es Containerhäfen wie z. B. Duisburg, Köln oder Basel. Bekannte Anlagen des intermodalen Verkehrs zum Umschlag von der Bahn auf Straßenfahrzeuge sind z. B. Köln-Eifeltor, Beiseförth bei Kassel, Kornwestheim oder Braunschweig.

Herstellen, Behandeln, Verwenden (§ 2 Abs. 25–27)

„Herstellen" ist das Erzeugen und Gewinnen von wassergefährdenden Stoffen. „Behandeln" ist das Einwirken auf wassergefährdende Stoffe, um deren Eigenschaften zu verändern. „Verwenden" ist das Anwenden, Gebrauchen und Verbrauchen von wassergefährdenden Stoffen unter Ausnutzung ihrer Eigenschaften im Bereich der gewerblichen Wirtschaft und im Bereich öffentlicher Einrichtungen.

Im Bereich des Umgangs im Rahmen von wirtschaftlichen Unternehmen und öffentlichen Einrichtungen sind die formellen und materiellen Anforderungen an Anlagen zum Herstellen, Behandeln oder Verwenden von wassergefährdenden Stoffen unabhängig von diesen Tätigkeiten. Eine exakte Unterscheidung ist daher nicht erforderlich und teilweise auch nur schwer möglich. Die Destillation eines Gemisches ist zum einen ein Behandeln des Ausgangsstoffes, zum anderen aber auch ein Herstellen der Produkte. Man spricht allgemein von HBV-Anlagen. Beispiele für die Verwendung von wassergefährdenden Stoffen sind das Verbrennen zur Wärmeerzeugung, Isolieröle in Transformatoren, Schmieröle in Motoren oder auch Lösemittel zum Reinigen.

Errichten (§ 2 Abs. 28)

Unter dem Begriff „Errichten" wird das Aufstellen, Einbauen oder Einfügen von Anlagen oder Anlagenteilen zum Umgang mit wassergefährdenden Stoffen zusammengefasst. Hierzu gehört vor allem der Einbau aller Anlagenteile in eine Anlage, die wassergefährdende Stoffe direkt umschließen, wie z. B. Behälter und Rohrleitungen unabhängig davon, ob sie auch der Druckgeräterichtlinie oder der BetrSichV unterliegen. Weiter gehört hierzu die Herstellung aller Einrichtungen, die im Schadensfall mit wassergefährdenden Stoffen beaufschlagt werden wie Auffangräume oder Dichtflächen. Auch sicherheitstechnisch erforderliche mess- und regeltechnische Einrichtungen, im Wesentlichen Überfüllsicherungen, Leckanzeigegeräte und Leckage-Erkennungssysteme, gehören dazu.

Vom Begriff „Errichten" nicht erfasst ist die Fertigung von Behältern und Rohrleitungen in den Betriebsstätten einschlägiger Unternehmungen. Die Herstellung auf der Baustelle, etwa von großen Flachbodentanks, wird man hingegen der Errichtung (Aufstellen) zurechnen müssen.

Instandhalten (§ 2 Abs. 29)

„Instandhalten" ist das Aufrechterhalten des ordnungsgemäßen Zustandes einer Anlage. Die AwSV folgt damit nicht den Definitionen der DIN 31051 „Grundlagen der Instandhaltung" oder DIN EN 13306 „Begriffe der Instandhaltung". Dort wird unterschieden in Wartung, Inspektion, Instandsetzung und Verbesserung. Instandhalten im Sinne der AwSV umfasst die Wartung und Inspektion gem. DIN 31051. Inspektion ist dabei die Ermittlung des Zustandes einer technischen Einrichtung und damit die Voraussetzung für die Erkennung von Verschleiß oder Schäden. Die Wartung ist der Erhalt des ordnungsgemäßen Zustandes. Dieser ist nicht mehr gegeben, wenn vorher festgelegte Grenzzustände (in DIN 31051 als Abnutzungsvorrat bezeichnet) unterschritten werden. Dann ist eine Instandsetzung erforderlich, durch die wieder ein ausreichender Abnutzungsvorrat hergestellt wird. In der AwSV wird die Instandsetzung als Wiederherstellung des ordnungsgemäßen Zustandes bezeichnet. In beiden Fällen können die Maßnahmen im Austausch von Bauteilen oder in der Aufarbeitung von verschlissenen Anlagenteilen bestehen.

Stilllegen (§ 2 Abs. 30)

„Stilllegen" ist die dauerhafte Außerbetriebnahme einer Anlage. Vorübergehende Außerbetriebnahmen wegen schlechter Auftragslage, vorübergehender Unwirtschaftlichkeit der Anlage oder wegen Instandsetzungs- oder Modernisierungsarbeiten fallen nicht darunter. Es bleibt allerdings offen, wann eine vorübergehende in eine dauerhafte Stilllegung übergeht. Mit hierfür ausschlaggebend ist der ernsthafte Wille des Anlagenbetreibers, den Betrieb zukünftig wieder aufzunehmen. Für Anlagen, die nach BImSchG genehmigt sind, erlischt die Genehmigung, wenn eine Anlage in einem Zeitraum von mehr als drei Jahren nicht betrieben worden ist (§ 18 Abs. 1 Nr. 2 BImSchG), falls die Frist nicht verlängert wurde. Die dauerhafte Stilllegung erfolgt in diesem Falle spätestens mit dem Erlöschen der Genehmigung nach BImSchG.

Wesentliche Änderung (§ 2 Abs. 31)

Eine wesentliche Änderung liegt vor, wenn Maßnahmen vorgenommen worden sind, die die baulichen oder sicherheitstechnischen Merkmale einer Anlage verändern. Eine wesentliche Änderung löst je nach ihrer Art Genehmigungs- und Prüfpflichten aus. Zu denken ist an eine Eignungsfeststellung nach § 63 WHG, eine Anzeige oder Änderungsgenehmigung nach BImSchG, eine Baugenehmigung nach BauO oder an eine Erlaubnis nach BetrSichV. Daher ist eine Abgrenzung zwischen „wesentlichen" und „unwesentlichen" Änderungen erforderlich; es muss allerdings beachtet werden, dass die Definition der „wesentlichen Änderung" in der AwSV nicht für andere Rechtsbereiche gilt.

Wesentliche Änderungen einer Anlage sind z. B.:

- Erweiterung eines Tanklagers um einen weiteren Tank,

- bisher nicht gelagerte Flüssigkeiten in einem Tanklager,

- Ersatz eines einwandigen Tanks im Auffangraum durch einen doppelwandigen oder umgekehrt,

- unterirdischer Einbau bisher oberirdischer Anlagenteile, auch von Rohrleitungen,

- Auskleidung eines Auffangraumes mit einer Beschichtung,

- Einbau eines anderen Beschichtungssystems als vorhanden, auch bei Ausbesserungen,

- die Vergrößerung einer HBV-Anlage, wenn die Anlage dadurch in eine höhere Stufe des Gefährdungspotenzials fällt,

- bisher nicht gehandhabte Stoffe in einer HBV-Anlage, wenn die Anlage dadurch in eine höhere Stufe des Gefährdungspotenzials fällt,

- Verkleinerung des Rückhaltevolumens durch Einbauten in einen Auffangraum,

- die deutliche Vergrößerung des Volumens, sofern sich dadurch das erforderliche Rückhaltevolumen ändert.

Ein Austausch von baugleichen Anlagenteilen ist unwesentlich. Auch Ausbesserungen, die zwar aufwendig sind, aber die Anlage nicht verändern, stellen keine wesentliche Änderung der Anlage dar, wie z. B. das Einschweißen von Flicken in einen Tank oder der Ersatz einer Rohrleitung. Derartige Maßnahmen können jedoch nach anderen Rechtsbereichen wesentlich sein.

Schutzgebiete (§ 2 Abs. 32)

Schutzgebiete sind Wasserschutzgebiete gem. §§ 51 und 52 WHG sowie Heilquellenschutzgebiete nach § 53 WHG. Wasserschutzgebiete dienen der Sicherung der öffentlichen Wasserversorgung der Bevölkerung mit Trinkwasser, Heilquellenschutzgebiete dem Schutz von Heilquellen. Ihre wasserwirtschaftliche Bedeutung ist derart hoch, dass in ihnen Nutzungsbeschränkungen und -verbote ausgesprochen werden können. Weiterhin können erhöhte materielle Anforderungen an Anlagen gestellt und verschärfte Prüf- und Überwachungspflichten vorgeschrieben werden. Die genaue Größe der Schutzgebiete und die Art der Beschränkungen in ihnen sind in den jeweiligen Schutzgebietsverordnungen festgelegt.

Der Betreiber einer Anlage zum Umgang mit wassergefährdenden Stoffen muss in Erfahrung bringen, ob sich seine Anlage in einem Schutzgebiet befindet und ob er diese Information im Falle von Arbeiten oder Änderungen an Planer und Fachbetriebe weitergeben sowie die erforderlichen Prüfungen durch Sachverständige veranlassen muss.

Wasserschutzgebiete werden sowohl für Grundwasserbrunnen (DVGW-Arbeitsblatt W 101) als auch für Talsperren (DVGW-Arbeitsblatt W 102) in Schutzzonen unterteilt.

– Wasserschutzzone I – Fassungsbereich

   Sie wird um den eigentlichen Brunnen herum festgelegt und hat einen Radius von 10–20 m.

– Wasserschutzzone II – engeres Schutzgebiet

   Die Größe der engeren Schutzzone soll so bemessen sein, dass die Fließzeit des Wassers vom Rand der engeren Schutzzone bis zum Brunnen mindestens 50 Tage beträgt. Damit soll das Trinkwasser vor bakteriellen Verunreinigungen geschützt werden. Unter sehr günstigen Umständen soll der Abstand nicht geringer als 100 m sein.

– Wasserschutzzone III – weiteres Schutzgebiet

   Die weitere Zone umfasst das gesamte Einzugsgebiet des Brunnens.

Auf die Nennung der Größe der Schutzzonen bei Talsperren wird hier verzichtet.

Es ist eine weitere Unterteilung der Schutzzonen II und III bei Talsperren bzw. der Schutzzone III bei Grundwasserbrunnen in Zonen A und B möglich.

Für Heilquellenschutzgebiete gelten die gleichen Vorschriften einschließlich der Schutzzonen wie für Wasserschutzgebiete.

Nicht in der AwSV definiert sind Überschwemmungsgebiete i. S. d. § 76 WHG, obwohl mit § 50 AwSV besondere Anforderungen an Anlagen zum Umgang mit wassergefährdenden Stoffen in solchen Gebieten gestellt werden. § 76 WHG bestimmt:

- Abs. 1: *„Überschwemmungsgebiete sind Gebiete zwischen oberirdischen Gewässern und Deichen oder Hochufern und sonstige Gebiete, die bei Hochwasser eines oberirdischen Gewässers überschwemmt oder durchflossen oder die für Hochwasserentlastung oder Rückhaltung beansprucht werden. Dies gilt nicht für Gebiete, die überwiegend von den Gezeiten beeinflusst sind, soweit durch Landesrecht nichts anderes bestimmt ist."*

- Abs. 2: *„Die Landesregierung setzt durch Rechtsverordnung*

  1. innerhalb der Risikogebiete oder der nach § 73 Absatz 5 Satz 2 Nummer 1 zugeordneten Gebiete mindestens die Gebiete, in denen ein Hochwasserereignis statistisch einmal in 100 Jahren zu erwarten ist, und

  2. die zur Hochwasserentlastung und Rückhaltung beanspruchten Gebiete

  als Überschwemmungsgebiete fest. Gebiete nach Satz 1 Nummer 1 sind bis zum 22. Dezember 2013 festzusetzen. Die Festsetzungen sind an neue Erkenntnisse anzupassen. Die Landesregierung kann die Ermächtigung nach Satz 1 durch Rechtsverordnung auf andere Landesbehörden übertragen.

- Abs. 3: *„Noch nicht nach Absatz 2 festgesetzte Überschwemmungsgebiete sind zu ermitteln, in Kartenform darzustellen und vorläufig zu sichern."*

Sachverständige (§ 2 Abs. 33)

Sachverständige sind Personen, die von nach AwSV behördlich anerkannten Organisationen dazu bestellt worden sind, Anlagen zum Umgang mit wassergefährdenden Stoffen zu prüfen und zu begutachten. Es gibt zurzeit ungefähr 60 anerkannte Sachverständigenorganisationen.

Kapitel 3: Einstufung von Stoffen und Gemischen (§§ 3–12 AwSV)

Autor: Dr. Rudolf Stockerl

Das Verfahren der Einstufung von wassergefährdenden Stoffen und Gemischen weist gegenüber der vormaligen Verwaltungsvorschrift wassergefährdende Stoffe (VwVwS) vom 17. Mai 1999, zuletzt geändert durch die Allgemeine Verwaltungsvorschrift zur Änderung der Verwaltungsvorschrift wassergefährdende Stoffe vom 27. Juli 2005, zwei wesentliche Neuerungen auf. Zum einen musste das der Einstufung nach Anhang 3 VwVwS zugrunde liegende System der R-Sätze entsprechend § 4a Abs. 1 bis 4 der Gefahrstoffverordnung (GefStoffV) vom 26. Oktober 1993 in ihrer jeweils gültigen Fassung ersetzt werden durch das analoge System der Gefahrenhinweise H (H für „hazard") nach den Anhängen I, II und VI der Verordnung (EG) Nr. 1272/2008 des Europäischen Parlaments und des Rates vom 16. Dezember 2008 über die Einstufung, Kennzeichnung und Verpackung von Stoffen und Gemischen, zur Änderung und Aufhebung der Richtlinien 67/548/EWG und 1999/45/EG und zur Änderung der Verordnung (EG) Nr. 1907 /2006 in der jeweils gültigen Fassung („CLP-Verordnung" – *Classification, Labelling, Packaging*). Zum anderen wurde zusätzlich zu den bereits bestehenden Wassergefährdungsklassen 1 (schwach wassergefährdend), 2 (deutlich wassergefährdend) und 3 (stark wassergefährdend) als neuer Einstufungsstatus die Einstufung „allgemein wassergefährdend" eingeführt.

3.1 Grundlegende Regelungen – Stoffe und Gemische/Einstufungsstatus/ Selbsteinstufung

3.1.1 Stoffe und Gemische

Die Bezeichnung „Stoffe" im Titel der AwSV ist als Oberbegriff der „wassergefährdenden Stoffe" im Sinne von einzelnen Stoffen im festen, flüssigen oder gasförmigen Zustand, zugleich aber auch im Sinne von Gemischen aus mehreren solcher Stoffe zu verstehen, die *„geeignet sind, dauernd oder in einem nicht nur unerheblichen Ausmaß nachteilige Veränderungen der Wasserbeschaffenheit herbeizuführen"*.

Im Regelungstext dagegen wird der Begriff „Stoff" immer in Abgrenzung zum Begriff „Gemisch" verwendet. Die Begriffsbestimmungen in § 2 übernehmen für Stoffe (Abs. 3) und für Gemische (Abs. 4) die entsprechenden Begriffe aus dem Chemikaliengesetz (ChemG). Danach zählen zu den Stoffen *„die chemischen Elemente und ihre chemischen Verbindungen, in natürlicher Form oder gewonnen durch ein Herstellungsverfahren, einschließlich der zur Wahrung der Stabilität notwendigen Zusatzstof-*

fe und der durch das angewandte Verfahren bedingten Verunreinigungen". Stoffe müssen also nicht chemisch rein wie für Analysezwecke sein, sondern dürfen ein gewisses Maß an natürlich oder technisch bedingten Beimengungen enthalten.

Gemische wiederum bestehen aus zwei oder mehr Stoffen. Dazu zählen Lösungen und Zubereitungen, aber auch Abfälle, die regelmäßig aus mehreren Stoffen, häufig nicht ausreichend bekannter und auch noch wechselnder Zusammensetzung bestehen. Dabei ist allerdings die für die Abfalleinstufung wesentliche Absicht, sich solcher Gemische entledigen zu wollen, für die Frage, ob von ihnen eine Wassergefährdung ausgehen kann, nicht bedeutsam.

Abbildung 3.1 zeigt eine Übersicht mit den einzustufenden wassergefährdenden Stoffen und Gemischen, ihren möglichen Einstufungen, die im Folgenden näher beschrieben werden, und den jeweils zugehörigen regelnden Abschnitten in der AwSV.

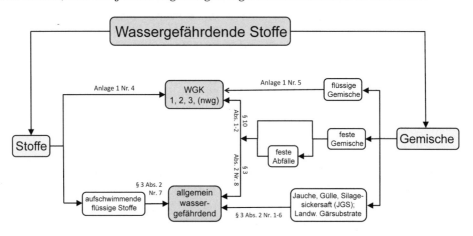

Abb. 3.1 Wassergefährdende Stoffe und Gemische und ihre möglichen Einstufungen (Übersicht)

3.1.2 Wassergefährdungsklassen

Stoffe und Gemische, mit denen in Anlagen umgegangen wird, können nach § 3 Abs. 1 entsprechend ihres Gefährdungspotenzials in eine der folgenden drei Wassergefährdungsklassen (WGK) eingestuft werden:

– Wassergefährdungsklasse 1 (WGK 1) = schwach wassergefährdend

– Wassergefährdungsklasse 2 (WGK 2) = deutlich wassergefährdend

– Wassergefährdungsklasse 3 (WGK 3) = stark wassergefährdend

Die vor Inkrafttreten der AwSV für die WGK 2 nach der VwVwS noch geltende Bezeichnung „wassergefährdend" wurde für eine genauere Bestimmung zwischen einer schwachen und einer starken Wassergefährdung präzisiert zu „deutlich wassergefährdend".

Solange Stoffe und Gemische nicht nach Maßgabe der §§ 3–12 in Verbindung mit Anlage 1 eingestuft sind, gelten sie unter Anwendung des Besorgnisgrundsatzes nach § 62 Abs. 1 WHG als stark wassergefährdend (§ 3 Abs. 4). Eine Einstufung gilt als vollzogen für einen Stoff, wenn sie im Bundesanzeiger veröffentlicht wurde (§ 6 Abs. 4), und für ein Gemisch, wenn sie gegenüber einer zuständigen Landesbehörde im Rahmen der Zulassung einer Anlage nachvollziehbar dokumentiert wurde (§ 8 Abs. 3 und 4).

3.1.3   Allgemein wassergefährdend

Der Einstufungsstatus „allgemein wassergefährdend" wurde neu eingeführt als eine vereinfachte Einstufung für Stoffe und Gemische, deren grundsätzlich wassergefährdende Eigenschaften zwar unstrittig sind, deren Einstufung in eine Wassergefährdungsklasse aber entweder nach Anlage 1 Nr. 4 nicht adäquat möglich ist, weil sie – wie die sogenannten aufschwimmenden flüssigen Stoffe (siehe Kap. 3.2.3) – keine Gefahrenmerkmale nach der CLP-Verordnung aufweisen oder weil deren Einstufung aufgrund ihrer komplexen und mehr oder weniger stark variierenden Zusammensetzung allenfalls mit einem unverhältnismäßig hohen Aufwand durchzuführen wäre, wie z. B. für organische Stoffgemische aus dem landwirtschaftlichen Bereich (JGS: Jauche, Gülle, Silagesickersaft) und für Gärsubstrate landwirtschaftlicher Herkunft aus der Biogasgewinnung sowie auch für eine Reihe von mineralischen Abfällen.

Im Falle solcher komplexen Gemische auf eine Unterscheidung nach den Wassergefährdungsklassen zu verzichten, bringt den Vorteil, dass ihre genaue Zusammensetzung mit Angabe und eventuell aufwändiger analytischer Bestimmung der enthaltenen Stoffe nicht bekannt sein muss, um ihre Wassergefährdung bestimmen zu können. Von Betreiberseite sollte dieser neue Einstufungsstatus deshalb auch nicht als „Verschärfung" der Vorschriften zum Anlagenbetrieb gesehen werden. Im Gegenteil bedeutet er eher eine Vollzugserleichterung und eine Erhöhung der Rechtssicherheit, wenn man bedenkt, dass der Anlagenbegriff nach § 2 Abs. 9 prinzipiell sehr umfassend zu verstehen ist. Auch kann die dem Betreiber obliegende Beweislast, dass eine schädliche Boden- und in der Folge möglicherweise auch noch eine Gewässerverunreinigung durch einen Anlagenbetrieb mit an Sicherheit grenzender Wahrscheinlichkeit verhindert werden kann, dadurch erleichtert werden.

3.1.4   Nicht wassergefährdend

Stoffe und Gemische, die kein relevantes Wassergefährdungspotenzial im Sinne des Schutzzieles des § 62 WHG aufweisen, werden als „nicht wassergefährdend", häufig abgekürzt mit „nwg", eingestuft (siehe Kap. 3.2.2, Kap. 3.3.2 und Kap. 3.3.3). Anlagen, in denen nur mit solchen Stoffen und Gemischen umgegangen wird, unterliegen formalrechtlich nicht dem § 62 WHG. Werden im Einzelfall trotzdem Maßnahmen zum Gewässerschutz für erforderlich gehalten, z. B. bei einer Anlage in unmittelbarer Nähe zu einem oberirdischen Gewässer, können diese deshalb nur mit den „allgemeinen Sorgfaltspflichten" nach § 5 WHG sowie speziell für die Reinhaltung des Grundwassers mit § 48 Abs. 2 WHG und für die Reinhaltung oberirdischer Gewässer mit § 32 Abs. 2 WHG begründet werden.

Als prinzipiell nicht wassergefährdend gelten nach § 3 Abs. 3 Stoffe und Gemische, die *„dazu bestimmt sind oder von denen erwartet werden kann, dass sie als Lebensmittel aufgenommen werden"*, wie z. B. Kochsalz und Zucker sowie Stoffe und Gemische, die „zur Tierfütterung bestimmt sind" mit Ausnahme von Siliergut und Silage nach § 3 Abs. 2 Nr. 5.

3.1.5 Verpflichtung zur Selbsteinstufung

Ein wesentliches Prinzip ist, dass ein Betreiber, der beabsichtigt, in einer Anlage mit einem Stoff oder mit einem flüssigen oder gasförmigen Gemisch umzugehen, diesen Stoff nach § 4 Abs. 1 mit Ausnahme der Fälle in § 4 Abs. 2 bzw. dieses Gemisch nach § 8 Abs. 1 mit Ausnahme der Fälle in § 8 Abs. 2 jeweils nach Maßgabe der Kriterien in Anlage 1 selbst und eigenverantwortlich in eine Wassergefährdungsklasse oder ggf. auch als nicht wassergefährdend einzustufen hat. Feste Gemische dagegen sind durch § 3 Abs. 2 Nr. 8 bereits pauschal als allgemein wassergefährdend eingestuft, können aber vom Betreiber bei Vorliegen einer der Voraussetzungen in § 10 Abs. 1 auch als nicht wassergefährdend (siehe Kap. 3.3.3) oder nach § 10 Abs. 2 auch in eine Wassergefährdungsklasse eingestuft werden.

Eine Verpflichtung zur Einstufung entfällt im Übrigen auch, wenn der Betreiber einen Stoff oder ein Gemisch unabhängig von dessen Eigenschaften als stark wassergefährdend betrachtet und damit die Anforderungen wie für die Wassergefährdungsklasse 3 akzeptiert.

Handelt es sich um einen Umgang mit einem Stoff, wird es in der Regel nicht erforderlich sein, dass ein Betreiber, sofern er nicht zugleich auch Hersteller dieses Stoffes ist, einstufen muss, da ein Hersteller schließlich selbst eine Anlage betreibt und damit als erster in der Umgangskette zur Selbsteinstufung gefordert ist. Die Verpflichtung zur Selbsteinstufung eines Stoffes verbleibt zwar formalrechtlich auch in diesem Fall beim Anlagenbetreiber, er wird aber in der Regel auf eine bereits durch den Hersteller vorgenommene und nach § 6 Abs. 4 durch das Umweltbundesamt im Bundesanzeiger öffentlich bekannt gemachte Einstufung zurückgreifen können. Wenn dies tatsächlich der Fall ist, besteht nach § 4 Abs. 2 Nr. 2 für den nachgeordneten Anlagenbetreiber selbstverständlich keine Verpflichtung mehr, eine eigene Einstufung vorzunehmen.

Bei der Einstufung von gasförmigen und flüssigen Gemischen nach Anlage 1 Nr. 5 (siehe Kap. 3.3.1) dagegen ist der Betreiber einer Anlage in jedem Fall unmittelbar gefordert. Während für die Einstufung eines primären Gemisches wie z. B. eines Ausgangskonzentrats, in der Regel über eine „Rechnerische Ableitung der Wassergefährdungsklasse aus den Wassergefährdungsklassen der enthaltenen Stoffe" nach Anlage 1 Nr. 5.2, häufig kurz auch als „Mischungsregel" bezeichnet (siehe Kap. 3.3.1.2), noch der Lieferant verantwortlich zeichnet und die Einstufung im Idealfall im dazugehörigen Sicherheitsdatenblatt dokumentiert wird, kann ein durch eine Verdünnung bzw. durch eine weitere Vermischung aus einem Konzentrat entstandenes spezifisches Anwendungsgemisch nur vom tatsächlichen Anlagenbetreiber eingestuft werden. Dafür sind im Regelfall die Anteile aller Stoffe in der geänderten Zusammensetzung für eine erneute Anwendung der Mischungsregel neu zu berechnen. Für Fälle, bei denen die Ausgangszusammensetzung nicht bekannt ist, erlaubt Anlage 1 Nr. 5.1.2 allerdings auch, das ursprüngliche Gemisch mit seiner WGK wie eine Komponente des neuen Gemisches zu betrachten. Da letztere Vorgehensweise nicht zu einer Einstufung des neuen Gemisches in eine niedrigere WGK als bei einer Neuberechnung der Anteile aller Einzelstoffe führen kann, ist sie aus der Sicht eines vorbeugenden Gewässerschutzes unkritisch.

3.2 Einstufung von Stoffen

Die Selbsteinstufung von Stoffen regelt § 4 nach Maßgabe der Anlage 1 Nr. 4. Die Einstufung in eine der Wassergefährdungsklassen oder als nicht wassergefährdend ergibt sich aus den intrinsischen Eigenschaften eines Stoffes hinsichtlich seiner Toxizität, seines Abbauverhaltens in der aquatischen Umwelt und seiner Akkumulationsneigung in den aquatischen Nahrungsketten.

Dabei schafft sie allerdings kein eigenes unabhängiges Bewertungssystem für diese gefährdenden Eigenschaften, sondern stützt sich auf die im Chemikalienrecht mit den Gefahrenhinweisen (H-Sätzen) bereits vorgegebenen und zur Verfügung stehenden Bewertungskriterien nach der Verordnung (EG) Nr. 1272/2008 des Europäischen Parlaments und des Rates vom 16. Dezember 2008 über die Einstufung, Kennzeichnung und Verpackung von Stoffen und Gemischen, zur Änderung und Aufhebung der Richtlinien 67/548/EWG und 1999/45/EG und zur Änderung der Verordnung (EG) Nr. 1907/2006, der sogenannten CLP-Verordnung. Die CLP-Verordnung wiederum fußt auf dem *Globally Harmonised System (GHS) of Classification and Labelling of Chemicals* der Vereinten Nationen (UN), einem weltweit vereinheitlichten System der Einstufung und Kennzeichnung von Chemikalien, das nicht nur den freien Warenverkehr in einer globalen Wirtschaft erleichtern, sondern gleichzeitig auch ein hohes Schutzniveau für die menschliche Gesundheit und die Umwelt gewährleisten soll.

3.2.1 Bestimmung der Wassergefährdungsklasse

Die Bestimmung der Wassergefährdungsklasse für einen Stoff nach Anlage 1 Nr. 4 erfolgt in folgenden Schritten:

1. Bereitstellung bzw. Ermittlung der für den Wasserpfad und somit für den Gewässerschutz relevanten H-Sätze nach Nr. 4.2

2. Aufsummierung der fälligen Bewertungspunkte nach Nr. 4.2 einschließlich eventuell erforderlicher Vorsorgepunkte nach Nr. 4.3

3. Ermittlung der Wassergefährdungsklasse zur Summe aus Bewertungs- und ggf. Vorsorgepunkten nach Nr. 4.4

3.2.1.1 Ermittlung der gewässerschutzrelevanten Gefahrenhinweise nach Verordnung EG Nr. 1272/2008

Die Verordnung (EG) Nr. 1272/2008 (CLP-Verordnung) verpflichtet alle Lieferanten in der EU, die chemische Stoffe und Gemische herstellen, importieren, verwenden oder vertreiben, diese nach ihrer Gefährlichkeit gemäß den Bestimmungen der CLP-Verordnung eigenverantwortlich einzustufen und zu kennzeichnen. Händler oder nachgeschaltete Anwender, die einen Stoff oder ein Gemisch lediglich in Verkehr bringen und dabei seine Zusammensetzung nicht verändern, können eine bereits von einem Akteur in der Lieferkette vorgenommene Einstufung verwenden. Neben der Selbsteinstufung sieht die CLP-Verordnung aber auch eine harmonisierte, behördlich vorgegebene Einstufung (= Legaleinstufung) für eine begrenzte Menge von Stoffen mit besonderen gefährdenden Eigenschaften vor, wie z. B. für krebserzeugende und das Erbgut oder die Leibesfrucht schädigende Stoffe (CMR-Stoffe: „Carcinogenic, Mutagenic and Toxic to Reproduction"). Diese Legaleinstufungen werden im Anhang VI der CLP-Verordnung gelistet und sind rechtsverbindlich anzuwenden.

Abbildung 3.2 zeigt ein typisches Gefahrstoffetikett für eine Kennzeichnung nach CLP beispielhaft für den Kohlenwasserstoff n-Hexan mit den erforderlichen Gefahrenhinweisen (H), hier auf der Basis einer Legaleinstufung, und den Sicherheitshinweisen P (P für „precautionary").

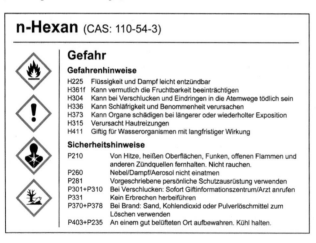

Abb. 3.2 Gefahrstoffetikett mit Kennzeichnung nach CLP-Verordnung

Die Gesamtheit der Gefahrenhinweise nach der CLP-Verordnung deckt das ganze Spektrum von Gefahren physikalischer Einwirkung (H200-Reihe), Gefahren für die Gesundheit (H300-Reihe) und Gefahren für die Umwelt (H400-Reihe) ab. Tabelle 3.1 zeigt für die Gefahren für die Gesundheit und für die Umwelt alle existierenden H-Sätze einschließlich einiger mit EUH bezeichneter Gefahrenhinweise, die in der EU zusätzlich eingeführt wurden, weil für diese Gefahrenmerkmale im GHS der UN keine entsprechenden H-Sätze zur Verfügung stehen.

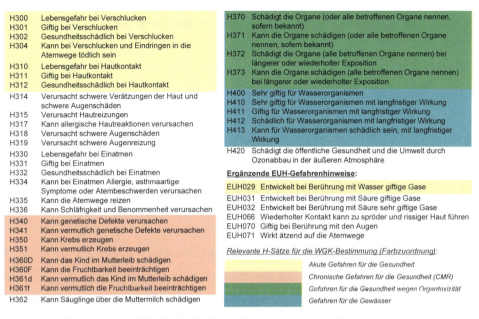

H300	Lebensgefahr bei Verschlucken
H301	Giftig bei Verschlucken
H302	Gesundheitsschädlich bei Verschlucken
H304	Kann bei Verschlucken und Eindringen in die Atemwege tödlich sein
H310	Lebensgefahr bei Hautkontakt
H311	Giftig bei Hautkontakt
H312	Gesundheitsschädlich bei Hautkontakt
H314	Verursacht schwere Verätzungen der Haut und schwere Augenschäden
H315	Verursacht Hautreizungen
H317	Kann allergische Hautreaktionen verursachen
H318	Verursacht schwere Augenschäden
H319	Verursacht schwere Augenreizung
H330	Lebensgefahr bei Einatmen
H331	Giftig bei Einatmen
H332	Gesundheitsschädlich bei Einatmen
H334	Kann bei Einatmen Allergie, asthmaartige Symptome oder Atembeschwerden verursachen
H335	Kann die Atemwege reizen
H336	Kann Schläfrigkeit und Benommenheit verursachen
H340	Kann genetische Defekte verursachen
H341	Kann vermutlich genetische Defekte verursachen
H350	Kann Krebs erzeugen
H351	Kann vermutlich Krebs erzeugen
H360D	Kann das Kind im Mutterleib schädigen
H360F	Kann die Fruchtbarkeit beeinträchtigen
H361d	Kann vermutlich das Kind im Mutterleib schädigen
H361f	Kann vermutlich die Fruchtbarkeit beeinträchtigen
H362	Kann Säuglinge über die Muttermilch schädigen

H370	Schädigt die Organe (oder alle betroffenen Organe nennen, sofern bekannt)
H371	Kann die Organe schädigen (oder alle betroffenen Organe nennen, sofern bekannt)
H372	Schädigt die Organe (alle betroffenen Organe nennen) bei längerer oder wiederholter Exposition
H373	Kann die Organe schädigen (alle betroffenen Organe nennen) bei längerer oder wiederholter Exposition
H400	Sehr giftig für Wasserorganismen
H410	Sehr giftig für Wasserorganismen mit langfristiger Wirkung
H411	Giftig für Wasserorganismen mit langfristiger Wirkung
H412	Schädlich für Wasserorganismen mit langfristiger Wirkung
H413	Kann für Wasserorganismen schädlich sein, mit langfristiger Wirkung
H420	Schädigt die öffentliche Gesundheit und die Umwelt durch Ozonabbau in der äußeren Atmosphäre

Ergänzende EUH-Gefahrenhinweise:

EUH029	Entwickelt bei Berührung mit Wasser giftige Gase
EUH031	Entwickelt bei Berührung mit Säure giftige Gase
EUH032	Entwickelt bei Berührung mit Säure sehr giftige Gase
EUH066	Wiederholter Kontakt kann zu spröder und rissiger Haut führen
EUH070	Giftig bei Berührung mit den Augen
EUH071	Wirkt ätzend auf die Atemwege

Relevante H-Sätze für die WGK-Bestimmung (Farbzuordnung):

	Akute Gefahren für die Gesundheit
	Chronische Gefahren für die Gesundheit (CMR)
	Gefahren für die Gesundheit wegen Organtoxizität
	Gefahren für die Gewässer

Tab. 3.1 Gefahrenhinweise (H-Sätze) für Gesundheitsgefahren und Umweltgefahren nach Verordnung (EG) Nr. 1272/2008 (CLP)

Für die Wassergefährdung sind allerdings nur diejenigen H-Sätze und EUH-Sätze von Bedeutung und werden für die Ermittlung der Wassergefährdungsklasse herangezogen (in Tab. 3.1 jeweils farbig markiert), die entweder unmittelbare Gefahren für den Wasserpfad beschreiben, wie Wirkungen auf Wasserorganismen und Wirkungen auf die Gesundheit des Menschen bei oraler oder dermaler Exposition, oder Gefahren für den Wasserpfad bedeuten können wie u. a. eine krebserzeugende (karzinogene) Wirkung. So werden H350 („Kann Krebs erzeugen") und H351 („Kann vermutlich Krebs erzeugen") nur dann berücksichtigt, wenn die krebserzeugende Wirkung nach oraler Aufnahme auftreten kann und nicht nur auf dem inhalativen Pfad, also nach Einatmen, wie z. B. bei einer Reihe von Verbindungen der Metalle Beryllium, Kobalt und Nickel (z. B. Nickeloxide). Wenn andere Expositionen als der inhalative Weg ausgeschlossen werden können, wird dies beim Gefahrenhinweis H350 in der Regel mit einem „i" als H350i gekennzeichnet.

In Anlage 1 Nr. 4.2 sind alle H-Sätze aufgelistet, die für die Bestimmung der WGK heranzuziehen sind. Obgleich die analogen, der WGK-Einstufung nach der VwVwS zugrunde liegenden R-Sätze bzw. R-Satz-Kombinationen ab dem 01.06.2015 chemikalienrechtlich endgültig und vollständig durch die H-Sätze abgelöst worden sind, wurden sie ebenfalls noch in diesen Abschnitt der Anlage 1 aufgenommen. In Tabelle 3.2 sind diese R-Sätze und R-Satz-Kombinationen den nunmehr geltenden gleichbedeutenden H-Sätzen jeweils „eins zu eins" gegenübergestellt.

H-Satz	R-Satz	Wortlaut des R-Satzes bzw. der R-Satz-Kombination
EUH029	R29	Entwickelt bei Berührung mit Wasser giftige Gase;
	R15/29	Reagiert mit Wasser unter Bildung giftiger und hochentzündlicher Gase
H300	R28	Sehr giftig beim Verschlucken
H301	R25	Giftig beim Verschlucken
H302	R22	Gesundheitsschädlich beim Verschlucken
H304	R65	Gesundheitsschädlich: kann beim Verschlucken Lungenschäden verursachen
H310	R27	Sehr giftig bei Berührung mit der Haut
H311	R24	Giftig bei Berührung mit der Haut
H312	R21	Gesundheitsschädlich bei Berührung mit der Haut
H340	R46	Kann vererbbare Schäden verursachen
H341	R68	Irreversibler Schaden möglich
H350	R45	Kann Krebs erzeugen
H351	R40	Verdacht auf krebserzeugende Wirkung
H360D	R61	Kann das Kind im Mutterleib schädigen
H360F	R60	Kann die Fortpflanzungsfähigkeit beeinträchtigen
H361d	R63	Kann das Kind im Mutterleib möglicherweise schädigen
H361f	R62	Kann möglicherweise die Fortpflanzungsfähigkeit beeinträchtigen
H370	R39 [1]	Ernste Gefahr irreversiblen Schadens
H371	R68 [2]	Irreversibler Schaden möglich
H372	R48 [4]	Gefahr ernster Gesundheitsschäden bei längerer Exposition
H373	R33	Gefahr kumulativer Wirkungen
	R48 [3]	Gefahr ernster Gesundheitsschäden bei längerer Exposition
H400	R50	Sehr giftig für Wasserorganismen
---	R52	Schädlich für Wasserorganismen
H410	R50/53	Sehr giftig für Wasserorganismen, kann in Gewässern längerfristig schädliche Wirkungen haben

H–Satz	R–Satz	Wortlaut des R-Satzes bzw. der R-Satz-Kombination
H411	R51/53	Giftig für Wasserorganismen, kann in Gewässern längerfristig schädliche Wirkungen haben
H412	R52/53	Schädlich für Wasserorganismen, kann in Gewässern längerfristig schädliche Wirkungen haben
H413	R53	Kann in Gewässern längerfristig schädliche Wirkungen haben

1) 2) 3) 4) Für die Wassergefährdung relevant in Kombinationen mit
1) R24 und/oder R25 und/oder R27 und/oder R28
2) und 3) R21 und/oder R22
4) R24 und/oder R25

Tab. 3.2 Gegenüberstellung von H-Sätzen und ehemaligen R-Sätzen (Wortlaut der H-Sätze siehe Tab. 3.1)

Die toxikologischen bzw. ökotoxikologischen Kriterien für die Zuordnung der einzelnen H-Sätze sind in den Anhängen 1 und 2 der CLP-Verordnung festgelegt. Für die für die Bestimmung der Wassergefährdung relevanten H-Sätze zu den Gesundheitsgefahren sind diese Kriterien in Tabelle 3.3 aufgelistet.

H-Satz	Bezeichnung	(Öko-)Toxikologisches Kriterium
H300	Lebensgefahr bei Verschlucken	LD_{50} (oral, Ratte) $\leq$ 50 mg/kg KG
H301	Giftig bei Verschlucken	50 mg/kg KG < LD_{50} (oral, Ratte) $\leq$ 300 mg/kg KG
H302	Gesundheitsschädlich bei Verschlucken	300 mg/kg KG < LD_{50} (oral, Ratte) $\leq$ 2.000 mg/kg KG
H304	Kann bei Verschlucken und Eindringen in die Atemwege tödlich sein	Aspirationsgefahr aufgrund a) zuverlässiger Erfahrungen beim Menschen oder b) bei Kohlenwasserstoffen mit einer kinematischen Viskosität von max. 20,5 mm^2/s bei 40 °C
H310	Lebensgefahr bei Hautkontakt	LD_{50} (dermal, Ratte) $\leq$ 200 mg/kg KG
H311	Giftig bei Hautkontakt	200 mg/kg KG < LD_{50} (dermal, Ratte) $\leq$ 1.000 mg/kg KG
H312	Gesundheitsschädlich bei Hautkontakt	1.000 mg/kg KG < LD_{50} (dermal, Ratte) $\leq$ 2.000 mg/kg KG
H340*	Kann genetische Defekte verursachen	Mutagen der Kategorie 1A oder 1B
H341*	Kann vermutlich genetische Defekte verursachen	Mutagen der Kategorie 2
H350*	Kann Krebs verursachen	Karzinogen der Kategorien 1A oder 1B
H351*	Kann vermutlich Krebs verursachen	Karzinogen der Kategorie 2
H360D	Kann das Kind im Mutterleib schädigen	Reproduktionstoxischer Stoff der Kategorien 1 A oder 1 B
H360F	Kann die Fruchtbarkeit beeinträchtigen	Reproduktionstoxischer Stoff der Kategorien 1 A oder 1 B
H361d	Kann vermutlich das Kind im Mutterleib schädigen	Reproduktionstoxischer Stoff der Kategorie 2
H361f	Kann vermutlich die Fruchtbarkeit beeinträchtigen	Reproduktionstoxischer Stoff der Kategorie 2
H370*	Schädigt die Organe	Zielorgantoxizität bei Dosis/Konzentration C $\leq$ 300 mg/kg KG (oral, Ratte) bzw. $\leq$ 1.000 mg/kg KG (dermal, Ratte/Kaninchen)
H371*	Kann die Organe schädigen	Zielorgantoxizität bei Dosis/Konzentration 300 < C $\leq$ 2.000 mg/kg KG (oral, Ratte) bzw. 1.000 < C $\leq$ 2.000 mg/kg KG (dermal, Ratte/Kaninchen)
H372*	Schädigt die Organe bei längerer oder wiederholter Exposition	Zielorgantoxizität bei Dosis/Konzentration C $\leq$ 10 mg/kg KG/Tag (oral, Ratte) bzw. $\leq$ 20 mg/kg KG/Tag (dermal, Ratte/Kaninchen)
H373*	Kann die Organe schädigen bei längerer oder wiederholter Exposition	Zielorgantoxizität bei Dosis/Konzentration 10 < C $\leq$ 100 mg/kg KG/Tag (oral, Ratte) bzw. 20 < C $\leq$ 200 mg/kg KG/Tag (dermal, Ratte/Kaninchen)
EUH029	Entwickelt bei Berührung mit Wasser giftige Gase	Akut toxische Gase mit H300 oder H301 in möglicherweise gefährlicher Menge

* Nicht relevant für die WGK-Bewertung, wenn eine Wirkung nur auf inhalativem Expositionsweg erfolgt
C = Konzentration; KG = Körpergewicht

Tab. 3.3 Toxikologische Einstufungskriterien für WGK-relevante H-Sätze nach CLP-Verordnung

Für die Umweltgefahren bzw. für die Gefahren für Wasserorganismen wiederum gelten nach Inkrafttreten der 8. Änderungsverordnung zur Änderung der CLP-Verordnung (8. ATP, *Adaptations to Technical Progress*), veröffentlicht im Amtsblatt der Europäischen Union am 14.06.2016 (L 156/1), folgende ökotoxikologische Kriterien nach Anhang 1 dieser Verordnung (im Wortlaut) (Tab. 3.4):

H400 Sehr giftig für Wasserorganismen mit kurzfristiger Wirkung (Akut 1)		
Akute Toxizität:	96 h LC_{50} (Fisch)	≤ 1 mg/l u./od.
	48 h EC_{50} (Krebstiere)	≤ 1 mg/l u./od.
	72/96 h ErC_{50} (Algen, Wasserpflanzen)	≤ 1 mg/l
H410 Sehr giftig für Wasserorganismen mit langfristiger Wirkung (Chronisch 1)		
a) Nicht schnell abbaubare Stoffe, über die geeignete Daten zur chronischen Toxizität vorliegen:		
Chronische Toxizität:	NOEC/EC_x (Fisch)	≤ 0,1 mg/l u./od.
	NOEC/EC_x (Krebstiere)	≤ 0,1 mg/l u./od.
	NOEC/EC_x (Algen, Wasserpflanzen)	≤ 0,1 mg/l
b) Schnell abbaubare Stoffe, über die geeignete Daten zur chronischen Toxizität vorliegen:		
Chronische Toxizität:	NOEC/EC_x (Fisch)	≤ 0,01 mg/l u./od.
	NOEC/EC_x (Krebstiere)	≤ 0,01 mg/l u./od.
	NOEC/EC_x (Algen, Wasserpflanzen)	≤ 0,01 mg/l
c) Stoffe, über die keine geeigneten Daten zur chronischen Toxizität vorliegen:		
Akute Toxizität:	96 h LC_{50} (Fisch)	≤ 1 mg/l u./od.
	48 h EC_{50} (Krebstiere)	≤ 1 mg/l u./od.
	72/96 h ErC_{50} (Algen, Wasserpflanzen)	≤ 1 mg/l
und der Stoff ist nicht schnell abbaubar (nach Abschnitt 4.1.2.9.5) u./od. bioakkumulierend (BCF ≥ 500 oder, wenn nicht vorhanden, log K_{ow} ≥ 4)		
H411 Giftig für Wasserorganismen mit langfristiger Wirkung (Chronisch 2)		
a) Nicht schnell abbaubare Stoffe, über die geeignete Daten zur chronischen Toxizität vorliegen:		
Chronische Toxizität:	NOEC/EC_x (Fisch)	≤ 1 mg/l u./od.
	NOEC/EC_x (Krebstiere)	≤ 1 mg/l u./od.
	NOEC/EC_x (Algen, Wasserpflanzen)	≤ 1 mg/l

b) Schnell abbaubare Stoffe, über die geeignete Daten zur chronischen Toxizität vorliegen:

Chronische Toxizität:	NOEC/EC$_x$ (Fisch)	$\leq 0{,}1$ mg/l u./od.
	NOEC/EC$_x$ (Krebstiere)	$\leq 0{,}1$ mg/l u./od.
	NOEC/EC$_x$ (Algen, Wasserpflanzen)	$\leq 0{,}1$ mg/l

c) Stoffe, über die keine geeigneten Daten zur chronischen Toxizität vorliegen:

Akute Toxizität:	96 h LC$_{50}$ (Fisch)	≤ 10 mg/l u./od.
	48 h EC$_{50}$ (Krebstiere)	≤ 10 mg/l u./od.
	72/96 h ErC$_{50}$ (Algen, Wasserpflanzen)	≤ 10 mg/l

und der Stoff ist nicht schnell abbaubar (nach Abschnitt 4.1.2.9.5) u./od. bioakkumulierend (BCF ≥ 500 oder, wenn nicht vorhanden, log K$_{ow}$ ≥ 4)

H412 Schädlich für Wasserorganismen mit langfristiger Wirkung (Chronisch 3)

a) schnell abbaubare Stoffe, über die geeignete Daten zur chronischen Toxizität vorliegen:

Chronische Toxizität:	NOEC/EC$_x$ (Fisch)	≤ 1 mg/l u./od.
	NOEC/EC$_x$ (Krebstiere)	≤ 1 mg/l u./od.
	NOEC/EC$_x$ (Algen, Wasserpflanzen)	≤ 1 mg/l

b) Stoffe, über die keine geeigneten Daten zur chronischen Toxizität vorliegen:

Akute Toxizität:	96 h LC$_{50}$ (Fisch)	≤ 100 mg/l u./od.
	48 h EC$_{50}$ (Krebstiere)	≤ 100 mg/l u./od.
	72/96 h ErC$_{50}$ (Algen, Wasserpflanzen)	≤ 100 mg/l

und der Stoff ist nicht schnell abbaubar (nach Abschnitt 4.1.2.9.5) u./od. bioakkumulierend (BCF ≥ 500 oder, wenn nicht vorhanden, log K$_{ow}$ ≥ 4)

H413 Kann für Wasserorganismen schädlich sein, mit langfristiger Wirkung (Chronisch 4)

Einstufung wegen wahrscheinlicher Gefahr („Sicherheitsnetz"):

Fälle, in denen die verfügbaren Daten eine Einstufung nach den vorgenannten Kriterien nicht erlauben, aber trotzdem Anlass zu Besorgnis besteht. Dazu gehören beispielsweise schwer lösliche Stoffe, die in Bereichen bis zur Wasserlöslichkeit keine akute Toxizität zeigen, die gemäß Abschnitt 4.1.2.9.5 nicht schnell abbaubar sind und einen experimentell bestimmten BCF von ≥ 500 (oder, wenn nicht vorhanden, einen log K$_{ow}$ von ≥ 4) aufweisen, was auf ein Bioakkumulationspotenzial hindeutet; sie werden in diese Kategorie eingestuft, sofern sonstige wissenschaftliche Erkenntnisse eine Einstufung nicht als unnötig belegen. Solche Erkenntnisse sind beispielsweise NOEC-Werte für chronische Toxizität > Wasserlöslichkeit oder > 1 mg/l oder auch andere Nachweise über einen schnellen Abbau in der Umwelt, die nicht durch eines der in Abschnitt 4.1.2.9.5 aufgeführten Verfahren erbracht wurden.

Erläuterungen zu den toxikologischen und ökotoxikologischen Parametern:

LD_{50}: mittlere letale Dosis einer Substanz, die bei einmaliger Verabreichung voraussichtlich bei 50 % der exponierten Versuchstiere innerhalb des Untersuchungszeitraums zum Tode führt, angegeben als Masse der Substanz bezogen auf das Körpergewicht (KG) des Versuchstieres (mg/kg KG)

Karzinogener (*Mutagener; **Reproduktionstoxischer) Stoff der Kategorie 1A: Stoff, der bekanntermaßen beim Menschen karzinogen ist (*vererbbare Mutationen in Keimzellen verursachen kann; **die Fähigkeit hat, die Fortpflanzung zu beeinträchtigen)

Karzinogener (*Mutagener; **Reproduktionstoxischer) Stoff der Kategorie 1B: Stoff, der aufgrund von Nachweisen bei Tieren wahrscheinlich beim Menschen karzinogen ist (*das Potenzial hat, in Keimzellen vererbbare Mutationen zu verursachen; **die Sexualfunktion, die Fruchtbarkeit und/oder die Entwicklung beeinträchtigen kann)

Karzinogener (*Mutagener; **Reproduktionstoxischer) Stoff der Kategorie 2: Stoff, der beim Menschen möglicherweise eine karzinogene Wirkung besitzt (*in Keimzellen vererbbare Mutationen verursachen kann; **die Sexualfunktion, die Fruchtbarkeit und/oder die Entwicklung beeinträchtigen kann)

Akute (aquatische) Toxizität: intrinsische Eigenschaft eines Stoffes, einen Wasserorganismus bei kurzfristiger Exposition zu schädigen

LC_{50}: mittlere letale Konzentration einer Substanz, die im Untersuchungszeitraum bei 50 % der getesteten aquatischen Organismen zum Tode führt.

$EC_{50/x}$: mittlere Konzentration einer Substanz, die im Untersuchungszeitraum bei 50 %/x % der exponierten aquatischen Organismen einen gesundheits- bzw. populationsschädigenden Effekt (E) verursacht.

ErC_{50}: mittlere Konzentration einer Substanz, die die Wachstumsrate der exponierten Algen bzw. Wasserpflanzen innerhalb des Untersuchungszeitraums um 50 % hemmt („rate of growth").

Chronische (aquatische) Toxizität: intrinsische Eigenschaft eines Stoffes, bei einem Wasserorganismus bei längerfristiger Exposition, die im Verhältnis zu dessen Lebenszyklus bestimmt wird, schädliche Wirkungen hervorzurufen

NOEC: höchste Konzentration bei einer chronischen Toxizitätsprüfung, die innerhalb des Expositionszeitraums gerade keine statistisch signifikante Wirkung verursacht („No Observed Effect Concentration")

BCF: Verhältnis zwischen der Konzentration einer Substanz in einem aquatischen Organismus (z. B. Fisch) und der Konzentration im umgebenden Wasser im Gleichgewichtszustand als Maß für die Anreicherung in dem Organismus durch direkte Aufnahme aus dem Wasser

K_{ow}: Verhältnis der Gleichgewichtskonzentrationen einer gelösten Substanz in einem Zweiphasensystem aus n-Oktanol und Wasser als Modell für die Anreicherung der Substanz im Fettgewebe zur Abschätzung des Bioakkumulationspotenzials

Tab. 3.4 Ökotoxikologische Kriterien für die Gefahren für Wasserorganismen nach 8. ATP zur CLP-Verordnung, Anhang 1

3.2.1.2 Bewertungspunkte, Vorsorgepunkte und Ermittlung der WGK

Den für die Bestimmung der WGK identifizierten H-Sätzen werden spezifische Bewertungspunkte nach Anlage 1 Nr. 4.2 zugeordnet. Tabelle 3.5 zeigt die Vergabe der Bewertungspunkte einschließlich ggf. erforderlicher Vorsorgepunkte zur akuten Säugertoxizität sowie zu den Auswirkungen auf Gewässer. Liegen nämlich für einen Stoff zu diesen beiden Gefahrenbereichen keine H-Sätze vor und sind auch keine Untersuchungsergebnisse bekannt, die eine Zuordnung von H-Sätzen ermöglichen würden, so sind Vorsorgepunkte nach Anlage 1 Nr. 4.3 für folgende Fälle zu vergeben:

a. Sind keine Informationen zur akuten oralen und zur akuten dermalen Toxizität vorhanden bzw. ist nicht nachgewiesen, dass in beiden Fällen die LD_{50} mehr als 2.000 mg/kg KG beträgt, werden dem Stoff 4 Vorsorgepunkte zugewiesen.

b. Fehlen Nachweise, dass ein Stoff leicht biologisch abbaubar ist und zusätzlich nicht bioakkumulierend wirkt, werden mit abnehmender akuter aquatischer Toxizität LC/EC_{50} in Schritten von Zehnerpotenzen von kleiner als 1 mg/l (oder keine LC/EC_{50} bekannt) bis größer als 100 mg/l um jeweils 2 abnehmende Vorsorgepunkte von 8 bis 2 vergeben.

c. Existieren zwar Nachweise, dass ein Stoff sowohl leicht biologisch abbaubar ist als auch nicht bioakkumulierend wirkt, ist aber weder für Fische noch für Krebstiere noch für Algen oder Wasserpflanzen eine Prüfung auf akute Toxizität bekannt, werden 6 Vorsorgepunkte vergeben.

Bewertungspunkte	1	2	3	4	6	8	9
Akute Ökotoxizität *					H400		
Chronische Ökotoxizität			H413	H412	H411	H410	
Abbau/Bioakkumulation n.b., außer		Vorsorge					
LC/EC50 < 1 mg/l oder n.b.						Vorsorge	
1 mg/l ≤ LC/EC50 < 10 mg/l					Vorsorge		
10 mg/l ≤ LC/EC50 < 100 mg/l				Vorsorge			
Leichter Abbau u. keine Bioakkumulation, Ökotoxizität n.b.					Vorsorge		
Akute Säugertoxizität, oral und dermal **	H302 H312		H301 H311	H300 H310			
Akute Säugertoxizität, oral und dermal, n.b.				Vorsorge			
Aspirationsgefahr	H304						
Karzinogenität, Mutagenität **		H351 H341					H350 H340
Reproduktionstoxizität **		H361d H361f		H360D H360F			
Zielorgantoxizität		H371 H373		H370 H372			
Giftige(s) Gas(e) bei Berührung mit Wasser		EUH029					

*   H400 wird nicht zusätzlich zu H410 berücksichtigt

** Mehrere zutreffende H-Sätze aus diesem Bereich werden nicht additiv zugeordnet. Maßgeblich ist die höchste Einzelpunktzahl

n. b.: Eigenschaft nicht bekannt bzw. nicht untersucht

Tab. 3.5   Zuordnung von Bewertungspunkten zu den H-Sätzen und Vergabe von Vorsorgepunkten

Für einige H-Sätze werden eigentlich fällige Bewertungspunkte nicht additiv gezählt, weil die Gefahren, die sie beschreiben, eng miteinander verknüpft sind und deshalb nicht additiv bewertet werden sollen, so z. B. „Lebensgefahr bei Verschlucken" (H300) und „Lebensgefahr bei Hautkontakt" (H310) oder „Kann Krebs verursachen" (H350) und „Kann genetische Defekte verursachen" (H340).

Auch bei den Umweltgefahren wird ein „Sehr giftig mit kurzfristiger Wirkung" (H400) nicht zusätzlich zu einem „Sehr giftig mit langfristiger Wirkung" (H410) berücksichtigt. Mit der 2. ATP zur CLP-Verordnung vom 10.03.2011 sind jedoch durch die Erweiterung der Kriterien für die Kategorien Chronisch 1 bis Chronisch 3 um die chronischen Toxizitäten mit den Wirkwerten NOEC bzw. EC_x zusätzlich auch Kombinationen von H400 mit H411 und von H400 mit H412 möglich geworden, die ebenfalls nicht additiv gezählt werden sollten. Leider hat dies in der Tabelle in Anlage 1 Nr. 4.2 bisher keine Berücksichtigung gefunden. Diese Regelungslücke sollte aber bei nächstmöglicher Gelegenheit für eine Novelle der AwSV geschlossen werden. Bis dahin bleibt zu hoffen und zu erwarten, dass eine sachgerechte Einstufung auch bereits vor einer solchen Korrektur möglich sein wird, idealerweise unter Anwendung von § 7, wonach das Umweltbundesamt aufgrund eigener „Erkenntnisse" (Absatz 1) oder solcher eines Betreibers (Absatz 2) eine Einstufung vornehmen bzw. ändern kann.

Die ermittelten Bewertungs- und Vorsorgepunkte werden aufsummiert, und je nach resultierender Summe wird eine der folgenden Wassergefährdungsklassen nach Anlage 1 Nr. 4.4 zugeordnet:

– Die Summe beträgt 0 bis 4 Punkte: WGK 1

– Die Summe beträgt 5 bis 8 Punkte: WGK 2

– Die Summe beträgt mehr als 8 Punkte: WGK 3

Wie bereits in Kapitel 3.1.2 ausgeführt, gilt nach § 3 Abs. 4 ein Stoff als stark wassergefährdend, gleichbedeutend mit WGK 3, solange er nicht eingestuft ist. Diese vorsorgliche Einstufung erfährt hier insofern eine Bestätigung, als einem Stoff, zu dem Daten sowohl zur akuten oralen und dermalen Säugertoxizität als auch zur akuten Toxizität für Wasserorganismen fehlen, wegen 4 + 8 (6) = 12 (10) Punkten die WGK 3 zugeteilt wird.

3.2.1.3 Beispiele für die Einstufung von Stoffen

Zur Verdeutlichung der WGK-Einstufung von Stoffen nach Anlage 1 Nr. 4 enthält die Tabelle 3.6 beispielhaft für einige fiktive Stoffe die Zuordnung der H-Sätze zu den primären toxikologischen und ökotoxikologischen Daten, die Zuteilung der Bewertungs- und ggf. Vorsorgepunkte, die Summierung der Punkte und schließlich die Bestimmung der WGK.

| | | Säugertoxizität | | Aquatische Toxizität | Biologischer | Bioakkumula | Summe | WGK |
		LD$_{50}$ oral (mg/kg KG)	chronisch	LC/EC$_{50}$ (mg/l)	Abbau	tion	Punkte	
Stoff 1	Wert	40	---	0,69	schnell	BCF = 600	12	3
	H-Satz	H300	---	H410				
	Punkte	4	---	8				
Stoff 2	Wert	2500	Karz. 1B	180	schnell	log K$_{ow}$ = 2,8	9	3
	H-Satz	---	H350	---				
	Punkte	---	9	---				
Stoff 3	Wert	137	---	55	n.b.	n.b.	7	2
	H-Satz	H301	---	Vorsorge				
	Punkte	3	---	4				
Stoff 4	Wert	1700	---	> Wasserlöslichkeit	nicht schnell	log K$_{ow}$ > 4	4	1
	H-Satz	H302	---	H413				
	Punkte	1	---	3				

Tab. 3.6 Beispiele für die WGK-Einstufung von Stoffen (fiktiv)

3.2.2 Nicht wassergefährdende Stoffe

Damit ein Stoff als nicht wassergefährdend eingestuft werden kann und die Anlagen, in denen mit einem solchen Stoff umgegangen wird, deshalb nicht den Bestimmungen des § 62 WHG unterliegen, muss nach Anlage 1 Nr. 2.1 eine Reihe von Bedingungen erfüllt sein. Primäre Bedingung ist, dass die Summe der Bewertungs- und Vorsorgepunkte nach Anlage 1 Nr. 4 (siehe Kap. 3.2.1.2) gleich null ist. Eine weitere wichtige Bedingung ist die Schwerlöslichkeit, da jeder lösliche Stoff, selbst wenn er weitestgehend ungiftig und, falls organisch, leicht abbaubar ist, Wasser in seiner natürlichen Beschaffenheit verändert und dadurch „verunreinigt". Deshalb wird z. B. das Salz Natriumchlorid, wenn es nicht als Lebens- oder Futtermittel, sondern technisch wie für die Salzstreuung im Winter Verwendung findet, in die WGK 1 eingestuft. Bei einer Lagerstätte für Streusalz handelt es sich damit um eine Anlage zur Lagerung von wassergefährdenden Stoffen, bei einem Lager für Kochsalz als Lebensmittel nach § 3 Abs. 3 Nr. 1 dagegen nicht.

Alle Bedingungen für eine Einstufung als nicht wassergefährdend nach Anlage 1 Nr. 2.1 werden eingehalten von z. B.:

– inerten chemischen Elementen wie z. B. Kohlenstoff, Schwefel in stückiger Form und einer Reihe von Metallen wie Eisen, Zink und Kupfer, zumindest soweit diese nicht in pulveriger Form bzw. mit einem Korndurchmesser kleiner gleich 1 mm vorliegen,

– schwer bis sehr schwer löslichen und ungiftigen anorganischen Salzen und Verbindungen wie z. B. Eisenoxide, Siliziumdioxid, Titandioxid, Calciumfluorid und Bariumsulfat,

– inerten und ungiftigen Gasen wie z. B. Kohlendioxid, Stickstoff, Methan und Schwefelhexafluorid und

– festen Fettsäuren wie z. B. Stearinsäure und festen Triglyzeriden von tierischen Fetten.

3.2.3 Aufschwimmende flüssige Stoffe

Flüssige Stoffe, die leichter als Wasser sind und nur eine sehr geringe Löslichkeit in Wasser und einen vergleichsweise geringen Dampfdruck besitzen wie z. B. Pflanzenöle, können auf Wasseroberflächen aufschwimmen und dadurch Wasserorganismen, Insekten und Vögel schädigen, indem sie beispielsweise deren Sauerstoffaufnahme oder Mobilität unterbinden. Wenn solche aufschwimmenden Stoffe die Anforderungen a) bis g) nach Anlage 1 Nr. 2.1 erfüllen und damit keiner Wassergefährdungsklasse zugeordnet werden müssen, werden sie als allgemein wassergefährdend nach § 3 Abs. 2 eingestuft. Die Einstufung eines aufschwimmenden Stoffes als allgemein wassergefährdend wird durch das Umweltbundesamt im Bundesanzeiger bekannt gemacht.

Genau bestimmt werden solche aufschwimmenden flüssigen Stoffe in Anlage 1 Nr. 1.3 als Stoffe mit

- einer Dichte von kleiner oder gleich 1.000 kg/m^3,

- einem Dampfdruck von kleiner oder gleich 0,3 kPa und

- einer Wasserlöslichkeit von kleiner oder gleich 1 g/l.

Damit wird z. B. auch Rapsöl, das nach Anhang 1 VwVwS als Triglyzerid mit der Kenn-Nummer 760 noch als nicht wassergefährdend eingestuft war, nunmehr ein allgemein wassergefährdender Stoff. Da diese aufschwimmenden Stoffe in der Regel ungiftig und biologisch sehr gut abbaubar sind, stellen sie für den Grundwasserschutz kein wirkliches Problem dar. Technische und organisatorische Anforderungen an Anlagen nach Kapitel 3 AwSV sind deshalb auch nur dann erforderlich und vorgesehen, wenn nicht ausgeschlossen werden kann, dass solche Stoffe durch den Betrieb einer Anlage in ein oberirdisches Gewässer gelangen können (§ 13 Abs. 1).

Ein aufschwimmendes Gemisch aus einem oder mehreren aufschwimmenden Stoffen und nicht wassergefährdenden Stoffen gilt ebenfalls als allgemein wassergefährdend (Anlage 1 Nr. 3.3).

3.3   Einstufung von Gemischen

Bei der Einstufung von Gemischen wird zwischen flüssigen und gasförmigen Gemischen einerseits und festen Gemischen andererseits unterschieden. Diese Unterscheidung erlaubt es nunmehr auch, die bisherige Lücke bei der Einstufung einer Vielzahl von Abfällen zu schließen, insbesondere von mineralischen Abfällen (siehe Kap. 3.3.2.1), die nach allgemeiner Rechtsauffassung auch schon während der früheren Rechtslage mit der VwVwS als prinzipiell wassergefährdende Stoffe nach § 62 WHG angesehen wurden.

Die Begriffsbestimmungen nach § 2 Abs. 5 und 6 sehen für die Bestimmung von Gemischen als flüssig oder fest wie für Stoffe nur noch die physikalischen Parameter Temperatur, Dampfdruck und Schmelzpunkt bzw. Schmelzbeginn vor und lehnen sich damit eng an das Chemikalienrecht mit der CLP-Verordnung an. Das noch in der Muster-VAwS nach altem Recht für diese Unterscheidung vorgesehene sogenannte Penetrometerverfahren aus der inzwischen aufgehobenen Technischen Regel für brennbare Flüssigkeiten – TRbF 003 wurde gestrichen. Damit fehlt eigentlich ein objektives Prüfkriterium für spezielle Mehrphasensysteme wie z. B. Pasten mit einem hohen Gehalt an Festkörpern in einer Flüssigkeit, deren Fließfähigkeit in der Regel nicht durch ihr Schmelzverhalten, sondern durch ihre Viskosität und ihren Flüssigkeitsgehalt bestimmt wird. Für die Praxis des Vollzugs kann dies wohl nur bedeuten, dass die Fließfähigkeit solcher pastenartigen Gemische unter Umständen im konkreten Einzelfall beurteilt werden muss.

3.3.1 Flüssige und gasförmige Gemische

Flüssigen und gasförmigen Gemischen werden die Wassergefährdungsklassen nach Maßgabe der Kriterien in Anlage 1 Nr. 5 zugeordnet, entweder aufgrund von am Gemisch gewonnenen Prüfergebnissen zur Säuger- und zur Umwelttoxizität (Nr. 5.3) oder aufgrund einer rechnerischen Ableitung der Wassergefährdungsklasse aus den Wassergefährdungsklassen und den Massenanteilen der einzelnen enthaltenen Stoffe (Nr. 5.2). Es besteht keine Verpflichtung für einen Betreiber, Prüfungen am Gemisch durchzuführen. Liegen allerdings Prüfergebisse am Gemisch vor und führen beide Einstufungsmethoden zu unterschiedlichen Wassergefährdungsklassen, so ist die aufgrund der Prüfergebnisse am Gemisch ermittelte Wassergefährdungsklasse maßgeblich (Nr. 5.1.5), da mit dieser direkten Methode etwa vorhandene additive, synergistische oder eventuell sogar antagonistische Wirkungen von Stoffen des Gemisches realistischer abgebildet werden können.

3.3.1.1 Ableitung der WGK aus Prüfergebnissen am Gemisch

Die Einstufung eines Gemisches aufgrund von Prüfergebnissen am Gemisch erfolgt grundsätzlich analog zur Einstufung von Stoffen nach Anlage 1 Nr. 4, wobei allerdings einige Besonderheiten zu beachten sind:

– 4 Vorsorgepunkte im Falle der akuten oralen und akuten dermalen Toxizität für Säuger werden vergeben, wenn dazu weder für das Gemisch als Ganzes noch für alle enthaltenen Stoffe Informationen vorliegen, die die Zuordnung eines H-Satzes ermöglichen.

– Während es bei Stoffen ausreicht, wenn **eine** Prüfung auf akute Toxizität an einer der drei aquatischen Trophieebenen Fische, Krebstiere und Algen bzw. Wasserpflanzen vorliegt, müssen es bei Gemischen Prüfungen an mindestens **zwei** Trophieebenen sein, um Vorsorgepunkte für die akute aquatische Toxizität zu vermeiden. Dies lässt sich damit erklären, dass bei einem unter Umständen sehr breiten Wirkungsspektrum aller Stoffe in einem Gemisch die Möglichkeit für eine besondere Empfindlichkeit einer Trophieebene im Vergleich zur Exposition gegenüber nur einem Stoff erhöht sein kann.

– Die leichte biologische Abbaubarkeit und der Ausschluss eines Bioakkumulationspotenzials gelten nur als erfüllt, wenn beide Eigenschaften jeweils für alle Stoffe des Gemisches belegt sind.

3.3.1.2 Ableitung der WGK aus den Massenanteilen und den WGK der Komponenten

In den meisten Fällen wird in Anlagen nicht mit einzelnen Stoffen, sondern mit Gemischen umgegangen. Wegen der möglichen großen Vielfalt und Variabilität solcher Gemische ist eine alleinige Einstufung aufgrund von Prüfergebnissen direkt mit dem jeweiligen Gemisch praktisch unmöglich. Deshalb steht mit der Ableitung einer Wassergefährdungsklasse aus den jeweiligen Massenanteilen und den Wassergefährdungsklassen der einzelnen Komponenten, häufig auch kurz als „Mischungsregel" bezeichnet, eine zusätzliche formalisierte und dadurch pragmatischere Möglichkeit der Einstufung von Gemischen zur Verfügung (Anlage 1 Nr. 5.2).

Abbildung 3.3 zeigt die Vorgehensweise bei der Einstufung eines Gemisches nach dieser Mischungsregel in einem Fließschema. Die farbig markierten Kästchen sollen die jeweiligen Wege zu den drei Wassergefährdungsklassen sowie zur Einstufung „nwg" (siehe dazu auch Kap. 3.3.2) verdeutlichen.

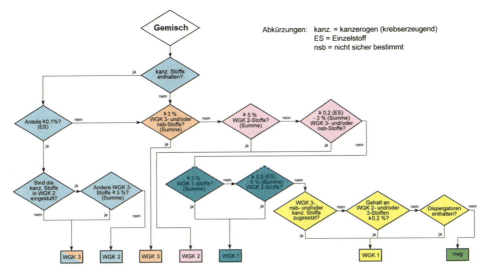

Abb. 3.3 Fließschema zur Ermittlung der Wassergefährdungsklasse eines Gemisches (Quelle: Umweltbundesamt)

Während eine Einstufung in die WGK 1 und 3 bereits bei 3 % oder mehr Massenanteil an Stoffen der WGK 1 bzw. der WGK 3 erfolgt, wird bei Stoffen der WGK 2 erst bei 5 % oder mehr in die WGK 2 eingestuft. Diese unterschiedliche Bewertung ist wohl historisch bedingt und der Grund dafür nicht mehr eindeutig nachvollziehbar. Eine schlüssige Erklärung dafür dürfte aber sein, dass der Gesetzgeber dem Gehalt an Stoffen der WGK 1 in einem nwg-Gemisch und auch dem Gehalt an Stoffen der WGK 3 in einem Gemisch der WGK 2 ein größeres Risiko beimisst als dem Gehalt an Stoffen der WGK 2 in einem Gemisch der WGK 1.

Eine Besonderheit, die gegenüber der vormaligen Mischungsregel in Anhang 4 VwVwS nunmehr zusätzlich zu berücksichtigen ist, sind die mit der CLP-Verordnung eingeführten sogenannten Multiplikationsfaktoren (M-Faktoren) zur Berücksichtigung einer besonders hohen akuten oder chronischen Toxizität auf aquatische Organismen. Dieser M-Faktor wird mit abnehmendem Wert der $L(E)C_{50}$ oder der NOEC nach Tabelle 3.7 größer (siehe CLP-Verordnung, Anhang 1 Tab. 4.1.3).

Akute Toxizität	M-Faktor	Chronische Toxizität	M-Faktor	
L(E)C$_{50}$-Wert (mg/L)		NOEC-Wert (mg/L)	nsa* Stoffe	sa** Stoffe
$0{,}1 < L(E)C_{50} \leq 1$	1	$0{,}01 < NOEC \leq 0{,}1$	1	---
$0{,}01 < L(E)C_{50} \leq 0{,}1$	10	$0{,}001 < NOEC \leq 0{,}01$	10	1
$0{,}001 < L(E)C_{50} \leq 0{,}01$	100	$0{,}0001 < NOEC \leq 0{,}001$	100	10
$0{,}0001 < L(E)C_{50} \leq 0{,}001$	1.000	$0{,}00001 < NOEC \leq 0{,}0001$	1.000	100
(weiter in Faktor-10-Intervallen)		(weiter in Faktor-10-Intervallen)		
* nsa: nicht schnell abbaubare; ** sa: schnell abbaubare				

Tab. 3.7 M-Faktoren für hohe aquatische Toxizität nach der CLP-Verordnung

Muss bei einem Stoff der WGK 2 oder WGK 3 wegen seiner hohen aquatischen Toxizität ein solcher M-Faktor berücksichtigt werden, wird aus dem tatsächlichen prozentualen Gehalt dieses Stoffes durch Multiplikation mit diesem M-Faktor ein „effektiver" Gehalt ermittelt, der den tatsächlichen Gehalt bei der Bestimmung der WGK der Mischung ersetzt. Die Einstufung von Gemischen nach der Mischungsregel setzt also die Kenntnis eventuell geltender und zu berücksichtigender M-Faktoren voraus.

Allerdings offenbart sich auch hier eine ähnliche Regelungslücke wie bei der Nicht-Berücksichtigung von doppelten H-Sätzen zur aquatischen Toxizität (siehe Kap. 3.2.1.2). Da nämlich die M-Faktoren für eine erhöhte chronische Toxizität erst mit der 2. ATP zur CLP zusätzlich zu den M-Faktoren für erhöhte akute Toxizität eingeführt wurden, erscheint momentan nicht wirklich geregelt, wie im Fall doppelter M-Faktoren für gleichzeitig erhöhte akute und chronische Toxizität zu verfahren ist. Eigentlich sollte es in einem solchen Fall wegen einer durch eine Havarie in der Regel zeitlich begrenzten Freisetzung von Stoffen zielführend sein, lediglich mögliche akute Effekte auf Gewässerorganismen in Betracht zu ziehen und deshalb auch nur den akuten M-Faktor für die Ermittlung der WGK zu berücksichtigen oder aus Gründen der Vorsorge eventuell auch den größeren von beiden M-Faktoren. In jedem Fall aber erscheint eine doppelte Anwendung von M-Faktoren als nicht gerechtfertigt.

3.3.1.3 Beispiele für die Einstufung von Gemischen

Zur Verdeutlichung der WGK-Einstufung von Gemischen nach Anlage 1 Nr. 5.2 enthält Tabelle 3.8 beispielhaft für einige fiktive Gemische die Wassergefährdungsklassen inklusive der Einstufung nwg für die einzelnen Komponenten, die jeweiligen prozentualen Massenanteile der Komponenten, die Ergebnisse der Mischungsregel für jede im Gemisch vorhandene WGK und schließlich die resultierende WGK für das gesamte Gemisch.

	Komponente	WGK	Massenanteil (%)	Was sagt die Mischungsregel?	WGK Gemisch
Gemisch 1	Stoff 1	3	0,18	nwg	1
	Stoff 2	1	29,82	1	
	Stoff 3	nwg	70	nwg	
Gemisch 2	Stoff 4	3	5	3	3
	Stoff 5	2	7	2	
	Stoff 6	nwg	88	nwg	
Gemisch 3	Stoff 7	3	0,25	2	2
	Stoff 8	2	4	1	
	Stoff 9	1	95,75	1	

Tab. 3.8 Beispiele für die WGK-Einstufung von Gemischen (fiktiv)

Eine zielführende Vorgehensweise bei der Bestimmung der WGK eines Gemisches ermittelt für jede WGK getrennt die Summe der Massenanteile und die nach der Mischungsregel dafür jeweils resultierende WGK. Die höchste resultierende WGK ist dann die WGK des Gemisches.

3.3.2 Nicht wassergefährdende flüssige Gemische

Die Anforderungen für nicht wassergefährdende flüssige Gemische sind in Anlage 1 Nr. 2.2 festgelegt. Sie ergeben sich auch aus dem Fließdiagramm in Abbildung 3.3 mit Ausnahme von Buchstabe i), wonach ein nicht wassergefährdendes Gemisch nicht aufschwimmen darf, da es andernfalls als allgemein wassergefährdend einzustufen ist.

Die Berücksichtigungsgrenzen für krebserzeugende Stoffe von 0,1 % und von Stoffen der WGK 3 einschließlich solcher Stoffe, deren Wassergefährdung nicht sicher bestimmt ist, von 0,2 % entfallen für nicht wassergefährdende Gemische, allerdings nur wenn diese Stoffe absichtlich zugesetzt sind (Buchstaben e bis g). Dies ist beispielsweise bedeutend bei Gemischen mit technisch bedingten Verunreinigungen durch Reaktionsnebenprodukte oder nicht vollständig umgesetzte Ausgangssubstanzen wie z. B. durch das krebserzeugende Monomer Acrylamid in Lösungen von Polyacrylamid. Diese Regelung geht konform mit der Begriffsbestimmung in § 2 Abs. 3, wonach ein Stoff nicht absolut chemisch rein sein muss, sondern auch gewisse verfahrensbedingte Verunreinigungen haben darf (siehe auch Kap. 3.1.1). Überschreiten solche unbeabsichtigten Stoffe allerdings die jeweils geltende Berücksichtigungsgrenze, sind sie in jedem Fall auch als zu berücksichtigende Komponenten des Gemisches zu bewerten.

3.3.3   Feste Gemische

Als feste Gemische gelten nicht nur Mischungen von Stoffen, die absichtlich in definierter Zusammensetzung hergestellt wurden, sondern auch feste Abfälle, wie sie in vielen industriellen Prozessen unbeabsichtigt als Vielstoffgemische entstehen. Sie werden primär nach § 3 Abs. 2 Nr. 8 als „allgemein wassergefährdend" eingestuft, können aber nach § 10 Abs. 2 auch in eine Wassergefährdungsklasse und bei Vorliegen einer der Voraussetzungen nach § 10 Abs. 1 auch als nicht wassergefährdend eingestuft werden.

Ein Betreiber könnte nun aufgrund der Einstufung „allgemein wassergefährdend" für alle festen Gemische eventuell auf die Idee kommen, einen stark wassergefährdenden festen Stoff der WGK 3 durch Zumischung geringer Mengen zusätzlicher Stoffe in ein dadurch lediglich allgemein wassergefährdendes festes Gemisch „umzuwandeln". Dies kann allerdings durch die zuständige Behörde verhindert werden, die nach § 10 Abs. 4 der Selbsteinstufung eines festen Gemisches widersprechen kann. Sie sollte in einem solchen Fall die Anwendung der Mischungsregel fordern, mit der auch für ein solches Pseudogemisch bereits ab einem Massengehalt von 3 % des Stoffes der WGK 3 diese WGK resultieren würde.

3.3.3.1   Feste Abfälle

Bei festen Abfällen hat man es in der Regel mit Vielstoffgemischen zu tun, unter Umständen sogar mit heterogenen Gemischen, deren Zusammensetzung im Gegensatz zu absichtlich aus eher relativ wenigen Stoffen hergestellten Zubereitungen und Mischungen meist nicht vollständig bekannt ist und auch noch mehr oder weniger schwanken kann. Sehr bedeutend ist eine Reihe von mineralischen festen Abfällen wie Bodenaushub, Bauschutt, Kraftwerksrückstände sowie industrielle Nebenprodukte aus der Erzeugung von Eisen- und Nichteisenmetallen.

Im Gegensatz zu flüssigen Abfällen können für solche Abfälle auch die für die Bestimmung einer Wassergefährdungsklasse erforderlichen unmittelbaren Prüfungen zur Säuger- und Umwelttoxizität in der Regel nicht oder kaum zielführend durchgeführt werden. Deshalb werden feste Abfälle zu den festen Gemischen gezählt und damit ebenfalls primär als allgemein wassergefährdend nach § 3 Abs. 2 Nr. 8 eingestuft.

3.3.3.2   Nicht wassergefährdende feste Gemische

Nach § 10 Abs. 1 kann ein festes Gemisch und somit auch ein fester Abfall abweichend von der Einstufung als allgemein wassergefährdend dann und nur dann als nicht wassergefährdend eingestuft werden, wenn mindestens eine der folgenden drei Voraussetzungen erfüllt ist:

1. Das Gemisch kann nach Anlage 1 Nr. 2.2 als nicht wassergefährdend eingestuft werden.

2. Das Gemisch darf nach anderen Rechtsvorschriften selbst an hydrogeologisch ungünstigen Standorten und ohne technische Sicherungsmaßnahmen offen eingebaut werden.

3. Das Gemisch entspricht der Einbauklasse Z 0 oder Z 1.1 der Mitteilung 20 der Länderarbeitsgemeinschaft Abfall (LAGA) „Anforderungen an die stoffliche Verwertung von mineralischen Reststoffen/Abfällen – Technische Regeln" (LAGA M 20), 2004.

Zu 1.: Die Bedingungen in Anlage 1 Nr. 2.2 stellen mit Ausnahme von Buchstabe i) die Voraussetzungen für eine Einstufung als nicht wassergefährdend nach der Mischungsregel in Nr. 5.2 dar (siehe Kap. 3.3.1.2). Die Mischungsregel ist jedoch für eine Anwendung auf feste Abfälle als Vielstoffgemische nicht selten schwankender und überdies nicht vollständig bekannter Zusammensetzung eigentlich nicht wirklich gut geeignet. Wird sie trotzdem auf feste Abfälle angewendet, muss zur Vermeidung von unangemessenen Einstufungen, die das erfahrungsgemäß zu erwartende Gefährdungspotenzial solcher Abfälle unter Umständen nicht ausreichend widerspiegeln, vor allem die Bedingung nach Nr. 2.2 Buchstabe d), wonach der Gehalt an nicht identifizierten Stoffen geringer als 0,2 % Massenanteil sein muss, sehr streng ausgelegt werden. Wenn die Zusammensetzung eines festen Abfalls chemisch nicht exakt auf mehr als 99,8 % Massenanteil nachgewiesen und belegt werden kann, darf ein solcher Abfall nicht als nicht wassergefährdend eingestuft werden.

Zu 2. und 3.: Ein mineralischer Abfall, der im Rahmen einer stofflichen Verwertung, z. B. für den Straßenbau, nur an einem hydrogeologisch und wasserwirtschaftlich unempfindlichen und deshalb günstigen Standort und unter Umständen zusätzlich nur mit technischer Sicherung gegen eine mögliche Auslaugung von Schadstoffen, also nur eingeschränkt eingebaut werden darf, muss per se als wassergefährdend angesehen werden. Andernfalls wären solche Einschränkungen nicht oder zumindest kaum zu begründen.

So erklärt sich die Forderung nach einem zulässigen Einbau selbst an hydrogeologisch ungünstigen Standorten und offen ohne technische Sicherungsmaßnahmen sowohl „nach anderen Rechtsvorschriften" in (Nr. 2) als auch durch Einhaltung mindestens der Einbauklasse Z 1.1 als ebensolcher „Einbau ohne technische Sicherungsmaßnahmen auch bei ungünstigen hydrogeologischen Standortbedingungen" nach LAGA M 20 in (Nr. 3).

Es ist unschwer zu erkennen, dass die Formulierung „andere Rechtsvorschrift" auf die mittlerweile seit mehreren Jahren anstehende sogenannte Ersatzbaustoffverordnung zielt, mit der eine bundeseinheitliche und rechtsverbindliche Vollzugspraxis für die Verwendung von mineralischen Abfällen als mineralische Ersatzbaustoffe in technischen Bauwerken geschaffen werden soll. Nach dem derzeit aktuellen, vom Bundeskabinett beschlossenen Entwurf der Bundesregierung zur Einführung einer Ersatzbaustoffverordnung (Stand: 03.05.2017) erfüllen ohne jede Einschränkung nur Bodenmaterial (BM), Baggergut (BG) und Gleisschotter (GS) der mit Schadstoffen in der Originalsubstanz und im Eluat jeweils am geringsten belasteten Klassen 0 sowie Schmelzkammergranulat aus der Feuerung von Steinkohle (SKG) die Anforderung „Offener Einbau auch an hydrogeologisch ungünstigen Standorten möglich" für eine Einstufung als nicht wassergefährdend.

Zur Möglichkeit, einen festen Abfall auch über die Technischen Regeln der LAGA M 20 als nicht wassergefährdend einzustufen, enthält Tabelle 3.9 exemplarisch für Bodenmaterial die nach der letzten Ausgabe 2004 geltenden Zuordnungswerte für die Gehalte im Feststoff und im Eluat sowie die Bedingungen für einen Einbau bezüglich des Standortes sowie der Notwendigkeit einer technischen Sicherung für die Einbauklassen Z 0 bis Z 2. Grün markierte Zellen zeigen an, dass die jeweilige Bedingung für eine Einstufung als nicht wassergefährdend erfüllt ist, rot markierte dagegen, dass diese Bedingung nicht erfüllt ist. Zum Vergleich enthält die Tabelle auch die Zuordnungswerte und die Einbaubedingungen für die Deponieklasse DK 0 nach der Deponieverordnung. Im Ergebnis wird deutlich, dass die Einbauklassen Z 0 und Z 1.1 nach § 10 Abs. 1 Nr. 3 als nicht wassergefährdend eingestuft werden können, nicht dagegen die Einbauklassen Z 1.2 und Z 2 sowie die Deponieklasse DK 0.

			Z0 Boden	Z1.1 Boden	Z1.2 Boden	Z2 Boden	DK 0
Parameter	Σ BTEX	mg/kg	< 1	1	3	5	6
	Σ PCB	mg/kg	0,02	0,1	0,5	1	1
	MKW	mg/kg	100	300	500	1000	500
	Σ LHKW	mg/kg	< 1	1	3	5	---
	Σ PAK (EPA)	mg/kg	1	5	15	20	30
	Chlorid	mg/l	10	10	20	30	80
	Sulfat	mg/l	50	50	100	150	100
	Arsen	mg/l	0,01	0,01	0,04	0,06	0,05
	Blei	mg/l	0,02	0,04	0,1	0,2	0,05
	Cadmium	mg/l	0,002	0,002	0,005	0,01	0,004
	Chrom	mg/l	0,015	0,03	0,075	0,15	0,05
	Kupfer	mg/l	0,05	0,05	0,15	0,3	0,2
	Nickel	mg/l	0,04	0,05	0,15	0,2	0,04
	Quecksilber	mg/l	0,0002	0,0002	0,001	0,002	0,001
	Zink	mg/l	0,1	0,1	0,3	0,6	0,4
	Thallium	mg/l	< 0,001	0,001	0,003	0,005	---
	Phenole	mg/l	< 0,01	0,01	0,05	0,1	0,1
Einbau	Technische Sicherung		nicht erforderlich	nicht erforderlich	nicht erforderlich	erforderlich	nicht erforderlich
	Hydrogeologie		auch ungünstig	auch ungünstig	nur günstig	nur günstig	geologische Barriere
	Wasserschutzgebiete		möglich	möglich	nur III B	nicht möglich	nicht möglich
	AwSV § 10 Abs. 1 Nr. 3		**nicht wassergefährdend**		**allgemein wassergefährdend**		

Tab. 3.9 Einstufung fester Abfälle als nicht wassergefährdend nach § 10 Abs. 1 Nr. 3 über die Technischen Regeln zur Verwertung von mineralischen Abfällen/Reststoffen in LAGA M 20 (Beispiel Bodenmaterial)

3.4 Dokumentation, Kontrolle und Entscheidung über die Einstufungen

Für die Dokumentation, die Kontrolle und die letztendliche Entscheidung über die Selbsteinstufungen gelten für Stoffe und Gemische unterschiedliche Regelungen. Tabelle 3.10 zeigt die jeweils Verantwortlichen im Verfahren, die erforderlichen Dokumentationsformblätter, die beteiligten Behörden sowie die Nachweise für die Einstufungen.

	Wer ist verantwort-lich?	Dokumentati-onsformblatt	Vorlage bei wem?	Nachweis
Stoff	Betreiber, (Hersteller, Lieferant)	AwSV, Anlage 2 Nr. 1	Umweltbun-desamt	Bundesanzeiger
Gemisch	Betreiber, (Lieferant)	AwSV, Anlage 2 Nr. 2	Zuständige Behörde für die Anlagen-genehmi-gung	Anlagen-genehmigung
Nicht wasserge-fährdendes festes Gemisch	Betreiber	AwSV, Anlage 2 Nr. 3	Zuständige Behörde für die Anlagen-genehmi-gung	Anlagen-genehmigung

Tab. 3.10 Dokumentation der Einstufung von Stoffen und Gemischen (Übersicht)

3.4.1 Stoffe

Wie bereits in Kapitel 3.1.5 ausgeführt, ist zwar für alle Selbsteinstufungen von Stoffen und Gemischen prinzipiell der Betreiber einer Anlage rechtlich verantwortlich. Bei einem Stoff wird er in aller Regel aber nur dann tatsächlich auch eine Einstufung vornehmen müssen, wenn er zugleich auch der Hersteller oder ggf. der Importeur dieses Stoffes ist, damit also am Anfang der Kette des Umgangs mit dem Stoff steht. Für die Dokumentation der erforderlichen Daten zur Einstufung eines Stoffes ist das Dokumentationsformblatt 1 nach Anlage 2 Nr. 1 auszufüllen und dem Umweltbundesamt vorzulegen (§ 4 Abs. 3).

Das Umweltbundesamt überprüft grundsätzlich nur die Vollständigkeit sowie Plausibilität der dokumentierten Daten (§ 5 Abs. 1), ihre fachliche Richtigkeit und Qualität dagegen nur stichprobenartig nach seinem Ermessen (§ 5 Abs. 2).

83

Vertritt ein Betreiber die Auffassung, dass die Einstufung eines Stoffes nach Maßgabe der Anlage 1 Nr. 4 auf der Basis der nach der CLP-Verordnung zu vergebenden H-Sätze dessen tatsächliche Wassergefährdung nicht adäquat abbildet, kann er dem Umweltbundesamt eine abweichende Einstufung vorschlagen (§ 4 Abs. 4). Dies könnte z. B. der Fall sein, wenn die Legaleinstufung eines Stoffes nach CLP wegen einer krebserzeugenden Wirkung zwar den Gefahrenhinweis H350 ausweist, der Betreiber aber glaubt, belegen zu können, dass diese Wirkung für die Wassergefährdung nicht relevant ist, weil die Wasserlöslichkeit dieses Stoffes so gering ist, dass im Wasser nur Konzentrationen unterhalb eines eventuell verfügbaren Grenzwertes der Trinkwasserverordnung oder eines gleichwertigen Beurteilungswertes auftreten können.

Auch das Umweltbundesamt selbst kann die Initiative ergreifen, ggf. auch nach Beratung durch die als Beirat beim Bundesministerium für Umwelt, Naturschutz, Bau und Reaktorsicherheit einzurichtende „Kommission zur Bewertung wassergefährdender Stoffe" (§ 12), von einer Einstufung nach Anlage 1 Nr. 4 abzuweichen, z. B. weil ein Stoff extrem mobil im Boden und im Grundwasserleiter ist, also eine intrinsische Eigenschaft besitzt, die durch das System der H-Sätze nach der CLP-Verordnung nicht abgebildet wird (§ 6 Abs. 1 und 2).

Alle letztendlichen Entscheidungen zur Einstufung von Stoffen gibt das Umweltbundesamt im Bundesanzeiger öffentlich bekannt. Gleichzeitig führt es in seinem Internetangebot einen „Katalog wassergefährdender Stoffe" („Rigoletto"), in dem alle offiziellen Einstufungen recherchiert werden können. Rechtswirksam ist eine Einstufung allerdings erst, wenn sie im Bundesanzeiger veröffentlicht wurde.

Liegen Erkenntnisse vor, die eine Änderung einer bestehenden Einstufung eines Stoffes erforderlich machen, so nimmt das Umweltbundesamt eine Neubewertung und erforderlichenfalls eine Änderung der Einstufung vor (§ 7 Abs. 1). Werden solche Erkenntnisse einem Betreiber bekannt, der mit diesem Stoff umgeht, ist er verpflichtet, dies unverzüglich dem Umweltbundesamt mitzuteilen (§ 7 Abs. 2). Mit der Umstellung der Einstufungsbasis vom System der R-Sätze gemäß der Richtlinie 67/548/EWG auf das System der H-Sätze gemäß CLP-Verordnung ist mit solchen Fällen häufiger zu rechnen, da sich die (öko-)toxikologischen Kriterien für die Zuordnung der H-Sätze gegenüber den R-Sätzen teilweise leicht geändert haben, sodass im Endeffekt eine veränderte Punktesumme nach Anlage 1 Nr. 4.4 und damit auch eine veränderte WGK resultieren kann.

3.4.2 Gemische

Gemische müssen wegen ihrer meist anlagenspezifischen Zusammensetzung wie z. B. bei Verdünnungsansätzen aus Konzentraten in der Regel vom Betreiber am Ende der Umgangskette eingestuft werden. Für die Dokumentation der erforderlichen Daten zur Selbsteinstufung eines solchen Gemisches ist vom Betreiber das Dokumentationsformblatt 2 nach Anlage 2 Nr. 2 auszufüllen und in diesem Fall nicht dem Umweltbundesamt, sondern der zuständigen Behörde im Verfahren der Genehmigung der Anlage sowie auf Verlangen bei behördlichen Überwachungsmaßnahmen vorzulegen

(§ 8 Abs. 3). In den behördlichen Unterlagen zur Genehmigung der Anlage erfüllt es den Zweck der Beweissicherung. Deshalb ist auch jede Änderung der Zusammensetzung eines Gemisches vom Betreiber ebenfalls zu dokumentieren und insbesondere, wenn sich dadurch die WGK des Gemisches ändert, der zuständigen Behörde anzuzeigen.

Das Formblatt sieht ausdrücklich vor, dass der Betreiber nur die Summe der Massenanteile der Stoffe für die einzelnen WGK bzw. für aufschwimmende Stoffe, nicht wassergefährdende Stoffe und nicht identifizierte bzw. nicht sicher bestimmte Stoffe anzugeben hat, die chemische Identität der einzelnen Inhaltsstoffe als Betriebsgeheimnisse dagegen verschweigen kann (§ 8 Abs. 4).

Für die Selbsteinstufung eines festen Gemisches als nicht wassergefährdend abweichend von der grundsätzlich geltenden Einstufung als allgemein wassergefährdend (siehe Kap. 3.3.3.2) wiederum ist das Dokumentationsformblatt 3 nach Anlage 2 Nr. 3 zu verwenden.

Wie das Umweltbundesamt bei Stoffen kann auch die zuständige Behörde bei Gemischen die Einstufung und deren Dokumentation nach eigenem Ermessen überprüfen und ggf. zurückweisen und eine abweichende Einstufung festlegen (§ 9 Abs. 1). Dabei kann es sich durch das Umweltbundesamt beraten lassen (§ 9 Abs. 2).

In besonderen Fällen kann auch das Umweltbundesamt selbst die Einstufung eines Gemisches nach Maßgabe von Anlage 1 Nr. 5 in eine Wassergefährdungsklasse oder eines festen Gemisches nach § 10 Abs. 1 als nicht wassergefährdend vornehmen (§ 11). Solche Einstufungen werden analog zur Einstufung von Stoffen ebenfalls im Bundesanzeiger veröffentlicht. In diesen Fällen entfällt die Verpflichtung zur Selbsteinstufung durch den Betreiber (§ 8 Abs. 2 Nr. 6).

Kapitel 4: Betreiberpflichten, technische Anforderungen an Anlagen (§§ 13, 15; §§ 17–38 und §§ 49–51 AwSV)

Autoren: Dr.-Ing. Axel Nacken, F. Oswald

4.1 Kapitel 3 der AwSV

4.1.1 Anwendung

Kapitel 3 der AwSV mit den §§ 13–51 stellt den Kern der Vorschriften dar, die sich unmittelbar an den Betreiber einer Anlage zum Umgang mit wassergefährdenden Stoffen richten. Hier werden alle technischen und organisatorischen Anforderungen an Errichtung und Betrieb normiert, soweit es in einer Verordnung tunlich ist. Während die organisatorischen Vorschriften, vielleicht mit Ausnahme des genauen Inhaltes der in § 43 geforderten Anlagendokumentation, sich unmittelbar erschließen, bedarf es zur Erfüllung der materiellen Anforderungen technischer Regeln, die zum Teil durchaus umfangreich und nur dem Fachmann in allen Einzelheiten zugänglich sind.

Zunächst werden in § 17 Grundsatzanforderungen an Anlagen zum Umgang mit wassergefährdenden Stoffen als Generalvorschrift gestellt. Diese sind jedoch aus technischen Gründen oder wegen der Unverhältnismäßigkeit auf einige Anlagenarten oder Betriebsweisen nicht vollständig anwendbar und werden in den §§ 13, 21–22 und 25–38 in Form von Spezialvorschriften an bestimmte Sachverhalte angepasst. In Gebieten, die aufgrund ihrer wasserwirtschaftlichen Bedeutung eines besonderen Schutzes bedürfen, schränken die §§ 49–51 den Umgang mit wassergefährdenden Stoffen ein oder verbieten ihn ganz.

Die Spezialvorschriften genießen Vorrang vor den Generalklauseln. Umgekehrt gelten die Generalklauseln, wenn zu einem speziellen Sachverhalt keine entsprechende Sonderregelung getroffen wurde. Beispielsweise fand sich in mancher Länder-VAwS keine spezielle Regelung für Rohrleitungen auf Rohrbrücken oder Rohrtrassen. Damit wäre für diese die Grundsatzanforderung nach einer flüssigkeitsdichten Fläche und einem Rückhaltevolumen zu erfüllen gewesen. § 21 AwSV stellt nun in Form einer Spezialvorschrift „Besondere Anforderungen an die Rückhaltung bei Rohrleitungen" klar, dass unter bestimmten Randbedingungen auf eine Dichtfläche und ein Rückhaltevolumen verzichtet werden kann.

4.1.2 Ausnahmen von der Anwendung des Kapitels 3 AwSV (§ 13)

Während § 1 Abs. 2–4 regelt, ob die gesamte AwSV überhaupt Anwendung findet, beschreibt § 13 die Tatbestände, für die die Vorschriften nur des Kapitels 3 ganz oder teilweise unberücksichtigt bleiben. Der Rest der AwSV, insbesondere Kapitel 4 und 5 sowie die Anhänge, findet weiterhin Anwendung.

In Abs. 1 wird festgelegt, dass die als „allgemein wassergefährdend" eingestuften aufschwimmenden flüssigen Stoffe nur dann unter den Anwendungsbereich des Kapitels 3 der AwSV fallen, wenn „nicht ausgeschlossen" werden kann, dass sie in ein oberirdisches Gewässer gelangen können. Die Fähigkeit aufzuschwimmen ist die einzige Eigenschaft dieser Stoffe, durch die sie eine Schädigung eines Gewässers verursachen können. Wenn also kein oberirdisches Gewässer in der Nähe ist, kann diese Eigenschaft nicht zur Wirkung kommen, und die Forderung nach entsprechenden Schutzmaßnahmen wäre überflüssig und nicht vom Zweck der Verordnung gedeckt. Es bleibt offen, anhand welcher Kriterien ein solcher Ausschluss angenommen werden darf. Dies muss, eventuell unter angemessener Berücksichtigung von Schutzmaßnahmen, im Einzelfall entschieden werden. Zu beachten sind dabei immer die Abflusssituation für Oberflächen- und Abwasser (Direkteinleiter, Indirekteinleiter) sowie die Gefälleverhältnisse und die Entfernung der betroffenen Anlage zum Gewässer. Bei Anlagen in Hafengebieten oder an Flussufern wird man immer damit rechnen müssen, dass aufschwimmende Flüssigkeiten in das Gewässer gelangen können.

Wenn aber die aufschwimmenden wassergefährdenden Stoffe im Falle einer Betriebsstörung ein oberirdisches Gewässer erreichen können, sind die Vorschriften des Kapitels 3 der AwSV anzuwenden. Dies betrifft jedoch im Wesentlichen nur die materiellen Anforderungen. Da „allgemein wassergefährdend" keine Wassergefährdungsklasse i. S. d. § 3 Abs. 1 AwSV ist, entfallen für diese Stoffe alle Maßnahmen, die vom aus Anlagenvolumen und WGK bestimmten Gefährdungspotenzial der Anlage abhängen. Da dies auch die Prüfpflicht betrifft, sind für Anlagen zum Umgang mit aufschwimmenden flüssigen Stoffen in den Anhängen 5 und 6 der AwSV eigene, vom Gefährdungspotenzial unabhängige Abgrenzungskriterien für die Prüfpflicht festgelegt worden. Die Größe des Gewässers, in das aufschwimmende Flüssigkeiten geraten können, ist nicht begrenzt; also löst auch schon ein kleiner Bach in der Nähe einer Anlage zum Umgang mit aufschwimmenden Stoffen die Anwendung des Kapitels 3 der AwSV aus.

§ 13 Abs. 2 AwSV beschreibt Kleinanlagen, deren Potenzial zur Gewässergefährdung aufgrund der Mengen sowie der Art der Stoffe und deren Eigenschaften so gering ist, dass über die Maßnahmen zum ordnungsgemäßen Umgang hinausgehende Schutzmaßnahmen entbehrlich sind. Sie lassen sich zum Teil auch wegen der außerordentlich großen Zahl dieser Kleinanlagen und der betroffenen „Betreiber" nur mit unverhältnismäßig hohem Aufwand durchsetzen. Ausgenommen von der Anwendung des Kapitels 3 AwSV sind:

– Anlagen zum Lagern von Haushaltsabfällen und vergleichbaren Abfällen aus Büros, Behörden, Schulen, Gaststätten und vergleichbaren Abfallerzeugern (Mülltonnen, Müllcontainer);

– Anlagen zur Eigenkompostierung von Bioabfällen im privaten Bereich;

– Anlagen zum Lagern von festen gewerblichen Abfällen und festen gewerblichen Abfällen, denen wassergefährdende Stoffe anhaften können, wenn

   – das Volumen des Lagerbehälters 1,25 m³ nicht übersteigt,

   – der Lagerbehälter dicht ist,

   – die Aufstellfläche so ausgeführt ist, dass wassergefährdende Stoffe nicht in ein Gewässer gelangen können,

   – geeignetes Bindemittel vorgehalten wird.

– Lager für feste Gemische, die auf der Baustelle unmittelbar durch die Bautätigkeit entstehen (Bauschutt).

Für JGS-Anlagen gelten, wie in Abs. 4 festgelegt, nur bestimmte Vorschriften des Kapitels 3.

4.2   Anforderungen an alle Anlagen

Maßstab für alle technischen und organisatorischen Maßnahmen zum Gewässerschutz ist der in § 62 Abs. 1 WHG geforderte Besorgnisgrundsatz. Er besagt nach einem bis heute immer wieder bestätigten Grundsatzurteil des BVerwG,[126] dass keine noch so geringe Wahrscheinlichkeit einer Gewässerverunreinigung bestehen darf. Entsprechend müssen die Schutzvorrichtungen gestaltet werden, ohne jedoch den Grundsatz der Verhältnismäßigkeit zu verletzen.

4.2.1   Grundsatzanforderungen (§ 17)

Es bedarf keiner näheren Erläuterung, dass eine Anlage sicher betrieben wird, wenn wassergefährdende Stoffe die unmittelbaren Umschließungen, in denen sie sich befinden, nicht unkontrolliert verlassen können. Eine erste und zugleich auch die wichtigste Anforderung ist also die Dichtheit der stoffumschließenden Wandungen. Aus der Erkenntnis heraus, dass jedes technische System seine Schwachstellen hat, genügt dies jedoch nicht. Der Besorgnisgrundsatz verlangt, dass ein Versagen der stoffumschließenden Wandungen, aus welchen Gründen auch immer, grundsätzlich nicht ausgeschlossen werden darf. Also ist gegen diesen Fall derart Vorsorge zu treffen, dass mögliche Stoffaustritte keine nachteiligen Auswirkungen auf Gewässer haben.

Daraus wurden zunächst die in § 17 AwSV normierten Grundsatzanforderungen entwickelt, die sich so oder ähnlich – bis auf 8 – in allen Länderverordnungen und der

---

126 BVerwG, Urteil v. 16.07.1965 – IV C 54.65.

Muster-VAwS der LAWA fanden. Insofern führt die AwSV die Prinzipien und Erfahrungen der Vergangenheit fort.

Die Grundsatzanforderungen besagen:

1. Wassergefährdende Stoffe dürfen nicht austreten können.

2. Undichtheiten aller Anlagenteile, die mit wassergefährdenden Stoffen in Berührung stehen, müssen schnell und zuverlässig erkennbar sein.

3. Austretende wassergefährdende Stoffe müssen schnell und zuverlässig erkannt werden.

4. Austretende wassergefährdende Stoffe müssen zuverlässig zurückgehalten sowie ordnungsgemäß entsorgt werden; dies gilt auch für betriebsbedingt auftretende Spritz- und Tropfverluste.

5. Bei einer Störung des bestimmungsgemäßen Betriebes der Anlage anfallende Gemische, die ausgetretene wassergefährdende Stoffe enthalten können, müssen zurückgehalten und ordnungsgemäß als Abfall entsorgt oder als Abwasser beseitigt werden.

6. Anlagen müssen dicht, standsicher und gegenüber den zu erwartenden mechanischen, thermischen und chemischen Einflüssen hinreichend beständig sein.

7. Einwandige unterirdische Behälter für flüssige wassergefährdende Stoffe sind unzulässig.

8. Einwandige unterirdische Behälter für gasförmige wassergefährdende Stoffe sind unzulässig, wenn die gasförmigen wassergefährdenden Stoffe flüssig austreten, schwerer sind als Luft oder sich nach Austritt im umgebenden Boden in vorhandener Feuchtigkeit lösen.

9. Bei Stilllegung sind wassergefährdende Stoffe aus Anlagen oder Anlagenteilen zu entfernen, soweit technisch möglich.

10. Stillgelegte Anlagen sind gegen missbräuchliche Nutzung zu sichern.

Einem Gewässerschaden werden somit zwei technische Barrieren in den Weg gestellt:

– die stoffumschließenden Wandungen als erste Barriere (Grundsatzanforderungen 1, 2 und 6),

– eine dichte und ausreichend bemessene Rückhalteeinrichtung für Stoffe, die beim Versagen der stoffumschließenden Wandungen austreten, als zweite Barriere (Grundsatzanforderungen 3, 4, 5, 7 und 8).

Als dritte Barriere gelten üblicherweise organisatorische Maßnahmen wie z. B. die Eignungsfeststellung, die Fachbetriebspflicht, die ständige Überwachung und Instandhaltung durch den Anlagenbetreiber sowie die Prüfung durch Sachverständige. Im weiteren Sinne sollen hier auch die Maßnahmen bei Stilllegung einer Anlage (Grundsatzanforderungen 9 und 10) zur dritten Barriere gezählt werden. Maßnahmen zur Schadensbegrenzung wie das schnelle Einschreiten der Feuerwehr, das Abdecken von Kanaleinläufen oder das Ausbringen von Ölsperren usw. werden bisweilen als vierte Barriere bezeichnet. Diese Maßnahmen verringern zwar das Ausmaß eines Gewässerschadens, werden jedoch erst nach einem Schadenseintritt wirksam.

Zusammenfassend gilt: Wassergefährdende Stoffe dürfen nicht unbemerkt aus den stoffumschließenden Anlagenteilen austreten und, wenn dies doch geschieht, dürfen sie die Anlage nicht unkontrolliert verlassen können. Letztere Aussage gilt auch für Niederschlagswasser, das unter Umständen mit wassergefährdenden Stoffen belastet sein kann.

4.2.2 Technische Umsetzung der Grundsatzanforderungen

Die Erfüllung der Grundsatzanforderungen geschieht durch technische und organisatorische Maßnahmen und ist im Prinzip recht einfach. Die stoffumschließenden Wandungen müssen so beschaffen sein, dass sie den auftretenden mechanischen, chemischen und thermischen Belastungen standhalten. Weiter muss ein dichter und ausreichend bemessener Auffangraum für möglicherweise austretende wassergefährdende Stoffe zur Verfügung stehen. Bei der Umsetzung in konkrete Bauweisen ergeben sich aber im Einzelfall doch recht bedeutende Schwierigkeiten.

Fehler bei der Planung oder beim Bau sind im Nachhinein oft nicht oder nur mit großem finanziellem Aufwand zu korrigieren. Insbesondere dem Planer kommt die Aufgabe zu, die Grundsatzanforderungen zu kennen und zu wissen, wie sie technisch in konkrete Bauweisen umgesetzt werden.

Wesentliche mechanische Belastungen von Behältern und Rohrleitungen sind:

– innerer Überdruck oder Unterdruck,

– Eigengewichte von Tanks, Silos, Behältern oder Rohrleitungen,

– Eigengewichte von Ein- oder Anbauten, z. B. verfahrenstechnische Böden, Leitern, Bühnen, Wärme- oder Kältedämmungen, Armaturen,

– Eigengewichte von Schüttungen, z. B. Katalysatoren, Füllkörpern oder Adsorbermassen,

– Gewicht der gehandhabten Stoffe,

– Belastungen aus behinderter thermischer Ausdehnung,

– Lasten aus angeschlossenen Systemen, z. B. Stutzenlasten auf Behälter,

– Wind- oder Schneelasten,

– Beanspruchungen durch Erdbeben, sofern der Standort der Anlage in einer durch DIN EN1998-1/NA:2011 01 (vorher DIN 4149) ausgewiesenen Erdbebenzone liegt,

– Verkehrslasten,

– Auftriebslasten, wenn Auffangräume durch Leckagen oder Hochwasser volllaufen.

Es gibt viele seit Langem bewährte Regeln, mit denen die ausreichende Bemessung von Behältern und Rohrleitungen aus metallischen Werkstoffen nachgewiesen werden kann, so z. B. das AD-2000 Regelwerk, die DIN EN 13445 für Druckbehälter, die DIN EN 13480 für Rohrleitungen, die DIN EN 14015 (noch nicht bauaufsichtlich einge-führt) bzw. die DIN 4119 für Flachbodentanks aus metallischen Werkstoffen.

Für Behälter und Rohrleitungen aus Kunststoffen gibt es ebenfalls Regelwerke. Für Tanks aus thermoplastischen Werkstoffen bietet DVS 2205 Regeln zur Bemessung, Konstruktion und Fertigung. Für Tanks aus duroplastischen, glasfaserverstärkten Werkstoffen (GfK) sei die DIN EN 13121 genannt. Druckbehälter können nach AD-2000 Merkblatt N1 ausgelegt werden. Für Rohrleitungen aus glasfaserverstärkten, duroplastischen Werkstoffen sei auf AD-2000-Merkblatt HP110R, für thermoplasti-sche Werkstoffe auf AD-2000-Merkblatt HP120R, jeweils mit einer Fülle von Verwei-sen auf andere Quellen, verwiesen.

Bedeutende Schwierigkeiten kann der Nachweis der ausreichenden chemischen Be-ständigkeit bereiten. Hiermit ist gemeint, dass sich die Konstruktionswerkstoffe unter dem Einfluss der wassergefährdenden Stoffe, die sie einschließen, nicht derart verän-dern dürfen, dass sie ihrer Aufgabe nicht mehr genügen. Bei metallischen Werkstoffen ist dies vor allem die Korrosion, bei Kunststoffen die Alterung. Es gibt sehr umfang-reiche Literatur zum Korrosionsverhalten von metallischen und nichtmetallischen Werkstoffen, auf die hier verwiesen werden muss.[127] Ein paar sehr allgemeine Anga-ben sind dennoch angebracht.

Bei metallischen Werkstoffen tritt Korrosion in Abhängigkeit von der Zusammenset-zung des angreifenden Stoffes, des Werkstoffes der stoffberührten Wandungen und der Temperatur in verschiedenen Erscheinungsformen auf. Die wichtigsten Formen sind:

– Flächenkorrosion

– Muldenkorrosion

– Korrosion unter Belägen

– interkristalline Korrosion

– Spannungsrisskorrosion

– Lochfraß

– Spaltkorrosion

Wichtige Einflussgrößen sind beispielsweise:

– Zusammensetzung der angreifenden Stoffe:

---

127 z. B. Egon Kunze (Hrsg.) Korrosion und Korrosionsschutz, 6 Bände, Wiley VCH, 2001;
     Wendler-Kalsch, E.; Gräfen, H: Korrosionsschadenkunde, Springer Verlag, 1998.

Ganz wesentlich sind die Art der Stoffe und ihre Konzentration in einem Gemisch. Es ist oft wichtig, auch Verunreinigungen und Nebenprodukte zu kennen; auch wenn sie nur in geringen Mengen in einem Stoffstrom vorhanden sind, können sie doch erheblichen Einfluss auf die Beständigkeit haben. Bekanntes Beispiel hierfür sind Chloride, die bei geeigneten Randbedingungen schon in sehr geringen Mengen in nichtrostenden austenitischen Stählen Lochfraß verursachen können.

– Verhalten der angreifenden Stoffe:

  – Zersetzung bei erhöhten Temperaturen mit Bildung korrosiver Verbindungen

  – Verhalten in Gegenwart von Feuchtigkeit wie Bildung oder Abspaltung korrosiver Verbindungen; z. B. ist trockener Chlorwasserstoff nicht korrosiv, bildet aber mit Feuchtigkeit Salzsäure, die die technisch üblichen metallischen Werkstoffe mehr oder weniger schnell zerstört

  – Wechselwirkung mit Konstruktionsmaterialien, etwa durch eine große Reaktionsfähigkeit, wie sie Sauerstoff und Chlor aufweisen

  – Neigung zur Bildung von Ablagerungen und Verkrustungen, unter denen sich das Korrosionsverhalten ändert

– Temperatur:

  Im Allgemeinen nimmt die Korrosion mit steigender Temperatur zu. Werkstoffe, die bei niedrigen Temperaturen hinreichend beständig sind, versagen bei höheren Temperaturen.

– Strömungsgeschwindigkeit

– Erosion/Abrasion bei Mehrphasenströmungen oder in Kavitationsbereichen

  Metallische Werkstoffe gelten als beständig, wenn die jährliche Abtragsrate durch Flächenkorrosion nicht mehr als 0,1 mm beträgt und lokale Korrosion wie Lochfraß, Spalt- oder Spannungsrisskorrosion ausgeschlossen werden kann. Als ungeeignet gelten metallische Werkstoffe, wenn

– die Korrosionsrate durch Flächenkorrosion größer als 0,1 mm/Jahr ist oder

– Spannungsrisskorrosion, Lochkorrosion, Spaltkorrosion auftreten kann oder

– der Stoff mit der Tankwand gefährlich reagieren kann (z. B. katalytische Zersetzung),

– der Stoff Werkstoffveränderungen hervorruft, die die Sicherheit der Anlage in gefährlichem Ausmaß herabsetzen, z. B. Laugensprödigkeit.

In den Fällen eigentlich ungeeigneter Werkstoffe können je nach Schädigungsmechanismus und Betriebsbedingungen organisatorische Maßnahmen wie Begrenzung der Gebrauchsdauer zusammen mit einem erhöhten Abnutzungszuschlag, regelmäßigen Prüfungen und Abschätzung der Restlebensdauer deren Einsatz dennoch ermöglichen, wenn gewichtige Gründe dies erfordern. Ein solches Vorgehen setzt jedoch ein tiefes

Verständnis für die Schädigungsmechanismen sowie Erfahrung in der Auswahl der Messverfahren und in der Durchführung und Auswertung der Messungen voraus. Die Ultraschall-Wanddickenmessung z. B. ist völlig unbrauchbar, wenn mit Lochfraß oder Spannungsrisskorrosion zu rechnen ist.

Es darf nicht vergessen werden, dass die Beständigkeit der stoffumschließenden Wandungen auch durch eine mögliche schädigende Wirkung aus der Umgebung beeinträchtigt werden kann. In Meeresnähe führt der Einfluss der salzhaltigen Luft zu einer erhöhten Korrosion un- und niedriglegierter ferritischer Stähle und kann bei nichtrostenden austenitischen Stählen Lochfraß und Spannungsrisskorrosion hervorrufen. Letzteres ist auch durch chloridhaltige Dämmmaterialien möglich. Für un- und niedriglegierte Werkstoffe ist die Korrosion unter der Dämmung (CUI, „corrosion under insulation") ein grundsätzliches Problem. Diese Art der Schädigung der flüssigkeitsumschließenden Wandung bleibt dem Auge verborgen, wenn nicht zumindest stichprobenweise die Dämmung entfernt wird. Bestimmte Betriebsbedingungen, schadhafte Dämmungen oder auch ungeschickte Konstruktionen wie falsch ausgeführte oder angeordnete Durchdringungen fördern diese Art der Korrosion.

Die nichtmetallischen Werkstoffe zeigen ein breites Spektrum von Werkstofftypen:

– Thermoplaste, z. B. Polyethylen, Polypropylen, Polyvinylchlorid. Sie sind nicht für höhere Temperaturen einsetzbar. Ihre Festigkeit und ihr Elastizitätsmodul sind niedrig sowie altersabhängig und verringern sich deutlich mit steigender Temperatur. Bei Rohrleitungen sind zur Begrenzung der Durchbiegung nur sehr geringe Stützweiten möglich.

– Duroplaste, z. B. ungesättigte Polyesterharze oder Vinylesterharze; diese werden in der Regel mit Glasfasern verstärkt und in dieser Form als glasfaserverstärkte Kunststoffe bezeichnet (GfK). Sie haben befriedigende Festigkeits- und Elastizitätseigenschaften und können je nach Harztyp und Auskleidung bei deutlich höheren Temperaturen als die Thermoplaste betrieben werden.

– Keramiken, z. B. Ausmauerungen von Öfen, Kolonnen oder Behältern; keramische Platten kommen auch als Auskleidung von Auffangräumen, Ableitkanälen u. Ä. zum Einsatz (Säureschutzbau).

– Gummi, z. B. als Auskleidung von Behältern (oft zusätzlich zur Ausmauerung) oder als Dichtungsmaterial.

– Holz wird nicht mehr im chemischen Apparatebau verwendet, aber noch manchmal als Belag für Kanäle, Gruben oder Laufstege eingesetzt.

– Teer, Bitumen, Asphalt u. Ä. wurden häufig als Fugenmaterial in den Dehnfugen von Auffangräumen eingesetzt; wegen der schnellen Versprödung und des Verlustes der Flankenhaftung (zum Teil schon nach einem Jahr) muss von der Verwendung für diesen Zweck abgeraten werden. Gussasphalt hingegen ist als Beschichtungsmaterial von Ableitflächen und Rückhalteeinrichtungen durchaus mit Erfolg einsetzbar.

- Beton wird für Schüttgutbehälter oder -bunker eingesetzt, im Abwasserbereich auch für flüssigkeitsbeaufschlagte Behälter und Rohrleitungen. Für die Dichtflächen von Ableitflächen oder Rückhalteeinrichtungen ist er das am häufigsten verwendete Material, sowohl als tragender Unterbau für Auskleidungen oder Beschichtungen als auch ohne Auskleidung als flüssigkeitsdichte Wandung.

- Glas ist gegen nahezu alle Stoffe beständig. Nachteilig ist seine Sprödbruchempfindlichkeit. Hauptanwendung von Glas sind Laborgeräte. Man findet es aber auch als Werkstoff für (kleinere) verfahrenstechnische Apparate in Technika und in verfahrenstechnischen Großanlagen als Teil von Messeinrichtungen (z. B. Standrohre) oder in Form von Schaugläsern in Behältern.

Thermo- und Duroplaste sind gegen viele Stoffe beständig, die metallische Werkstoffe stark schädigen. Dennoch zeigen auch sie materialtypische Schädigungsmechanismen. Zu nennen sind hier die Alterung, die bei Aufstellung im Freien durch UV-Strahlung beschleunigt wird, und der Einfluss von Chemikalien auf die Struktur. Auch können einige Stoffe bei bestimmten Kunststoffen Spannungsrisskorrosion auslösen. Die Temperatur spielt bei der Schädigung von Kunststoffen ebenfalls eine bedeutende Rolle. Zusätzlich hat bei Thermo- und Duroplasten die Betriebszeit einen Einfluss. Daher muss schon bei der Konstruktion eine zulässige Betriebszeit festgelegt werden und die Bemessung nichtmetallischer Komponenten dementsprechend erfolgen.

Der Nachweis der chemischen Beständigkeit kann erfolgen durch:

- Für metallische Werkstoffe DIN 6601, DECHEMA-Werkstofftabellen, Beständigkeitslisten der BAM.

- Für nichtmetallische Werkstoffe DECHEMA-Werkstofftabellen, DVS 2205, DIN-Normen für verschiedene Thermoplaste (derzeit DIN 8061, 8075, 8078 und 8080), DIN EN 13121-2 für duroplastische Werkstoffe.

- Die Medienlisten 40 des DIBt geben Hinweise auf die Beständigkeit einiger Kunststoffe gegen eine Reihe von Stoffen; einen Nachweis stellen nur die allgemeinen bauaufsichtlichen Zulassungen dar, die für genau bezeichnete Kunststoffe (herstellerabhängig!) angeben, gegen welche Stoffe die Beständigkeit gegeben ist.

Beispiel hierzu: Es gibt PVC-Materialien, die Calciumcarbonat als Füllerwerkstoff enthalten. Wird in Behältern aus solchem Material z. B. Salzsäure gelagert, löst sich das Calciumcarbonat langsam aus der Struktur des PVC und führt irgendwann zum Versagen des Materials.

- Erkenntnisse aus der einschlägigen Literatur.

- Vorhandene Anlagen oder Anlagenteile, die überprüfbar sind oder wiederkehrenden Prüfungen durch Sachverständige unterliegen.

- Laboruntersuchungen.

Bei der Anwendung der verschiedenen Listen und Literaturquellen ist immer sehr genau zu prüfen, wie aussagekräftig die Information für den vorliegenden konkreten

Fall ist. Die DIN 6601 z. B. wurde für Lagerbehälter erstellt. Folglich gelten die Beständigkeitsangaben nur für Temperaturen bis 40 °C. Die Beständigkeit von Werkstoffen in verfahrenstechnischen Anlagen, in denen die Temperaturen zum Teil deutlich höher liegen, ist damit nicht zu beurteilen. So sind z. B. ferritische Stähle in 50-prozentiger Natronlauge bis ca. 50 °C gut einsetzbar (aber Neigung zu Laugensprödigkeit beachten!), austenitische Stähle des Typs V2A und V4A bis ca. 120 °C. Darüber hinaus sollten Nickel oder Nickelbasiswerkstoffe wie Monel, Inconel oder Hastelloy verwendet werden.

Bezüglich der Zusammensetzung gelten die Aussagen von Tabellenwerken wie DIN 6601 oder die Medienlisten 40 des DIBt nur für Stoffe handelsüblicher Reinheit, bei denen manchmal auch noch spezielle Auflagen einzuhalten sind, wie z. B. Freiheit von Chlor- oder Bromionen oder die Beschränkung des Feuchtegehaltes. Bei Gemischen reicht es nicht, dass gemäß den Tabellenwerken der Werkstoff gegen jede Komponente beständig ist; durch die gegenseitige Beeinflussung der Stoffe kann es durchaus vorkommen, dass ein solches Gemisch schädigende Eigenschaften entwickelt, obwohl eine Beständigkeit gegen die einzelnen Bestandteile gegeben ist. Ein bekanntes Beispiel dafür ist Königswasser, dessen einzelne Bestandteile Salpetersäure und Phosphorsäure Gold nicht angreifen, wohl aber in der richtigen Mischung beider Säuren.

4.2.3   Erkennung von austretenden wassergefährdenden Stoffen

Wenn die stoffumschließenden Wandungen in ausreichendem Maße mit dem Auge kontrollierbar sind, kann bei regelmäßiger aufmerksamer Begehung der Anlage, festgeschrieben in einer Betriebsanweisung, von der schnellen und zuverlässigen Erkennung von Schäden an den stoffumschließenden Wandungen ausgegangen werden. Wo Anlagenteile dem Auge entzogen sind, etwa bei unterirdischem Einbau, müssen technische Maßnahmen ergriffen werden, wie etwa der Einbau von Leckage-Erkennungseinrichtungen. Diese haben aber nur eine Wirkung, wenn ihr Signal rechtzeitig erkannt wird und entsprechende Maßnahmen ergriffen werden. In diesen Fällen muss bereits bei der Planung einer Anlage festgelegt werden, wohin das Signal geschaltet wird. In beiden Fällen muss in einer Betriebsanweisung festgelegt sein, was im Falle einer Undichtheit zu geschehen hat. Selbstredend ist eine solche Einrichtung in angemessenen Zeitabständen (in der Regel jährlich) auf ihre Funktionsfähigkeit hin zu überprüfen.

4.2.4   Rückhaltung (§§ 18–20)

Aus Anlagenteilen austretende Stoffe dürfen nicht in ein Gewässer gelangen können. Sie müssen zurückgehalten werden. Dazu ist ein dichter und ausreichend bemessener Auffangraum erforderlich, sofern es sich nicht um eine doppelwandige Anlage handelt. Eine Anlage zum Umgang mit wassergefährdenden Stoffen kann in einem oder mehreren Auffangräumen aufgestellt sein, desgleichen dürfen sich mehrere Anlagen in einem gemeinsamen Auffangraum befinden. Der Auffangraum kann auch abseits der Anlage gebaut werden; in diesem Fall ist aber sicherzustellen, dass auch die Zuleitungen dorthin den Anforderungen der AwSV genügen, d. h., sie müssen dicht und beständig sein wie der Auffangraum selbst.

Die Vorschriften für unterirdische Anlagen gelten nicht für Rückhalteeinrichtungen, auch wenn sie im Erdreich eingebettet sind. Dies ist ausdrücklich in § 2 Abs. 15 AwSV festgestellt. Sofern ein Auffangraum abseits der Anlage angeordnet wird, kann die Verbindung zwischen beiden als unterirdische einwandige Rohrleitung ausgeführt werden. Diese Verbindung muss als Teil der Anlage überwacht und regelmäßig geprüft werden. Dies ist am einfachsten und aussagekräftigsten möglich, wenn die Verbindung als nach oben offenes Gerinne, abgedeckt mit Gitterrosten oder Holz, ausgeführt wird. Soll eine unterirdische Rohrleitung zum Einbau kommen, ist es ratsam, mögliche Schwachstellen zu vermeiden; eine vollständig geschweißte Ausführung mit der Möglichkeit zur Dichtheitsprüfung, auch mit Überdruck, ist eine geeignete Bauweise.

Kritisch für einen Auffangraum ist die Beaufschlagung mit Flüssigkeit. Der Werkstoff des Auffangraumes kann chemisch angegriffen und/oder durchdrungen werden. Ein Auffangraum gilt als flüssigkeitsdicht, wenn er seine „Dicht- und Tragfunktion während der Dauer der Beanspruchung" nicht verliert (§ 18 Abs. 2 AwSV). Die Mechanismen der Schädigung bzw. Durchdringung hängen vom Werkstoff der Dichtfläche ab. Während metallische Auskleidungen oder nichtmetallische Beschichtungen einem chemischen Angriff ausgesetzt sein können, kommt bei Beton noch das Eindringen von Flüssigkeiten durch Kapillarwirkung in die Dichtfläche hinzu. Die Dichtfunktion ist gegeben, wenn die Dichtfläche zu nicht mehr als zwei Drittel ihrer Dicke durchdrungen wird. Die Umläufigkeit von Fugen und Risse erfordern gesonderte Maßnahmen.

Um die Anforderungen an die Bauausführung von Dichtflächen in Abhängigkeit von der Beanspruchung durch wassergefährdende Stoffe differenzieren zu können, wurden in der TRwS A 786 „Ausführung von Dichtflächen" drei Beanspruchungsstufen definiert. In Übereinstimmung mit den Prüfgrundsätzen des DIBt sind dies:

- Geringe Beanspruchung: Beaufschlagung bis zu 8 Stunden

- Mittlere Beanspruchung: Beaufschlagung bis zu 72 Stunden

- Hohe Beanspruchung: Beaufschlagung bis zu 3 Monaten.

Als Dauer der Beanspruchung gilt die Zeit, die vom Auftreten einer Undichtheit der flüssigkeitsumschließenden Wandungen bis zum Reinigen des Auffangraumes vergeht.

Wenn wassergefährdende Flüssigkeiten länger als drei Monate im Auffangraum verbleiben, wird unterstellt, dass es sich nicht mehr um einen Auffangraum, sondern um einen Lagerbehälter handelt.

4.2.4.1 Bauweisen von Auffangräumen

Die zulässigen Bauweisen sind in TRwS A 786 „Ausführung von Dichtflächen" aufgeführt. Als Werkstoffe bzw. Bauweisen kommen in Betracht:

– Gussasphalt

– Beton ohne Beschichtung

– Beton mit Beschichtung oder Auskleidung

– Stahl mit und ohne Beschichtung oder Auskleidung

– Plattenbeläge auf geeigneter Dichtschicht (Säureschutzbau)

Bei Verwendung in Anlagen zum Lagern, Abfüllen oder Umschlagen bedürfen gemäß der Bauprodukte- und Bauartenverordnung der Länder, z. B. BauPAVO NRW, alle serienmäßig hergestellten Bauteile, die der Sicherheit der Anlage dienen, einer allgemeinen bauaufsichtlichen Zulassung, sofern keine bauaufsichtlich eingeführten technischen Regeln oder Normen bestehen. Dies ist der Fall für z. B. Beschichtungen von Auffangräumen, Auskleidungen von Behältern, Tanks aus nichtmetallischen Werkstoffen, Überfüllsicherungen und Leckanzeigegeräten. Bauteile, für die es bauaufsichtlich eingeführte technische Regeln oder Normen gibt, sind in der Muster-Verwaltungsvorschrift Technische Baubestimmungen (MVV-TB) verzeichnet. Diese Bauteile müssen den in der MVV-TB genannten technischen Regeln entsprechen. Für nicht serienmäßig hergestellte Bauteile ist, sofern keine der Ausnahmen gem. § 63 WHG oder § 41AwSV greift, eine Eignungsfeststellung erforderlich.

Wo immer es die Belastung durch die gehandhabten Stoffe erlaubt, wird aus wirtschaftlichen Gründen Beton als Werkstoff für Auffangräume eingesetzt. Die Anforderungen an solche Bauwerke sind in der Richtlinie „Betonbau beim Umgang mit wassergefährdenden Stoffen" des deutschen Ausschusses für Stahlbeton (DAfStb) niedergelegt. An die Ausführung, beginnend mit der Planung und endend mit der Prüfung durch den Sachverständigen, werden hohe Anforderungen gestellt, die nur von relativ wenigen Anbietern auch erfüllt werden. Soweit möglich, sollen Fugen vermieden werden. Sie sind ein Schwachpunkt der Konstruktion und erfordern einen ständigen, nicht unerheblichen Instandhaltungsaufwand.

4.2.4.2 Fassungsvermögen der Rückhalteeinrichtung

Die Größe des Auffangraumes richtet sich nach der Größe der Anlage bzw. der Anlagen, die in ihm aufgestellt bzw. ihm zugeordnet sind, und nach der Betriebsweise. Für Anlagen zum Lagern, Herstellen, Behandeln und Verwenden von wassergefährdenden Stoffen sind andere Vorgaben einzuhalten als für Abfüll- oder Umschlaganlagen. Es muss grundsätzlich die Menge zurückgehalten werden können, die bis zum Wirksamwerden „geeigneter Sicherheitsvorkehrungen" austreten kann (§ 18 Abs. 3 AwSV). Im Zweifelsfall ist dies der Inhalt der gesamten bzw. der größten in einem Auffangraum aufgestellten Anlage. Die TRwS A 785 „Bestimmung des Rückhaltevermögens bis zum Wirksamwerden geeigneter Sicherheitsvorkehrungen – R1" erlaubt die Berechnung der freigesetzten Mengen. Wesentlich sind dabei die Zeit vom Auftreten bis zur Erkennung einer Undichtheit und die Zeit, die bis zum Wirksamwerden von Gegenmaßnahmen vergeht. Die technische Ausgestaltung der Anlagenteile hat darauf einen erheblichen Einfluss. Es muss also bereits in der Planungsphase einer Anlage festgelegt werden, welche technische Ausführung die Anlage erhalten soll (z. B. Flanschverbindungen/Dichtungen, Überwachung von Abfüllvorgängen) und wie dereinst Überwachung (z. B. Kontrollgänge oder Leckagesonden) und Reaktion bei Schadensfällen (z. B. Absperrmöglichkeiten, Notbehälter, Entsorgungsmöglichkeiten) ausgestaltet werden sollen. Voraussetzung ist allerdings eine ständig besetzte Betriebsstelle bzw. eine regelmäßige Überwachung durch geeignetes und zuverlässiges Personal. Bei einer Anlage, die über die Weihnachts- oder Osterfeiertage sich selbst überlassen bleibt, wird man das gesamte Volumen der Anlage als Rückhaltevolumen ansetzen müssen. Auch wird in einem solchen Fall die Zeit vom Erkennen bis zum Beseitigen einer Leckage mehr als 72 Stunden dauern, was Auswirkungen auf die Ausgestaltung der Dichtfläche hat.

Bei Anlagen der Gefährdungsstufe D muss der Inhalt der größten abgesperrten Betriebseinheit, der ohne Berücksichtigung von Gegenmaßnahmen freigesetzt werden kann, zurückgehalten werden.

Damit im Falle eines Stoffaustrittes Gegenmaßnahmen eingeleitet werden können, muss das Ereignis erst einmal erkannt werden. Daher sind Behälter und Rohrleitungen so aufzustellen, dass sie selbst und auch der Auffangraum durch Augenschein kontrollierbar sind. § 18 Abs. 5 AwSV fordert entsprechende Abstände von Anlagenteilen untereinander sowie von Bauwerksteilen oder vom Erdboden. Feste Maße sind in der Verordnung nicht vorgegeben. Sie sind im Einzelfall sachgerecht festzulegen oder den zutreffenden Regelwerken zu entnehmen, für Flachbodentanks z. B. der TRwS A 788. Wo die erforderlichen Abstände nicht möglich oder gewünscht sind, muss eine Kontrolle durch geeignete technische Maßnahmen sichergestellt sein.

Bei Anlagen im Freien ist bei der Bemessung der Größe des Auffangraumes Regenwasser zu berücksichtigen. Dessen Anteil richtet sich nach der Dauer und Heftigkeit von Regenfällen, die statistisch aus langjährigen Wetterbeobachtungen ermittelt wurden. Die Werte sind dem KOSTRA-Atlas des Deutschen Wetterdienstes zu entnehmen, der in recht hoher örtlicher Auflösung Angaben zu Niederschlagsmengen enthält. Für die Bestimmung des Regenwasseranteils ist eine Regendauer von 72 Stunden für ein Regenereignis mit einer 5-jährigen Wiederholhäufigkeit anzusetzen. Bis zur Veröffentlichung der in Überarbeitung befindlichen TRwS A 779 wird noch mit einem pauschalen Ansatz von 50 Liter pro Quadratmeter zugeordneter Anlagenfläche gerechnet. Auch der Wert 300 l/(s ha) aus den Normen zur Bemessung von Entwässerungsanlagen findet bis dahin noch Verwendung.

Auffangräume dürfen keine Abläufe haben, da sie sonst ihrer Aufgabe nicht genügen können (§ 18 Abs. 2 AwSV). Sofern Anlagen im Freien stehen, fällt jedoch Regenwasser an, das nicht ablaufen kann und daher irgendwann entsorgt werden muss. § 19 Abs. 1 gestattet zu diesem Zweck einen ständig geschlossenen absperrbaren Ablauf, der nur zum Zwecke der Entwässerung von einem dazu Befugten geöffnet werden darf (Entscheidungsschieber). Vor diesem Öffnen muss durch eine geeignete Analyse festgestellt worden sein, dass das Regenwasser als Abwasser entsorgt werden darf. Das gleiche Verfahren gilt, wenn der Auffangraum über eine fest installierte oder mobile Pumpe entwässert wird; die Pumpe darf nur anlaufen, wenn das Regenwasser auf Schadstoffe untersucht worden ist. Eine Ausnahme gilt nur, wenn das Regewasser in einen verfahrenstechnischen Prozess zur Aufarbeitung oder als Einsatzwasser gepumpt wird. Ob das im Auffangraum angefallene Regenwasser als Abwasser entsorgt werden darf oder nicht, richtet sich nach der Einleiteerlaubnis. Sofern das Regenwasser so stark mit wassergefährdenden Stoffen belastet ist, dass es nicht mehr als Abwasser abgeleitet werden darf, ist es aufzuarbeiten oder als Abfall zu entsorgen. Art der Analyse, die Person desjenigen, der die Entscheidung trifft, und Grenzwerte sind in der Betriebsanweisung gem. § 44 AwSV festzulegen.

Für Abfüll- und Umschlaganlagen, elektrische Transformatoren und Schaltanlagen, Eigenverbrauchstankstellen und Biogasanlagen gelten abweichende Vorschriften. Hier sind Abläufe zulässig, sofern die Einleitebedingungen eingehalten und im Schadensfall austretende wassergefährdende Stoffe zurückgehalten werden. Bekannte Einrichtungen, die dies ermöglichen, sind Ölabscheider. Es ist jedoch zu beachten, dass Ölabscheider viele Stoffe, z. B. wasserlösliche Stoffe wie Salze und Alkohole, nicht zurückhalten oder ihr Rückhaltevolumen nicht ausreicht.

4.2.4.3   Löschwasserrückhaltung

Bei einem Brandereignis können verunreinigtes Löschwasser und Brandprodukte anfallen, die in der Lage sind, Gewässer ganz erheblich zu schädigen. Der Brand 1986 bei Sandoz in Schweizerhalle, der durch Löschwassereintrag in den Rhein zu massiven Schäden an der Fauna und Flora des Oberrheins führte, war der Auslöser für die Forderung nach einer Löschwasserrückhaltung.

Auch Berieselungs- und Kühlwasser, das im Brandfall zur Begrenzung der Oberflächentemperatur von Behältern und Rohrleitungen eingesetzt wird, kann Schadstoffe aufnehmen und muss auch zurückgehalten werden. Es ist somit dem Löschwasser gleichgestellt.

Die Rückhaltung von Löschwasser kann im Auffangraum für austretende wassergefährdende Stoffe geschehen; der Auffangraum ist dann entsprechend zu vergrößern. Es können auch andere Möglichkeiten geschaffen werden, etwa zentrale Löschwasserrückhaltebecken oder eine Rückhaltung in einem Abwassersystem. Die Menge des anfallenden Löschwassers hängt von vielen Faktoren ab, z. B. von der Art der Feuerwehr (Werkfeuerwehr, freiwillige oder Berufsfeuerwehr), vom Löschmittel (Wasser, Schaum), von der Größe der Grundfläche und von der Schnelligkeit der Branderkennung. Für Lageranlagen wurde von den Bundesländern die Löschwasserrückhalterichtlinie (LöRüRL) bauaufsichtlich eingeführt, die entsprechende Bemessungsregeln enthält. Für Prozessanlagen sowie Abfüll- und Umschlaganlagen kann die LöRüRL sinngemäß angewandt werden. Dies ist jedoch kein befriedigender Zustand. Deshalb soll in Ergänzung des § 20 AwSV die LöRüRL entsprechend überarbeitet bzw. auf der

Grundlage der AwSV eine technische Regel erarbeitet werden. Da dieses Vorhaben auch das Bauordnungsrecht betrifft, wird diese Überarbeitung vermutlich noch etwas auf sich warten lassen. Zur Überbrückung hat der VCI für den Bereich der chemischen Industrie einen VCI-Leitfaden „Löschwasserrückhaltung"[128] veröffentlicht. Die Bestimmung des im Brandfall anfallenden Löschwassers ist Aufgabe eines Brandschutzgutachtens. Wenn eine Brandentstehung „nicht zu erwarten" ist, entfallen Maßnahmen zur Löschwasserrückhaltung. Es bleibt jedoch offen, welche Voraussetzungen dafür, dass eine Brandentstehung „nicht zu erwarten" ist, erfüllt sein müssen; dies festzulegen wird eine der wichtigsten Aufgaben zukünftiger Regelungen zur Löschwasserrückhaltung sein.

Eigenständige Löschwasserrückhaltebecken sind zwar Voraussetzung für den Betrieb einer Anlage zum Umgang mit wassergefährdenden Stoffen, jedoch nicht Teil der Anlage. Sie müssen zwar ebenfalls dicht und beständig gegen die auftretenden Stoffe sein, unterliegen aber weder bezüglich Bau noch Betrieb der AwSV. Dennoch wirft der Sachverständige bei der Prüfung von Anlagen zum Umgang mit wassergefährdenden Stoffen auch einen Blick auf die Einrichtungen zur Löschwasserrückhaltung. Das Bundesumweltministerium arbeitet an einer Änderung der AwSV, bei der neben redaktionellen Bereinigungen (z. B. Entfall der R-Sätze für die Stoffeinstufungen) auch in einer weiteren Anlage grundsätzliche Anforderungen an die Löschwasserrückhaltung formuliert werden sollen.

4.2.5 Technische Regeln (§ 15)

Das Wasserhaushaltsgesetz (WHG) bestimmt in § 62 Abs. 2, dass Anlagen zum Umgang mit wassergefährdenden Stoffen *„nur entsprechend den allgemein anerkannten Regeln der Technik beschaffen sein sowie errichtet, unterhalten, betrieben und stillgelegt werden"* dürfen.

Bis zur 5. Novelle des WHG im Jahre 1986 waren dem WHG nur Anlagen zum Lagern, Abfüllen und Umschlagen wassergefährdender Stoffe (LAU-Anlagen) unterworfen. Als technische Regeln reichten einige Normen zum Tankbau aus der Reihe DIN 66xx und die technischen Regeln für brennbare Flüssigkeiten (TRbF) aus, die sinngemäß auch für nicht brennbare Flüssigkeiten Anwendung fanden. Mit der Einbeziehung der Anlagen zum Herstellen, Behandeln und Verwenden wassergefährdender Stoffe (HBV-Anlagen) in den Geltungsbereich des damaligen § 19g WHG wurden Regelungen für diese Anlagen nötig. Die sinngemäße Anwendung der TRbF auf HBV-Anlagen führte zu unterschiedlichen Auslegungen und stieß damit an Grenzen. Darüber hinaus gingen die Anforderungen an die technische Ausführung einer Anlage entsprechend dem jeweiligen Schutzziel auseinander. Der Auffangraum nach VbF/TRbF bezweckte eine Begrenzung der Ausbreitung brennbarer Flüssigkeiten und damit auch eines möglichen Brand- und Explosionsrisikos. An die Dichtheit des Auf-

---

128 VCI-Leitfaden „Löschwasserrückhaltung", Verband der chemischen Industrie, Dezember 2014.

fangraumes wurden nur mäßige, in Bezug auf den Gewässerschutz nicht befriedigende Anforderungen gestellt.

Die durch die AwSV abgelösten Länderverordnungen enthielten in Anhängen mehr oder weniger umfangreiche und detaillierte technische Vorschriften, wie der Besorgnisgrundsatz praktisch erfüllt werden sollte. Dies erwies sich als zu starr, um fortschreitenden Erkenntnissen zu folgen oder besonderen Tatbeständen gerecht zu werden, zumal sehr viele Fragen auch für „normale" Anwendungsfälle offen blieben und zu kontroversen Auffassungen zwischen Betreibern, Sachverständigen und Behörden führten.

Seit ca. 25 Jahren ist bei den für den Gewässerschutz Verantwortlichen zunehmend die Erkenntnis gewachsen, dass das Beispiel anderer Rechtsgebiete, insbesondere die jahrzehntelang bewährte Praxis im Bereich der überwachungsbedürftigen Anlagen, nachahmenswert sei. Diese Praxis besteht darin, in Gesetz und Verordnung das Ziel und die Grundsätze zu seiner Erreichung zu normieren, die genaue materielle Ausgestaltung der Maßnahmen aber technischen Regeln zu überlassen. Die nordrheinwestfälische VAwS von 2004 hat dieses Prinzip der knappen Verordnung und ihrer praktischen Umsetzung über technische Regeln konsequent angewandt.

Die zunehmende Notwendigkeit der Regelung spezieller gewässerbezogener Fragestellungen führte immer stärker zu dem Erfordernis, eigene technische Regeln zum Umgang mit wassergefährdenden Stoffen zu erarbeiten. Technische Regeln werden von den Fachleuten eines Sachgebietes erstellt und stellen den Maßstab für ordnungsgemäßes Handeln dar. Der Vorteil dieses Vorgehens liegt in der hohen Praxistauglichkeit und Wirtschaftlichkeit solcher Regeln sowie in ihrer großen Akzeptanz in den Kreisen der Fachwelt, der Anwender, der Sachverständigen und der Behörden. Indes können technische Regeln nicht jeden Sonderfall behandeln, sondern nur „übliche" Bau- und Betriebsweisen, die aber sicherlich 90 % aller Anwendungsfälle abdecken.

Insbesondere die sehr kontroverse Auffassung von Behörden und Wirtschaft bezüglich einiger Punkte, z. B. schnelle Erkennbarkeit austretender wassergefährdender Flüssigkeiten bei Flachbodentanks mit einfachem Boden oder der Dichtheit von unbeschichtetem Beton als Werkstoff von Auffangräumen, machte einvernehmlich erarbeitete und von allen Seiten akzeptierte Regelungen nahezu zwingend. Die so erarbeiteten Regeln haben seit ca. 1995 maßgeblich dazu beigetragen, die einschlägigen Anforderungen praxisnah und wirtschaftlich umsetzbar zu gestalten und Genehmigungsverfahren durch allseits akzeptierte technische und organisatorische Festlegungen zu beschleunigen.

Beim Erscheinen dieses Buches liegen die folgenden Regeln wassergefährdender Stoffe (TRwS) vor:

TRwS A 779	Allgemeine technische Regelungen (April 2006, in Überarbeitung)
TRwS A 780	Oberirdische Rohrleitungen
	– Teil 1: Rohrleitungen aus metallischen Werkstoffen (Mai 2018)
	– Teil 2: Rohrleitungen aus polymeren Werkstoffen (Mai 2018)

TRwS A 781	– Teil 1: Tankstellen für Kraftfahrzeuge (August 2004, in Überarbeitung)
	– Teil 2: Betankung von Kraftfahrzeugen mit wässriger Harnstofflösung (Mai 2007)
	– Teil 3: Betankung von Kraftfahrzeugen mit Mischungen aus Ethanol und Ottokraftstoff (Oktober 2008)
TRwS A 782	Betankung von Schienenfahrzeugen (Mai 2006)
TRwS A 783	Betankungsstellen für Wasserfahrzeuge (Dezember 2005)
TRwS A 784	Betankung von Luftfahrzeugen (April 2006)
TRwS A 785	Bestimmung des Rückhaltevermögens bis zum Wirksamwerden geeigneter Sicherheitsvorkehrungen – R1 – (Juli 2009)
TRwS A 786	Ausführung von Dichtflächen (Oktober 2005, in Überarbeitung)
TRwS A 787	Abwasseranlagen als Auffangvorrichtungen (Juli 2009)
TRwS A 788	Flachbodentanks aus metallischen Werkstoffen zur Lagerung wassergefährdender Flüssigkeiten (Mai 2007, in Überarbeitung)
TRwS A 789	Bestehende unterirdische Rohrleitungen (Dezember 2017)
TRwS A 790	Bestehende einwandige unterirdische Behälter (Dezember 2010)
TRwS A 791	– Teil 1: Heizölverbraucheranlagen (Februar 2015)
	– Teil 2: Anforderungen an bestehende Heizölverbraucheranlagen (April 2017)
TRwS A 792	JGS-Anlagen (August 2018)
TRwS A 793	Biogasanlagen (in Arbeit)

Diese Regeln werden von Fachleuten aus Unternehmen, Wirtschaftsverbänden und zuständigen Behörden in ehrenamtlicher Arbeit ermittelt und in einem öffentlichen Anhörungsverfahren mit beteiligten bzw. interessierten Kreisen abgestimmt. Damit sind die Voraussetzungen, die an eine allgemein anerkannte Regel der Technik gestellt werden, erfüllt. Die Erarbeitung und regelmäßige Überprüfung dieser Regeln auf Anpassung an die Entwicklung des Rechtes und der Technik sind ein zum Teil sehr langwieriger Prozess, da die Fachleute nur begrenzt zur Verfügung stehen und je nach Interessenlage der interessierten Kreise die Einsprüche gegen Regelentwürfe vielfältig und auch widersprüchlich sind. Die Ermittlung der herrschenden Meinung der Fachleute kann unter solchen Umständen mühsam und langwierig sein.

Dennoch kann sich der Anwender darauf verlassen, dass die TRwS allgemein anerkannte Regeln der Technik darstellen und die materiellen Anforderungen, die die TRwS beschreiben, dem Besorgnisgrundsatz Genüge tun. Dies wird seitens des Gesetzgebers durch die ausdrückliche Nennung der TRwS in § 15 Abs. 1 AwSV hervorgehoben.

4.2.6 Rückhaltung bei Rohrleitungen (§ 21)

Oberirdische Rohrleitungen, die Flüssigkeiten fortleiten, sind mit ausreichend bemessenen Rückhalteeinrichtungen auszurüsten. Hierzu kommen die doppelwandige Ausführung oder die Anordnung über einer flüssigkeitsdichten Fläche infrage. Zur Berechnung des erforderlichen Rückhaltevolumens für einwandige Rohrleitungen kann auf § 18 Abs. 3 Nr. 2 AwSV zurückgegriffen werden. Der Flüssigkeitsinhalt der Leitung ist hinzuzurechnen.

Ein großer Teil der oberirdischen Rohrleitungen, die Anlagen oder Anlagenteile miteinander verbinden, werden sich ohnehin über flüssigkeitsdichten Flächen befinden. Für sie gilt § 21 nicht. Für Rohrleitungen auf Rohrtrassen oder Rohrbrücken, die Anlagen und ganze Werksteile miteinander verbinden, sind Rückhalteeinrichtungen wegen der zum Teil beträchtlichen Länge sehr aufwendig in Bau und Betrieb, zumal solche Rohrleitungen öffentliche und werksinterne Verkehrs- und anders genutzte Flächen überqueren, die für Rückhaltezwecke nicht zur Verfügung stehen. Aus diesem Grunde kann auf Rückhalteeinrichtungen unter Rohrleitungen verzichtet werden, wenn *„auf der Grundlage einer Gefährdungsabschätzung durch Maßnahmen technischer oder organisatorischer Art sichergestellt ist, dass ein gleichwertiges Sicherheitsniveau erreicht wird"*. Auf diese Gefährdungsabschätzung kann für Flüssigkeiten der WGK 1 verzichtet werden, wenn die hydrogeologischen Eigenschaften des Standortes nicht einen besonderen Schutz vor nachteiliger Veränderung von Gewässern erfordern. Es ist allerdings nicht festgelegt, wodurch sich solche Gebiete auszeichnen. Schutzgebiete, für die in §§ 49–51 besondere Vorschriften gelten, gehören sicherlich zu den hydrogeologisch empfindlichen Gebieten in diesem Sinne. Auch offene Gewässer, die bisweilen von Rohrleitungen überquert werden, und Böden mit hoher Flüssigkeitsdurchlässigkeit dürften dazu gehören.

Diese Gefährdungsabschätzung kann gem. TRwS A780 „Oberirdische Rohrleitungen Teil 1: Rohrleitungen aus metallischen Werkstoffen" oder „Oberirdische Rohrleitungen Teil 2: Rohrleitungen aus polymeren Werkstoffen" durchgeführt werden. Danach ist der Verzicht auf eine Schutzmaßnahme, hier die Rückhalteeinrichtung, durch eine besonders hochwertige Ausführung der ersten Barriere, d. h. der Rohrleitung, auszugleichen. Es ist eine hohe technische Qualität der Rohrleitungen hinsichtlich Bemessung, Spezifikation der Rohrleitungsteile, Güte der Werkstoffe, Anforderungen an die Ausführung der Verlegearbeiten, Prüfungen zur Sicherstellung der regelwerkskonformen Ausführung und Maßnahmen zur betrieblichen Überwachung nachzuweisen.

§ 21 enthält auch Anforderungen an unterirdische Rohrleitungen zur Fortleitung von Flüssigkeiten und Gasen. Da die Wandungen unterirdisch verlegter Rohrleitungen nicht einsehbar sind, muss durch technische Maßnahmen sichergestellt werden, dass ein Stoffaustritt schnell erkannt wird und keine Gewässergefährdung nach sich zieht. Diese Maßnahmen sind:

– Doppelwandige Ausführung mit selbsttätig anzeigendem Leckanzeigesystem,

- Ausbildung als Saugleitung, wobei die Flüssigkeitssäule bei Undichtheiten abreißen muss, der Leitungsinhalt in einen Lagerbehälter zurückfließt und eine Heberwirkung ausgeschlossen ist,

- Verlegung im Schutzrohr oder in einem Kanal, wobei austretende Stoffe in einer flüssigkeitsdichten Kontrolleinrichtung sichtbar werden müssen.

In Absatz 3 werden Sprinkleranlagen sowie Heizungs- und Kühlanlagen, die mit einem Glykol-Wasser-Gemisch in Gebäuden betrieben werden, von der Anwendung der Absätze 1 und 2 freigestellt. Wasser-Glykol-Gemische fallen in die WGK 1, bedürften also nur in hydrogeologisch empfindlichen Gebieten überhaupt einer Gefährdungsabschätzung. Die Forderung, dass derartige Leitungen in Gebäuden betrieben werden müssen, um in den Genuss der Freistellung zu kommen, impliziert, dass sie vielleicht kein Rückhaltevolumen vorweisen können, aber doch zumindest über einer dichten Fläche verlaufen. Somit dürfte nur die Möglichkeit, solche Leitungen ohne weitere Maßnahmen unterirdisch verlegen zu dürfen, von praktischer Bedeutung sein. Desgleichen enthält Abs. 4 die Erlaubnis, in Kälteanlagen, die Ammoniak als Kältemittel verwenden, in den Anlagenbereichen, in denen die Kühlleistung erbracht wird (im Regelfall der Verdampfer), einwandige unterirdische Rohrleitungen ohne weitere Maßnahmen zu verlegen.

Absatz 5 legt schließlich fest, dass Rohrleitungen zum Befördern fester Stoffe keine über die betriebstechnischen hinausgehenden Anforderungen an die Rückhaltung erfüllen müssen.

4.2.7 Abwasseranlagen als Auffangvorrichtung (§ 22)

Die Erfüllung der Grundsatzanforderungen bei Neuanlagen erhöht den Investitionsbedarf und hat Auswirkungen auf die Wirtschaftlichkeit eines Vorhabens, stellt jedoch technisch im Regelfall kein größeres Problem dar, wenn alle Beteiligten die nötigen Kenntnisse und Erfahrungen haben. Bei bestehenden Anlagen, deren Konzeption und Konstruktion aus einer Zeit stammt, in der der Gewässerschutz noch keine Rolle spielte, ist es oftmals schwierig bis unmöglich, die Anforderungen der AwSV nach dem Buchstaben zu erfüllen. Insbesondere die Schaffung eines dichten und ausreichend bemessenen Auffangraumes kann sich als sehr aufwendig darstellen. Die Bodenflächen wurden seinerzeit nach betrieblichen Erfordernissen gestaltet und können oft nicht als flüssigkeitsdicht gelten. Zu den damaligen Baustoffen sind häufig keine Nachweise vorhanden, auch Berechnungs- und Konstruktionsunterlagen fehlen oft. Zwar können die nötigen Informationen teilweise z. B. durch die Entnahme von Bohrkernen und Eindringversuche erhoben werden, doch findet man oft Bauweisen, die sich als ungeeignet erweisen. Die Schaffung oder Erhöhung von Aufkantungen zur Herstellung eines Rückhaltevolumens scheitert oft an Zugangserfordernissen oder weil wichtige Anlagenteile, wie elektrische Einrichtungen, dann verlegt werden müssen oder im Schadensfall unter Flüssigkeit stehen. Ein eigenständiger Auffangraum ist bei der oft dichten Bebauung in akzeptabler Entfernung von der Anlage oft auch nicht herzustellen. Nun hat aber jede Anlage zum Umgang mit wassergefährdenden

Stoffen Einrichtungen zur Sammlung, Ableitung und eventuell Behandlung von Regenwasser und Abwässern, die sogenannten Abwasseranlagen, die – entsprechend hergerichtet – austretende wassergefährdende Stoffe zurückhalten können.

An sich sind die Regelungsbereiche „Umgang mit wassergefährdenden Stoffen" und „Abwasser" konsequent voneinander getrennt. Es sei daran erinnert, dass Abwasser gem. § 62 Abs. 5 WHG kein wassergefährdender Stoff im rechtlichen Sinne und damit von der Anwendung der Vorschriften zum Umgang mit wassergefährdenden Stoffen ausgenommen ist. Für den Umgang mit Abwasser gibt es eigene umfangreiche und schwierige Rechtsvorschriften und Regeln.

Der Verordnungstext schränkt die Anwendung des § 22 AwSV nicht ein, weder auf eine bestimmte Betriebsweise, noch sind neue Anlagen ausgenommen. Jedoch ist die Nutzung von Abwasseranlagen zur Rückhaltung von wassergefährdenden Stoffen an Voraussetzungen gebunden. § 22 AwSV beschreibt somit einen Ausnahmetatbestand.

Nach § 17 Abs. 1 Nr. 3 AwSV dürfen austretende wassergefährdende Stoffe die Anlage grundsätzlich nicht verlassen. Zumindest bei Neuanlagen dürfte die Anwendung des § 22 AwSV daher einer stichhaltigen Begründung bedürfen.

Oft fallen in Anlagen zum Umgang mit wassergefährdenden Stoffen kontinuierlich betriebliche Leckagen an, die im bestimmungsgemäßen Betrieb unvermeidlich sind und die aus betriebstechnischen Gründen nicht schnell und zuverlässig erkannt, zurückgehalten und ordnungsgemäß entsorgt werden können, wie etwa die Schmierung von Stopfbuchsen mit Betriebsflüssigkeit. In solchen Fällen ist es erlaubt, diese Mengen in die betriebliche Kanalisation einzuleiten, wenn

1. es sich um unerhebliche Mengen handelt, wobei offen bleibt, wann die Menge „unerheblich" ist; unerheblich dürfte die Menge sein, wenn die Bedingungen unter 2 und 3 nicht verletzt werden;

2. die betriebliche Abwasserbehandlungsanlage dafür geeignet ist;

3. die Einleitung den wasserrechtlichen Anforderungen und örtlichen Einleitungsbedingungen entspricht.

Es reicht in diesem Falle, wenn die Abwasseranlagen den Regeln der Abwassertechnik entsprechen. Sie sind nicht Teil der Anlage zum Umgang mit wassergefährdenden Stoffen; sie unterliegen damit nicht den Anforderungen der AwSV an die Dichtheit und unterliegen nicht der Prüfung durch Sachverständige.

Da größere Industrieanlagen, namentlich die der chemischen Industrie, über spezielle Kanalisationssysteme für hochbelastete Abwässer („Fabrikabwasser") verfügen, bietet § 22 Abs. 2 AwSV die Möglichkeit, dieses Netz als Rückhalteeinrichtung zu nutzen. Bedingung ist, dass *„bei Leckagen oder Betriebsstörungen austretende wassergefährdende Stoffe oder mit diesen Stoffen verunreinigte andere Stoffe oder Gemische aus betriebstechnischen Gründen nicht in der Anlage selbst"* zurückgehalten werden können. Die Verordnung schweigt darüber, welche „betriebstechnischen Gründe" die Anwendung des § 22 Abs. 2 AwSV erlauben. Darunter dürfte aber alles fallen, was den bestimmungsgemäßen Betrieb der Anlage erschwert oder gar unmöglich macht. Wirtschaftliche Gründe sind zwar vom Begriff „betriebstechnisch" nicht erfasst, werden jedoch im Rahmen des Verhältnismäßigkeitsgrundsatzes ebenfalls Berücksichtigung finden können.

Bevor man sich jedoch Gedanken macht, ob man die Option des § 22 Abs. 2 AwSV nutzen will, sollte man sich mit den praktischen Problemen der Nutzung von Abwasseranlagen zur Rückhaltung von wassergefährdenden Stoffen auseinandersetzen. Hierzu wird der Leser auf die TRwS 787 „Abwasseranlagen als Auffangvorrichtungen" verwiesen.

In § 22 AwSV ist nur von der „betrieblichen Kanalisation" die Rede. Kommunale Abwasseranlagen dürfen also nicht in Anspruch genommen werden. Bei Nutzung der betrieblichen Kanalisation zur Rückhaltung wassergefährdender Stoffe muss also sichergestellt sein, dass wassergefährdende Stoffe nicht in das öffentliche Kanalisationsnetz oder gar den Vorfluter geraten können. In Industrieparks hängt der Umfang der Nutzung der Kanalisation von den Standortverträgen und den Absprachen mit dem Infrastrukturbetreiber ab. Mit der Beschränkung auf die betriebliche Kanalisation dürfte diese Option für viele kleine und mittlere Unternehmen allein aus Gründen des erforderlichen Volumens und des technischen Zustandes ausscheiden.

Abwasseranlagen sind dafür gebaut, Abwasser zu sammeln, fortzuleiten und zu behandeln, um es letztlich einem Vorfluter zuzuführen. Sie bilden meistens mehr oder weniger verzweigte, ständig durchströmte Netze. Es haben sich im Laufe der Zeit verschiedene Bauweisen herausgebildet; typisch sind aus Ziegelsteinen gemauerte Kanäle und Schächte sowie Rohre aus Steinzeug, Beton oder Kunststoff. Die Abwasserbehandlung stellt einen mehr oder weniger komplexen Vorgang aus mechanischer, chemischer und/oder biologischer Behandlung von Abwässern dar. Für den Bereich der Abwassertechnik hat sich ein eigenes umfangreiches Regelwerk herausgebildet, das u. a. in DIN-Normen sowie Regeln und Merkblättern der DWA festgeschrieben ist. Die Einleitung gereinigter Abwässer in einen Vorfluter bedarf einer Genehmigung (Einleiteerlaubnis), in der genau angegeben ist, welche Stoffe in welchen Mengen eingeleitet werden dürfen. Die Überschreitung der genehmigten Mengen oder gar die Einleitung anderer als der erlaubten Stoffe zieht hohe Bußgelder nach sich.

Heutige Abwasserbehandlungsanlagen, insbesondere biologische, stellen empfindliche Systeme dar, die auf viele Stoffe sehr sensibel reagieren (bekannt als „Umkippen der Biologie"). Die Betreiber von Abwasseranlagen oder kommunale Satzungen schließen daher das Einleiten bestimmter Stoffe aus bzw. stimmen dem nicht zu, weil sie die Abwasserbehandlung massiv stören oder einen erheblichen Aufwand für die Reinigung des Systems erfordern können. Weiter ist eine Abwasseranlage möglicherweise aufgrund ihrer Bauweise grundsätzlich nicht geeignet; z. B. dürfte ein Abwasserkanal oder -becken aus unbeschichtetem Beton problematisch für die Rückhaltung von Säuren sein. Es muss also dafür gesorgt werden, dass keine Schadstoffe in dafür nicht geeignete Abwasseranlagen gelangen.

Kanalisationsnetze werden im Regelfall kontinuierlich betrieben. Sofern wassergefährdende Stoffe in das Abwasser gelangen, muss dieses schnell und zuverlässig erkannt werden, um den Austritt in die öffentliche Kanalisation, in eine ungeeignete Abwasserbehandlungsanlage oder gar in den Vorfluter zu unterbinden. Dazu ist eine Analysentechnik erforderlich, die alle wassergefährdenden Stoffe erkennt, die anfallen können, und die Folgemaßnahmen auslöst, etwa das Absperren des Abwasserflusses oder das Umleiten in ein Becken mit ausreichendem Fassungsvermögen innerhalb der betrieblichen Abwasserbehandlung. Selbstredend genügt es nicht, das Volumen nur theoretisch zur Verfügung zu haben; das Becken muss das erforderliche Volumen zu jeder Zeit fassen können, also leer oder nur zum Teil gefüllt vorgehalten werden. Als Mengen an wassergefährdenden Stoffen, die bis zum Wirksamwerden der Rückhaltung aus der Anlage austreten dürfen, sind in der TRwS 787 „Abwasseranlagen als Auffangvorrichtungen" genannt:

- Stoffe der WGK 1:   1,0 m³

- Stoffe der WGK 2 oder 3:   0,5 m³

Die Analysentechnik kann, wenn die wassergefährdenden Stoffe, mit denen in der Anlage umgegangen wird, unterschiedliche Eigenschaften haben, hohe Investitionen und bedeutende Unterhaltskosten erfordern; in einer Anlage, in der mit brennbaren Flüssigkeiten, Salzlösungen und Säuren umgegangen wird, wird man einen Flammenionisationsdetektor, eine Leitfähigkeitsmessung und eine pH-Wert-Messung verlangen müssen. Da die Analytik einschließlich der durch sie ausgelösten Folgefunktionen eine Sicherheitseinrichtung darstellt, sind damit regelmäßige Überprüfungen der Messgenauigkeit und des korrekten Funktionierens der Folgefunktionen verbunden.

Wegen der vorgenannten Problematik fordert § 22 Abs. 3 AwSV, dass eine Bewertung der Anlage, der möglichen Betriebsstörungen, des Anfalls wassergefährdender Stoffe, der Abwasseranlagen und der Empfindlichkeit der möglicherweise betroffenen Gewässer vorgenommen wird. Als Ergebnis sind in einer Betriebsanweisung die erforderlichen technischen und organisatorischen Maßnahmen festzulegen, die nötig sind, um den Austritt wassergefährdender Stoffe zu erkennen und Gewässerschäden zu verhindern.

§ 22 Abs. 4 AwSV nennt die Bedingungen, unter denen Abwasseranlagen als Rückhalteeinrichtung genutzt werden dürfen:

- flüssigkeitsundurchlässige Ausführung

- Prüfung durch den Sachverständigen, wenn die oder eine von mehreren zugehörigen Anlagen prüfpflichtig ist

Letztendlich muss die Rückhaltung in Abwasseranlagen die Anforderungen erfüllen, die die AwSV an Rückhalteeinrichtungen stellt. Abwasseranlagen sind jedoch im Regelfall nicht so gebaut und dokumentiert. Es sind also diesbezügliche Nachweise zu erbringen, d. h., es müssen Informationen über die Art der Baustoffe, der Rohrverbindungen und ihrer Abdichtung, die Art der Einbindung von Abzweigen usw. vorliegen. Weiter ist im Rahmen der Prüfung nachzuweisen, dass die Abwasseranlage dicht ist.

Eine Kamerabefahrung wird oft nicht ausreichen, da sie nur augenscheinlich erkennbare Schäden offenbart. Der Zustand von Dichtungen, kleine Risse oder chemischer Angriff auf Rohrwandungen sind oft nicht feststellbar, auch weil die Vorbereitung der Abwasseranlagen oft nicht in dem Maße möglich ist oder durchgeführt wird, wie es eine sichere Beurteilung der Aufnahmen erfordert. Ein Problem besonders in älteren Anlagen stellen die Abdichtung von Stichleitungen ins Hauptrohr und nicht mehr bekannte und/oder schlecht abgedichtete tote Äste dar. Nur eine Dichtheitsprüfung erlaubt eine sichere Beurteilung.

4.2.8 Anforderungen an das Befüllen und Entleeren (§ 23)

Das Unfallgeschehen beim Befüllen und Entleeren von Anlagen wurde geprägt durch Vorfälle beim Beliefern von Heizölverbraucheranlagen und Tankstellen. Daher wurden mit dem § 19k WHG a. F. zumindest für das Befüllen von Lagertanks schon recht früh spezielle Vorschriften erlassen. Unter Erweiterung auf alle Anlagen wurden diese Vorschriften in der Sache unverändert in die AwSV übernommen. Ziel der Vorschrift ist es, einen Austritt von wassergefährdenden Flüssigkeiten aus der Anlage zu verhindern. Ursache hierfür können schadhafte Anlagenteile sein wie tropfende Schlauchanschlüsse, undichte Verbindungen von Rohrleitungsteilen oder nicht funktionierende Sicherheitseinrichtungen, aber auch das Überlaufen von Behältern, weil mehr Flüssigkeit in sie eingefüllt wird, als sie aufnehmen können. Bekanntes Beispiel für Letzteres ist der Tanklagerbrand von Buncefield im Jahr 2005; ein Tank war mit hohen Füllraten aus einer Fernleitung befüllt worden, die Überfüllsicherung war nicht funktionsfähig gewesen, und niemandem in der Messwarte war aufgefallen, dass sich die Füllstandsanzeige trotz der Befüllung nicht mehr bewegte, bis Benzin aus den Lüftungsöffnungen des Tanks austrat und sich entzündete.

Man kann das Befüllen und Entleeren unterscheiden in:

- Befüllen und Entleeren von Behältern innerhalb von HBV-Anlagen, die Befüllung von Lagerbehältern mit Produkten oder die Entnahme von Vorprodukten oder Rohstoffen aus Lagerbehältern im Zuge kontinuierlicher und diskontinuierlicher verfahrenstechnischer Prozesse,

- Befüllen von ortsbeweglichen Behältern aus ortsfesten Behältern,

- Entleeren von ortsbeweglichen Behältern in ortsfeste Behälter.

Ortsbewegliche Behälter sind z. B. Eisenbahnkesselwagen und Straßentankfahrzeuge, aber auch Tankcontainer, Kanister, Kannen, Fässer, Kartons u. Ä.

§ 23 Abs. 1 AwSV gilt für Stoffe aller Aggregatzustände und verlangt organisatorische Maßnahmen, die beim Befüllen und Entleeren von ortsbeweglichen und ortsfesten Behältern einzuhalten sind. Insbesondere das Befüllen und Entleeren von Transportbehältern stellt als Schnittstelle zwischen Transport und Umgang dadurch eine besondere Gefahrenquelle dar, dass unterschiedliche technische Systeme (Fahrzeuge und ortsfeste Einrichtungen) zusammenwirken und Menschen, die ihre Aufgabe mit mehr oder weniger Sorgfalt ausführen, tätig werden müssen.

Vor Beginn des Abfüllens ist zu prüfen, ob sich die Sicherheitseinrichtungen in ordnungsgemäßem Zustand befinden. Es bleibt offen, wie dies zu geschehen hat. Die Forderung nach technischen Prüfungen der Sicherheitseinrichtungen im Zuge des Befüllens und Entleerens dürfte zu weit gehen. Die Kontrolle dürfte sich daher auf eine Sichtprüfung auf offensichtliche Mängel der Anlage und die Kontrolle von eventuell vorhandenen Anzeigeeinrichtungen beschränken. Unbenommen von diesen Kontrollen vor dem Befüllen oder Entleeren ist die regelmäßige Funktionsprüfung von Sicherheitseinrichtungen, die mindestens einmal im Jahr durchzuführen ist. Verantwortlich dafür wie überhaupt für den ordnungsgemäßen Zustand seiner Anlage ist der Betreiber, der damit einen Fachbetrieb oder, sofern die Anlage nicht der Fachbetriebspflicht unterliegt, einen Fachkundigen beauftragen muss.

Der Abfüllvorgang ist ständig zu überwachen, die zulässigen Belastungsgrenzen der Anlage, z. B. max. Über- oder Unterdruck, max. zulässige Durchflussmenge oder max. zulässiger Füllstand, sind einzuhalten. Adressat der Vorschrift ist nicht der Betreiber der Anlage, sondern derjenige, der die Anlage befüllt oder entleert. Bei produktionsnahen Abfüllanlagen, etwa für Fässer, Dosen, Bigbags oder innerbetriebliche Transportbehälter, ist dies der Maschinenbediener, der in den Produktionsprozess eingebunden ist und von Fachpersonal unterstützt wird. Sehr oft ist es aber der Fahrer eines Tanklastwagens, der seine Kunden mit Heizöl oder Benzin bzw. Dieselkraftstoff beliefert und der sich oft unbekannten, schlecht gewarteten Anlagen und unkundigen, manchmal auch unwilligen Betreibern gegenübersieht. Die Gerichtsbarkeit stellt hohe Anforderungen an die Sorgfalt der Tankwagenfahrer.[129] Eine technische Prüfung der Anlage gehört jedoch nicht zu diesen Pflichten.[130]

Im Bereich der gewerblichen Wirtschaft ist es üblich, insbesondere wenn es sich um Gefahrstoffe handelt oder spezielle Orts- und Betriebskenntnisse erforderlich sind, dass das Befüllen und Entleeren von Transportbehältern durch Betriebspersonal vorgenommen wird. Beim Abfüllen von Straßentankfahrzeugen wird jedoch diese Aufgabe zunehmend den Lkw-Fahrern überlassen, die dazu speziell ausgewählt, unterwiesen und mittels Videoüberwachung und Sprechkontakt von einer zentralen Stelle aus, meistens der Messwarte, vom Betriebspersonal kontrolliert werden. Behälter, die im Zuge verfahrenstechnischer Prozesse befüllt und entleert werden, stehen unter Aufsicht des mit den Vorgängen vertrauten Betriebspersonals.

Sofern Behälter mit flüssigen wassergefährdenden Stoffen befüllt werden, darf dies nur mit festen Leitungsanschlüssen unter Verwendung einer Überfüllsicherung geschehen. Die Beschränkung auf Flüssigkeiten ist der Tatsache geschuldet, dass diese aufgrund ihrer Fließ- und Sickerfähigkeit ein besonderes Gefahrenpotenzial für Gewässer bergen. Die Überfüllsicherung ist eine Sicherheitseinrichtung, die bei Erreichen des zulässigen Füllstandes Alarm an der Füllstelle auslöst und dadurch das mit dem Befüllen betraute Personal dazu auffordert, den Füllvorgang zu unterbrechen. Es ist jedoch dringend zu empfehlen und entspricht dem Stand der Sicherheitstechnik, statt-

---

129 Z. B. BGH, Urt. v. 18.01.1983 – VI ZR 97/81.
130 LG Düsseldorf, Urt. v. 05.01.2010 – 7 O 352/08.

dessen eine automatische Unterbrechung des Füllvorgangs zu installieren. Zu den festen Leitungsanschlüssen zählen Verrohrungen innerhalb einer Anlage, die betrieblich nicht gelöst werden, aber auch Gelenkarme und Schlauchleitungen, von denen mindestens eine Seite nach Benutzung gelöst wird. Erstere findet man bevorzugt in ortsfesten Anlagen, Letztere in Abfüllstellen für Transportbehälter. Nicht zu den festen Leitungsanschlüssen gehören offene Leitungsenden oder Schlauchleitungen mit Zapfpistolen, auch wenn diese selbsttätig zeit- oder füllstandsgesteuert schließen.

Aufgrund von unterschiedlichen Bauarten und Konstruktionen ist die Verwendung einer Überfüllsicherung bei der Befüllung von Eisenbahnkesselwagen, Tank-Lkws, Containern und ähnlichen Transportbehältern nicht möglich. Um die unterschiedlichen Tankdurchmesser und Stutzenhöhen zu berücksichtigen, müssten die Geber der Überfüllsicherungen verschiebbar ausgeführt werden. Die richtige Einstellung wäre von einer Reihe von Faktoren abhängig, die nicht immer schnell erkennbar sind. Ein fester Einbau der Geber in die Transportbehälter scheitert daran, dass die gesamte Messkette einschließlich der ortsfesten Einrichtungen wie Messumformer und Folgefunktionen gerätespezifisch sind und, da keine entsprechenden Ausrüstungsvorschriften existieren, meistens nicht zusammenpassen. Daher wird gestattet, die Befüllung von Transportbehältern mit einem Fassungsvermögen von mehr als 1,25 m³ mittels Durchflussmessungen oder Gewichtsmessungen zu überwachen und durch Eingabe eines Grenzwertes zu beenden. Dies entspricht den altbewährten Vorschriften der VbF/TRbF. Oft wird dennoch als zusätzliche Absicherung eine Überfüllsicherung, die vollständig Teil der Füllanlage ist, eingesetzt.

Nicht miteinander verbundene oberirdische Behälter mit einem Rauminhalt bis zu 1,25 m³ und Behälter in HBV-Anlagen dürfen auch ohne Verwendung von festen Leitungsanschlüssen und Überfüllsicherungen befüllt werden, wenn andere technische oder organisatorische Maßnahmen zu einem gleichwertigen Sicherheitsniveau führen. Solche Maßnahmen, immer dargelegt in einer Betriebsanweisung und ausgeführt von unterwiesenem Personal, können z. B. sein:

1. Alarm- oder Abschaltkontakte an Füllstandsanzeigen

2. Befüllung über Durchflussmesser mit Abschaltfunktion

3. Befüllung unter Verwendung von Wägeeinrichtungen mit Abschaltfunktion

4. Verwendung einer selbsttätig schließenden Zapfpistole

5. Befüllung aus Behältern, die weniger Flüssigkeit enthalten, als der aufnehmende Behälter noch fassen kann

6. Füllstandanzeigen, die vom Ort des Befüllens aus sicher abzulesen sind

7. durchscheinende Behälterwandungen

8. Befüllung durch offene Stutzen unter Beobachtung des Füllstandes, soweit dies wegen der Eigenschaften der Flüssigkeiten nicht unzulässig ist (Brand- und Explosionsgefahr, TA-Luft, Arbeitsschutzgrenzwerte)

Es wird daran erinnert, dass technische Maßnahmen den organisatorischen vorgezogen werden sollen. Die unter 6 bis 8 genannten Beispiele sollten daher eher nicht gewählt werden.

Ein Behälter gilt als überfüllt, wenn der für ihn festgelegte höchste Flüssigkeitsstand überschritten wird. Diese Begrenzung kann mehrere Ursachen haben, z. B.:

– Raum für die thermische Ausdehnung bei der Erwärmung von Flüssigkeiten; dafür gilt die Begrenzung des zulässigen Füllstandes auf 95 % des rechnerischen Volumens eines Behälters ohne weitere Nachweise als ausreichend

– Begrenzung des hydrostatischen Druckes bei Flüssigkeiten, die schwerer als Wasser sind, insbesondere beim Wechsel des Lagergutes (wenn nicht bereits eine entsprechende höhere Dichte bei der Konstruktion berücksichtigt wurde)

– Konstruktionselemente, an die der Flüssigkeitsstand nicht heranreichen darf, wie z. B. Dach-Reißnähte von Flachbodentanks, Überläufe, Be- und Entlüftungen

– bei Transportbehältern das zulässige Maximalgewicht

Es gibt aber andererseits in verfahrenstechnischen Prozessen viele Behälter, die betrieblich vollständig mit Flüssigkeit gefüllt sind, z. B. Filter oder Ionentauscher. Sofern der Behälter für diesen Lastfall bemessen und ausgerüstet ist, gilt ein solcher Betrieb als zulässig; der zulässige Füllstand ist in diesem Fall der höchste Punkt des Behälters. Solche Behälter werden immer unter Überdruck betrieben, wenn auch oft nur unter dem Druck einer hydrostatischen Säule.

4.2.9   Pflichten bei Betriebsstörungen (§ 24 Abs. 1 und 2)

Im Falle einer Betriebsstörung, die mit dem Austritt wassergefährdender Stoffe aus Anlagenteilen einhergeht, muss der Betreiber der Anlage unverzüglich Maßnahmen ergreifen, die den Schaden begrenzen. Mit „Anlagenteilen" sind auch und gerade die stoffumschließenden Wandungen (erste Barriere, siehe Kap. 4.2.1) gemeint. Wenn ein Gewässerschaden nicht anders verhindert werden kann, muss die Anlage unverzüglich außer Betrieb genommen und entleert werden. Diese Pflicht ist nicht an eine bestimmte Menge oder einen bestimmten Volumenstrom austretender Stoffe gebunden; die Pflichten aus § 24 Abs. 1 AwSV greifen bereits bei jedem Austritt von Stoffen aus Anlagenteilen. Die zu ergreifenden Maßnahmen richten sich nach den Verhältnissen des Einzelfalles. Das Unterstellen eines Eimers unter eine tropfende Flanschverbindung in Verbindung mit dessen rechtzeitiger Leerung (insbesondere bei Regen) und baldiger Beseitigung des Schadens kann durchaus ausreichend sein, wenn die Eigenschaften des austretenden Stoffes dieses zulassen.

Wenn „nicht nur unerhebliche" Mengen von wassergefährdenden Stoffen in die Umwelt austreten, d. h. den Auffangraum verlassen, muss dieses Ereignis der zuständigen Behörde oder der Polizei angezeigt werden. Es bleibt offen, was „nicht nur unerhebliche Mengen" sind. Es dürfte dies von der ausgetretenen Menge, der Wassergefährdungsklasse, dem Ort der Freisetzung und den Folgen für ein Gewässer abhängen.

Roth[131] und das Statistische Bundesamt[132] vertreten die Ansicht, dass der Austritt einer nicht unerheblichen Menge immer dann vorliegt, wenn z. B.

- eine Warnung bzw. Information an eine Abwasseranlage oder einen Gewässernutzer erforderlich ist,

- Stoffe mit WGK 3 freigesetzt werden,

- mehr als 50 Liter wassergefährdender Stoff mit WGK 2 oder WGK 1 freigesetzt werden,

- großflächiges Abstreuen und Aufnehmen mit Bindemitteln erforderlich ist,

- die Schadenhöhe mehr als 1.000 Euro beträgt.

Zur Anzeige verpflichtet ist jeder, der in irgendeiner Weise in einer Anlage tätig ist (*„Wer eine Anlage betreibt, befüllt, entleert, ausbaut, stilllegt, instand hält, instand setzt, reinigt, überwacht oder überprüft, ...“*). In erster Linie ist der Betreiber gefordert, aber auch Fachbetriebe oder Sachverständige. Auch der Verdacht, dass wassergefährdende Stoffe in die Umwelt ausgetreten sind und ein Gewässer gefährden können, verpflichtet zur Anzeige. Anzeigepflichtig ist auch, wer den Schaden verursacht hat oder Maßnahmen zur Ermittlung der Schadensursache durchführt oder die ausgetretenen Stoffe beseitigt.

Wenn Dritte, insbesondere Betreiber von Abwasseranlagen oder Trinkwasserbrunnen, vom Austritt wassergefährdender Stoffe betroffen sein können, sind diese vom Betreiber der Anlage, aus denen die wassergefährdenden Stoffe ausgetreten sind, unverzüglich zu unterrichten, damit Erstere Maßnahmen zum Schutz ihrer Anlagen ergreifen können, wie z. B. die verstärkte Kontrolle geförderten Trinkwassers oder die Einstellung der Förderung.

4.2.10 Instandsetzung (§ 24 Abs. 3)

Instandsetzung ist die Wiederherstellung des ordnungsgemäßen Zustandes. Sie ist in Abhängigkeit von der Stufe des Gefährdungspotenzials (§ 39 AwSV) den Fachbetrieben nach § 62 AwSV vorbehalten. Nichtsdestotrotz gilt die neue Verpflichtung, dass für die Instandsetzung einer Anlage oder eines Teiles einer solchen eine Zustandsbegutachtung zu erfolgen hat und ein Instandsetzungskonzept zu erarbeiten ist, unabhängig vom Gefährdungspotenzial der Anlage. Es ist dies für Unternehmen, die nach den anerkannten Regeln der Technik arbeiten, in der Sache nichts grundlegend Neues, zumindest nicht im Bereich der Industrie. Zur erfolgreichen und dauerhaften Instandsetzung einer Anlage war es schon immer erforderlich, den Schadensumfang und die -ursache zu ermitteln (Zustandsbegutachtung). Die notwendigen Arbeiten mussten schon immer geplant und vorbereitet werden, wie etwa Gestellung von geeignetem

---

131 *Roth*, in: Wassergefährdende Stoffe Ausgabe 02/2017, ecomed-Storck GmbH ecomed SICHERHEIT.
132 Statistisches Bundesamt, Fachserie 19, Reihe 2.3, Wiesbaden 2013.

Personal und Werkzeugen, Beschaffung von Ersatzteilen und -materialien sowie in Abstimmung mit dem Anlagenbetreiber, die Festlegung des Zeitfensters und der erforderlichen Vorbereitungen. Einer solchen Vorbereitung muss ein Konzept bzw. eine Planung zugrunde liegen. Bei Anlagen zum Umgang mit wassergefährdenden Stoffen ist zu berücksichtigen, dass die zur Instandsetzung vorgesehenen Arbeitstechniken und Materialien mit dem Bestand verträglich sein müssen. Auch das Erfordernis, dass für serienmäßig hergestellte Bauprodukte bei Verwendung in LAU-Anlagen Verwendbarkeitsnachweise vorliegen müssen, muss beachtet werden.

4.3 Besondere Anforderungen an die Rückhaltung bei bestimmten Anlagen

Die Einhaltung der Grundsatzanforderungen ist nicht für alle Anlagentypen und Betriebsweisen verhältnismäßig oder möglich. Dem folgend definiert die AwSV in den §§ 26 bis 38 eine Reihe von Sonderfällen, für die besondere Anforderungen an die Rückhaltung wassergefährdender Stoffe gestellt werden.

§ 25 AwSV stellt den Vorrang dieser Spezialvorschriften vor den allgemeinen Anforderungen heraus.

4.3.1 Anlagen zum Umgang außer Umschlagen mit festen Stoffen (§ 26)

Feste Stoffe verlassen den Ort, an dem sie anfallen, nur durch äußere Einflüsse. Sie können ein Gewässer nur gefährden, wenn sie entsprechende stoffliche Eigenschaften haben, also wassergefährdend sind, und durch Wind oder Regen zu Gewässern hin transportiert werden. Wenn eine von diesen beiden Möglichkeiten ausgeschlossen werden kann, ist eine Rückhalteeinrichtung unnötig.

So bestimmt § 26 Abs. 1 AwSV, dass auf eine Rückhaltung verzichtet werden kann, wenn feste wassergefährdende Stoffe

– sich in dicht verschlossenen Behältern befinden, die gegen Beschädigung geschützt und gegen Witterungseinflüsse beständig sind, oder

– sich in geschlossenen oder vor Witterungseinflüssen geschützten Räumen befinden, die eine Verwehung verhindern.

In beiden Fällen müssen die Bodenflächen den betriebstechnischen Anforderungen genügen, also so gestaltet sein, dass die Tragfähigkeit für dort abgestellte Behälter und die Befahrbarkeit gegeben ist.

Beispiele hierfür sind z. B.:

– Lagerung in Papiersäcken oder Pappkartons, die vollständig und regenwasserdicht mit Kunststofffolie umbändert sind,

– Lagerung unter einer regenwasserdichten Folie,

– Lagerung in Kunststoffsäcken,

– Lagerung in dicht verschlossenen Stahlfässern,

– Lagerung in Silos oder überdachten Bunkern,

– Umgang in Gebäuden.

§ 26 Abs. 2 AwSV regelt den offenen Umgang mit festen Stoffen, d. h. den Fall, dass Regenwasser zutreten kann. Danach ist der Verzicht auf eine Rückhalteeinrichtung zulässig, wenn

1. die Löslichkeit der Feststoffe weniger als 10 Gramm pro Liter beträgt und

2. so mit den Stoffen umgegangen wird, dass ein Verwehen, Abschwemmen, Auswaschen oder sonstiges Austreten dieser Stoffe oder von mit diesen Stoffen verunreinigtem Niederschlagswasser verhindert wird, und

3. die Flächen, auf denen mit den festen Stoffen umgegangen wird, so befestigt sind, dass das dort anfallende Niederschlagswasser auf der Unterseite der Befestigung nicht austritt und ordnungsgemäß als Abwasser beseitigt oder ordnungsgemäß als Abfall entsorgt wird.

Die Forderung aus § 26 Abs. 2 Nr. 3 AwSV nach einer „befestigten Fläche" ist nicht gleichzusetzen mit einer „flüssigkeitsdichten Fläche" gem. § 18 Abs. 2 AwSV. Es wird lediglich gefordert, dass Niederschlagswasser nicht auf der Unterseite der Befestigung austreten darf. Damit sind Bauarten, die nicht in der TRwS A 786 „Ausführung von Dichtflächen" aufgeführt sind, zulässig, z. B. Walzasphalt. Nicht zulässig sind wasserdurchlässige Bauweisen wie z. B. Pflasterungen. Die Forderung, dass Niederschlagswasser nicht die Unterseite der befestigten Fläche erreichen darf, enthält die Forderung, diese Flächen, insbesondere, wenn sie befahren werden, regelmäßig auf solche Schäden hin zu untersuchen, die zu einem Flüssigkeitsdurchtritt führen können, z. B. unzulässig breite durchgehende Risse oder schwerwiegende Schäden der Verfugung. Damit ist selbstredend die Pflicht zur Instandsetzung gem. § 24 Abs. 3 AwSV verbunden.

Nässeempfindliche Feststoffe wie Zement, Soda, Gips, Salze aller Art u. Ä. wird man immer vor Regenwasserzutritt schützen müssen. Viele nässeunempfindliche Feststoffe sind nicht wassergefährdend, so z. B. Kohle, Sand, Kies, Steine oder Schrott, sofern frei von anhaftenden Flüssigkeiten. Es verbleiben aber einige Stoffe, die nässeunempfindlich und wassergefährdend sind, wie z. B. Barium- oder Strontiumsulfat. Es sei an dieser Stelle daran erinnert, dass die in § 3 Abs. 2 AwSV als „allgemein wassergefährdend" bestimmten Stoffe trotz Freistellung von einer Einstufung in eine WGK als wassergefährdend gelten und von diesen Bestimmungen erfasst sind. Dies betrifft z. B. den großen Bereich der festen Gemische gem. § 3 Abs. 2 Nr. 8 AwSV, mit dem auch feste Abfälle aller Art erfasst sind.

§ 26 AwSV gilt nicht für Anlagen zum Umschlagen von wassergefährdenden Stoffen; hierfür sind §§ 27, 28 und 29 AwSV einschlägig.

4.3.2 Anhaftung wassergefährdender Flüssigkeiten (§ 27)

Hiermit sind feste Stoffe gemeint, denen Flüssigkeiten anhaften. Dies können z. B. sein:

- leere, aber nicht gereinigte Behälter

- Späne, die bei der Bearbeitung von Metallen durch Drehen, Fräsen, Bohren u. Ä. entstanden sind, denen Bohremulsion anhaftet

- nicht gereinigter verölter Schrott

- feuchte, feste Produktionsrückstände, die zur Absonderung von Flüssigkeit neigen können

Es reicht aus, ein Rückhaltevolumen nur für den flüssigen Anteil vorzusehen. Ist dieser nicht bekannt oder soll auf die Bestimmung eines Anteils, der unter allen Umständen allzeit sicher einhaltbar ist, verzichtet werden, gibt die AwSV einen pauschalen Wert von 5 % des Anlagenvolumens vor.

4.3.3 Umschlagflächen (§ 28)

Umschlagen i. S. d. § 28 AwSV ist das Umladen von wassergefährdenden Stoffen in Behälter oder Verpackungen von einem Transportmittel auf ein anderes einschließlich des vorübergehenden Abstellens im Zusammenhang mit dem Transport. Umschlaganlagen unterliegen gem. § 62 Abs. 1 S. 3 WHG nicht dem Besorgnisgrundsatz; bei diesen Anlagen muss der „bestmögliche Schutz" erreicht werden.

Absatz 1 Satz 1 regelt die Anlagen, in denen flüssige wassergefährdende Stoffe umgeschlagen werden. Da bei diesen Anlagen flüssige wassergefährdende Stoffe aus undichten Behältern und Verpackungen auslaufen können und dann auf die Umschlagfläche gelangen, müssen diese flüssigkeitsundurchlässig sein. Ein bestimmtes Rückhaltevolumen ist jedoch nicht gefordert. Sofern das dort anfallende Niederschlagswasser, das bei Betriebsstörungen mit wassergefährdenden Stoffen verunreinigt sein kann, nicht als Abfall entsorgt wird, richtet sich die erforderliche Entwässerung dieser Flächen nach § 19 Abs. 2 S. 1. Bei Flächen, auf denen feste wassergefährdende Stoffe umgeschlagen werden, gilt nach Satz 3 § 26 Absatz 1 entsprechend.

§ 28 Abs. 2 stellt klar, dass an Verkehrsflächen, die dem Rangieren von Transportmitteln dienen, keine Anforderungen über die betrieblichen hinausgestellt werden. Die Begründung der Bundesregierung zur AwSV[133] führt aus: *„Mit Absatz 2 soll eine im Vollzug vielfach kontrovers geführte Diskussion beendet werden, ob auch das Rangieren und die Gleise, auf denen dabei regelmäßig entsprechende Waggons mit wassergefährdender Ladung stehen, unter die Verordnung fallen. In diesem Falle ist jedoch allein das Transportrecht anzuwenden, da das Rangieren kein Umschlagen mit den entsprechenden Be- und Entladevorgängen darstellt."* Da § 28 Abs. 1 nur von „Ver-

---

133 Bundesratsdrucksache 144/16 (Beschluss) v. 31.03.2017.

kehrsflächen" spricht, gilt diese Klarstellung auch für Flächen, auf denen Straßenfahrzeuge bereitgestellt werden.

Zu den „Verkehrsflächen, die dem Rangieren dienen", wird man sinngemäß auch diejenigen Flächen rechnen können, auf denen insbesondere Straßenfahrzeuge auf ihre Be- bzw. Entladung oder Abfertigung warten.

4.3.4 Umschlagflächen des intermodalen Verkehrs (§ 29)

Anlagen des intermodalen Verkehrs sind solche, in denen Güter jeglicher Art, darunter auch wassergefährdende Stoffe, in Ladeeinheiten von einem Transportmittel auf ein anderes umgeladen werden (siehe hierzu auch Begriffsbestimmung § 2 Abs. 24). Es handelt sich dabei um einen zeitweiligen Aufenthalt im Verlauf der Beförderung. Wie lange die einzelne Ladeeinheit auf ihre Weiterbeförderung warten muss, ist unterschiedlich; die Spanne dürfte von Stunden bis zu Tagen reichen. Charakteristisch ist, dass die Ladeeinheiten einerseits verkehrsrechtlich zugelassen sind und andererseits nicht geöffnet werden. Wassergefährdende Stoffe können nur bei Beschädigung einer Ladeeinheit austreten. Geläufige Bezeichnung für diese Einrichtungen ist „Containerbahnhof". Eine Sonderform ist die Verladung von Gütern in Straßenfahrzeugen wie Sattelaufliegern, auch als „rollende Landstraße" bekannt.

Umschlaganlagen des intermodalen Verkehrs unterliegen als besondere Form einer Umschlaganlage ebenfalls nicht dem Besorgnisgrundsatz; auch hier muss der „bestmögliche Schutz" erreicht werden.

Unabhängig vom Aggregatzustand des wassergefährdenden Stoffes genügt eine befestigte Fläche derart, dass Niederschlagswasser auf der Unterseite nicht austritt und als Abwasser ordnungsgemäß gem. § 19 Abs. 2 S. 1 AwSV beseitigt oder als Abfall entsorgt wird. Bezüglich der befestigten Fläche wird auf Abschnitt 4.2.4.1 hingewiesen. Schon allein wegen der Aufnahme der auftretenden Verkehrslasten werden Flächenkonstruktionen erforderlich, die diese Anforderung der AwSV quasi nebenbei erfüllen.

Für Behälter oder Fahrzeuge, aus denen wegen einer Beschädigung wassergefährdende Stoffe austreten, ist eine ausreichend große flüssigkeitsdichte Havariefläche vorzuhalten. Diese muss in der Lage sein, die austretenden wassergefährdenden Stoffe zurückzuhalten. Das auf dieser Havariefläche anfallende Regenwasser ist gem. § 19 Abs. 1 AwSV ordnungsgemäß zu beseitigen oder als Abfall zu entsorgen. Wegen der Forderung nach einer „flüssigkeitsundurchlässigen" Fläche kommen für die Havariefläche nur Bauarten gem. TRwS A 786 „Ausführung von Dichtflächen" oder gleichwertige infrage.

Mit dem Verweis auf § 28 Abs. 2 AwSV wird klargestellt, dass auch bei Anlagen des intermodalen Verkehrs die Verkehrsflächen, die dem Warten und Rangieren dienen, von der Anwendung der AwSV ausgenommen sind. Flächen, die im Arbeitsbereich der Verladeeinrichtungen liegen, gehören nicht dazu.

4.3.5 Laden/Löschen von Schiffen, Anlagen zur Betankung (§ 30)

Das Betanken sowie das Laden und Löschen von Schiffen findet zwangsläufig in unmittelbarer Nähe zu einem Gewässer statt. Es gilt der Grundsatz des bestmöglichen Schutzes.

Die Verbindung zum Schiff wird für flüssige oder gasförmige Stoffe, teilweise auch für feste Stoffe, durch Schlauchleitungen oder Gelenkarme hergestellt. Problematisch sind die Bewegungen des Schiffes. Es muss dafür gesorgt werden, dass die Verbindungen zwischen Land und Schiff diese Bewegungen aushalten, ohne undicht zu werden; sie müssen dazu gemäß der Ausgleichsfähigkeit der Verladeeinrichtungen begrenzt werden. Bei einem Abriss müssen beidseitig angebaute Abreißkupplungen selbsttätig dafür sorgen, dass nur geringe Mengen an wassergefährdenden Stoffen austreten.

Zunächst wird auf ein schiffsseitiges Rückhaltevolumen verzichtet. Im Sinne des bestmöglichen Schutzes werden jedoch besondere Anforderungen gestellt:

– Die land- und schiffseitigen Sicherheitssysteme sind aufeinander abzustimmen, insbesondere bezüglich der auszutauschenden Signale.

– Beim Druckbetrieb müssen beidseitig Abreißkupplungen verwendet werden, die bei Abriss des Schlauches oder Gelenkarmes selbsttätig schließen.

– Beim Saugbetrieb dürfen die angeschlossenen Behälter nicht durch Heberwirkung leerlaufen können.

– Für Rohrleitungen oder Schläuche über Gewässern ist durch technische oder organisatorische Maßnahmen sicherzustellen, dass der bestmögliche Schutz der Gewässer erreicht wird. Diese Maßnahmen können sowohl verkürzte Prüfungen, bestehend aus einer Besichtigung und Druckprüfung mit erhöhtem Prüfdruck, als auch ein erhöhter Sicherheitsfaktor bei der Bemessung sein. Der Füllvorgang und damit der Schlauch bzw. die Rohrleitung ist ohnehin ständig zu überwachen. Wenn auch nicht ausdrücklich in § 30 AwSV verlangt, kann hier nichts anderes gelten als für das Befüllen und Entleeren i. S. d. § 23 AwSV.

Nicht genannt ist die Beladung von Schiffen unter Schwerkrafteinfluss. Auch bei dieser Methode muss selbstverständlich dafür gesorgt werden, dass der Vorlagebehälter bei einem Bruch der Verladeeinrichtung nicht leerlaufen kann.

Schüttgüter sind so zu laden oder zu löschen, dass der Eintrag von festen wassergefährdenden Stoffen in das Gewässer verhindert wird. Geeignete Maßnahmen sind z. B. der pneumatische Transport, gekapselte Bänder, dichte Verpackungen oder Ähnliches. Die Verladung mittels Greifer dürfte damit für wassergefährdende Feststoffe im Regelfall ausscheiden.

4.3.6 Fass- und Gebindelager (§ 31)

Fass- und Gebindelager sind dadurch gekennzeichnet, dass sich in ihnen viele Einzelbehältnisse mit vergleichsweise geringem Fassungsvermögen befinden. Über die Anzahl der gelagerten Gebinde kann sich jedoch ein großes maßgebliches Volumen ergeben. Insbesondere bei Anlagen der Gefährdungsstufe D führt dies bei Anwendung des § 18 Abs. 3 S. 1 AwSV zu Rückhaltevolumina, die angesichts der möglichen austretenden Mengen unverhältnismäßig sind.

Die gelagerten Fässer oder Gebinde haben ein Fassungsvermögen von meistens 0,5 l bis 1.000 l. Ist das Einzelgebinde größer als 1.250 l, liegt kein Fass- und Gebindelager mehr vor (Definition § 2 Abs. 10). Die Gebinde müssen gefahrgutrechtlich zugelassen sein und bieten damit eine gewisse Widerstandsfähigkeit gegen mechanische Beschädigungen. Sie dürfen gemäß ihrer Zulassung aufeinandergestapelt werden; die zulässige Stapelhöhe findet sich in der Zulassung. Weiter müssen sie gegen die gelagerten Flüssigkeiten beständig, dicht verschlossen (passive Lagerung) und gegen Beschädigung und, soweit erforderlich, gegen Witterungseinflüsse geschützt sein. Mögliche Ursachen für Stoffaustritte können z. B. Herausfallen aus Regalen oder teilweises Umstürzen eines Stapels mit Beschädigung des Gebindes sein, das Umkippen von Regalen durch Anfahren mit einem Fahrzeug oder das Hineinfahren eines Gabelstaplers in ein oder zwei Gebinde mit den Gabeln. In jedem Fall bleibt die Anzahl der beschädigten Gebinde vergleichsweise gering.

Aus dieser Überlegung heraus wird die Regelung der Muster-VAwS in die AwSV übernommen und ein bestimmter Anteil der zulässigen Lagermenge, nach dieser gestaffelt, als Rückhaltevolumen gefordert. Immer ist jedoch das Volumen des größten Behältnisses oder bei größeren Lagern eine Mindestmenge zurückzuhalten.

Für sehr kleine Behälter mit einem Fassungsvermögen von nicht mehr als 20 l oder für restentleerte Behälter und Verpackungen wird auf ein Rückhaltevolumen verzichtet. Es wird davon ausgegangen, dass selbst im Falle der Beschädigung mehrerer Behälter die austretenden Mengen so gering sind, dass sie auf der Fläche selbst zurückgehalten werden. Eine flüssigkeitsdichte Fläche muss jedoch vorhanden sein. Weiter müssen die ausgetretenen wassergefährdenden Stoffe schnell aufgenommen werden können, etwa durch Bindemittel, und die Schadensbeseitigung muss mit einfachen betrieblichen Mitteln gefahrlos möglich sein. Dies muss Inhalt der Betriebsanweisung gem. § 44 AwSV sein.

Sofern brennbare wassergefährdende Stoffe in Fässern oder Gebinden gelagert werden, ist zusätzlich eine Löschwasserrückhaltung gem. § 20 AwSV vorzusehen.

An untypische Fass- und Gebindelager, etwa Hochregallager oder bei Behältern aus Glas oder Steingut, können im Rahmen der Eignungsfeststellung weitergehende Anforderungen an das Rückhaltevolumen gestellt werden.

Wassergefährdende Stoffe können auch in größeren Gebinden gelagert werden bis hin zu Tankcontainern mit einem Volumen von 40 m³ und mehr. Derartige Lageranlagen sind dann aber keine Fass- und Gebindelager mehr im Sinne der Definition.

4.3.7 Abfüllflächen von Heizölverbraucheranlagen (§ 32)

Heizölverbraucheranlagen gibt es in großer Zahl. Sie werden ganz überwiegend aus Straßentankwagen befüllt, die auf öffentlichen Straßen oder privaten Hofeinfahrten stehen. Allerdings werden diese Anlagen im Regelfall vergleichsweise selten, höchstens viermal pro Jahr (siehe Definition der Heizölverbraucheranlage § 2 Abs. 11 AwSV), mit relativ geringen Mengen befüllt. Allen diesen „Abfüllplätzen" ist gemein, dass sie weder ein Rückhaltevolumen noch eine flüssigkeitsundurchlässige Fläche haben.

Angesichts der praktischen Unmöglichkeit, derartige „Abfüllflächen" flüssigkeitsdicht und mit einem Rückhaltevolumen versehen herzurichten, verzichtet der Gesetzgeber darauf, wenn

– die Anlagen aus zugelassenen Tankwagen,

– im Vollschlauchsystem,

– unter Verwendung einer selbsttätig schließenden Abfüllsicherung und

– eines Grenzwertgebers

befüllt werden. Dieses Vorgehen hat sich in der Vergangenheit bewährt; verbunden mit der eher seltenen Abfüllung ist die Gewässergefährdung überschaubar. Erfahrungsgemäß entstehen Probleme fast immer durch in schlechtem Zustand befindliche Lageranlagen und nicht durch das Tankfahrzeug und seine Ausrüstung. Bedeutsam ist für die sichere Anlieferung von Heizöl auch das korrekte Verhalten des Tankwagenfahrers.

4.3.8 Abfüllflächen von bestimmten Anlagen (§ 33)

Gemeint sind Anlagen, die wassergefährdende Stoffe verwenden und die, da keine Verluste auftreten, nur im Rahmen der Inbetriebnahme mit wassergefährdenden Flüssigkeiten gefüllt und nur bei Stilllegung entleert werden. Die häufigsten und bekanntesten Anlagen dieser Art, ölgefüllte Transformatoren und Hydraulikanlagen, sind beispielhaft in § 33 genannt.

Die Forderung nach einer Rückhaltung für solche Anlagen wäre unverhältnismäßig. Wegen der Seltenheit des Vorgangs – im günstigsten Falle nur einmal befüllen und einmal entleeren – stellen an den Einzelfall angepasste organisatorische Maßnahmen wie Ausführung durch unterwiesenes Personal und ständige Beobachtung des Vorgangs eine ausreichende Sicherheit dar. Sollte eine Befüllung/Entleerung der Anlage zu Ausbesserungszwecken nötig werden, steht dem § 33 nicht entgegen: „..... *bei denen auf Grund des Einsatzzweckes davon auszugehen ist, dass sie* grundsätzlich *nur einmal befüllt oder entleert werden, ...*"

Die in §§ 34 bis 36 AwSV genannten Anlagen gehören von ihrer grundsätzlichen Betriebsweise auch zu den hier erfassten Anlagen. Jedoch liegen bei ihnen Besonderheiten vor, die weitergehende Regelungen erfordern.

4.3.9 Energieversorgung und in Einrichtungen des Wasserbaus (§ 34)

§ 34 befreit Anlagen mit einem Volumen von höchstens 10 m³ im Bereich der Energieversorgung und des Wasserbaus, die wassergefährdende Stoffe der WGK 1 oder 2 als Kühl-, Schmier- oder Isoliermittel oder als Hydraulikflüssigkeit verwenden, von der Notwendigkeit eines Rückhaltevolumens. Voraussetzung dafür ist, dass die Anlagen und Anlagenteile

– betriebs- oder bauartbedingt nicht über eine Rückhalteeinrichtung verfügen können,

– durch selbsttätige Störmeldeeinrichtungen in Verbindung mit einer ständig besetzten Messwarte oder durch Kontrollgänge überwacht werden,

– für sie ein Alarm- und Maßnahmenplan erstellt wird, der wirksame Maßnahmen und Vorkehrungen zur Vermeidung von Gewässerschäden beschreibt und der mit den maßgebenden Stellen abgestimmt ist.

Beispiele für solche Anlagen sind Masttransformatoren, Schaltanlagen oder hydraulisch betriebene Schleusentore.

§ 34 Abs. 3 widmet sich Wärmetauschern, die als Kühler oder Kondensatoren in direktem Kontakt mit Wasser stehen. Gemeint sind hiermit Wärmetauscher mit einwandigen Wärmetauscherrohren. Diese sind, zumindest wenn sie aus ferritischen Stählen bestehen, recht anfällig gegen Undichtwerden. Sehr oft ist das Kühlwasser Ursache der Korrosion. Erschwerend kommt hinzu, dass sich die Rohre je nach Bauart des Wärmetauschers mehr oder weniger weitgehend einer Sichtkontrolle entziehen. Zerstörungsfreie Prüfungen sind möglich, bei der Vielzahl der Rohre mancher Kondensatoren aber sehr aufwendig. Es wird also im Regelfall bei einer mehr oder weniger großen Stichprobe bleiben. Das bekannteste Prüfverfahren ist die Wirbelstromprüfung mit einer Innenspule. Zur Justierung des Verfahrens muss ein Rohr zur Verfügung stehen, das möglichst identisch mit den eingebauten Rohren sein muss. Dennoch hat das Verfahren nur eine begrenzte Genauigkeit.

Zum Schutze der Gewässer müssen Kühler mit doppelwandigen Rohren (sogenannte Sicherheitswärmetauscher) oder Zweikreiskühler, d. h. Systeme mit einem Zwischenkühlkreislauf, eingesetzt werden. Beides ist aufwendig und verringert die übertragbare Wärmeleistung, d. h., es sind größere Wärmetauscher erforderlich. Es sind jedoch auch andere Kühlerbauarten erlaubt, wenn diese technisch gleichwertig und die Kühlkreisläufe mit automatischen Störmeldeeinrichtungen ausgerüstet sind.

Technisch gleichwertig sind z. B. Kühlsysteme, bei denen der Druck auf der Kühlwasserseite höher ist als auf der Produktseite, also im Falle eines Rohrschadens ein Wassereintritt in das Produkt erfolgt. Dies ist jedoch oftmals sehr schädlich für die Anlage oder den Prozess, etwa wenn ein Feuchtigkeitseinbruch Korrosion auslöst. Beispielhaft für solche Produkte seien Chlor und Chlorwasserstoff genannt. Auch kann Feuchtigkeit unerwünschte chemische oder physikalische Reaktionen auslösen, die anschließend ein aufwendiges Reinigen der Anlage erfordern. Bei geschlossenen Kühlkreisläufen wird das Wasser, abgesehen von den Abschlämmverlusten, über

Rückkühlbauwerke im Kreis geführt. Eine in Zahl der Analysestellen und Analysemethoden geeignete Überwachung des Kühlkreislaufs an geeigneten Stellen in Verbindung mit organisatorischen Maßnahmen kann ebenfalls als technisch gleichwertig gelten.

Eine Durchlaufkühlung wird kaum so gestaltet und betrieben werden können, dass eine technische Gleichwertigkeit zu Doppelwandrohren oder Zweikreissystemen erreicht wird, insbesondere nicht, da die Durchlaufkühlung bei hohem Kühlwasserbedarf angewandt wird, etwa in Kraftwerken.

§ 34 Abs. 3 gilt nur für den Bereich der Energieversorgung und in Einrichtungen des Wasserbaus. Entsprechende Kühler außerhalb dieser Bereiche, wie in der chemischen Industrie oder in Raffinerien, unterliegen nicht diesen Vorschriften, wenn sie auch so konstruiert sein und betrieben werden müssen, dass eine Gewässerschädigung durch sie nicht eintritt.

4.3.10 Erdwärme/Solarkollektoren, Kälteanlagen (§ 35)

Erdwärmesonden und -kollektoren sowie Solarkollektoren sind durch die Energiewende politisch privilegiert und fallen zudem unter diejenigen Einrichtungen, die betriebs- oder bauartbedingt nicht über Maßnahmen zum Gewässerschutz wie Rückhaltevolumina oder doppelwandige Ausführungen verfügen können.

Erdwärmesonden und -kollektoren dürfen unterirdisch einwandig ausgeführt werden, wenn

– sie aus einem werkseitig geschweißten Sondenfuß und endlosen Sondenrohren bestehen,

– sie durch selbsttätige Überwachungs- und Sicherheitseinrichtungen so gesichert sind, dass im Fall einer Leckage des Wärmeträgerkreislaufs die Umwälzpumpe sofort abgeschaltet und ein Alarm ausgelöst wird, und

– als Wärmeträgermedium nur nicht wassergefährdende Stoffe oder Gemische der WGK 1, deren Hauptbestandteile Ethylen- oder Propylenglykol sind, verwendet werden.

Bis auf den ersten Spiegelstrich gelten obige Anforderungen auch für Solarkollektoren und Kälteanlagen, die im Freien ohne Rückhalteeinrichtung betrieben werden sollen. Kühlaggregate müssen auf einer befestigten Fläche aufgestellt sein.

Ethylenglykol und Propylenglykol sind mit Wasser vollständig mischbare zweiwertige Alkohole. Sie sind, wenn auch in die WGK 1 eingestuft, nur gering wassergefährdend und biologisch leicht abbaubar. Aus Sicht des Gewässerschutzes ist Propylenglykol vorzuziehen, da dieses noch weniger gewässerschädlich ist als Ethylenglykol.

Kälteanlagen mit gasförmigen wassergefährdenden Stoffen der WGK 1 bedürfen keiner Rückhaltung. Für andere Gase findet § 38 AwSV Anwendung.

4.3.11 Unterirdische Ölkabel- und Massekabelanlagen (§ 36)

Ölkabel werden nicht mehr verlegt, sind als Bestand aber noch in Betrieb. Sie können aus wirtschaftlichen Gründen und oftmals wegen zwischenzeitlicher Überbauung nicht ausgetauscht werden. Sie werden als unterirdisch verlegte Hochspannungskabel für Spannungen von 100 kV bis 500 kV zumeist in städtischen Netzen, z. B. in Berlin, verwendet. Das relativ dünnflüssige Öl dient hauptsächlich der Isolation zwischen elektrischem Leiter und metallischem Schutzmantel, aber auch der Wärmeabfuhr an das umgebende Erdreich. Es kann unter einem Druck von bis zu 2 bar stehen. Ölstand und Druck werden in Einspeisestellen überwacht. Eine Rückhalteeinrichtung ist nicht erforderlich, wenn der Betreiber die Kabel elektrisch und hydraulisch durch selbsttätige Störmeldeeinrichtungen überwacht, die Betriebswerte ständig erfasst und auf Abweichungen von den Sollwerten kontrolliert. Störungen müssen in einer ständig besetzten Betriebsstelle angezeigt werden. Der Betreiber muss gem. § 45 AwSV eine Betriebsanweisung erstellen, in der u. a. Maßnahmen festzulegen sind, wie bei Abweichung von den Sollwerten ein Gewässerschaden verhindert wird.

Die Isolation von Massekabeln besteht aus Papier, das mit einem zähflüssigen Öl getränkt ist. Freies fließfähiges Öl ist im Gegensatz zu den Ölkabeln nicht vorhanden. Deshalb kann bei diesen Kabeln auf eine Rückhalteeinrichtung verzichtet werden, ohne dass Maßnahmen zum Ausgleich getroffen werden müssen. Diese Kabel vertragen nicht so hohe Spannungen wie Ölkabel und werden bevorzugt im Mittelspannungs- und im unteren Hochspannungsbereich eingesetzt.

4.3.12 Biogasanlagen mit Gärsubstraten (§ 37)

Gärsubstrate landwirtschaftlicher Herkunft, wie sie in § 2 Abs. 8 AwSV definiert sind, sind als allgemein wassergefährdend eingestuft. Diese Stoffe ähneln sehr stark den Stoffen, mit denen in JGS-Anlagen umgegangen wird. Daher können die entsprechenden Erleichterungen, d. h. der Verzicht auf die zweite Barriere, auch bei Biogasanlagen zur Anwendung kommen. Sofern auch andere als die in § 2 Abs. 8 AwSV definierten Ausgangsstoffe in Biogasanlagen verwendet werden wie z. B. Fette, Tierkörper oder Teile von solchen, gilt die Ausnahmevorschrift des § 38 AwSV nicht. Die Anlage muss dann gem. Abschnitt 1 und 2 des Kapitels 3 der AwSV gestaltet werden.

Einwandige Anlagen zum Umgang mit flüssigen allgemein wassergefährdenden Flüssigkeiten müssen mit einer Leckage-Erkennungseinrichtung ausgerüstet sein. Eine Freisetzung dieser Stoffe soll rechtzeitig erkannt werden, damit Gegenmaßnahmen ergriffen werden können, bevor es zu einer Schädigung von Gewässern kommt. Eine gewisse Freisetzung in die Umwelt wird akzeptiert. Wie schnell eine Freisetzung erkannt werden muss und welche Gegenmaßnahmen ergriffen werden, muss im Einzelfall festgelegt werden.

Feste Gärreste oder -substrate müssen auf einer flüssigkeitsundurchlässigen Fläche gelagert werden. Sie benötigen kein Leckage-Erkennungssystem. Es muss dafür gesorgt werden, dass entstehende Flüssigkeiten, etwa durch Regenwasserzutritt oder durch Freisetzen von Flüssigkeit aus dem Gärrest bzw. Gärsubstrat, die flüssigkeitsdichte Fläche nicht verlassen. Dies kann durch Aufkantungen oder Rinnensysteme geschehen.

Unfälle in Biogasanlagen haben gezeigt, dass große Mengen an Flüssigkeiten freigesetzt werden können, die sich teilweise recht weit ausbreiten. Daher müssen Biogasanlagen, bei denen flüssige Stoffe oberhalb des umgebenden Geländes, also in oberirdischen Anlagenbereichen, austreten können, in einer Umwallung stehen. Die gesamte Anlage kann in einer einzigen Umwallung aufgestellt werden, jedoch ist dies nicht zwingend. Je nach Anordnung der Anlagenteile, der Geländeform und der Entfernung der Anlagenteile untereinander können mehrere Umwallungen geschaffen werden. Jede Umwallung muss diejenige Menge zurückhalten können, die bis zum Wirksamwerden geeigneter Gegenmaßnahmen austreten kann, mindestens aber das Volumen des größten in ihr aufgestellten Behälters.

Die Forderung nach einer Umwallung der Anlage gilt nicht für Anlagenteile, in denen mit festen Gärsubstraten oder Gärresten umgegangen wird. Feste Stoffe brauchen grundsätzlich keine Begrenzung ihrer Ausbreitung, da sie im Regelfall immobil sind.

Unterirdische Behälter, Rohrleitungen und Sammeleinrichtungen, in denen regelmäßig Flüssigkeiten angestaut werden, dürfen einwandig ausgeführt werden, wenn sie mit einem Leckage-Erkennungssystem ausgerüstet sind und den technischen Regeln entsprechen. Unterirdische Behälter, deren tiefster Punkt unter dem höchsten zu erwartenden Grundwasserstand liegt, sind doppelwandig mit Leckanzeigesystem auszuführen. Letzteres gilt auch für unterirdische Behälter in Schutzgebieten.

Erdbecken sind für die Lagerung von Gärresten unzulässig. Sie haben sich in der Vergangenheit nicht bewährt, da es relativ häufig Schäden an den Folien gegeben hat.

4.3.13 Umgang mit gasförmigen wassergefährdenden Stoffen (§ 38)

Gase haben das Bestreben, den ihnen zur Verfügung stehenden Raum vollständig durch Diffusion und Konvektion einzunehmen. Im Falle von Leckagen entweichen sie in die Atmosphäre, aus der sie durch Regen ausgewaschen werden und Gewässer nur in sehr stark verdünnter Form erreichen. Behälter, in denen mit Gasen umgegangen wird, sind immer Druckbehälter, für die es umfangreiche und bewährte Bau- und Prüfvorschriften gibt, wie z. B. die Druckgeräterichtlinie, das AD-2000 Regelwerk, die DIN EN 13445 für Druckbehälter oder die DIN EN 13480 für Rohrleitungen. Derartige Druckgeräte stellen im Regelfall überwachungsbedürftige Anlagen gem. BetrSichV dar und unterliegen der Prüfung durch zugelassene Überwachungsstellen oder befähigte Personen. Daher benötigen Anlagen zum Umgang mit wassergefährdenden Gasen keine Rückhalteeinrichtung.

Von dieser Freistellung gibt es zwei Ausnahmen:

1. Gase, die in flüssiger Form austreten können

   Es sind dies druckverflüssigte oder tiefkalt verflüssigte Gase, die zum Verdampfen Wärme aus der Umgebung aufnehmen, z. B. Vinylchlorid, Schwefeldioxid, Chlor oder verschiedene halogenhaltige Kältemittel. Wenn die Umgebung diese Wärme nicht mehr in ausreichendem Maße herantransportieren kann, kommt es zum Vereisen des Lecks durch Feuchtigkeit, aber auch dazu, dass sich eine Lache verflüssigten Gases am Boden sammelt. Mit Letzterem ist immer auch eine Vereisung des Bodens verbunden, die ein tieferes Eindringen von verflüssigtem Gas verhindert. Aufgrund ihres hohen Dampfdruckes verbleiben Gase nicht im Boden.

2. Gase, die sich in Wasser lösen und wassergefährdende Flüssigkeiten bilden, z. B. Ammoniak, Chlorwasserstoff oder Fluorwasserstoff

   Es handelt sich in diesen Fällen um Löschwasser oder um Wasser, das in Form von Wasserschleiern zum Niederschlagen von austretenden Gasen verwendet wird. Im Regelfall wird es sich um stark verdünnte Lösungen handeln.

In diesen beiden Fällen ist eine Gefährdungsabschätzung durchzuführen, mittels derer Maßnahmen zur Schadenserkennung, Rückhaltung und Verwertung festzulegen sind. Darauf kann bei kleinen Anlagen mit einer maßgebenden Masse von bis zu einer Tonne verzichtet werden, wenn die Behälter den gefahrgutrechtlichen Anforderungen genügen und die Schadenbeseitigung mit einfachen betrieblichen Mitteln möglich ist. Wenn auch vom Text her nicht erfasst, erfüllen auch Druckbehälter, die überwachungsbedürftige Anlagen gem. BetrSichV sind, die technischen Anforderungen, die zur Inanspruchnahme dieser Bagatellregelung berechtigen. Formal wird man aber den Umweg über die Gefährdungsbeurteilung des § 38 Abs. 2 AwSV gehen müssen.

4.4 Anlagen in Schutz- und Überschwemmungsgebieten (§§ 49–51)

Schutzgebiete sind solche, die wasserwirtschaftlich eine besondere Bedeutung haben und damit auch eines besonderen Schutzes bedürfen. Sie finden ihre Rechtsgrundlage im WHG und werden durch die jeweiligen Bundesländer durch Verordnung festgelegt. Es wird unterschieden in

– Wasserschutzgebiete gem. § 51 WHG und

– Heilquellenschutzgebiete gem. § 53 WHG.

Im Fassungsbereich und der engeren Zone von Schutzgebieten ist der Betrieb von Anlagen zum Umgang mit wassergefährdenden Stoffen ausnahmslos verboten (§ 49 Abs. 1 AwSV). In der weiteren Zone dürfen gem. § 49 Abs. 2 nicht errichtet und erweitert werden:

– Anlagen der Gefährdungsstufe D,

– Biogasanlagen mit einem maßgebenden Volumen von insgesamt mehr als 3.000 m³,

– Unterirdische Anlagen der Gefährdungsstufe C,

– Anlagen mit Erdwärmesonden.

Bestehende Anlagen dürfen nicht derart geändert oder erweitert werden, dass sie die obigen Verbotskriterien nach der Erweiterung bzw. Änderung erfüllen. Eine Ausnahme besteht für die Kapazität von Gärrestelagern, falls zur Erfüllung der Düngeverordnung eine Überschreitung von 3.000 m³ nötig ist, und für Biogasanlagen, die nur mit den Ausscheidungen eigener Tiere umgehen, soweit die Tierhaltung in der weiteren Schutzzone stattfindet. Eine Ausnahme für feste oder gasförmige Stoffe gibt es nicht.

In Abweichung von Abs. 2 dürfen in der weiteren Schutzzone Anlagen zum Umgang mit wassergefährdenden Stoffen errichtet und betrieben werden, wenn sie doppelwandig ausgeführt oder mit einer Rückhalteeinrichtung ausgerüstet sind, die das gesamte in der Anlage vorhandene Volumen an wassergefährdenden Stoffen fassen kann.

Die zuständige Behörde kann Ausnahmen von den Nutzungsbeschränkungen und -verboten zulassen, wenn

– das Wohl der Allgemeinheit dies erfordert,

– das Verbot zu einer unzumutbaren Härte führen würde,

– der Schutzzweck des Schutzgebietes nicht beeinträchtigt wird.

Dies sind hohe Hürden. Es ist aber nachvollziehbar angesichts des Zweckes der Schutzzonen, der in der Sicherung der öffentlichen Trinkwasserversorgung liegt. Insofern müssen Ausnahmen an sehr strenge Kriterien gebunden sein.

Über § 49 hinaus können die landesrechtlichen Verordnungen zur Festsetzung von Schutzgebieten weitergehende Regelungen treffen.

§ 51 AwSV fordert für JGS- und Biogasanlagen Abstände unabhängig von den Schutzgebietsregelungen:

– 50 m zu privat oder gewerblich genutzten Quellen,

– 50 m zu Brunnen, die der Trinkwassergewinnung dienen,

– 20 m zu oberirdischen Gewässern,

wenn der Gewässerschutz nicht auf eine andere gleichwertige Weise gewährleistet ist.

Während die Regelung des § 49 nur die öffentliche Trinkwasserversorgung und Heilquellen schützt, sind auch und gerade die auf dem dünn besiedelten Land vorkommenden, regelmäßig der Trinkwasserversorgung dienenden Hausbrunnen, z. B. für einzeln liegende Gehöfte oder ehemalige Bahnwärterhäuser, Forsthäuser usw., in den Schutzzweck des § 51 eingebunden. Brunnen, die ausschließlich zur Gartenbewässerung oder zum Füllen von Gartenteichen dienen, fallen nicht unter diese Abstandsregelung, da sie nicht vor den Auswirkungen der JGS-Anlagen und Biogasanlagen geschützt werden müssen; § 51 AwSV stellt lediglich „Trinkwasserbrunnen" unter seien Schutz.

Nutzungsbeschränkungen und Sondervorschriften gelten ebenfalls für festgesetzte und vorläufig gesicherte Überschwemmungsgebiete gem. § 76 WHG. Ein festgesetztes Überschwemmungsgebiet ist das Gebiet zwischen oberirdischen Gewässern und Deichen oder Hochufern oder ein sonstiges Gebiet, das bei Hochwasser eines oberirdischen Gewässers überschwemmt oder durchflossen oder die für Hochwasserentlastung oder Rückhaltung beansprucht wird, wenn eine Überschwemmung statistisch gesehen einmal in 100 Jahren zu erwarten ist. Die Bundesländer haben solche Gebiete zu ermitteln, durch Rechtsverordnung festzusetzen und in Karten zu veröffentlichen. Noch nicht festgesetzte Überschwemmungsgebiete sind zu ermitteln, in Kartenform darzustellen und vorläufig zu sichern. In diesen Gebieten dürfen Anlagen zum Umgang mit wassergefährdenden Stoffen nur errichtet und betrieben werden, wenn die wassergefährdenden Stoffe durch Hochwasser nicht abgeschwemmt oder freigesetzt werden oder auf andere Weise in Gewässer gelangen können.

Wegen der in § 78 WHG ausgesprochenen Bau- und Nutzungsbeschränkungen in Überschwemmungsgebieten dürften im Wesentlichen nur Hafenanlagen und Heizölverbraucheranlagen von Häusern, die in Überschwemmungsgebieten gelegen sind, betroffen sein. Heizöltanks- und eventuell andere Behältnisse sind gegen Aufschwimmen zu sichern, Lüftungsöffnungen sind so hoch anzubringen, dass kein Wasser in sie eindringen kann. Fass- und Gebindelager, Sackwarenmagazine und Bansen für Schüttgut werden zweckmäßigerweise bei auflaufendem Hochwasser ausreichend früh geräumt. Bei einem „Eindeichen" von Anlagen durch ausreichend hohe Mauern muss insbesondere der Boden gegen Grundwasser dicht und gegen die entstehenden Auftriebskräfte ausreichend bemessen sein. Schäden durch Treibgut sind zu berücksichtigen.

Kapitel 5: Betreiberpflichten (Anlagenbestimmung, Gefährdungsstufen, Anzeige, Dokumentation, Eignungsfeststellung) (§§ 14, 39–48 AwSV)

Autor: Holger Stürmer

Um Anlagen zum Umgang mit wassergefährdenden Stoffen nach dem strengen Maßstab des Besorgnisgrundsatzes betreiben zu können, bedarf es nicht nur technischer Einrichtungen, Anlagen, Anlagenteile und Sicherheitseinrichtungen, die den allgemein anerkannten Regeln der Technik entsprechen, sondern auch entsprechender personeller und organisatorischer Voraussetzungen aufseiten der jeweiligen Anlagenbetreiber. Sich beim Betrieb von Anlagen allein und ohne regelmäßige Kontrollen oder erforderliche Instandhaltungsarbeiten auf bauliche Barrieren, Rückhalte- und Sicherheitseinrichtungen zu verlassen, wäre fahrlässig. Auffangeinrichtungen könnten sonst unerkannt voll- und überlaufen, Leckanzeigegeräte würden unbemerkt und ohne Gegenmaßnahmen auf Undichtigkeiten hinweisen, oder Fugenabdichtungen von Abfüllflächen würden beschädigt und verlören ihre Dichtfunktion.

Ein besonderes Augenmerk legt die Anlagenverordnung daher auf Anforderungen, deren Einhaltung sicherstellt, dass der Betreiber die Anlagen regelmäßig auf Dichtheit und Funktionsfähigkeit der Sicherheitseinrichtungen kontrolliert oder sie zu bestimmten Prüfzeitpunkten und -intervallen auf ihren ordnungsgemäßen Zustand von zugelassenen Sachverständigen prüfen lässt.

5.1 Zweck, Anwendungsbereich, Anlagenabgrenzung

Abschnitt 4 der AwSV regelt eine Reihe von entsprechenden formellen und organisatorischen Anforderungen, die von der Gefährdungsstufe der Anlage abhängen. Diese wird über eine Matrix aus der Größe bzw. dem sogenannten maßgebenden Volumen und den Eigenschaften der gehandhabten wassergefährdenden Stoffe – zusammengefasst in der Wassergefährdungsklasse (WGK) – ermittelt (Gefährdungsstufen A–D, § 39 AwSV).

Insbesondere die formellen Anforderungen wie

– die Anzeigepflicht für bestimmte Änderungen oder Neuerrichtungen (§ 40),

– die Verpflichtung zur behördlichen Vorkontrolle in Form einer Eignungsfeststellung (§ 41),

– die Anlagendokumentation mit Betriebsanweisung/Merkblatt (§§ 43, 44),

– die Verpflichtung zur Beauftragung von Fachbetrieben (§ 45) oder

– die Verpflichtung zur regelmäßigen Prüfung der Anlage durch zugelassene Sachverständige (§§ 46, 47, 48)

richten sich nach der Einstufung der jeweiligen Anlage in eine Gefährdungsstufe.

Bevor jedoch die Einstufung in Gefährdungsstufen vorgenommen werden kann, ist das betreffende Anlageninventar zu ermitteln. Hierzu muss der Anlagenbetreiber festlegen und dokumentieren, welche Anlagenteile und Sicherheitseinrichtungen zur Anlage gehören und wo ggf. die Schnittstellen zu anderen Anlagen(typen) bestehen. Besonders wichtig ist dabei vor allem die Abgrenzung zwischen Anlagen zum Lagern, Abfüllen und Umschlagen (LAU) und Anlagen zum Herstellen, Behandeln und Verwenden (HBV). So unterliegen HBV-Anlagen im Unterschied zu LAU-Anlagen nicht der Pflicht zur Eignungsfeststellung.

Da – wie bereits in den meisten bisherigen Länderverordnungen – in der AwSV eine ganze Reihe von Anforderungen von der Gefährdungsstufe einer Anlage bzw. von deren maßgeblichen Volumen abhängt, kommt der Abgrenzung zwischen Anlagen besondere Bedeutung zu (§ 14). Mit der Einstufung in eine höhere Gefährdungsstufe können höhere Aufwände (z. B. Kosten für die Sachverständigenprüfung) verbunden sein, sodass neben der Anlagenabgrenzung auch die Festlegung des maßgeblichen Volumens einer Anlage in der Vergangenheit häufig Gegenstand von Diskussionen zwischen Betreibern und Behörden, aber auch beteiligten Sachverständigen gewesen ist.

Auch in den verschiedenen Bundesländern gab es hierzu unterschiedliche Auslegungen: Während in Nordrhein-Westfalen beispielsweise alle einem kompletten Galvanisierungsprozess zugeordneten Aktiv- und Behandlungsbäder (Entfetten, Beizen, Dekapieren, Chromatieren usw.) zu einer Anlage gerechnet wurden, konnten in Bayern grundsätzlich auch einzelne Behandlungsbecken als eigenständige VAwS-Anlagen angesehen werden. Auch bundesweit tätige Sachverständigenorganisationen haben in der Vergangenheit die voneinander abweichenden Länderregelungen bemängelt und deren Behebung durch eine bundeseinheitliche Regelung angemahnt. Eine Vereinheitlichung wurde insbesondere für die Anlagendefinition, die Anlagenabgrenzung, die Fachbetriebspflicht und die Sachverständigenprüfpflicht als sinnvoll erachtet.

Die AwSV regelt nun hierzu, dass zu einer Anlage alle Anlagenteile gehören, die in einem engen funktionalen oder verfahrenstechnischen Zusammenhang miteinander stehen. Bei Prozessen, die aus mehreren Teilen bestehen, in denen sich die wassergefährdenden Stoffe bestimmungsgemäß befinden, soll deshalb die Funktion der Anlage im Vordergrund stehen bleiben, und zusammenhängende Behandlungsschritte sollen nicht verschiedenen Anlagen zugeordnet werden.

Grundlage jeder weiteren Betrachtung sind somit in diesem Rechtsbereich, in dem sich die materiellen und formellen Anforderungen am Anlagentyp und an der Anlagengröße bzw. an dem damit korrespondierenden Gefahrenpotenzial orientieren, die Bestimmung und Abgrenzung der jeweils zu betrachtenden Anlage. Problematisch ist in diesem Zusammenhang, dass der Anlagenbegriff des Wasserrechts bzw. der Anlagenverordnung nicht kongruent ist mit den Anlagendefinitionen anderer Rechtsbereiche wie beispielsweise dem Immissionsschutzrecht. So ist eine wasserrechtliche Anlage meist nur Teil einer immissionsschutzrechtlichen Gesamtanlage oder des störfallrechtlich relevanten Betriebsbereichs, und eine Übertragung der Abgrenzung zwischen den unterschiedlichen Rechtsbereichen hilft in der Regel nicht weiter.

Ende der 1980er-Jahre wurden die Anforderungen der Anlagenverordnung auf die HBV-Anlagen ausgedehnt. Damit fielen diese ab einer bestimmten Größe auch unter die wiederkehrende Prüfpflicht durch zugelassene Sachverständige. Wegen des zu diesem Zeitpunkt noch nicht überschaubaren Prüfumfangs befürchteten die Betreiber derartiger Anlagen unkalkulierbare zusätzliche Kosten. Aus diesem Grund war man vielfach daran interessiert, diese Anlagen durch geeigneten Zuschnitt unterhalb der prüfpflichtigen Größen zu halten. Während das Thema in vielen Länderverordnungen weitgehend ungeregelt und dem behördlichen Vollzug im Einzelfall vorbehalten blieb, wurde in einzelnen Bundesländern zeitweise der behördliche Vorbehalt bei der Anlagendefinition eingeführt[134].

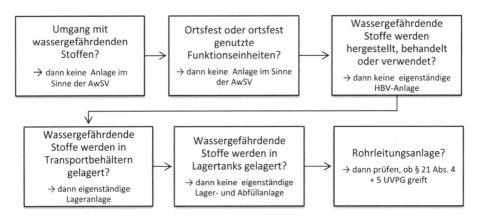

Abb. 5.1 Schematisches Vorgehen bei der Anlagengliederung nach AwSV

Gemäß AwSV (§ 14 Abs. 1) hat der Betreiber zu dokumentieren, welche Anlagenteile zur jeweiligen Anlage gehören bzw. wo die Schnittstellen zu anderen Anlagen(typen) sind (siehe Abb. 5.1). Einen expliziten behördlichen Vorbehalt enthält die Anlagenverordnung jedoch nicht. Inwiefern diese Regelung zur Anlagenabgrenzung zukünftig ohne Diskussionen angewandt werden wird, bleibt abzuwarten.

---

134 Regelung in NRW: Pkt. 2.1. 6. Absatz; Verwaltungsvorschriften zum Vollzug der Verordnung über Anlagen zum Umgang mit wassergefährdenden Stoffen und über Fachbetriebe (VV-VAwS), Gem. RdErl. d. Ministeriums für Umwelt, Raumordnung und Landwirtschaft IV B 4 – 211-3 u. d. Ministeriums für Bauen und Wohnen II A 4 – 322.32 v. 14.08.1996.

5.2 Flächen als Anlagenteile, Maßgebendes Volumen

Bei der Betrachtung von Anlagen zum Umgang mit wassergefährdenden Stoffen lange vernachlässigt und dann aber Gegenstand ausdauernder Diskussionen in Genehmigungsverfahren oder im Zusammenhang mit Sachverständigen- oder Behördenprüfungen waren und sind betriebliche Flächen, auf denen Stoffe – in der Regel in Transportbehältnissen und Verpackungen – abgestellt, bewegt oder umgeschlagen werden.

Nach den Regelungen der Muster-VAwS waren Flächen auch dann als Teile einer Lageranlage zu berücksichtigen, wenn auf ihnen Transportbehälter und Verpackungen zwar nur kurzfristig oder im Zusammenhang mit dem Transport, dafür aber regelmäßig abgestellt wurden bzw. dem Vorhalten von wassergefährdenden Stoffen dienten. Bei stringenter Auslegung dieser Regelung konnten so – je nach Betriebsweise – große Hofflächen auf Betriebsgeländen zu wasserrechtlich relevanten Anlagenteilen werden und entsprechenden materiellen und formellen Anforderungen unterworfen sein.

Diese Regelung wird von der AwSV grundsätzlich aufgenommen. Da sich die von Umschlagflächen zu erfüllenden wasserrechtlichen Anforderungen (§§ 28, 29) von denen an Lagerflächen – insbesondere was die Rückhaltung bzw. Entwässerung angeht – deutlich unterscheiden, versucht der Verordnungsgeber in § 14 Abs. 3–5 die Kriterien für eine entsprechende Bestimmung deutlicher darzustellen. So gehören auch Flächen zu einer Anlage, die dem Lagern oder regelmäßigen Abstellen von wassergefährdenden Stoffen in Behältern oder Verpackungen dienen (§ 14 Abs. 3). Flächen sind jedoch dann keine Lageranlagen, wenn auf ihnen die wassergefährdenden Stoffe zusammen mit den Transportmitteln abgestellt werden (§ 14 Abs. 4 S. 1). Hiermit soll verhindert werden, dass Park- und Bereitstellungsflächen auf Betriebsgeländen, auf denen z. B. Lkws oder Züge abgestellt werden, in den Regelungsbereich der AwSV fallen. Flächen im Bereich von Umschlaganlagen werden auch dann nicht zu Lageranlagen, wenn auf ihnen wassergefährdende Stoffe (regelmäßig) vorübergehend im Zusammenhang mit dem Transport abgestellt werden.

Hiervon abzugrenzen sind im Sinne der Verordnung jedoch die Flächen, auf denen Anlagen zum Umgang mit wassergefährdenden Stoffen von Transportmitteln aus – etwa über Rohr- oder Schlauchleitungen – befüllt (z. B. bei der Befüllung von Lagerbehältern an Tankstellen o. Ä.) oder entleert (z. B. Abpumpen von Altölen aus Sammelbehältern) werden. Diese Flächen sind Bestandteile der entsprechenden Lager- oder HBV-Anlage. Gleichzeitig wird im Prinzip die Kategorie des Abfüllens bzw. der Flächen, die zum Abfüllen dienen, erweitert. So sind auch Flächen, von denen aus Behälter oder Verpackungen in eine Anlage hineingestellt oder aus einer Anlage genommen werden, ebenfalls Teil dieser Anlage.

Mit diesen Definitionen wird allerdings sowohl vom Wortlaut der Muster-VAwS als auch der bisherigen Länderverordnungen abgewichen. Es bleibt abzuwarten, inwiefern die neuen Definitionen eine Klarstellung im Bereich der Flächenzuordnung bewirken werden.

Sobald der Betreiber den Bereich einer Anlage zum Umgang mit wassergefährdenden Stoffen abgrenzt hat, ist zur Bestimmung der Gefährdungsstufe das maßgebende Volumen bzw. bei festen wassergefährdenden Stoffen die maßgebende Masse in der Anlage zu ermitteln (siehe Abb. 5.2). Bei den Vorgaben zur Ermittlung des maßgebenden Volumens der einzelnen Anlagentypen macht die AwSV (§ 39) konkrete Vorgaben, die im Wesentlichen auf die Regelungen der Muster-VAwS zurückgehen. Die bisher bestehenden Regelungen in den einzelnen Bundesländern ergaben jedoch bei gleichen Volumina durchaus unterschiedliche Einstufungen.

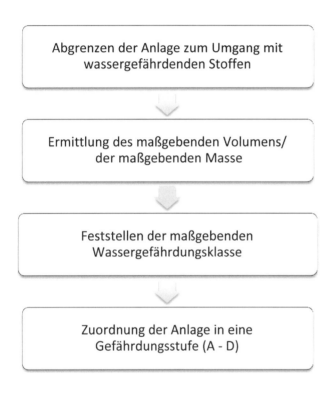

Abb. 5.2 Ermittlung der Gefährdungsstufe

So wurden einige Länderverordnungen[135] nicht (mehr) an die im Jahr 2001 geänderte Muster-VAwS angepasst, sodass sich insbesondere für kleinere Anlagen mit Stoffen der WGK 3 abweichende Gefährdungsstufen ergeben.

Berlin und Nordrhein-Westfalen hingegen wichen in der Vergangenheit grundlegend von der Gefährdungsstufenmatrix der Muster-VAwS und den dazugehörigen Regelungen ab. In Nordrhein-Westfalen gab es keine auf der Einstufung in Gefährdungs-

---

135 Brandenburg, Bremen, Mecklenburg-Vorpommern, Niedersachsen und Sachsen-Anhalt

stufen basierenden Anforderungen mehr, und es wurde im Grundsatz nur noch zwischen „wassergefährdenden" und „nicht wassergefährdenden" Stoffen unterschieden. Auch Berlin verzichtete bei der Einteilung in Gefährdungsstufen auf die Unterscheidung in Wassergefährdungsklassen und ordnet diese nur noch nach dem Volumen der Anlage ein. Beide Länder haben dabei aber nicht endgültig auf die Wassergefährdungsklassen verzichtet und beziehen sich in nachfolgenden Paragrafen, insbesondere dort, wo auf Bagatellregelungen oder das technische Regelwerk Bezug genommen wird, noch auf diese.

Eine Fragestellung, die bislang auf Verordnungsebene lediglich in Hessen geregelt worden war, wird nun in der AwSV bundeseinheitlich beantwortet: die Ermittlung einer bestimmenden Wassergefährdungsklasse bei Anlagen, in denen verschiedene wassergefährdende Stoffe vorhanden sind. In diesen Fällen ist analog der Einstufung von Gemischen vorzugehen. Maßgebend ist dabei der Stoff mit der höchsten Wassergefährdungsklasse, sofern sein Anteil mehr als 3 % des Gesamtinhalts der Anlage beträgt. Ist sein Anteil kleiner als 3 %, ist die nächstniedrigere Wassergefährdungsklasse maßgebend (siehe Beispiel in Tab. 5.1).

Beispiel: Anlage mit mehreren Behältern und Stoffen unterschiedlicher Wassergefährdungsklassen			
Anlage 1		Anlage 2	
Stoff A – WGK 3:	3,0 m^3	Stoff A – WGK 3:	3,5 m^3
Stoff B – WGK 2:	2,0 m^3	Stoff B – WGK 2:	2,0 m^3
Stoff C – WGK 1:	7,0 m^3	Stoff C – WGK 1:	7,0 m^3
Gesamtvolumen:	11,0 m^3	Gesamtvolumen:	11,5 m^3
Anteil Stoffe WGK 3:	2,7 %	Anteil Stoffe WGK 3:	3,04 %
→ Maßgebende WKG:	2	→ Maßgebende WKG:	3

Tab. 5.1 Mischungsregel bei Anlagen mit unterschiedlicher WGK

5.3   Anzeigepflicht

Mit der AwSV wird erstmals bundesweit eine eigenständige Anzeigepflicht für die Errichtung oder wesentliche Änderung von Anlagen zum Umgang mit wassergefährdenden Stoffen normiert. Anzeigepflichtig sind auch Maßnahmen an den Anlagen, die zu einer Änderung der Gefährdungsstufe führen. Dies schließt sowohl die Erhöhung der Gefährdungsstufe durch Vergrößerung des Volumens oder den Einsatz von Stoffen einer höheren Wassergefährdungsklasse als auch die Verringerung des Gefährdungspotenzials ein.

Ausgenommen sind Maßnahmen an Anlagen, die bereits im Rahmen anderer Zulassungs- oder Genehmigungsverfahren behördlich beurteilt wurden. Die Regelung gilt für alle prüfpflichtigen Anlagen. Anzeigepflichten für Neuanlagen und Anlagenänderungen bestanden bislang in unterschiedlichen Ausprägungen bereits in 13 von 16 Bundesländern.

5.4 Ausnahmen von der Eignungsfeststellungspflicht (§ 41)

Über den § 63 WHG bleibt die Eignungsfeststellung zentrales Instrument der wasserbehördlichen Vorkontrolle von Anlagen zum Lagern, Abfüllen und Umschlagen wassergefährdender Stoffe. Mit der Novelle des Wasserhaushaltsgesetzes im Jahre 2009 ist eine Eignungsfeststellung auch schon für das Errichten und nicht erst für den Betrieb einer Anlage erforderlich geworden. Damit sollen fehlerhafte Planungen sowie strittige und kostenträchtige Nachforderungen vor Inbetriebnahme einer neu errichteten Anlage vermieden werden. In § 63 WHG werden bereits einige Ausnahmen von der Verpflichtung zur Eignungsfeststellung formuliert, die nun in § 41 AwSV fortgeführt werden. Mit der umfangreichen Aufzählung wird auch der Tatsache Rechnung getragen, dass durch den Wegfall der bisherigen Kategorie „einfacher und herkömmlicher Art" zahlreiche Anlagen zusätzlich einem behördlichen Vorprüfverfahren unterworfen wären, obwohl dies aufgrund ihrer wasserwirtschaftlichen Relevanz oder ihrer technischen Ausrüstung nicht angemessen wäre (z. B. Anlagen zum Lagern, Abfüllen und Umschlagen gasförmiger Stoffe oder Anlagen zum Umgang mit aufschwimmenden flüssigen Stoffen).

Bei den Ausnahmen kommt auch die Einstufung in Gefährdungsstufen zum Tragen. So sind Anlagen zum Lagern, Abfüllen und Umschlagen wassergefährdender Stoffe der Gefährdungsstufe A (bei Stoffen der WGK 1 immerhin bis 100 m^3 Anlagenvolumen) per se von der Eignungsfeststellungspflicht ausgenommen. Für Anlagen der Gefährdungsstufen B und C greift eine besondere Ausnahmeregelung von der wasserbehördlichen Vorkontrolle. Liegen für alle Teile einer Anlage die erforderlichen baurechtlichen Verwendbarkeits-, Anwendbarkeits- und Übereinstimmungsnachweise vor, kann durch das Gutachten eines Sachverständigen, das die Einhaltung der Gewässerschutzanforderungen bestätigt, die wasserrechtliche Eignungsfeststellung ersetzt werden (§ 41 Abs. 2 AwSV). Die Wasserbehörde hat dabei die Möglichkeit, der so legitimierten Errichtung und Inbetriebnahme innerhalb von 6 Wochen zu widersprechen (Vetoregelung). Bei Anlagen der Gefährdungsstufe D muss die zuständige Behörde explizit auf die Erteilung einer Eignungsfeststellung verzichten (Zustimmungsregelung) (§ 41 Abs. 3 AwSV).

Mit der Möglichkeit, die behördliche Entscheidung durch die Vorlage eines Sachverständigengutachtens zu ersetzen, greift die AwSV die bisherige nordrhein-westfälische Regelung der sogenannten „Sachverständigenbescheinigung nach § 7 Abs. 4 VAwS NW" auf, die in ihrer Konzeption jedoch weitreichender war. Sie konnte eine Eignungsfeststellung für alle Anlagengrößen ersetzen. Jedoch war es dem Sachverständigen im Rahmen der Bescheinigung nur möglich, die Einhaltung der „normalen" Anforderungen der nordrhein-westfälischen Verordnung (§ 3 VAwS NW) zu bestätigen. Kamen bei der Planung Ausnahmeregelungen zum Tragen, wie z. B. die Rückhaltung in Abwasseranlagen (§ 10 VAwS NW), für die ein Abgleich mit den wasserrechtlichen Anforderungen an die Abwassereinleitung erforderlich ist, blieb dies der behördlichen

Eignungsfeststellung vorbehalten. Die Sachverständigenbescheinigung war der zuständigen Behörde spätestens vor Inbetriebnahme, bei genehmigungspflichtigen Anlagen nach BImSchG im Rahmen des Genehmigungsverfahrens vorzulegen. Die Behörde hatte die Bescheinigung im Sinne einer Anzeige entgegenzunehmen und lediglich einer Vollständigkeits- bzw. Plausibilitätsprüfung zu unterziehen.

Der Koordinierungskreis der Sachverständigenorganisationen hat bereits erste Überlegungen für die Gliederung eines Sachverständigengutachtens nach § 41 Abs. 2 AwSV angestellt. Demnach könnte es wie folgt aufgebaut sein:

– Überschrift „Gutachten nach § 41 Abs. 2 AwSV"

– Bezeichnung der Sachverständigenorganisation:
  Name, Anschrift und Telefonnummer der Organisation

– Name des Sachverständigen, der das Gutachten erstellt

– Identifizierung des Gutachtens, Seitenzahl:
  Das Gutachten ist mit einer fortlaufenden Identifikation zu versehen, die von dem Sachverständigen vergeben wird. Umfasst das Gutachten mehrere Seiten, ist die Identifikation auf jeder Seite des Gutachtens anzugeben. Bei mehrseitigen Gutachten sind die Seiten fortlaufend zu nummerieren; die Gesamtseitenzahl ist auf der ersten Seite anzugeben.

– Name und Anschrift des Antragsstellers für das Gutachten, Ansprechpartner

– Bezeichnung und Anschrift der zuständigen Behörde:
  Es ist die Behörde anzugeben, der das Gutachten vorzulegen ist.

– Grundlagen des Gutachtens:
  Angabe der zugrunde gelegten Unterlagen mit ihrem Bearbeitungsstand und zeichnerischer oder fotografischer Darstellung der betrachteten Anlage sowie bei einer Änderung der zu ändernden Anlagenteile

– Betriebliche Anlagenbezeichnung:
  Die Anlage ist so zu bezeichnen, dass eine Verwechslung mit anderen Anlagen ausgeschlossen ist.

– Anlagenstandort:
  Es sind die Straße, die Postleitzahl und der Ort anzugeben, an dem die Anlage eingebaut oder aufgestellt ist. Eine Postfachanschrift ist nicht zulässig. Bei Gemeinden mit mehreren Ortsteilen kann auch zusätzlich der Ortsteil angegeben werden. In Betrieben mit mehreren Anlagen und Gebäuden können zur Unterscheidung auch firmeninterne Bezeichnungen für bestimmte Betriebsteile, z. B. „Gebäude A 12" oder „Lackiererei" verwenden werden. Anzugeben sind ebenfalls Gemarkung, Flur, Flurstück sowie Rechts-/Hochwert und ggf. Lage in einer Wasserschutzzone bzw. in einem Überschwemmungsgebiet; ggf. hydrogeologische Eigenschaften des Standorts oberirdischer Rohrleitungen außerhalb des gesicherten Anlagenbereichs.

- Anlagenabgrenzung:
  Angabe, welche Anlagenteile zu der Anlage gehören und wo die Schnittstellen zu anderen Anlagen sind (siehe auch § 14 AwSV).

- Wasserrechtliche Anlagenbeschreibung:
  Die wasserrechtliche Anlagenbeschreibung muss folgende Angaben enthalten:

  - Art der Anlage (L-, A-, U- oder Rohrleitungsanlage) mit Angabe aller Anlagenteile

  - maßgebende wassergefährdende Stoffe, ggf. Angabe von Stoffgruppen (z. B. Säuren)

  - maßgebende Wassergefährdungsklasse

  - maßgebendes Volumen bzw. maßgebende Masse

  - Gefährdungsstufe

  - Bauart (oberirdisch, unterirdisch)

  - Fachbetriebs- und Prüfpflicht durch Sachverständige

- Anlagenteile gem. § 41 Abs. 2 Nr. 1 AwSV:
  Für Anlagenteile, die nicht nach Bauprodukten- oder Bauordnungsrecht einen Nachweis erfordern (siehe hierzu Muster-WasBauPVO), wie z. B. ein Anfahrschutz, kann ein Nachweis nach den für diese Anlagenteile geltenden a. a. R. d. T. (z. B. für den Anfahrschutz gem. VdTÜV-Mbl. 965) akzeptiert werden.

- Maßnahmen (technischer und organisatorischer Art), die für die Erfüllung der wasserrechtlichen Anforderungen notwendig sind. Dies sind insbesondere Hinweise und Auflagen für den Betrieb.

- Ergebnis des Gutachtens

- Datum des Gutachtens und Unterschrift des Sachverständigen

5.5 „Gebaut wie genehmigt": Die Problematik abweichender Bauausführung

Zum Zeitpunkt der Antragstellung auf Eignungsfeststellung, die nach den Regelungen des § 63 Abs. 1 WHG nun bereits deutlich vor der Errichtung einer Anlage bei der Behörde eingereicht sein muss, kann der zukünftige Betreiber oder Planer häufig die letztlich zum Einsatz kommenden Anlagenteile und Sicherheitseinrichtungen nicht verbindlich benennen. Dies gilt insbesondere für Bauteile, deren bauaufsichtliche Verwendbarkeitsnachweise, z. B. allgemeine Bauartzulassungen, im Verfahren vorgelegt werden müssen. So können nach den Ausschreibungsverfahren im Zuge der Ausführungsplanungen andere vergleichbare Bauteile zum Einsatz kommen, die zunächst nicht vorgesehen waren.

Nicht anzuraten sind dennoch Anträge, die diese Details nur ungefähr und summarisch beschreiben. Dies gilt auch für die Sachverständigengutachten, die ggf. – wie oben beschrieben – eine behördliche Entscheidung ersetzen sollen. Ebenfalls nicht zu empfehlen ist, die Ermittlung der Abweichungen zwischen den Antragsunterlagen und der Bauausführung der Inbetriebnahmeprüfung durch einen Sachverständigen zu überlassen. Sinnvoll ist es in jedem Fall, so wie ohnehin in den meisten Eignungsfeststellungsbescheiden geregelt, alle Abweichungen von den ursprünglichen Planungen und ihrer Dokumentation im Antrag so schnell wie möglich, spätestens vor Inbetriebnahme mit der zuständigen Behörde zu kommunizieren.

5.6   Anlagendokumentation/Betriebsanweisung (§§ 43, 44)

Die Verpflichtung, für grundsätzlich alle Anlagen eine Anlagendokumentation zu erstellen, löst die bisherigen Anforderungen der Muster-VAwS und einiger Länderverordnungen nach einem Anlagenkataster ab. Während das Anlagenkataster nach der Änderung der Muster-VAwS jedoch nur für Anlagen(komplexe) mit „erheblichem Gefährdungspotenzial" und auf Anordnung der Behörde zu erstellen und fortzuschreiben war, gilt die Anforderung nach Erstellung einer Anlagendokumentation nun für alle Anlagen.

Ausnahmen ergeben sich lediglich für Anlagen auf nach EMAS zertifizierten Betriebsstandorten, für die vergleichbare Dokumente vorgewiesen werden können. Die Anlagendokumentation soll alle wesentlichen Informationen über die Anlage enthalten. Die Anforderungen an die Inhalte der Anlagendokumentation sind in der Verordnung recht allgemein gehalten. Konkrete Angaben finden sich dagegen im technischen Regelwerk.

Die Technische Regel wassergefährdende Stoffe (TRwS) Arbeitsblatt DWA A-779 „Allgemeine Technische Regelungen" (April 2006) enthält unter Ziffer 6.2 eine weitergehende Beschreibung der möglichen Inhalte einer Anlagendokumentation:

1. Anlage

2. Behördliche Vorgänge

3. Lage

4. Eingesetzte Stoffe

5. Bauart und Werkstoffe der primären und sekundären Anlagenteile

6. Sicherheitseinrichtungen und Schutzvorkehrungen

7. Sicherheitskonzept

8. Statische Berechnungen (Standsicherheitsnachweise)

Für wiederkehrend prüfpflichtige Anlagen ergänzt die Verordnung die Dokumentationspflichten um die Darstellung der Anlagenabgrenzung, die erteilte Eignungsfeststellung sowie die bauaufsichtlichen Verwendbarkeitsnachweise.

Das zentrale Instrument, das die Wahrnehmung der organisatorischen und administrativen Pflichten des Betreibers von Anlagen zum Umgang mit wassergefährdenden Stoffen sicherstellen soll, ist in der AwSV die Betriebsanweisung. Die **Betriebsanweisung** fasst für den Betreiber und die mit dem Betrieb der Anlage befassten Personen alle sicherheitsrelevanten Aspekte zusammen und beinhaltet die Überwachungs-, Instandhaltungs- und Notfallplanung. Darin werden auch für den Schadensfall alle Sofortmaßnahmen und Abläufe beschrieben, die zur Abwehr von Gefahren für die Gewässer erforderlich sind.

Exkurs: Meldepflichten im Schadensfall (§ 24 Abs. 2 AwSV)

Zu den Maßnahmen, die bei einer Betriebsstörung vom Betreiber neben der Schadensbegrenzung einzuleiten sind, gehört auch die unverzügliche Anzeige, sofern wassergefährdende Stoffe „in einer nicht nur unerheblichen Menge" aus der Anlage ausgetreten sind oder wenn der Verdacht besteht, dass Stoffe bereits ausgetreten sind und eine Gewässergefährdung daher nicht ausgeschlossen werden kann.

Im Unterschied zu den alten wasserrechtlichen Regelungen, nach denen der Betreiber und insbesondere der Verursacher eines Stoffaustrittes nicht zu den Anzeigepflichtigen gehörten (Verbot der Selbstbezichtigung), wird dies nun einheitlich in der AwSV geregelt. Entsprechende Regelungen in einigen Landeswassergesetzen werden damit entbehrlich.

Ausnahmen von der Verpflichtung, eine Betriebsanweisung mit den spezifizierten organisatorischen Vorkehrungen zu erstellen, sieht die AwSV für Anlagen vor, die ein (vermeintlich) geringes Risiko für Gewässerverunreinigungen haben (alle Anlagen der Gefährdungsstufe A, Eigenverbrauchertankstellen, Anlagen mit festen Gemischen bis zu 1.000 Tonnen usw.). Stattdessen sollen hier standardisierte Merkblätter, die der AwSV als Anhänge beigefügt sind, die Erfüllung dieser Betreiberpflicht gewährleisten.

Die AwSV greift damit direkt eine Grundsatzanforderung der Muster-VAwS auf, die allerdings über die Jahre in den Länderverordnungen unterschiedliche Ausgestaltungen und Ergänzungen erfahren hat. Schon die letzte Änderung der Muster-VAwS (Einführung einer Bagatellgrenze für Anlagen der Gefährdungsstufe A und Heizölverbraucheranlagen) wurde nicht von allen Bundesländern 1:1 übernommen. Berlin beispielsweise machte die Bagatellgrenze nicht an der Gefährdungsstufe, sondern allein am Volumen der Anlage fest ($< 1\ m^3$); in Bayern wurden alle JGS-Anlagen freigestellt, und das Saarland führte eine Grenze von 100 l ein usw.

5.7 Fachbetriebspflicht; Ausnahmen (§ 45)

Mit § 45 AwSV stellt die Anlagenverordnung die bisherige Systematik der Fachbetriebsregelungen in den Ländern um. Bislang, d. h. vor Inkrafttreten des neugefassten Wasserhaushaltsgesetzes im Jahr 2010, durften über § 19 l WHG (alt) alle Arbeiten an Anlagen zum Umgang mit wassergefährdenden Stoffen grundsätzlich nur von wasserrechtlich zertifizierten Fachbetrieben durchgeführt werden. Die Ausnahmen wurden in § 24 der Muster-VAwS und den Länderverordnungen ausführlich, aber mitunter voneinander abweichend geregelt (Tab. 5.2).

	Bundesland	Fachbetriebspflicht für Anlagen (Gefährdungsstufen)	Weitere Ausnahmen (Muster-VAwS)
Altregelungen	Baden-Württemberg	C, D	a), b), c), d), e), f), g)
	Bayern	B^{HVA}, C, D,	a), b), d), e), f), g)
	Berlin	B, C, D	a), b), d), e), f), g)
	Brandenburg	B^{HVA}, C, D,	a), b), d), e), f), g)
	Bremen	B, C, D	a), d), e), f), g)
	Hamburg	B^{HVA}, C, D,	a), d), e), f), g)
	Hessen	C, D	a), d), e), f), g)
	Mecklenburg-Vorpommern	C, D	a), b), d), e), f), g)
	Niedersachsen	B, C, D	a), b), d), e), f), g)
	Nordrhein-Westfalen	> 10 m³ bei ober-irdischen Anlagen	a), b), d), e), f), g)
	Rheinland-Pfalz	B, C, D	a), d), e), f), g)
	Saarland	C, D	a), b), d), e), f), g)
	Sachsen	B^{HVA}, C, D,	a), b), d), e), f), g)
	Sachsen-Anhalt	C, D	a), c), d), e), f), g)
	Schleswig-Holstein	C, D	a), d), e), f), g)
	Thüringen	$B^{HVA,D,AÖ}$, C, D	a), d), e), f), g)
	Muster-VAwS 2001	<u>Ausnahmen von der Fachbetriebspflicht</u> a) Anlagen zum Umgang mit festen und gasförmigen wassergefährdenden Stoffen b) Anlagen zum Umgang mit Lebensmitteln und Genussmitteln c) Anlagen zum Umgang mit wassergefährdenden Flüssigkeiten der Gefährdungsstufen A und B d) Feuerungsanlagen e) Tätigkeiten an Anlagen oder Anlagenteilen nach § 19 g Abs. 1 und 2 WHG, die keine	

Bundesland	Fachbetriebspflicht für Anlagen (Gefährdungsstufen)	Weitere Ausnahmen (Muster-VAwS)
		unmittelbare Bedeutung für die Sicherheit der Anlagen zum Umgang mit wassergefährdenden Stoffen haben f) Instandsetzen, Instandhalten und Reinigen von Anlagen und Anlagenteilen zum Umgang mit wassergefährdenden Stoffen im Zuge der Herstellungs-, Behandlungs- und Verwendungsverfahren, die den Anforderungen des Gewässerschutzes genügen. g) Tätigkeiten, die einer wasserrechtlichen Bauartzulassung, in einem baurechtlichen Verwendbarkeitsnachweis oder in einer arbeitsschutzrechtlichen Erlaubnis oder in einer Eignungsfeststellung näher festgelegt oder beschrieben sind

Tab. 5.2 Altregelungen für die Fachbetriebspflicht nach AwSV

Die neuen Regelungen der AwSV weichen systematisch damit auch von denen der (Übergangs-)Verordnung über Anlagen zum Umgang mit wassergefährdenden Stoffen[136] ab. Mit der Positivliste fachbetriebspflichtiger Anlagen (Tab. 5.3) verzichtet die Verordnung auf die Benennung spezieller Tätigkeiten wie das Instandhalten, Instandsetzen und Reinigen, die an HBV-Anlagen jeder Gefährdungsstufe bislang ausdrücklich freigestellt waren, soweit sie den Anforderungen des Gewässerschutzes genügen. Da weder die Verordnung noch deren Begründung hierzu weitere Ausführungen enthält, ist wohl davon auszugehen, dass diese Tätigkeiten mit Inkrafttreten der AwSV fachbetriebspflichtig sein sollen. Dies trifft dann insbesondere für Anlagen der chemischen und mineralölverarbeitenden Industrie oder auch auf größere oberflächenbearbeitende Betriebe zu.

---

136 Verordnung über Anlagen zum Umgang mit wassergefährdenden Stoffen vom 31. März 2010 (BGBl. Nr. 14, S. 377)

Regelung	Fachbetriebspflichtige Anlagen
§ 45 Abs. 1	Unterirdische Anlagen
	Oberirdische Anlagen zum Umgang mit flüssigen wassergefährdenden Stoffen der Gefährdungsstufen C und D
	Oberirdische Anlagen zum Umgang mit flüssigen wassergefährdenden Stoffen der Gefährdungsstufe B innerhalb von Schutzzonen
	Heizölverbraucheranlagen der Gefährdungsstufen B, C, D
	Biogasanlagen
	Umschlaganlagen des intermodalen Verkehrs sowie
	Anlagen zum Umgang mit aufschwimmenden flüssigen Stoffen nach § 3 Abs. 2 S. 1 Nr. 7 AwSV

Tab. 5.3   Fachbetriebspflicht nach AwSV

5.8   Überwachungs- und Prüfpflichten (§ 46)

Die wesentlichsten Aspekte der Betreiberpflichten von Anlagen zum Umgang mit wassergefährdenden Stoffen sind die (Selbst-)Überwachungspflichten und die Verpflichtung Anlagen durch externe Sachverständige wiederkehrend prüfen zu lassen. Als zentralen Punkt dieser Verpflichtungen haben Betreiber die Dichtheit ihrer Anlagen und die Funktionsfähigkeit der Sicherheitseinrichtungen regelmäßig zu kontrollieren.

Mit der Formulierung „regelmäßig" wird die noch in § 19 i WHG (alt) formulierte Anforderung „ständig" ersetzt. Diese implizierte eine – im Zweifels- oder Schadensfall – nahezu lückenlose Überwachungsverpflichtung für den Anlagenbetreiber. Dort wo nicht automatische Sicherheitseinrichtungen oder sehr enge Zyklen von Anlagenrundgängen diese Verpflichtung umsetzten, gab es nach Schadensfällen vielfach Diskussionen über eine sachgerechte Erfüllung der Forderung nach einer „ständigen" Anlagenüberwachung.

5.8.1   Wie oft ist regelmäßig? – Das technische Regelwerk hilft weiter

Mit den Technischen Regeln Wassergefährdende Stoffe (TRwS) wird die zeitliche Komponente der Überwachung von Anlagen, insbesondere was die Regelmäßigkeit von Kontrollgängen zur Überprüfung von Dichtheit der Anlagen angeht, bei der Auslegung und Dimensionierung von Sicherheitseinrichtungen mit einbezogen. Die Überwachungszeiträume dienen als Auslegungskriterium z. B. für die Beständigkeitsanforderungen an Flächenabdichtungen (TRwS 786) oder das erforderliche Rückhaltevolumen bei Leckagen (TRwS 785).

So kann sich etwa die regelmäßige Überwachung von Flächenabdichtungen oder Auffangeinrichtungen z. B. an der – in der entsprechenden Bauartzulassung festgelegten – maximal zulässigen Beanspruchungsdauer (siehe Tab. 5.4) oder dem vorhandenen Rückhaltevermögen bzw. der für den Leckagefall angenommenen Zeit bis zum Wirksamwerden geeigneter Sicherheitseinrichtungen orientieren (siehe Tab. 5.5).

Beanspruchungsstufe	Beanspruchungsdauer* bzw. -häufigkeit	Anlagenbetriebsart	Klasse	Stufe***
gemäß TRwS DWA-A 786		Gemäß allgemeiner bauaufsichtlicher Zulassung		
1	2	3	4	5
gering	max. 8 Stunden	Lagern	LAU1	1
	Abfüllen** bzw. bis zu 4-mal/Jahr	Abfüllen		
	Umladen (1)	Umladen (1)		
mittel	max. 72 Stunden	Lagern	L2	2
	Abfüllen bis zu 200-mal/Jahr**	Abfüllen	A2 / U2	3
	Umladen (2)	Umladen (2)		
hoch	max. 3 Monate	Lagern	L3	4
	unbegrenzte Anzahl Abfüllvorgänge	Abfüllen	A3	5
* Zeitraum, innerhalb dessen eine Leckage erkannt und beseitigt worden sein muss bzw. vorgesehene Häufigkeit von Abfüllvorgängen.				
** Unter Beachtung besonderer Vorkehrungen beim Abfüllen gem. TRwS DWA-A 786.				
*** Die jeweils höhere Stufe schließt die darunter liegende Stufe ein.				

Tab. 5.4 Maximal zulässige Beanspruchungsdauer und Häufigkeit der Beanspruchung mit wassergefährdenden Stoffen nach Beanspruchungsstufe und Anlagenbetriebsart (Beispiel: ABZ eines Beschichtungssystems)

Auszug aus TRwS DWA-A 785 Bestimmung des Rückhaltevolumens bis zum Wirksamwerden geeigneter Sicherheitsvorkehrungen – R₁ –	
4.4.2.1 Kontrollgänge	
(1)	Für die Erkennung einer Leckage durch Kontrollgänge gilt: t_T = Zeit zwischen den Kontrollgängen
(2)	Umfang und Häufigkeit der Kontrollgänge sind in der Betriebsanweisung festzulegen.
(3)	Die Kontrollgänge sind von eingewiesenem Personal durchzuführen und nachvollziehbar zu dokumentieren.

Tab. 5.5   Häufigkeit bzw. Frequenz von Kontrollgängen als Bemessungsgröße von Rückhaltevolumen

5.8.2 Bisherige Prüfpflichten der Länderverordnungen – eine bunte Landschaft

Ein zentraler Punkt der organisatorischen Betreiberpflichten ist die Prüfpflicht der Anlagen zum Umgang mit wassergefährdenden Stoffen durch zugelassene Sachverständige.

Das alte Wasserhaushaltsgesetz und die Muster-VAwS legten die Prüfpflichten in Abhängigkeit

– der Lage in einer Schutzzone,

– der Gefährdungsstufe (Wassergefährdungsklasse der Stoffe, maßgebendes Volumen/ Masse der Anlage,

– des Aggregatzustands der Stoffe (fest, flüssig und gasförmig) oder

– der Einbauart (unterirdisch, oberirdisch)

fest.

Unterschieden wurden dabei einmalige Prüfungen, jeweils bei Inbetriebnahme oder bei Wiederinbetriebnahme nach mehr als einjährigem Anlagenstillstand, und wiederkehrend durchzuführende Prüfungen bzw. Prüfungen bei Stilllegung. Ausnahmen bestanden für Anlagen, die der Forschung, Entwicklung oder Erprobung neuer Einsatzstoffe, Brennstoffe, Erzeugnisse sowie Verfahren im Labor- oder Technikumsmaßstab dienen oder die sich auf einem nach Ökoaudit-Verordnung registrierten Standort befinden.

Obwohl die meisten Länderverordnungen die Regelungen der Muster-VAwS inhaltlich weitgehend übernommen haben, unterschieden sich die bisherigen Länderverordnungen in keinem Punkt stärker als in der Ausgestaltung der Prüfpflichten. Die einzige Übereinstimmung der Länderverordnungen bestand bei unterirdischen und oberirdi-

schen Anlagen mit flüssigen Stoffen in Schutzgebieten. Die größte strukturelle Abweichung von den Regelungen der Muster-VAwS und den Länderverordnungen wies
die nordrhein-westfälische Anlagenverordnung auf. Nach Abschaffung der Gefährdungsstufen wurde dort die Prüfpflicht für LAU- und HBV-Anlagen und unabhängig
von der jeweiligen Wassergefährdungsklasse einheitlich auf ein maßgebliches Volumen der jeweiligen Anlage von 10 m^3 festgesetzt.

Die Prüfpflichten für Anlagen

a) außerhalb von Schutzgebieten und außerhalb von festgesetzten oder vorläufig
   gesicherten Überschwemmungsgebieten und

b) in Schutzgebieten und in festgesetzten oder vorläufig gesicherten Überschwemmungsgebieten

werden in Anhängen zur Verordnung zusammen mit den Prüfzeitpunkten und
-intervallen festgeschrieben.

Kapitel 6: Sachverständigenorganisationen und Sachverständige; Güte- und Überwachungsgemeinschaften und Fachprüfer; Fachbetriebe

Autor: Henrik Faul

Im 4. Kapitel der AwSV werden Regelungen zu drei Themenbereichen getroffen. Es handelt sich dabei zunächst mit den §§ 52–56 um die Sachverständigenorganisationen und ihre Sachverständigen und mit §§ 57–61 um die Güte- und Überwachungsgemeinschaften und ihre Fachprüfer. In den §§ 62–64 wird das Thema Fachbetrieb nach WHG geregelt.

Die Regelungen für Sachverständigenorganisationen betreffen zum Zeitpunkt des Übergangs von VAwS auf AwSV 52 anerkannte Sachverständigenorganisationen. Dem stehen sechs Güte- und Überwachungsgemeinschaften (Veröffentlichungsstand: 03.08.2018) gegenüber, die bisher ebenfalls Fachbetriebe nach WHG überwacht haben. Während sowohl nach VAwS als auch nach AwSV die Sachverständigenorganisationen für drei Aufgabenbereiche anerkannt werden können, nämlich das Überprüfen von Anlagen, das Erstellen von Gutachten im Eignungsfeststellungsverfahren und das Zertifizieren von Fachbetrieben nach WHG, sind Güte- und Überwachungsgemeinschaften ausschließlich zur Zertifizierung von Fachbetrieben nach WHG vorgesehen. Von den Größenordnungen her haben die gut 50 Sachverständigenorganisationen beinahe 2.000 Sachverständige bestellt (Stand von 2012 gemäß Statistik-Angaben der Bund/Länder Arbeitsgemeinschaft Wasser LAWA). Für die sechs bisher anerkannten Güte- und Überwachungsgemeinschaften sind keine Gesamtzahlen über bestellte Fachprüfer verfügbar. Die Anzahl wird allerdings um Größenordnungen geringer ausfallen, da sich der Aufgabenbereich der Güte- und Überwachungsgemeinschaften auf die Zertifizierung der Fachbetriebe nach WHG beschränkt und dabei dann auch einige Güte- und Überwachungsgemeinschaften sich der Sachverständigen der anerkannten Sachverständigenorganisationen bedienen und entsprechend wenige oder gar keine eigenen Fachprüfer bestellt haben.

Herauszustellen ist zu den neuen Regelungen, dass die AwSV nun erstmals gemeinsame und vor allem einheitliche Regelungen zur Zertifizierung von Fachbetrieben nach WHG trifft. Und auch wenn die rechtlichen Anforderungen an diese beiden Arten der Überwachungsorganisationen und an ihr Personal von der Struktur der AwSV her getrennt behandelt werden, ist doch festzustellen, dass sich die inhaltlichen Regelungen zur Zertifizierung der Fachbetriebe nach WHG tatsächlich nicht unterscheiden. Bisher gab es keinen gemeinsamen Standard, da die Güte- und Überwachungsgemeinschaften für die Überwachung von Fachbetrieben nach WHG vom Institut für Bautechnik IfBt (Vorgänger des heutigen DIBt), die Sachverständigenorganisationen nach VAwS hingegen durch die Landesbehörden nach Wasserrecht anerkannt wurden. Ein Abgleich hinsichtlich der zu stellenden Anforderungen in der Überwachung der Fachbetriebe nach WHG war zwischen beiden Arten der Überwachungsorganisationen nicht erfolgt, wenigstens nicht mehr in den letzten Jahren. Im Ergebnis stellte sich die Durchführung dieser Aufgaben im Rahmen der Regelungen nach VAwS bzw. Baurecht in der Praxis durchaus unterschiedlich dar. Es kann also mit der Umsetzung der AwSV erwartet werden, dass unabhängig vom gewählten Überwacher und Zertifizierer nunmehr ein vergleichbares Qualitätsniveau vom Fachbetrieb gefordert und vor allem auch aufgrund vergleichbarer Prüfgrundsätze erreicht werden wird.

Wie oben schon erwähnt, haben die Sachverständigenorganisationen gegenüber den Güte- und Überwachungsgemeinschaften weitere Aufgaben mit der Prüfung von Anlagen (§§ 46 und 47, siehe Kap. 5) und dem Erstellen von technischen Gutachten, die insbesondere im Rahmen des Eignungsfeststellungsverfahrens nach § 63 WHG erforderlich werden (§§ 41 und 42, siehe Kap. 5). Trotzdem sollen hier in Kapitel 6.1 die Anforderungen der AwSV an diese beiden Arten der Überwachungsorganisation parallel betrachtet werden. Auf Abweichungen bzw. auf zusätzliche Anforderungen wird an entsprechender Stelle natürlich eingegangen werden.

In Kapitel 6.2 werden dann die Regelungen rund um den Fachbetrieb nach WHG gem. § 62 AwSV beleuchtet. Beinahe 30 Jahre nach der erstmaligen Einführung der Pflicht des Anlagenbetreibers, dann einen Fachbetrieb mit der Durchführung handwerklicher Tätigkeiten, die für die Sicherstellung der Gewässerschutzanforderungen relevant sind, zu beauftragen, wenn sein eigenes Personal nicht ausreichend qualifiziert und kontrolliert arbeiten kann, hält der Gesetzgeber an dieser Regelung fest, was auch nach Auffassung des Verfassers nur zu begrüßen ist. Denn die Erfahrungen aus Sicht der Sachverständigenorganisation zeigen, dass die Anforderungen und Regelungen des anlagenbezogenen Gewässerschutzes für viele Beteiligte auch mehr als 50 Jahre nach Einführung des Besorgnisgrundsatzes in Deutschland oft noch immer unbekannte Größen sind. Und dies ist ja auch nachvollziehbar: So stellt das grundsätzliche Erfordernis der Rückhalteeinrichtungen für den klassischen Anlagenbauer doch streng genommen die Qualität der eigenen Arbeit infrage.

Des Weiteren ist das zu berücksichtigende Regelwerk national angelegt und unübersichtlich. Es sind speziell im Bereich der Anlagen zum Lagern, Abfüllen und Umschlagen auch im technischen Anlagenbau die Anforderungen europäischer und nationaler Baubestimmungen zu beachten. Die nationalen Besonderheiten der zu berücksichtigenden Bestimmungen bergen dabei insbesondere für Firmen, die mit ihren Produkten und Leistungen international ausgerichtet sind, oft Schwierigkeiten. Auch ist es bei der Ausführung der Arbeiten für die Sicherheit der gesamten Anlage zielführend, wenn die Leistungserbringer in den einzelnen Gewerken die Regelungen für die Gesamtanlage überblicken können und aufeinander abgestimmt arbeiten, um beispielsweise zu verhindern, dass beim Aufstellen von Apparaten aus Unkenntnis die Gewässerschutz-Beschichtung im Auffangraum durchlöchert wird.

Und schließlich gibt es aus Sicht des Verfassers noch zwei weitere gewichtige Gründe, die für das Erreichen des Schutzziels Gewässerschutz das Festhalten am Fachbetrieb nach WHG sprechen:

– Da ist zum einen für den Betreiber die fehlende Möglichkeit, den qualifizierten Fachplaner aufgrund einer zum Fachbetrieb nach WHG vergleichbaren Zertifizierung zu erkennen. So hat ein großer Teil der bei der Inbetriebnahmeprüfung von Anlagen festgestellten Mängel seinen Ursprung schon im Planungsbüro genommen, sei es aufgrund echter Fehlkonstruktionen (z. B. das fehlende Rückhaltevolumen) oder auch weil die Anforderungen im Leistungsverzeichnis unpräzise formuliert sind (was soll denn z. B. die Formulierung „Abfüllplatz nach WHG" bedeuten, die immer wieder in Leistungsverzeichnissen auftaucht? Die Planung einer flüssigkeitsundurchlässigen Fläche erfordert u. a. Informationen über abzufüllende Medien, Anzahl der Abfüllvorgänge im Jahr, eingesetzte Abfülltechnik. Für die fachgerechte Ausführung eines Abfüllplatzes bedarf es einer qualifizierten und detaillierten Planung, die intensive Gespräche zwischen Betreiber und Planer erfordert.

– Zum anderen fehlt auf Seiten des Betreibers/Auftraggebers oft selbst die ausreichende Fachkompetenz, um Planungen unter sachgerechter Berücksichtigung der AwSV zu erledigen. Gerade in kleineren Unternehmen kann oder will man sich das Vorhalten einer echten Planungskompetenz meist nicht leisten.

Und um auch diesen beiden Situationen frühzeitig begegnen zu können, ist es sinnvoll, am qualifizierten Fachbetrieb nach WHG festzuhalten. Denn die Mitarbeiter dort benötigen die erforderliche Fachkenntnis im Gewässerschutz, um schon während der Angebotsphase und der Ausführung Fehler ansprechen oder auf neue Entwicklungen hinweisen zu können. Entsprechend wird mit der AwSV auch die Bedeutung der Aus- und Weiterbildung im Fachbetrieb betont. Näheres dazu wird in den folgenden Abschnitten ausgeführt.

Ergänzend sei der Betrachtung des Kapitels 4 der AwSV noch vorausgeschickt, dass die Inhalte den Themenbereich zwar umfassend regeln, aber auch hier noch Auslegungsfragen zu beantworten bleiben, und zwar Fragen, mit denen sich die Anerkennungsbehörden und die Überwachungsorganisationen auseinandersetzen müssen. Deshalb ist hierzu als Hintergrundpapier zur möglichst bundeseinheitlichen und organisationsunabhängigen Umsetzung der Regelungen der AwSV auch ein Merkblatt der Bund-/Länderarbeitsgemeinschaft Wasser (LAWA) zur Anerkennung der Überwachungsorganisationen erstellt worden. Darüber hinaus werden insbesondere die Vorgaben zur Zertifizierung der Fachbetriebe nach WHG detaillierter beschrieben, als es in der AwSV geschieht.

6.1   SVO sowie Güte- und Überwachungsgemeinschaften

Den Sachverständigenorganisationen und Güte- und Überwachungsgemeinschaften werden mit den §§ 52–62 verschiedenste Aufgaben auf vergleichbarem Niveau gestellt. Dabei richten sich die meisten Regelungen der Paragrafen in erster Linie an die

Leitungen der Überwachungsorganisationen (der Begriff Überwachungsorganisationen wird im Weiteren als Oberbegriff für beide Organisationsformen gewählt).

6.1.1 Anerkennung

Mit § 52 Abs. 1 bzw. § 57 Abs. 1 wird deutlich gemacht, dass es zunächst der behördlichen Anerkennung bedarf, um den gewünschten Status einer Überwachungsorganisation zu erlangen – eine aus nachvollziehbaren Gründen geschaffene Schwelle, die es zu überwinden gilt. Denn die Sachverständigen übernehmen bei der Prüfung und Begutachtung von Anlagen hoheitliche Aufgaben, weshalb auch mit § 52 Abs. 3 S. 1 Nr. 7 von den Sachverständigenorganisationen im Zuge des Anerkennungsverfahrens die Abgabe einer Haftungsfreistellungserklärung gegenüber den Ländern verlangt wird.

Güte- und Überwachungsgemeinschaften können sich nach § 57 Abs. 1 ausschließlich für die Bestellung von Fachprüfern, die für die Überwachung und Zertifizierung von Fachbetrieben nach § 62 Abs. 1 zum Einsatz kommen, bestellen lassen. Sachverständigenorganisationen werden dagegen zuerst für die Prüfung von Anlagen und die Erstellung von Gutachten im Rahmen der Eignungsfeststellung nach § 41 Abs. 2 und 3 sowie nach § 42 S. 2 anerkannt. Der Anerkennungsbereich „Zertifizieren und Überwachen von Fachbetrieben" steht den Sachverständigenorganisationen als Option zur Verfügung.

Mit Absatz 2 der beiden Paragrafen zur Anerkennung von Überwachungsorganisationen wird der europäischen Dienstleistungsrichtlinie Rechnung getragen. Hier wird Überwachungsorganisationen des europäischen Auslands formal die Möglichkeit eröffnet, sich auch in Deutschland in der Überwachung zu betätigen. Dazu ist allerdings der Nachweis zu erbringen, dass die ausländische Anerkennung den nationalen Anforderungen gleichwertig ist. Inwieweit das tatsächlich gelingen kann, bleibt im Einzelfall noch zu zeigen. Die Behörden beabsichtigen auf jeden Fall, eine Liste mit ausländischen Organisationen zu führen, deren Anerkennung als gleichwertig erachtet wird, und im Internet zu veröffentlichen.

In § 52 Abs. 3 bzw. § 57 Abs. 3 werden nun die Voraussetzungen aufgezählt, die für eine Anerkennung zu erfüllen sind:

Als Erstes ist eine natürliche Person zu benennen, die gegenüber den Behörden vertretungsberechtigt ist. Dabei handelt es sich um eine nachvollziehbare Forderung, denn gerade Sachverständigenorganisationen haben sich unter den verschiedensten Rechtsformen zusammengefunden, sei es als GmbH, Verein oder auch als Betriebsteil eines Konzerns. Güte- und Überwachungsgemeinschaften sind regelmäßig eingetragene Vereine. Ansonsten könnte es für Behörden ohne diese persönliche Benennung kompliziert werden, einen Entscheidungsträger im Streitfall direkt anzusprechen und vor allem auch anzuschreiben. Die Verantwortung der benannten Person liegt darin, die Vorgaben des Anerkennungsbescheids oder der Behörde in der Überwachungsorganisation umzusetzen und ein der AwSV entsprechendes Tätigwerden der Organisation zu gewährleisten. In diesem Zusammenhang ist noch zu erwähnen, dass die zu benennende Person selbst kein Sachverständiger bzw. Fachprüfer sein muss, was für die als Nächstes zu bestellende technische Leitung, bestehend aus Leiter und Stellvertretung, nicht gilt. Diese beiden Personen müssen die Voraussetzungen nach § 53 Abs. 1 bzw. § 58 Abs. 1 zur Bestellung von Sachverständigen oder zum Fachprüfer erfüllen. Die Aufgaben der technischen Leitung sind vielfältig. Ein Überblick hierzu findet sich im vorgenannten Merkblatt der LAWA.

Als Drittes benötigt die Überwachungsorganisation eine ausreichende Anzahl von bestellten Sachverständigen oder Fachprüfern. Hier wird als Mindestanzahl üblicherweise von fünf Personen inklusive der technischen Leitung ausgegangen. Dabei müssen die Sachverständigen oder die Fachprüfer auch an die Weisungen der technischen Leitung gebunden werden. Das ist gerade dann, wenn die Überwachungsorganisation eine Rechtsform hat, in der keine disziplinarische Führungsgewalt gegeben ist, eine Notwendigkeit, um sicherzustellen, dass die Arbeit der Sachverständigen und der Fachprüfer auch zu einheitlichen Ergebnissen führt.

Auch die vierte Voraussetzung dient dem Ziel, einheitliche Ergebnisse bei der Prüfung, Begutachtung und Überwachung zu erzielen: Für die einzelnen Aufgaben sind Prüfgrundsätze aufzustellen, nach denen die Sachverständigen und die Fachprüfer verbindlich arbeiten müssen. Und hierüber bestimmt sich dann auch für die Überwachungsorganisationen, welche Aufträge sie von ihren Kunden annehmen. Denn für die zu prüfenden Anlagentypen bzw. die Tätigkeitsbereiche der Fachbetriebe, die zertifiziert werden wollen, sind jeweils spezifische Prüfgrundsätze erforderlich, denen die Sachverständigen und Fachprüfer entnehmen können, welche Kriterien von den Anlagen oder Fachbetrieben zu erfüllen sind. Insbesondere ist dort zu beschreiben, auf welche Art und Weise die Prüfungen zu erfolgen haben und wie die gewonnenen Ergebnisse zu bewerten sind. Gerade für die Bewertung von Mängeln sind einheitliche und klare Vorgaben notwendig. Sollten zutreffende Prüfgrundsätze fehlen, muss die technische Leitung entsprechend nacharbeiten oder dafür sorgen, dass ein solcher Auftrag von keinem Sachverständigen bzw. Fachprüfer angenommen wird.

Fünftens ist der Nachweis eines betrieblichen Qualitätssicherungssystems sowohl von den Sachverständigenorganisationen als auch von den Güte- und Überwachungsgemeinschaften zu erbringen. Wie im Weiteren noch gezeigt werden wird, haben die bestellten Sachverständigen und Fachprüfern laufend eine Vielzahl von Anforderungen zu erfüllen. Die technische Leitung steht in der Pflicht, für in den Ergebnissen einheitliche Prüfergebnisse zu sorgen.

Sachverständigenorganisationen müssen schließlich noch zusätzlich das Bestehen einer Haftpflichtversicherung für Boden- und Gewässerschäden nachweisen. Die erforderliche Haftungsfreistellung gegenüber den Ländern wurde weiter oben schon erwähnt.

Mit den §§ 52 Abs. 4 und 57 Abs. 4 berücksichtigt wieder eine Regelung die Anforderungen der Dienstleistungs-Richtlinie. Sollten Überwachungsorganisationen des europäischen Auslands wenigstens teilweise die Anforderungen nach § 52 bzw. § 57 Abs. 3 für die Anerkennung als Überwachungsorganisation in Deutschland erfüllen, so ist dann hierfür im nationalen Anerkennungsverfahren kein separater Nachweis mehr erforderlich.

Die §§ 52 Abs. 5 und 57 Abs. 5 eröffnen der Aufsichtsbehörde bezüglich der Anerkennung verschiedene Optionen. Die Beschränkung der Anerkennungsbereiche auf bestimmte Fachgebiete wurde schon in den Erläuterungen zu Abs. 1 genannt. Beispielsweise darf die Überwachungsgemeinschaft (ÜWG) Kälte- und Klimatechnik nur Fachbetriebe nach WHG für Tätigkeiten zertifizieren, die eben im Bereich der Kälte- und Klimatechnik arbeiten. Falls nun eine Mitgliedsfirma der ÜWG Kälte- und Klimatechnik also beispielsweise für die Instandsetzung von Hydraulikanlagen zertifiziert werden wollte, müsste sie sich einen anderen Zertifizierer suchen.

Bei den §§ 52 Abs. 5 und 57 Abs. 5 kommen dann noch die Option des Widerrufs und der Befristung der Anerkennung sowie die Möglichkeit hinzu, die Anerkennung sofort oder später mit Auflagen zu versehen. Abschließend wird in Abs. 5 der §§ 52 und 57 geregelt, dass die Anerkennung durch eine Landesbehörde im gesamten Bundesgebiet Gültigkeit hat.

§§ 52 und 57 Abs. 6 legen die Frist, innerhalb derer die zuständige Behörde über den Antrag auf Anerkennung zu entscheiden hat, auf 4 Monate fest. Mit dem Verweis auf das Verwaltungsverfahrensgesetz wird allerdings zum einen klargestellt, dass die Antragsunterlagen zunächst vollständig vorliegen müssen, zum anderen besteht für die Behörde bei schwierigen Angelegenheiten die Möglichkeit, die Frist angemessen zu verlängern.

Allein für die Sachverständigenorganisationen eröffnet § 52 Abs. 7 den Unternehmen die Möglichkeit, eine eigene Überwachungsorganisation einzurichten. Wesentliche Bedingung hierfür ist die unabhängige Prüftätigkeit der Sachverständigenorganisation ohne Einfluss durch andere Einheiten des Unternehmens. Da diese Variante der unabhängigen Überwachungstätigkeit von Unternehmenseinheiten nach den Gütezeichen-Bestimmungen nicht vorgesehen ist, steht diese Möglichkeit in § 57 zur Anerkennung als Güte- und Überwachungsgemeinschaft den Einheiten von Unternehmen nicht zur Verfügung.

6.1.2 Bestellung von Sachverständigen und Fachprüfern

Die §§ 53 und 58 geben vor, welche persönlichen Anforderungen an Sachverständige und an Fachprüfer gestellt werden. Nur wenn alle diese Qualitäten von einem Kandidaten erfüllt werden, darf ihn die Überwachungsorganisation bestellen. So gesehen, liefert der jeweilige Paragraf also eine Stellenbeschreibung für die Tätigkeit als bestellter Sachverständiger.

In §§ 53 Abs. 1 und 58 Abs. 1 werden die gestellten Kriterien aufgezählt: Als oberste Priorität wird vom Sachverständigen bzw. vom Fachprüfer **Zuverlässigkeit** verlangt. Was darunter zu verstehen und was dabei zu beachten ist, wird in den Absätzen 2–4 des § 53 für Sachverständige und auch für Fachprüfer weiter ausgeführt. Als Erstes disqualifizieren bestehende Vorstrafen oder verhängte Geldbußen von mehr als

500 Euro. Als Zweites nennt § 53 Abs. 4 Sachverhalte, nach denen ein schon bestellter Sachverständiger oder Fachprüfer sich aus seiner Tätigkeit heraus als unzuverläs-
sig erweist. Dabei handelt es sich um Pflichtverstöße, die von Geldbußen und Strafen
nach § 53 Abs. 2 und 3 über das Verändern von Prüfergebnissen, wiederholte Verstöße gegen Anforderungen des technischen Regelwerks und Verletzungen weiterer
Pflichten bis hin zur wiederholt verspäteten Vorlage von Prüfberichten reichen. Zur
Kontrolle geben die Sachverständigen und Fachprüfer zum einen eine Zuverlässig-
keitserklärung an die technische Leitung ab, zum anderen dient das nach § 52 Abs. 3
bzw. § 57 Abs. 3 betriebliche Qualitätssicherungssystem dazu, ein etwaiges Fehlver-
halten zu erkennen.

Zweite Anforderung an Sachverständige und Fachprüfer ist **Unabhängigkeit hinsichtlich der Prüf- und Überwachungstätigkeit** – als notwendige Qualität gerade im Hinblick auf mögliche wirtschaftliche Interessenskonflikte eine offensichtliche Anforderung, die sich allerdings im Alltag doch nicht immer so klar darstellt. Deshalb werden
auch hierzu im Merkblatt der LAWA weitere Erläuterungen geliefert. Es darf beispielsweise kein Zusammenhang zwischen der Beseitigung von Mängeln oder der
Überwachung von Fachbetrieben und dem Vertrieb von Werkzeugen o. Ä. bestehen.
Allerdings sehen sich die Kolleginnen und Kollegen im Alltag bei der Begutachtung
und Prüfung von Anlagen mit einer anderen, subtilen Form der Abhängigkeit konfrontiert. Hier kommt es nämlich immer wieder vor, dass der Sachverständige bereits
in der Entwurfs- und Planungsphase vom Betreiber oder der Fachfirma zu Rate gezogen wird. An sich ist dies sehr begrüßenswert, da in dieser Phase etwaige Planungs-
fehler noch leicht verhindert werden können, es hat aber für den Sachverständigen
zur Folge, dass er in Bezug auf die Prüfung der Anlage abwägen muss, ob er noch
objektiv genug beurteilen kann, dass tatsächlich alle Anforderungen der AwSV erfüllt
sind. Entsprechend wird auf jeden Fall strikt eine personelle Trennung zwischen dem
Sachverständigen gefordert, der ein Gutachten nach § 42 zur Eignungsfeststellung
von LAU-Anlagen erstellt, und demjenigen, der die Prüfung der begutachteten Anlage nach § 46 durchführt. Immer dann wenn ein Sachverständiger mit Dienstleistungen außerhalb der eigentlichen Prüfung planerische, betriebliche oder auch wirtschaftliche Verantwortung für die Anlage übernommen hat, ist die Durchführung der
Prüfung durch diesen Sachverständigen ausgeschlossen.

Zurück zu § 53 Abs. 1, mit dem als Drittes vom Sachverständigen die **körperliche
Eignung** gefordert wird, die notwendig ist, um Prüfungen korrekt und komplett
durchzuführen. So ist z. B. bei fehlender Höhentauglichkeit das Aufsteigen auf hohe
Behälter nicht möglich. Allerdings steht in der Frage der körperlichen Eignung natürlich auch immer die Leitung der Sachverständigenorganisation in der Pflicht, Prüfauf-
träge angemessen zu delegieren. Bei freien Sachverständigen, die als selbstständige
Ingenieure arbeiten, wird hier ein großes Maß an Selbstkritik gefordert. Von Fachprüfern wird körperliche Eignung übrigens nicht gefordert. Der Gesetzgeber sieht hier
wohl eher den Gesprächscharakter im Vordergrund der Fachbetriebsprüfung, während
die Prüfung von Anlagen dem Sachverständigen doch mehr körperlichen Einsatz an
den Anlagen abverlangt.

Darüber hinaus werden vom Sachverständigen und vom Fachprüfer **Fachkunde und Erfahrung aus praktischer Tätigkeit** verlangt. Als Fachkundenachweis wird ein einschlägiges ingenieur- oder naturwissenschaftliches Studium gefordert. Für staatlich geprüfte Techniker oder für Meister besteht dabei nach § 58 Abs. 2 noch die Möglichkeit, mit Zustimmung der Anerkennungsbehörde als Fachprüfer bestellt zu werden. Eine Bestellung zur technischen Leitung erfordert allerdings immer einen Studienabschluss. Die nötige Erfahrung wird für beide Aufgaben mit einer fünfjährigen beruflichen Tätigkeit auf dem Gebiet der Planung, der Errichtung, der Instandsetzung, des Betriebs oder der Prüfung von Anlagen zum Umgang mit wassergefährdenden Stoffen nachgewiesen.

Schließlich ist vor der Bestellung als Sachverständiger nach § 53 bzw. als Fachprüfer nach § 58 eine Anerkennungsprüfung durch die Überwachungsorganisation zu absolvieren. Für Sachverständige wird mit § 53 Abs. 5 explizit die Aufteilung in eine theoretische und eine praktische Prüfung verlangt. Bei ausreichenden Leistungen der Kandidaten erfolgt dann die eigentliche Bestellung durch ein Bestellungsschreiben von der technischen Leitung (§ 53 Abs. 7 bzw. § 58 Abs. 3).

6.1.3   Aufheben der Bestellung

Selbstverständlich müssen in der AwSV auch Regelungen getroffen werden, die sowohl den Widerruf bzw. das Erlöschen der Anerkennung der Überwachungsorganisationen als auch das Erlöschen der Bestellung als Sachverständiger oder als Fachprüfer betreffen. Gerade das Erlöschen von Bestellungen von Sachverständigen oder Fachprüfern erfolgt in der Praxis beinahe regelmäßig, sei es wegen eines Arbeitgeberwechsels oder wegen Eintritts in den Ruhestand. Ein Widerruf der Anerkennung von Überwachungsorganisationen wäre dagegen ein besonderes Ereignis. Denn die Aufsichtsbehörden stellen schon bei kleinen Unstimmigkeiten in den Tätigkeiten oder Abläufen der Überwachungsorganisationen den Kontakt mit der jeweiligen Leitung her, sodass für Abhilfe gesorgt wird, bevor die Situation so eskalieren kann, dass ein Widerruf der Anerkennung geboten wäre. Die notwendigen Regelungen erfolgen in den §§ 54 und 59.

In den ersten beiden Absätzen des jeweiligen Paragrafen werden Gründe und Anlässe für die Aufhebung der Anerkennung als Überwachungsorganisation angeführt. Sie reichen vom Verlust von Anerkennungsvoraussetzungen über die wiederholt fehlerhafte Prüfung von Anlagen bis zur wiederholt nicht ordnungsgemäßen Zertifizierung von Fachbetrieben. Dazu kommt für Überwachungsorganisationen noch die Nichterfüllung der Pflichten nach § 55 oder § 60. Außerdem erlischt mit der Auflösung der Sachverständigenorganisation bzw. der Güte- und Überwachungsgemeinschaft die Anerkennung, genauso wie auch bei der Eröffnung eines Insolvenzverfahrens über die Überwachungsorganisation.

Absatz 3 benennt, wann die Bestellung einzelner Sachverständiger oder Fachprüfer erlischt oder von der Überwachungsorganisation zurückzunehmen ist. Hier ist insbesondere festzuhalten, dass mit dem Ausscheiden aus der Überwachungsorganisation auch die Bestellung erlischt. Man kann also den Status als Sachverständiger oder Fachprüfer nicht „mitnehmen". Außerhalb einer Überwachungsorganisation kann es keinen Sachverständigen oder Fachprüfer geben. Bei einem Wechsel zu einer anderen Überwachungsorganisation ist erst wieder ein Bestellungsverfahren zu durchlaufen.

6.1.4   Pflichten der Überwachungsorganisationen

Zum Abschluss des Abschnitts über Sachverständigenorganisationen und über Güte- und Überwachungsgemeinschaften verbleibt noch die Betrachtung der §§ 55 und 60. Hier wird zuerst die ordentliche Führung der Sachverständigen und Fachprüfer eingefordert. Nur wer die Anerkennungsvoraussetzungen erfüllt, darf als Sachverständiger oder Fachprüfer arbeiten. Dazu gehört dann auch die ordentliche Ausführung der Überwachungsaufgaben. Weiter werden verschiedene Dokumentationspflichten festgelegt, was insbesondere den Jahresbericht der Überwachungsorganisationen an die Anerkennungsbehörde beinhaltet, in dem über durchgeführte Prüfungen und auffällige Mangel-Feststellungen zu berichten ist.

Um in den Überwachungsorganisationen einen aktuellen Wissensstand zu gewährleisten, werden für die einzelnen Mitarbeiter umfangreiche Aus- und Weiterbildungsmaßnahmen gefordert, die von der Teilnahme der technischen Leitungen am Erfahrungsaustausch aller Sachverständigenorganisationen bzw. Güte- und Überwachungsgemeinschaften flankiert werden.

Schließlich werden die Sachverständigen und Fachprüfer verpflichtet, Betriebs- und Geschäftsgeheimnisse, über die sie im Rahmen ihrer Tätigkeit Kenntnis erlangen, zu bewahren.

6.2   Fachbetriebe nach WHG

Mit den Regelungen des § 45 behält der Gesetzgeber die Ausführung bestimmter Tätigkeiten, die für die Sicherheit der Anlagen zum Umgang mit wassergefährdenden Stoffen relevant sind, dem Fachbetrieb nach WHG vor. § 62 spezifiziert die Anforderungen, die ein Betrieb erfüllen muss, um von einer Sachverständigenorganisation oder einer Güte- und Überwachungsgemeinschaft als Fachbetrieb zertifiziert werden zu können.

6.2.1   Zertifizierung von Fachbetrieben

Zunächst ist diesbezüglich eine Klarstellung angebracht, die schon zu Zeiten des Fachbetriebs nach § 19 l WHG aus Sicht der Überwachungsorganisation immer wieder erforderlich war und es bis heute auch noch ist: Die Fachbetriebseigenschaft kann immer nur ein Betrieb erlangen. Auf keinen Fall hat eine einzelne Person, die lediglich einen oder auch mehrere Lehrgänge zum WHG und zur AwSV besucht hat, den Status Fachbetrieb nach WHG. Ebenso ist zu beachten, dass alle Betriebsstätten eines Unternehmens zu überwachen und zu zertifizieren sind. Es genügt gerade nicht, nur an einem repräsentativ ausgewählten Standort des Unternehmens hinsichtlich der Anforderungen nach § 62 zu prüfen.

Die Abgrenzung des Fachbetriebs innerhalb eines Unternehmens ist nun in der AwSV nicht näher bestimmt worden, sodass hier ein gewisser Interpretationsspielraum bleibt. In der Praxis werden sinnvollerweise bestehende Organisationsstrukturen zur Abgrenzung des Fachbetriebs herangezogen, wie z. B. die disziplinarische Ordnung. Zur konkreten Regelung zunächst für die Zertifizierer wird über das LAWA-Merkblatt zur Anerkennung der Überwachungsorganisationen bestimmt, dass die Überwachung an den einzelnen Betriebsstätten zu erfolgen hat. Zum anderen sind für jeden Betrieb auch die Tätigkeiten dezidiert zu beschreiben, die als Fachbetrieb nach § 62 AwSV ausgeführt werden dürfen. Und genau davon hängt ab, welche Qualifikationen das Personal aufweisen und welche Ausrüstung dem Betrieb zur Verfügung stehen muss.

Schließlich nimmt im Fachbetrieb noch die betrieblich verantwortliche Person eine besondere Rolle ein. Die erforderliche Anzahl der betrieblich verantwortlichen Personen ergibt sich aus der Organisationsstruktur und Aufgabenverteilung im Fachbetrieb.

Zusammenfassend wird der Fachbetrieb als zu zertifizierende Einheit unter Berücksichtigung der gegebenen Organisation und der Möglichkeiten im Unternehmen abgegrenzt. Die abschließende Festlegung treffen üblicherweise die Unternehmen im Einvernehmen mit dem Sachverständigen bzw. dem Fachprüfer bei der erstmaligen Überwachung.

Neben der Frage des abzugrenzenden Fachbetriebs wird bei der erstmaligen Überwachung auch die erforderliche Beschreibung des Tätigkeitsbereichs als Fachbetrieb festgelegt. Nach § 62 Abs. 1 AwSV wird zwar von der Beschränkung der Tätigkeiten als „Kann"-Bestimmung gesprochen, im Grunde handelt es sich hier aber um ein klares „Muss". Denn wenn der Tätigkeitsbereich z. B. nur durch den Begriff *Anlagenbau* beschrieben wird, so müsste der Betrieb alle Qualifikationen und Ausrüstungen vorweisen, um wenigstens Beton, Stahl und Kunststoff zu verarbeiten und auch noch Elektroarbeiten ausführen zu können. Richtig wird der zertifizierte Tätigkeitsbereich durch ausführlichere ergänzende textliche Beschreibungen im Zertifikat differenziert, wie z. B. Errichten von Dichtkonstruktionen aus Stahlbeton, Aufstellen von Lagerbehältern, Errichten von metallischen Rohrleitungen (ohne/mit Schweißverbindungen) etc.

Möchte ein Unternehmen sich also neu als Fachbetrieb nach WHG zertifizieren lassen, ist es erforderlich, im Vorfeld der erstmaligen Überwachungsprüfung die eigene Organisationsstruktur abzubilden und ggf. so neu auszurichten, dass eine eindeutige Einheit als Fachbetrieb nach WHG zu erkennen ist. Für diese Einheit sind dann nicht nur Verantwortlichkeiten und Zuständigkeiten des Personals zu beschreiben, sondern es sind auch die Tätigkeiten zu benennen, für welche die Fachbetriebseigenschaft angestrebt wird.

Zudem befristet § 62 Abs. 1 die Zertifizierung auf zwei Jahre. Damit wird gleichzeitig der maximale Überwachungsturnus durch die Sachverständigenorganisation bzw. die Güte- und Überwachungsgemeinschaft festgelegt. Eine Verkürzung des Überwachungsturnus auf weniger als zwei Jahre wird gelegentlich von den Überwachungsorganisationen als Steuerungsinstrument eingesetzt, um die Umsetzung von Maßnahmen zur Mängelbeseitigung innerhalb des Fachbetriebs (z. B. Durchführung von erforderlichen Schulungsmaßnahmen) zu unterstützen.

Mit der oben genannten notwendigen Abgrenzung des Betriebs und der genauen Beschreibung des gewünschten Tätigkeitsbereichs lassen sich auch die Regelungen des § 62 Abs. 2 aus der AwSV besser umsetzen. Danach werden zuerst verfügbare Geräte und Ausrüstungsteile gefordert, die nötig sind, um den Besorgnisgrundsatz nach § 62 Abs. 1 WHG und die Anforderungen der AwSV unter Anwendung der allgemein anerkannten Regeln der Technik (nach § 62 Abs. 2 WHG) zu erfüllen. Die bloße Verfügbarkeit von Geräten und Ausrüstung stellt durch in den letzten Jahren einfach gewordenen Zugang zu professionellen Werkzeugverleihern heutzutage in der Regel kein größeres Problem mehr dar, sodass die reinen Produktionswerkzeuge bei der Überwachung für den Gewässerschutz nur noch eine eher untergeordnete Rolle spielen. Wichtiger sind in diesem Punkt für den Überwacher nach AwSV die Prüfmittel und die erforderlichen Schutzausstattungen. Die Bestimmungen der Güte- und Überwachungsgemeinschaften sehen da natürlich noch andere, branchenspezifische Vorgaben vor, die in den Betrachtungen hier allerdings unberücksichtigt bleiben.

Was die Prüfmittel anbelangt, so genügt es nicht, dass der Fachbetrieb eine Auswahl vorrätig hält; vielmehr ist auf eine aktuelle Kalibration und die entsprechende Unterweisung des Personal im Einsatz der Prüfmittel zu achten. Als Beispiele seien hier Manometer und Absperrstopfen oder -blasen für den Rohrleitungsbau genannt, Haftzugprüfgeräte, Thermometer und Feuchtemesser für die Ausführung von Beschichtungsarbeiten oder auch das Grenzwertgeberprüfgerät für die Installation von Heizölverbraucheranlagen.

Bezüglich der Schutzausstattungen gehen die Erfordernisse regelmäßig über die klassische persönliche Schutzausrüstung hinaus. Auch hier ist die Bandbreite in Abhängigkeit der Tätigkeitsbereiche breit gefächert. Insbesondere gilt dies für Fachbetriebe, die im Innern von metallischen Behältern arbeiten, und in besonderem Maße auch für Tätigkeiten in Anlagen mit Explosionsschutzanforderungen. Als Beispiele für erforderliche Schutzausstattungen seien an dieser Stelle Belüftungsgeräte und schwerer Atemschutz, Trenntransformatoren und Geräte mit Schutzkleinspannung oder auch Sauerstoffmessgeräte genannt.

§ 62 Abs. 2 S. 1 Nr. 4 verlangt die Schaffung von Arbeitsbedingungen, die eine ordnungsgemäße Ausführung der Tätigkeiten gewährleisten. Dies erfordert die Aufstellung von Arbeits- und Betriebsanweisungen und entsprechend regelmäßige Unterweisungen des Personals, was beides zu den klassischen Aufgaben der betrieblich verantwortlichen Person im Fachbetrieb gehört. Die Beschreibung des erforderlichen Betriebsinventars in Form von Geräte- und Ausrüstungslisten folgt aus der Betrachtung der Arbeitsabläufe. Die verfügbaren Musterlisten der Überwachungsorganisationen für ausgewählte Tätigkeiten sind dabei nur eine kleine Hilfestellung. Die eigentliche und vertiefte Auseinandersetzung mit dem Tätigkeitsfeld des Fachbetriebs nach WHG liegt in der Arbeitsvorbereitung. Deshalb müssen im Zuge der Überwachungsprüfung vom Fachbetrieb auch dem Tätigkeitsbereich entsprechende Arbeits- und Betriebsanweisungen vorgewiesen werden können. In diesem Zusammenhang sei noch erwähnt, dass dem Fachbetrieb auch die allgemein anerkannten Regeln der Technik (siehe Kap. 7) zur Verfügung stehen müssen, die für seinen Tätigkeitsbereich einschlägig sind.

Zusammenfassend müssen Kandidaten zum Fachbetrieb nach WHG anhand der zuerst festgelegten Tätigkeitsbeschreibungen zugehörige Betriebs- und Arbeitsanweisungen für die auszuführenden Arbeiten unter Berücksichtigung der allgemein anerkannten Regeln der Technik (das sind insbesondere die einschlägigen TRwS der DWA) aufstellen, aus denen sich die erforderlichen Geräte und Ausrüstungsteile ergeben. Auf dieser Basis ist dann für die jeweilige Betriebsstätte zu zeigen, dass diese Ausstattung verfügbar und einsatzfähig ist.

Doch da ohne qualifiziertes Bedienpersonal auch die beste Ausrüstung nutzlos ist. bleiben für die Zertifizierung als Fachbetrieb nach WHG noch die Anforderungen nach § 62 Abs. S. 1 Nr. 2 und 3 zum eingesetzten Personal und ganz besonders zur betrieblich verantwortlichen Person zu betrachten.

Vom eingesetzten Personal sind für den zertifizierten Tätigkeitsbereich erforderliche Fachkenntnisse und Fähigkeiten nachzuweisen, was nicht ausschließt, dass auch im Fachbetrieb angelernte Hilfskräfte beschäftigt werden dürfen. Denn auch wenn eine abgeschlossene einschlägige Berufsausbildung in der Regel der einfachste Qualifikationsnachweis ist, so geht es im Hinblick auf die Qualität der Arbeit doch um die ganz spezifischen handwerklichen Kenntnisse, wie sie z. B. über eine Zertifizierung nach DIN EN 1090 für den metallverarbeitenden Bereich nachgewiesen werden. Dies gilt dann auch erst recht für solche fachbetriebspflichtigen Tätigkeiten, für die es keine anerkannten Ausbildungen gibt, etwa in den Bereichen Reinigen, Beschichten und Verfugen. In diesen Fällen kommt besonders die andere zu beachtende Vorgabe zum Tragen, nämlich der Nachweis von Schulungen und Unterweisungen durch die Hersteller der eingesetzten Maschinen bzw. der zu verarbeitenden Produkte.

Als Letztes bleiben noch die persönlich zu erfüllenden Voraussetzungen für die Benennung als betrieblich verantwortliche Person (bvP) nach § 62 Abs. 2 S. 1 Nr. 3 zu erläutern. Die Aufgaben der bvP werden unten noch separat beschrieben.

Zunächst muss die bvP eine berufliche Qualifikation als Meister oder Ingenieur oder einen anderen gleichwertigen Abschluss in einer für den Tätigkeitsbereich einschlägigen Fachrichtung nachweisen. Allerdings gibt es gerade für manche Tätigkeitsbereiche im anlagenbezogenen Gewässerschutz keine anerkannten Ausbildungswege (z. B. bei Reinigern). Für den Überwacher muss dann bei der Beurteilung des jeweiligen Einzelfalls erkennbar sein, dass die bvP einen geordneten Arbeitsablauf sicherstellen kann, dass die Arbeitsvorbereitung im Fachbetrieb gut organisiert ist und dass das erforderliche Personal die notwendige Führung erfährt, um am Ende die gewünschten Arbeitsergebnisse in der erforderlichen Qualität zu erhalten.

Vor diesem Hintergrund erklärt sich dann auch die nächste Anforderung beinahe von selbst: Die bvP muss eine mindestens zweijährige Praxis im zu zertifizierenden Tätigkeitsbereich des Fachbetriebs vorweisen können. Dann können auch bisher unbekannte Sachverhalte und Aufgaben vom betrieblich Verantwortlichen im Sinne des Gewässerschutzes beurteilt werden.

Schließlich wird von der bvP der Nachweis von Kenntnissen nach dem Katalog von § 62 Abs. 2 S. 2 gefordert. Damit wird dann auch die Brücke zu den gemeinsamen Pflichten der Sachverständigenorganisationen und der Güte- und Überwachungsgemeinschaften nach § 61 Abs. 2 geschlagen, die nämlich genau die Schulungen anbieten müssen, in denen zukünftige betrieblich verantwortliche Personen die geforderten Kenntnisse über den anlagenbezogenen Gewässerschutz und benachbarte Rechtsbereiche erlangen können. Nach LAWA-Merkblatt wird auch mit der AwSV die bewährte Lehrgangsstruktur des WHG-Grundkurses als Basisausbildung beibehalten, unabhängig vom Tätigkeitsbereich und weiterer fachspezifischer Kurse, die dann speziell auf eine jeweilige Auswahl von Tätigkeitsbereichen der Fachbetriebe ausgerichtet sind. Gegebenenfalls werden dazu noch weitere Kurse, z. B. zu Fragen der Arbeitssicherheit, erforderlich. Dabei kann es durchaus erforderlich sein, dass in einem Fachbetrieb verschiedene fachspezifische Kurse zu absolvieren sind, und zwar dann, wenn unterschiedliche Tätigkeiten ausgeführt werden sollen. Daher kann es für einen Betrieb sinnvoll sein, mehrere Personen auszubilden und als bvP zu benennen. Denn es ist nicht praktikabel, dass sich z. B. ein Elektriker neben den geforderten speziellen Kenntnissen zur MSR-Technik auch noch Kenntnisse in der Schweißtechnik aneignet, wenn der Fachbetrieb nach WHG einen breiteren Tätigkeitsbereich abdecken möchte. Zu beachten ist für solche Konstellationen, dass alle bvP den Grundkurs absolvieren müssen, die fachspezifischen Kurse dann nach dem jeweiligen Aufgabengebiet der Personen verteilt werden können.

Zusammenfassend lässt sich festhalten, dass für das Personal im Fachbetrieb nach WHG eine solide Ausbildung und Erfahrung hinsichtlich der zu zertifizierenden Tätigkeiten gefordert werden. Für Kandidaten zum Fachbetrieb ist es daher regelmäßig sinnvoll, für den jeweiligen Tätigkeitsbereich die einzelnen Personen und sich selbst als Organisation zunächst nach handwerklich oder baurechtlich einschlägigen Richtlinien und Normen aktuell zertifizieren zu lassen (z. B. Schweißer-Prüfungen und ein Zertifikat nach DIN EN 1090). Die Überwachungsorganisation des Fachbetriebs zieht diese Nachweise dann für ihre Beurteilung heran. Weiter ist zu überlegen, welche Personen aufgrund ihrer Ausbildung (Meister etc.), Erfahrung (mindestens 2 Jahre im zu zertifizierenden Tätigkeitsbereich) und Stellung in der Organisation als betrieblich verantwortliche Personen im Fachbetrieb nach WHG eingesetzt werden können (siehe dazu auch 6.2.2).

Nachdem nun die Inhalte der Absätze 1 und 2 des § 62 erläutert wurden, wenden wir uns noch kurz dem § 61 Abs. 1 S. 2 zu, in dem geregelt wird, welche Kontrollen im Einzelnen vom Überwacher des Fachbetriebs durchzuführen sind. Hier wird als Erstes noch vor der Kontrolle der erforderlichen Aus- und Weiterbildung des Personals und der Ausstattung des Fachbetriebs die Kontrolle der Ergebnisse und der Qualität von praktischen Tätigkeiten des Fachbetriebs durch den Überwacher genannt. Das bedeutet, dass regelmäßig auch ein Baustellenbesuch Teil des Überwachungsaudits sein muss. Bei wiederkehrenden Überwachungsaudits können bei unverändertem Tätigkeitsbereich alternativ Prüfberichte über die Sachverständigenprüfung von Anlagen vorgelegt werden, in denen zusätzlich (!) zu den regulären Prüfberichtsaussagen zum Zustand der Anlage auch die mängelfreie Arbeit des Fachbetriebs bestätigt wird.

Zum Abschluss des Zertifizierungsprozesses nach nationalen Regelungen stellt sich für den Überwacher also die Frage, ob die Anforderungen vom Fachbetrieb in der Gesamtheit ausreichend erfüllt sind. Wenn dem so ist, stellt die Überwachungsorganisation eine entsprechende Urkunde über die erfolgreiche Zertifizierung aus. Die notwendigen Angaben auf diesem Zertifikat werden in § 62 Abs. 3 aufgezählt. Neben den Namen und Anschriften des Fachbetriebs und der Überwachungsorganisation sind hiernach die zertifizierten Tätigkeitsbereiche zu beschreiben und die Geltungsdauer des Zertifikats anzugeben. Mit den Vorgaben des LAWA-Merkblatts an die Sachverständigenorganisationen bzw. an die Güte- und Überwachungsgemeinschaften wird noch ergänzt, dass neben der Rechtsgrundlage § 62 AwSV der zertifizierte Tätigkeitsbereich auch hinsichtlich der Anlagenarten und der Medien in den Anlagen einzugrenzen ist. Üblicherweise wird hier bezüglich der Anlagenarten wenigstens nach den beiden großen Gruppen LAU- und HBV-Anlagen (siehe Kap. 5) unterschieden.

Hinsichtlich der Angabe von Betriebsmedien in den Anlagen wurde nach VAwS noch die Tradition des „EX-Schutz-Fachbetriebs" gemäß der Verordnung brennbarer Flüssigkeiten (VbF) bzw. der Technischen Regeln brennbarer Flüssigkeiten (TRbF) gepflegt und fortgeführt. Tatsächlich ging die Idee der Überwachung und Zertifizierung von Fachbetrieben für einen bestimmten Rechtsbereich ja auch auf die TRbF zurück. Durch die zwischen Behörden und Überwachungsorganisationen geführten Diskussionen zur Umstellung auf die AwSV ist aber deutlich geworden, dass auf der einen Seite unklar und unbestimmt ist, was denn genau die wasserrechtlichen Anforderungen an einen Fachbetrieb nach WHG sein sollen, die eine Zertifizierung für die Mediengruppe mit Neigung zur Bildung von gefährlicher explosionsfähiger Atmosphäre erlauben, auf der anderen Seite stellte sich die Frage, warum denn andere Gefahrstoffeigenschaften wie z. B. Giftigkeit nicht ebenfalls gesondert ausgewiesen werden. Von daher ist davon auszugehen, dass in den ersten Jahren nach Einführung der AwSV bei der Zertifizierung von Fachbetrieben nach WHG die gesonderte Nennung von Medien mit EX-Gefahr aus den Fachbetriebszertifikaten verschwinden wird. Unbenommen der wasserrechtlichen Regelungen muss natürlich die nach Betriebssicherheitsverordnung (BetrSichV) erforderliche Explosionssicherheit gewährleistet sein. Über die Gefährdungsbeurteilungen bzw. Explosionsschutzdokumente sind die notwendigen Anforderungen hinsichtlich Qualifikation, Organisation, Ausrüstung und Arbeitsweise für die Ausführung von Tätigkeiten zu regeln, auch wenn sie vom Fachbetrieb nach WHG auszuführen sind. Gewässerschutz und Explosionssicherheit sind also Anforderungen, die rechtlich nebeneinanderstehen. Das Zertifikat des Fachbetriebs nach WHG kann nicht als Nachweis über mögliche Befähigungen nach BetrSichV dienen.

Eine Firma, die sich jetzt als Fachbetrieb nach WHG zertifizieren lassen und gleichzeitig auch an Anlagen mit Explosionsgefahren arbeiten möchte, muss sich unabhängig von den wasserrechtlichen Anforderungen auch mit der BetrSichV auseinandersetzen, sodass zum einen die eigenen Gefährdungsbeurteilungen auch den Aspekt Explosionsgefahren abbilden, zum anderen die Zusammenarbeit mit dem Betreiberpersonal und ggf. anderen Fachfirmen auch in Sachen Arbeitsschutz gem. § 13 BetrSichV abgestimmt erfolgen kann. Für etwaige Tätigkeiten bzw. Dienstleistungen als „zur Prüfung befähigte Person" nach BetrSichV sind die notwendigen Anforderungen dort geregelt (siehe § 2 Abs. 6 BetrSichV und Anhang 2).

Am Ende des § 62 wird in Abs. 4 schließlich noch eine Gleichwertigkeitsklausel für vergleichbare Qualifikationen nach europäischem Recht eingeführt. Inwieweit ein ausländischer Betrieb allerdings die erforderlichen Kenntnisse über den Besorgnisgrundsatz nach § 62 WHG und die weiteren daraus abgeleiteten rein nationalen Regelungen des anlagenbezogenen Gewässerschutzes wird nachweisen können, bleibt im Einzelfall noch zu zeigen. In diesem Fall sollten sich sinnvollerweise Betreiber, Sachverständige und zuständige Behörde im Vorfeld der Ausführung der fachbetriebspflichtigen Tätigkeiten abstimmen, ob die Gleichwertigkeit der Qualifikation des ausländischen Betriebs tatsächlich gegeben ist oder ob für die Ausführung noch Auflagen zu erfüllen sind.

6.2.2 Die betrieblich verantwortliche Person

Losgelöst von der Struktur der AwSV sind an dieser Stelle ein paar Worte zur betrieblich verantwortlichen Person (bvP) angebracht. Denn gerade die Aufgaben der bvP sind nur im LAWA-Merkblatt über die Anerkennung von Sachverständigenorganisationen und von Güte- und Überwachungsgemeinschaften beschrieben. Ebenfalls zur Klarstellung möge hier der Hinweis dienen, dass die bvP im Fachbetrieb nach WHG von der Sache her nichts mit dem Gewässerschutzbeauftragten nach Abschnitt 4 WHG zu tun hat. Der Bereich Abwasser und damit der Gewässerschutzbeauftragte sind getrennt vom Bereich Anlagen zum Umgang mit wassergefährdenden Stoffen geregelt. Gleichwohl mag es Fachbetriebe geben, in denen eine Person beide Rollen ausfüllt.

Um als bvP im Fachbetrieb tätig zu werden, bedarf es zunächst einer schriftlichen Beauftragung der Person mit dieser Aufgabe. Die ses Erfordernis ergibt sich aus dem LAWA-Anerkennungsmerkblatt und ist notwendig, um zunächst gegenüber der Überwachungsorganisation die bvP eindeutig zu identifizieren. Zum anderen – und darin liegt auch die größere Bedeutung der Beauftragung – geht es darum, dem Personal und auch der bvP selbst deutlich zu kommunizieren, dass hier eine Verpflichtung zur Wahrnehmung wasserrechtlich erforderlicher Aufgaben verbunden mit einer fachlichen Weisungsbefugnis, falls diese nicht schon wegen der disziplinarischen Ordnung im Fachbetrieb vorliegt, übertragen wurde. Für das Unternehmen ganz praktisch und relativ einfach lassen sich so z. B. auch Mitarbeiter von Stabsstellen als bvP beauftragen. Es empfehlen sich für diese Aufgabe üblicherweise Bauleiter, Poliere oder Vorarbeiter. Nach AwSV bzw. LAWA-Merkblatt ist keine Form für die Beauftragung vorgegeben.

Worauf erstrecken sich nun die Aufgaben dieser Person? Zunächst einmal muss sie in der Lage sein, die Relevanz der konkreten Tätigkeiten für die Sicherheit der Anlage im Sinne des Gewässerschutzes und die notwendigen Anforderungen der §§ 62 und 63 WHG sowie der AwSV zu erkennen.

Dann hat sie sicherzustellen, dass nur Personen eingesetzt werden, die aufgrund ihrer fachlichen Ausbildung, ihrer Spezialkenntnisse und entsprechenden Fähigkeiten sowie Erfahrung mit den konkreten Tätigkeiten geeignet sind, die übertragenen Arbeiten ordnungsgemäß durchzuführen und die erforderliche Sorgfalt, insbesondere gem. § 5 WHG, walten zu lassen.

Sie ist für die Erstellung der erforderlichen schriftlichen Arbeitsanweisungen verantwortlich, wenigstens soweit es den Gewässerschutz betrifft. In diesem Zusammenhang gehört auch die regelmäßige und sachgerechte Unterweisung zu den Aufgaben der bvP; außerdem hat sie, wie im folgenden Abschnitt noch gezeigt wird, für die Teilnahme des eingesetzten Personal an Fortbildungsveranstaltungen Sorge zu tragen.

Weiterhin muss die bvP auch die Verfügbarkeit der erforderlichen Geräte, Hilfsmittel und Ausrüstungen sowie deren sachgemäße Verwendung gewährleisten. Und schließlich hat sie noch sicherzustellen, dass die im Betrieb verfügbaren anzuwendenden Regelwerke und Vorschriften sowie die erforderlichen bauaufsichtlichen Verwendbarkeitsnachweise der verwendeten Bauprodukte, Bauarten oder Bausätze aktuell und für die Mitarbeiter, die hierauf Zugriff benötigen, zugänglich sind.

Insgesamt ist die Rolle der bvP im Fachbetrieb nach WHG keine triviale Aufgabe. Sie erfordert ein hohes Maß an Verantwortung und vor allem auch Interesse und Aufmerksamkeit für die ständigen Weiterentwicklungen im anlagenbezogenen Gewässerschutz. Von daher ist die bvP auch Ansprechpartner für den Sachverständigen oder Fachprüfer bei der regelmäßigen Überwachung des Fachbetriebs. Denn ein guter Sachverständiger bzw. Fachprüfer prüft nicht nur den Fachbetrieb, sondern sorgt auch dafür, dass neue Erkenntnisse und Entwicklungen den Fachbetrieb über die bvP erreichen.

Abschließend ist noch festzuhalten, dass die Geschäftsführung die notwendigen Mittel und Freiräume zur Verfügung stellen muss, damit die bvP alle ihre Aufgaben erfüllen kann.

6.2.3 Pflichten der Fachbetriebe

§ 63 AwSV beschreibt die Pflichten des Fachbetriebs nach WHG. Adressat dieser Pflichten ist formal die Geschäftsführung, praktisch ist jedoch die betrieblich verantwortliche Person (bvP) angesprochen, deren Aufgabe es, wie oben gezeigt, ist, dafür zu sorgen, dass diese Pflichten auch im betrieblichen Alltag umgesetzt werden.

Nach § 63 Abs. 1 wird im Fachbetrieb eine gegenüber den bisherigen Regelungen nach VAwS neue Anforderung formuliert. Danach genügt es nicht mehr, dass die bvP zu Beginn zwei WHG-Seminare besucht und danach ohne Weiterbildung auskommt. Jetzt wird wenigstens alle 2 Jahre der Besuch einer Schulung durch die Sachverständigenorganisationen bzw. über die Güte- und Überwachungsgemeinschaften auf dem bekannten Niveau der WHG-Seminare gefordert. Inwieweit andere Veranstaltungen als gleichwertig gelten können, ist am besten mit dem Überwacher direkt zu klären; hierfür gibt keine klaren Vorgaben.

§ 63 Abs. 1 fordert eine regelmäßige Fortbildung auch für das im Tätigkeitsbereich eingesetzte Personal. Vom Niveau her sollen diese Veranstaltungen zwar an die WHG-Seminare für die bvP heranreichen, allerdings ist hier mit einem stärkeren Bezug der Schulungsinhalte zu den praktischen Tätigkeiten zu rechnen. Die tatsächlichen Anforderungen hinsichtlich Inhalten, Dauer und Turnus der Schulungsmaßnahmen sollten wieder individuell mit dem Überwacher für den einzelnen Fachbetrieb festgelegt werden. Die Durchführung notwendiger Schulungsmaßnahmen ist anhand eines Verzeichnisses des eingesetzten Personals zu planen und zu dokumentieren.

Auch die Aufgabe nach § 63 Abs. 2, die Überwachungsorganisation über Änderungen der Organisationsstruktur des Fachbetriebs unverzüglich zu informieren, wird in der Regel die bvP wahrnehmen, stellt sie in der Firma doch üblicherweise das Bindeglied zur Überwachungsorganisation dar. Für die Zertifizierung können auch organisatorische Änderungen relevant werden, wenn z. B. formal eine weitere Betriebsstätte entsteht oder die Beauftragung der bvP anzupassen ist. In diesem Zusammenhang sei auch hervorgehoben, dass natürlich auch Änderungen des Tätigkeitsbereichs für eine Anpassung der Zertifizierung mit der Überwachungsorganisation abzustimmen sind. Gegebenenfalls wird dazu die Durchführung einer Sonderüberwachung erforderlich, was immer im Einzelfall zu entscheiden sein wird. Schließlich sei an dieser Stelle noch ganz besonders darauf hingewiesen, dass auch das Ausscheiden der bvP aus dem Fachbetrieb der Überwachungsorganisation unbedingt und unverzüglich mitzuteilen ist. Schließlich muss die Beauftragung einer neuen bvP wegen der vom Kandidaten zu erfüllenden Anforderungen auch die Zustimmung der Überwachungsorganisation finden und dokumentiert werden.

§ 63 Abs. 3 regelt, welche unmittelbaren Konsequenzen der Entzug der Zertifizierung als Fachbetrieb hat. Rechtlich gesehen muss das Zurückziehen der Urkunde immer durch die Überwachungsorganisation erfolgen. Die Aufsichtsbehörden haben hier keinen direkten Zugriff auf das Unternehmen. Von daher muss gerade auch der Vorgang des Zurückziehens einer Zertifizierungsurkunde im Zertifizierungsvertrag zwischen Fachbetrieb und Überwachungsorganisation geregelt sein. Die Zertifizierungsurkunde ist vom Fachbetrieb nach entsprechender Aufforderung unverzüglich an die Überwachungsorganisation zurückzugeben.

Mögliche Gründe für den Entzug der Zertifizierung sind in § 61 Abs. 4 aufgezählt. An erster Stelle steht die wiederholt fehlerhafte Ausführung fachbetriebspflichtiger Tätigkeiten. Natürlich wird es im Bestreben jeder Überwachungsorganisation liegen, ihre Fachbetriebe so zu unterstützen, dass sich eventuell doch einmal festgestellte Fehler in der Ausführung fachbetriebspflichtiger Tätigkeiten nicht wiederholen. Erst wenn sich im Fachbetrieb aufgrund anhaltend fehlender Kompetenz, Organisation oder womöglich auch wegen fehlender Einsicht Fehler wiederholen, wird die Überwachungsorganisation die Zertifizierungsurkunde einziehen und den Zertifizierungsvertrag kündigen müssen. Als zweiten Sachverhalt, der zum Entzug der Fachbetriebseigenschaft führt, wird in § 61 Abs. 4 klar Bezug sowohl auf die zu erfüllenden Anforderungen des § 62 Abs. 2 an die Ausstattung, das Personal inklusive der betrieblich verantwortlichen Person und die Arbeitsbedingungen genommen als auch auf die Verpflichtung zur Weiterbildung nach § 63 Abs. 1. Darüber hinaus führt auch die fehlende Mitteilung über Änderungen der Organisationsstruktur des Fachbetriebs zum Entzug der Fachbetriebseigenschaft. In diesen Fällen geht es nicht um einen kurzfristigen Aus- oder Wegfall innerhalb des Fachbetriebs, sondern um die zu erwartende dauerhafte Abweichung gegenüber den Anforderungen der AwSV. Für kurzzeitige Abweichungen können in der Regel in Abstimmung mit der Überwachungsorganisation kompensierende Maßnahmen festgelegt werden, um den geforderten Zustand im Fachbetrieb wieder geordnet herstellen zu können.

6.2.4 Nachweis der Fachbetriebseigenschaft

Mit § 64 wird die Verbindung sowohl zu § 45 als auch zum § 61 Abs. 3 hergestellt. Denn da der Betreiber einer Anlage in der Pflicht steht, bestimmte Tätigkeiten vom Fachbetrieb nach WHG ausführen zu lassen, muss er auch die Möglichkeit haben, einen entsprechenden Nachweis von Anbietern einzufordern. Mit der Regelung des § 64 wird jetzt sogar eine Bringschuld des Fachbetriebs eingerichtet, wenn fachbetriebspflichtige Tätigkeiten zur Ausführung kommen sollen. Denn der Fachbetrieb muss dem Betreiber in diesem Fall sein Fachbetriebszertifikat unaufgefordert vorlegen.

Interessant ist an dieser Stelle die deutliche Formulierung des Gesetzgebers, dass die Zertifizierungsurkunde bzw. eine beglaubigte Kopie vorzulegen ist. In diesem Kontext steht auch die Verpflichtung der Überwachungsorganisationen nach § 61 Abs. 3, überwachte Fachbetriebe mit ihren Tätigkeitsbereichen im Internet bekanntzugeben. Hiermit steht den Auftraggebern dann eine einfache Möglichkeit zur Verfügung, sich von der Echtheit und Gültigkeit vorgelegter Zertifikate über den Fachbetrieb nach § 62 AwSV zu überzeugen. Bei der Auswahl möglicher Anbieter für geplante Maßnahmen werden diese Internetangebote jedoch nur beschränkt nutzbar sein, da es kein gemeinsames Portal der Überwachungsorganisationen gibt. Eine einigermaßen große Auswahl an Fachbetrieben unabhängig von der Branche wird es also nur über die Internetportale der großen Sachverständigenorganisationen geben.

Abschließend zu den Abschnitten über den Fachbetrieb nach § 62 AwSV sei nochmal an die Ausführungen zu Beginn des Kapitels über den Mangel an qualifizierten Fachplanern angeknüpft. Momentan ist jeder Betreiber, der Arbeiten an Anlagen zum Umgang mit wassergefährdenden Stoffen ausführen lassen möchte, gut beraten, sich schon in der Planungsphase sowohl mit dem zuständigen Sachverständigen als auch mit den Fachbetrieben für die Tätigkeiten Errichten, Von-innen-Reinigen, Instandsetzen und Stilllegen abzustimmen, um für seine Anlage eine rechtskonforme Ausführung sicherzustellen.

Kapitel 7: Ermächtigungsgrundlagen der Behörde, bestehende Anlagen, Übergangsvorschriften (§§ 16, 66–72 AwSV)

Autor: Holger Stürmer

Für den Vollzug der anlagenbezogenen Anforderungen des vorbeugenden Gewässerschutzes sind in den Bundesländern die Wasserbehörden zuständig. Der Verwaltungsaufbau der Wasserbehörden kann je nach Größe des Bundeslandes zwei- oder dreistufig sein. Man unterscheidet jeweils

– oberste Wasserbehörden (zuständige Ministerien),

– obere Wasserbehörden (Regierungspräsidien) und

– untere Wasserbehörden (Landkreise, kreisfreie Städte).

Welche Behörde konkret für eine Anlage zuständig ist, richtet sich nach den jeweiligen Zuständigkeitsverordnungen der Länder. Danach sind untere oder obere Wasserbehörden als Sonderordnungsbehörden für die Genehmigung und Überwachung der anlagenbezogenen wasserrechtlichen Anforderungen verantwortlich.

Die Ermächtigung für die Überwachung von Anlagen zum Umgang mit wassergefährdenden Stoffen ergibt sich aus § 100 des Wasserhaushaltsgesetzes (WHG). Zu den dort formulierten Aufgaben der behördlichen Gewässeraufsicht gehört es, die Gewässer sowie die Erfüllung der öffentlich-rechtlichen Verpflichtungen zu überwachen, die nach oder aufgrund von Vorschriften des WHG, nach den darauf gestützten Rechtverordnungen (wie der AwSV) oder nach landesrechtlichen Vorschriften bestehen.

Die zuständige Behörde ordnet dabei nach pflichtgemäßem Ermessen die Maßnahmen an, die im Einzelfall notwendig sind, um Beeinträchtigungen des Wasserhaushalts zu vermeiden oder zu beseitigen.

7.1 Besondere Ermächtigungen der AwSV – Abweichungen (§ 16)

Über die oben genannte allgemeine Ermächtigung der Wasserbehörden für die Anordnung von Maßnahmen zur Vermeidung von Beeinträchtigungen des Wasserhaushalts hinaus enthält die AwSV zusätzliche Regelungen, die sowohl die Verschärfung von Anforderungen an die Anlagen (§ 16 Abs. 1) als auch Ausnahmen davon zulässt, sofern dem wasserrechtlichen Besorgnisgrundsatz oder dem Gebot des bestmöglichen Schutzes auf andere Weise Rechnung getragen wird (§ 16 Abs. 3).

Letztgenannte Regelung ist in den meisten Bundesländern ein Novum. Bislang hatten 11 von 16 Bundesländern lediglich die Verschärfung bzw. die Formulierung von weitergehenden Anforderungen normiert. Diese waren an die besonderen Umstände des Einzelfalls geknüpft und konnten angeordnet werden, wenn trotz der Einhaltung der anlagenbezogenen Anforderungen dennoch die Besorgnis einer Gewässergefährdung existierte bzw. der bestmögliche Schutz nicht eingehalten werden konnte. Ob und in welchem Umfang weitergehende Anforderungen zu stellen waren, hatte die zuständige Behörde dann jeweils nach pflichtgemäßem Ermessen zu entscheiden.

Die AwSV nimmt nun in § 16 Abs. 3 die bisherige Regelung aus Baden-Württemberg[137], Bayern[138], Hessen[139], Sachsen-Anhalt[140] und Sachsen[141] auf, wonach die Wasserbehörde auch Ausnahmen von den Anforderungen der Anlagenverordnung (Kap. 3) zulassen kann, wenn aufgrund der besonderen Umstände des Einzelfalls der Besorgnisgrundsatz oder der bestmögliche Schutz auch erfüllt sind, obwohl die Anforderungen der Verordnung nicht eingehalten werden.

Denkbar wäre dies ausweislich der amtlichen Begründung[142] zur AwSV z. B. dort, wo das Grundwasser etwa durch mächtige Deckschichten wie Tone und während der gesamten Betriebsdauer besonders geschützt ist. Unter dieser Bedingung wäre z. B. eine Reduzierung der Anforderungen an die Befestigung der Lager- oder Abfüllflächen denkbar.

Dass diese Ausnahme im angeführten Beispiel ausgerechnet auf die neue Kategorie der allgemein wassergefährdenden festen Stoffe wie Bauschutt oder verunreinigten Erdaushub angewendet werden könnte, verdeutlicht jedoch, dass es sich hier auch

---

137 § 7 – Weitergehende Anforderungen, Ausnahmen, Verordnung des Umweltministeriums über Anlagen zum Umgang mit wassergefährdenden Stoffen und über Fachbetriebe (Anlagenverordnung wassergefährdenden Stoffe – VAwS)* vom 11.02.1994 (GBl. S. 182) zuletzt geändert durch Artikel 141 der Verordnung vom 25.01.2012 (GBl. Nr. 3, S. 65), in Kraft getreten am 28.02.2012.

138 § 7 – Weitergehende Anforderungen, Ausnahmen, Verordnung über Anlagen zum Umgang mit wassergefährdenden Stoffen und über Fachbetriebe (Anlagenverordnung – VAwS), GVBl Nr. 2/2006, S. 63 mit den Änderungen im GVBl. Nr. 4/2008, S. 65, Nr. 22/2008, S. 830, Nr. 24/2009, S. 621 und Nr. 14/2014, S. 286.

139 § 7 – Weitergehende Anforderungen, Ausnahmen, Verordnung über Anlagen zum Umgang mit wassergefährdenden Stoffen und über Fachbetriebe (Anlagenverordnung – VAwS) vom 16.09.1993, zuletzt geändert durch Verordnung vom 24.10.2011 (GVBl. I S. 689).

140 § 7 – Weitergehende Anforderungen, Ausnahmen, Verordnung über Anlagen zum Umgang mit wassergefährdenden Stoffen (VAwS) des Landes Sachsen-Anhalt vom 28.03.2006, zuletzt geändert durch Verordnung vom 05.12.2011 (GVBl. LSA S. 819), ber. 24.01.2012 (GVBl. LSA S. 40).

141 § 7 – Ausnahmen, Verordnung des Sächsischen Staatsministeriums für Umwelt und Landwirtschaft über Anlagen zum Umgang mit wassergefährdenden Stoffen (Sächsische Anlagenverordnung – SächsVAwS) vom 1804.2000 (Sächs GVBl. S. 223), zuletzt geändert durch Art. 13 des Gesetzes vom 12.07.2013 (SächsGVBl. S. 503).

142 Bundesratsdrucksache 144/16 vom 18.03.2017, S. 148 2. Absatz, zu § 16 (Behördliche Anordnungen).

zukünftig um eine eher seltene Fallgestaltung handeln dürfte. Es ist schwer vorstellbar, dass eine Wasserbehörde – ohne besondere Not – Ausnahmen von den allgemein anerkannten Regeln der Technik zulassen wird, die in einem etwaigen Schadensfall auch gegen sie verwendet werden könnten. Insbesondere das in der amtlichen Begründung beschriebene Ausnahmeszenario, in dem „mächtige, das Grundwasser schützende Deckschichten" als potenzielle Rückhaltung gewertet und dadurch Anforderungen an die Befestigung der Lagerflächen reduziert werden könnten, dürfte bei Wasser- und Bodenschutzbehörden eher auf grundsätzliche Ablehnung stoßen – ganz davon abgesehen, dass es impraktikabel erscheint, die Dichtheit von Bodenschichten nachzuweisen und dauerhaft, d. h. „während der gesamten Betriebsdauer der Anlage" sicherzustellen.

Mit den Regelungen des § 16 Abs. 2 AwSV nimmt die Verordnung den § 19i Abs. 3 WHG a. F. wieder auf, der die zuständige Behörde ermächtigt hatte, dem Betreiber im Einzelfall Maßnahmen zur Beobachtung von Gewässer und Boden aufzuerlegen, soweit dies zur frühzeitigen Erkennung von Verunreinigungen erforderlich sein sollte. Diese Anordnungsermächtigung wurde von den Wasserbehörden in der Vergangenheit eher selten in Anspruch genommen. Ausweislich der Begründung zur AwSV[143] wäre dies insbesondere dort angebracht, wo eine Anlage so betrieben werden „muss", dass es unvermeidbar zu kleinen Verlusten kommt, die nicht sicher in einer Rückhalteeinrichtung zurückgehalten werden können. Exemplarisch werden Anlagen an oder über Gewässern, wie etwa Hydraulikanlagen im Bereich des Wasserbaus, genannt, bei denen eine hinreichende Rückhaltung nicht möglich ist. Allerdings werden für derartige Anlagen in der Verordnung schon spezielle Anforderungen beschrieben, die eine unmittelbare Leckerkennung und wirksame Maßnahmen zur Vermeidung von Gewässerschäden gewährleisten sollen (siehe § 34 Abs. 2 AwSV).

Denkbar wären nach Ansicht des Autors darüber hinaus Konstellationen, in denen aufgrund der behördlichen Erfahrungen beim unbedachten oder fahrlässigen Betrieb bestimmter Anlagen im Einzelfall zu besorgen ist, dass wassergefährdende Stoffe in Boden, Grundwasser oder über die Kanalisation in ein Oberflächengewässer gelangen, ohne dass dies anderweitig frühzeitig erkannt werden kann (Beispiel: Überwachung der Bodenluft beim Umgang mit halogenierten Kohlenwasserstoffen oder anderen leichtflüchtigen organischen Kohlenwasserstoffen). Diese Interpretation des § 16 Abs. 2 AwSV würde sinngemäß mit den Regelungen des § 64 Abs. 2 WHG korrespondieren, der die Behörden ermächtigt, aufgrund eines besonderen Gefährdungspotenzials die Bestellung eines Gewässerschutzbeauftragten anzuordnen.

7.2 Regelungen für den Bestand

Besondere Aufmerksamkeit haben von Anfang an, jedoch spätestens seit den ersten Entwürfen für eine bundeseinheitliche Anlagenverordnung – seinerzeit noch unter

---

143 Bundesratsdrucksache 144/16 vom 18.03.2017, S. 148 1. Absatz, zu § 16 (Behördliche Anordnungen).

dem Arbeitstitel VUmwS oder VAUwS – die Regelungen für bestehende Anlagen erregt.

Neue bzw. geänderte formelle oder organisatorische Anforderungen im Bereich des anlagenbezogenen Gewässerschutzes waren in der Vergangenheit in der Regel entweder unmittelbar oder aber nach einer Übergangszeit von bis zu zwei Jahren einzuhalten. Materielle Verschärfungen mussten jedoch erst auf Anordnung der zuständigen Behörde umgesetzt werden, wobei diese allerdings nicht zur Stilllegung oder Beseitigung der bis dahin legal bestehenden Anlagen führen durfte.

Die AwSV widmet den Regelungen an bestehende Anlagen oder bestehende Einstufungen von Stoffen und Gemischen in Wassergefährdungsklassen nun ein ganzes Bündel von Paragrafen:

- § 66: den bestehenden Einstufungen von Stoffen und Gemischen
- § 67: der Änderung der Einstufung wassergefährdender Stoffe
- § 68: den Übergangsregelungen für bestehende wiederkehrend prüfpflichtigeAnlagen
- § 69: den Übergangsregelungen für bestehende nicht wiederkehrend prüfpflichtige Anlagen
- § 70: den Prüffristen für bestehende Anlagen
- § 71: dem Einbau von Leichtflüssigkeitsabscheidern
- § 72: der Übergangsbestimmung für Fachbetriebe, Sachverständigenorganisationen und bestellte Personen

7.3 Einstufung von Stoffen und Gemischen (§ 66)

Mit § 66 AwSV werden die bestehenden Einstufungen für Stoffe, Stoffgruppen und Gemische, soweit sie bereits auf Grundlage der Verwaltungsvorschrift wassergefährdende Stoffe – VwVwS – vorgenommen wurden, übernommen. Am 15.08.2017 wurde die allgemeine Verwaltungsvorschrift zur Aufhebung der Verwaltungsvorschrift wassergefährdender Stoffe im Bundesanzeiger veröffentlicht. Eine Neueinstufung auf Grundlage der nun auf Verordnungsebene bestehenden Vorgaben wird dadurch entbehrlich. Zur eindeutigen Dokumentation und zur besseren Auffindbarkeit dieser bestehenden Einstufungen ist deren erneute Bekanntmachung im Bundesanzeiger vorgesehen; diese erfolgte am 10. August 2017[144]. Der Verordnungsgeber weist in der Begründung zur Verordnung darauf hin, dass die Einstufung von Gemischen (z. B.

---

144 *Umweltbundesamt* – Bekanntmachung der bereits durch die oder aufgrund der Verwaltungsvorschrift wassergefährdende Stoffe eingestuften Stoffe, Stoffgruppen und Gemische gem. § 66 Satz 1 der Verordnung über Anlagen zum Umgang mit wassergefährdenden Stoffen – BAnz AT 10.08.2017 B5.

auch Produkten) nur dann veröffentlicht werden, wenn deren Zusammensetzung, d. h. die im Gemisch vorhandenen Stoffe, mit dokumentiert und bekanntgegeben wird.

7.4 Änderung der Einstufung wassergefährdender Stoffe (§ 67)

§ 67 AwSV regelt den Umgang mit geänderten Einstufungen und den sich daraus möglicherweise ergebenden neuen Anforderungen der Verordnung.

Die Änderung bzw. Umstufung der Wassergefährdungsklasse kann insbesondere zur Änderung der Gefährdungsstufe der Anlage und damit zu neuen materiellen und organisatorischen Anforderungen führen. Besonders weitreichend wären die Auswirkungen natürlich dann, wenn ein bislang in eine Wassergefährdungsklasse eingestufter Stoff in die Kategorie nicht wassergefährdend (nwg) umgestuft und die betreffende Anlage damit aus dem Regelungsbereich der AwSV fallen würde. Häufiger dürfte es jedoch vorkommen, dass ein als nicht wassergefährdender Stoff in eine (höhere) Wassergefährdungsklasse eingestuft wird.

Anforderungen, die sich dementsprechend durch die Erhöhung der Gefährdungsstufe aufgrund einer geänderten WGK-Einstufung ergeben, sind nach § 67 der AwSV – auch für bestehende Anlagen – erst einzuhalten, wenn dies von der zuständigen Behörde angeordnet wird.

7.4.1 Exkurs: Sonderfall – WGK 0, nicht wassergefährdend, allgemein wassergefährdend

Durch die Harmonisierung der WGK-Einstufung mit dem Gefahrstoffrecht wurde es bereits vor über 15 Jahren erforderlich, die Einteilung der Wassergefährdungsklassen zu verändern. Insbesondere die ehemalige WGK 0 – „im Allgemeinen nicht wassergefährdend" – basierte auf Untersuchungen, die keine Entsprechung im Gefahrstoffrecht hatten.[145] Mit Veröffentlichung der VwVwS vom 19.05.1999 war daher diese Wassergefährdungsklasse weggefallen. Entsprechend eingestufte Stoffe, Stoffgruppen und Gemische mussten daraufhin entweder in die Kategorie „nicht wassergefährdend" (nwg) oder eine andere Wassergefährdungsklasse (in der Regel WGK 1) umgestuft werden.

Allerdings enthält die AwSV eine Detailregelung nicht mehr, die in der Muster-VAwS[146] und einigen Länderverordnungen enthalten war. So bestand für ehemalige Stoffe der WGK 0, die in die WGK 1 umgestuft worden waren, wie z. B. Glykol, die Sonderregelung, wonach für Anlagen, die dadurch höhere Anforderungen hätten

---

145 Siehe auch „Einstufung wassergefährdender Stoffe auf Basis der Verwaltungsvorschrift wassergefährdende Stoffe (VwVwS) vom 17.05.1999", LTwS-Nr. 10 Umweltbundesamt Dez. 1999.

146 Fußnote 28 Absatz 2 der Muster-Anlagenverordnung (Muster-VAwS) vom 08./09.11.1990 unter Einschluss der Fortschreibung gemäß Beschluss der 116. LAWA-Sitzung am 22./23. März 2001 in Güstrow.

einhalten müssen, „in der Regel keine Anpassungsmaßnahmen erforderlich" waren. Dies traf z. B. in Nordrhein-Westfalen in zahlenmäßig großem Umfang für unterirdische Lagerbehälteranlagen zu, deren Doppelwandigkeit mithilfe einer Leckanzeigeflüssigkeit auf Glykol-Wasser-Basis überwacht wurde[147].

In Fällen, in denen bei den ersten Sachverständigenprüfungen nach AwSV nun entsprechende Abweichungen zu den neuen Regelungen festgestellt werden, stellt sich daher die Frage, ob von diesen alten Bestandsschutzregelungen auch weiterhin Gebrauch gemacht werden kann. Der Verordnungstext, aber auch dessen Begründung geben über den Umgang mit Umstufungen von Wassergefährdungsklassen in der Vergangenheit keine Hinweise. Letztlich dürfte es wieder im Ermessen der jeweiligen Behörde liegen, wie sie mit diesen Fällen umgeht.

7.4.2 Allgemein wassergefährdende Stoffe: eine neue Klasse

Mit der Neuschaffung der Kategorie „allgemein wassergefährdende Stoffe" wird ein Stück weit diese alte WGK 0 wiederbelebt. Als „allgemein wassergefährdend" gelten – nach der Begründung der AwSV – Stoffe, bei denen die Eigenschaft der Wassergefährdung unstrittig ist, bei denen jedoch keine Einstufung in eine Wassergefährdungsklasse vorgenommen werden soll und bei denen der Verordnungsgeber eine abschließende Regelung trifft. Unter diese Klasse fallen nun Stoffe einerseits aus dem landwirtschaftlichen Bereich wie Jauche, Gülle und Silagesickersäfte oder Festmist sowie Gärsubstrate landwirtschaftlicher Herkunft zur Gewinnung von Biogas (§ 3 Abs. 2 Nrn. 1–6 AwSV).

Andererseits werden auch „aufschwimmende flüssige Stoffe" (§ 3 Abs. 2 Nr. 7 AwSV) aufgenommen, die zwar alle formellen Kriterien für eine Einstufung als nicht wassergefährdend erfüllen, jedoch aufgrund ihrer physikalischen Eigenschaften im Wasser aufschwimmen und dadurch die Sauerstoffaufnahme oder Mobilität von Wasserorganismen, Insekten und Vögeln unterbinden.

Schließlich werden auch feste Gemische (§ 3 Abs. 2 Nr. 8 AwSV) als allgemein wassergefährdend bestimmt – eine der im Vorfeld der Verabschiedung besonders kontrovers diskutierten Neuregelungen. Mit der pauschalen Einstufung in diese Klasse entfällt die sonst erforderliche aufwendige und ggf. zeitintensive Selbsteinstufung durch die Anlagenbetreiber.

In der Konsequenz werden durch die Einstufung der festen Gemische als allgemein wassergefährdend zahlreiche Anlagen bzw. Flächen, auf denen mit diesen Stoffen umgangen wird, in den Fokus des wasserbehördlichen Vollzuges rücken. Zwar werden sie keiner Gefährdungsstufe zugeordnet, jedoch sieht die Verordnung eine Reihe von

---

147 Siehe Ziffer 5.3.1.1 Absatz 10, Verwaltungsvorschriften zum Vollzug der Verordnung über Anlagen zum Umgang mit wassergefährdenden Stoffen und über Fachbetriebe (VV-VAwS) – Gem. RdErl. d. Ministeriums für Umwelt und Naturschutz, Raumordnung und Verbraucherschutz (IV – 9 – 211 – 3) u. d. Ministeriums für Städtebau und Wohnen, Kultur und Sport (II A 4 – 322.32) v. 16.08.2001.

Anforderungen vor, die von Anlagen zum Umgang mit allgemein wassergefährdenden Stoffen einzuhalten sind bzw. die erst auf Anordnung der Behörde einzuhalten sind.

Diese als Vollzugserleichterung gedachte Regelung dürfte jedoch viele Betreiber, die sich durch diese Einstufung so erstmals mit Anforderungen an den Umgang mit wassergefährdenden Stoffen konfrontiert sehen, veranlassen, die „Öffnungsklausel" des § 10 Abs. 1 AwSV in Anspruch zu nehmen. Dort ist normiert, dass der Betreiber ein festes Gemisch abweichend von § 3 Abs. 2 Nr. 8 AwSV als nicht wassergefährdend einstufen kann, wenn für dieses aufgrund seiner Herkunft oder Zusammensetzung davon auszugehen ist, dass es nicht geeignet ist, die Wasserbeschaffenheit nachhaltig zu verändern (Abb. 7.1). Für diese Beurteilung werden insbesondere Technische Regelungen für Abfälle in Bezug genommen, die bisher nicht in allen Bundesländern formelle Verbindlichkeit besaßen.

Abzuwarten bleibt, welche Auswirkungen die in der zukünftigen „Verordnung über Anforderungen an den Einbau von mineralischen Ersatzbaustoffen in technische Bauwerke (Ersatzbaustoffverordnung – ErsatzbaustoffV)" formulierten Anforderungen an den Einbau von mineralischen Ersatzbaustoffen auf die Nachweisführung i. S. d. § 10 Abs. 1 Nr. 2 AwSV haben werden. Aufgrund der nicht unumstrittenen dort formulierten Einbaukriterien ist mit Vollzugsproblemen – insbesondere in Genehmigungsverfahren oder bei der behördlichen Überwachung – zu rechnen.

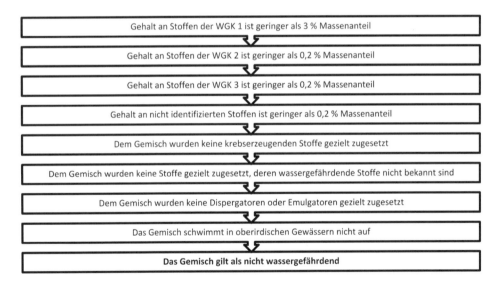

Abb. 7.1 Wann ist ein Gemisch „nicht wassergefährdend"?

7.5 Anforderungen an bestehende Anlagen (§§ 68, 69)

Die AwSV unterscheidet grundsätzlich zwischen Übergangsregelungen für bestehende Anlagen,

- die beim Inkrafttreten der Verordnung auf Grundlage des Wasserhaushaltsgesetzes oder ehemaliger Landesverordnungen bereits errichtet wurden und einer wiederkehrenden Prüfpflicht unterlagen (§ 68 AwSV), sowie

- den bestehenden Anlagen, die auch durch die neuen Regelungen der AwSV nicht wiederkehrend geprüft werden müssen (§ 69 AwSV).

7.5.1 Neue Aufgaben für die Sachverständigen

In der Vergangenheit gab es nach dem Inkrafttreten von Änderungen der Anlagenverordnungen oft Schwierigkeiten bei der Beurteilung bestehender Anlagen. Unklar war vielfach die von Sachverständigen bei den jeweils ersten Sachverständigenprüfungen vorzunehmende Bewertung der Abweichungen der Bestandsanlagen von den neuen Vorgaben. War eine Abweichung nun als (neuer) Mangel zu werten oder vom Sachverständigen lediglich als Hinweis auf dem Prüfbericht zu vermerken? Konnten neu formulierte Anforderungen bei der Prüfung einer bestehenden Anlage gar völlig außen vor bleiben? Behördliche Anordnungen trotz mängelfreier Prüfung waren gerade privaten Betreibern schwer zu vermitteln.

Während in der Muster-VAwS und den Länderverordnungen bislang keine besonderen Regelungen für den Umgang mit neuen Anforderungen im Rahmen anstehender Sachverständigenprüfungen vorhanden waren, verpflichtet die AwSV nun die Sachverständigen zu einem zweiteiligen Vorgehen bei der ersten Prüfung nach Inkrafttreten der neuen Verordnung.

Zunächst ist zu prüfen, inwiefern die Anlage die Anforderungen einhält, die nach den jeweiligen landesrechtlichen Vorschriften bislang galten oder in vorhandenen behördlichen Zulassungen formuliert waren. Das entsprechende Ergebnis ist dann im Prüfbericht zu dokumentieren. Nach bisherigem Landesrecht mängelfreie Anlagen sind demnach auch nach den aktuellen bundesrechtlichen Vorgaben als mängelfrei anzusehen (§ 68 Abs. 2).

Darüber hinaus hat der Sachverständige festzustellen, ob und inwieweit für die Anlage neue Anforderungen der AwSV gelten, die über die bisherigen landesrechtlichen hinausgehen. Dieser Prüfschritt ist nur einmal nach Inkrafttreten der AwSV durchzuführen; das Ergebnis hat der Sachverständige der zuständigen Behörde in einer gesonderten Dokumentation zusammen mit dem Prüfbericht vorzulegen (§ 68 Abs. 3). Sie ist Grundlage der behördlichen Prüfung, aus der Anordnungen zur Anpassung der Anlage an die neuen organisatorischen und technischen Anforderungen hervorgehen können. Durch die separate Zusammenstellung der Abweichungen soll auch der Betreiber rechtzeitig über ggf. erforderliche Anpassungsmaßnahmen informiert werden.

Die in früheren Entwürfen der AwSV vorgesehene fristbesetzte Verpflichtung der Betreiber, innerhalb von 10 Jahren eigenständig und ohne behördliche Anordnung die erforderlichen Anpassungsmaßnahmen durchzuführen, wurde schließlich doch nicht in die Verordnung übernommen. Ein letzter Versuch, diese Regelung – nach einem entsprechenden positiven Votum im Umweltausschuss des Bundesrates – wieder in die Verordnung aufzunehmen, scheiterte schließlich bei der abschließenden Sitzung im Bundesratsplenum.

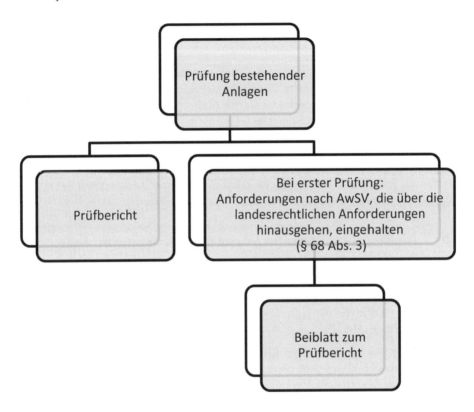

Abb. 7.2 Zweiteilige erste Prüfung nach Inkrafttreten der AwSV

7.5.2 Erhebliche/gefährliche Mängel an bestehenden Anlagen

Werden bei den ersten Sachverständigenprüfungen nach § 46 Abs. 2[148], 3[149] und 4[150] AwSV erhebliche oder gar gefährliche Mängel an den Behältern oder Rückhalteein-

---

148 § 46 Abs. 2 AwSV: „Betreiber haben Anlagen außerhalb von Schutzgebieten und außerhalb von festgesetzten oder vorläufig gesicherten Überschwemmungsgebieten nach Maßgabe der in Anlage 5 geregelten Prüfzeitpunkte und -intervalle auf ihren ordnungsgemäßen Zustand prüfen zu lassen."

149 § 46 Abs. 3 AwSV: „Betreiber haben Anlagen in Schutzgebieten und in festgesetzten oder

richtungen einer bestehenden Anlage festgestellt, sind bei deren Behebung – und dies auch ohne vorherige behördliche Anordnung – vom Betreiber die neuen Anforderungen unmittelbar umzusetzen (§ 68 Abs. 6).

Für diese Detailregelung gibt es in den bisherigen landesrechtlichen Regelungen keine Entsprechung. Bei der Beschränkung der Regelung auf Behälter und Rückhalteeinrichtungen geht der Verordnungsgeber davon aus, dass mit der – ohne weitere Anordnung erforderlichen – Nachrüstung kein unverhältnismäßig großer finanzieller oder technischer Aufwand verbunden sein wird[151]. Dabei wird offensichtlich angenommen, dass bei derartigen Mängeln ein Austausch bzw. Neubau der betroffenen Anlagenteile erforderlich ist.

Insofern weicht die AwSV in diesem Punkt von dem sonst und in den bisherigen Länderverordnungen praktizierten Grundsatz ab, dass die – nach entsprechender Prüfung im Einzelfall festzulegenden – Nachforderungen an bestehende Anlagen dem Verhältnismäßigkeitsgrundsatz entsprechen müssen. Demnach darf die Behörde keine Maßnahmen anordnen, die Anlagen stilllegen, beseitigen oder Anpassungsmaßnahmen fordern, die einer Neuerrichtung der Anlage gleichkommen (§ 68 Abs. 5). Bei der Formulierung dieser Regelung wurde offensichtlich davon ausgegangen, dass erhebliche oder gar gefährliche Mängel an Bestandsanlagen bzw. bestehenden Behältern und Rückhalteeinrichtungen eher die Ausnahme sind.

7.5.3 Änderungen an bestehenden Anlagen nach Inkrafttreten der AwSV

Auch für Änderungen an wesentlichen Bauteilen einer Anlage oder an wesentlichen Sicherheitseinrichtungen hält die AwSV eigene Regelungen bereit. Sofern hier Änderungen vorgenommen werden sollen, hat der Betreiber die neuen (materiellen) Anforderungen zu beachten, die ggf. über die bisherigen landesrechtlichen Regelungen hinausgehen (§ 68 Abs. 7).

In § 68 Abs. 8 AwSV übernimmt die Verordnung eine Anpassungsregelung, wie sie auch in der Muster-VAwS und den Länderverordnungen bestanden hat. Anlagen, die nach den landesrechtlichen Vorgaben bislang als einfach oder herkömmlich galten, bedürfen danach auch zukünftig keiner Eignungsfeststellung.

Konkrete anlagenspezifische materielle Regelungen für den Bestand sehen die abschließenden Absätze (§ 68 Abs. 9 und 10 AwSV) vor. So erhalten Gleisflächen von

---

vorläufig gesicherten Überschwemmungsgebieten nach Maßgabe der in Anlage 6 geregelten Prüfzeitpunkte und -intervalle auf ihren ordnungsgemäßen Zustand prüfen zu lassen."

150 § 46 Abs. 4 AwSV: „Die zuständige Behörde kann unabhängig von den sich nach den Absätzen 2 und 3 ergebenden Prüfzeitpunkten und -intervallen eine einmalige Prüfung oder wiederkehrende Prüfungen anordnen, insbesondere wenn die Besorgnis einer nachteiligen Veränderung von Gewässereigenschaften besteht."

151 Siehe hierzu auch die Begründung der AwSV; Bundesratsdrucksache 144/16 vom 18.03.2017, S. 189 4. Absatz, zu § 68 (Bestehende wiederkehrend prüfpflichtige Anlagen).

bestehenden Umschlaganlagen einen ausdrücklichen Bestandsschutz und sind abweichend von den Anforderungen des § 28 Abs. 1 S. 1 AwSV (Besondere Anforderungen an Umschlaganlagen für wassergefährdende Stoffe) und § 29 Abs. 1 S. 2 (Besondere Anforderungen an Umschlaganlagen des intermodalen Verkehrs) nicht flüssigkeitsdicht nachzurüsten. § 68 Abs. 10 hingegen legt eine spezifische Nachrüstungsverpflichtung für Biogasanlagen fest, der in nächsten fünf Jahren nach Inkrafttreten der Verordnung zu entsprechen ist. Demnach haben die Betreiber derartiger Anlagen mit Gärsubstraten ausschließlich landwirtschaftlicher Herkunft diese mit einer Umwallung zu versehen, die ein Abfließen der Substrate im Schadensfall in Gewässer vermeiden soll. Mit dieser Anforderung trägt der Verordnungsgeber einerseits den diesbezüglich unterschiedlichen Anforderungen in den Ländern und andererseits den Schadensstatistiken derartiger Anlagen Rechnung[152].

§ 24 Abs. 1 - Anforderungen an Befüllen und Entleeren

§ 24 - Pflichten bei Betriebsstörungen; Instandhaltung

§ 40 - Anzeigepflicht

§ 43 - Anlagendokumentation

§ 44 - Betriebsanweisung, Merkblatt

§ 45 - Fachbetriebspflicht; Ausnahmen

§ 46 - Überwachungs- und Prüfpflichten

§ 47 - Prüfung durch Sachverständige

§ 48 - Beseitigung von Mängeln

Abb. 7.3 Welche Anforderungen gelten unmittelbar nach Inkrafttreten der AwSV?

7.5.4 Eine sinnvolle Ausnahme oder gute Lobbyarbeit? (§§ 29, 29a)

Da sich die bisherigen landesspezifischen Anforderungen für Umschlaganlagen je nach Bundesland mitunter stark voneinander unterschieden, kann sich aus den neuen Anforderungen der AwSV an die Flächen von Umschlaganlagen (§ 29 Abs. 1) und an die Flächen von Umschlaganlagen des intermodalen Verkehrs (§ 29a Abs. 2) zum Teil ein erheblicher Anpassungsbedarf ergeben. Gerade die erstmals mit der AwSV

---

152 Siehe auch Unfälle mit wassergefährdenden Stoffen, Statistisches Bundesamt, Fachserie 19, Reihe 2.3, 2015, Seite 12.

konkret für Anlagen des sogenannten intermodalen Verkehrs formulierten Anforderungen ließen im Vorfeld des Bundesratsverfahrens die Wogen hochschlagen. Zusammen mit der damals noch vorgesehenen Betreiberverpflichtung zur Anpassung der Anlagen an etwaige neue Anforderungen innerhalb von 10 Jahren sahen gerade die Betreiber von Umschlagterminals des intermodalen Verkehrs (oft die Deutsche Bahn AG) milliardenschwere Nachrüstungen auf sich zukommen.

Ungeachtet der Frage, ob die kommunizierten Kosten für die Nachrüstungen realistisch waren oder ob viele der betroffenen Flächen und damit auch die darin verlegten Bahngleise schon aufgrund der vormals bestehenden Landesregelungen hätten flüssigkeitsdicht ausgestaltet sein müssen, wurde mit den letztlich verabschiedeten Nachrüstungsregelungen eine „automatische" Anpassung obsolet. Obwohl es sich eigentlich aus den Regelungen des § 68 Abs. 3 und 5 ergibt, wird dies mit Abs. 9 nochmals deutlich herausgestellt.

7.5.5 Auch für Biogasanlagen gibt es eine spezielle Übergangsregelung

Die AwSV vereinheitlicht die bis dahin in den einzelnen Bundeländern sehr unterschiedlichen Anforderungen an Biogasanlagen mit Gärsubstraten ausschließlich landwirtschaftlicher Herkunft (NAVARO-Anlagen). Während die Verpflichtung zur Nachrüstung neuer technischer Anforderungen ohne vorherige behördliche Anordnung für alle anderen Anlagenarten schließlich nicht in die Verordnung übernommen wurde, sind bestehende und wiederkehrend prüfpflichtige Biogasanlagen dagegen binnen fünf Jahren mit einer Umwallung als Rückhaltung austretender Flüssigkeiten zu versehen. Mit dieser Sonderregelung trägt der Verordnungsgeber den jährlichen Statistiken über Schadensfälle an derartigen Anlagen Rechnung. Auch wenn dies nicht alle Aspekte der wasserrechtlichen Anforderungen, insbesondere zur Vermeidung von Leckagen, abdeckt, soll damit vermieden werden, dass die gehandhabten allgemein wassergefährdenden Stoffe in die Umwelt gelangen.

7.5.6 Bestehende nicht wiederkehrend prüfpflichtige Anlagen

Bestehende nicht – im Sinne der AwSV – wiederkehrende prüfpflichtige Anlagen können auf Basis der bisher geltenden und eingehaltenen Länderanforderungen weiterbetrieben werden, bis die zuständige Behörde eine Anordnung zur Anpassung trifft. Dabei kann die Behörde im Einzelnen festlegen, welche Anforderungen der neuen Verordnung zu welchem Zeitpunkt erfüllt werden müssen (§ 69 Abs. 1). Ungeachtet davon sind natürlich die ggf. neuen organisatorischen und formellen Pflichten der AwSV unmittelbar ab deren Inkrafttreten einzuhalten. Auch wenn diese Anlagen im Normalfall wohl nicht in den Fokus der zuständigen Behörden rücken werden, liegt und bleibt die Verantwortung für ihren den Grundsätzen des Gewässerschutzes gemäßen Betrieb allein bei den Anlagenbetreibern.

7.6   Prüffristen für die erstmalige Prüfung bestehender Anlagen (§ 70)

Für bereits bestehende Anlagen, die mit Inkrafttreten der AwSV erstmals der Verpflichtung zur wiederkehrenden Prüfung unterworfen sind, beschreibt § 70 die nach dem Jahr der Inbetriebnahme gestaffelten Fristen zur erstmaligen Prüfung (Abb. 7.4).

Die Staffelung der erstmaligen Prüfungen soll sicherstellen, dass nicht alle neu prüfpflichtigen Anlagen gleichzeitig geprüft werden müssen und die zuständigen Behörden und Sachverständigenorganisationen nach Inkrafttreten entlastet werden. Die zeitliche Streckung der erstmaligen Prüfungen nach dem Alter der Anlagen erfolgt unter der Annahme, dass die älteren Anlagen statistisch häufiger Mängel aufweisen als jüngere.

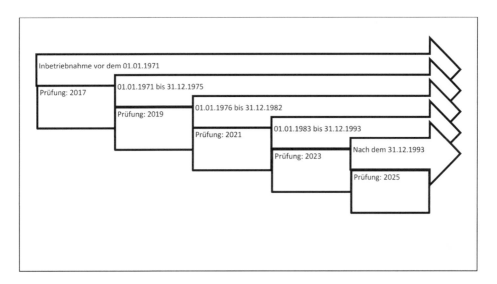

Abb. 7.4 Prüffristen für bestehende Anlagen in Abhängigkeit des Inbetriebnahmedatums

7.7   Eine „zukunftsweisende" Regelung für Leichtflüssigkeitsabscheider (§ 71)

Mit Einführung höherer Quoten für biogene Treibstoffzusätze in Diesel- und Ottokraftstoffen ergaben sich für die bestehenden Leichtflüssigkeitsabscheideranlagen an Abfüllanlagen für Kraftstoffe (Tankstellen) formelle und technische Probleme. Die zugemischten Stoffe (wie Ethanol in E10 oder Fettsäuremethylester [FAME] in Biodiesel) besitzen in der Regel physikalisch-chemische Eigenschaften, die bei der Auswahl der in den Abscheideranlagen eingesetzten Werkstoffe bislang keine Rolle spielten.

So decken die den bisherigen baurechtlichen Verwendbarkeitsnachweisen (z. B. allgemeine bauaufsichtliche Zulassungen – abZ) zugrunde liegenden Untersuchungen der chemischen Beständigkeit etwa der Dichtungen oder der Beschichtungen die Zumischung dieser Stoffe nicht ab. Auch die hinreichende Abscheidbarkeit dieser Stoffe aus einem Wasser-Treibstoff-Gemisch wurde im Zulassungsverfahren nicht geprüft.

Neben diesem Defizit, das im Grunde zu einer formellen Unzulässigkeit der Bauteile führt, bleibt auch die praktische Frage, ob und unter welchen Voraussetzungen derartige „Altanlagen" weiterbetrieben werden können bzw. dürfen.

Zum Zeitpunkt der Einbringung der AwSV im Februar 2014 waren noch nicht alle Zweifel an der Eignung der bislang eingesetzten Anlagenteile für die Rückhaltung ausgeräumt, und die entsprechenden bauaufsichtlichen Zulassungen für Leichtflüssigkeitsabscheider lagen noch nicht vor. Daher griff der Verordnungsgeber zu einer ungewöhnlichen Maßnahme und legte im Vorgriff auf zukünftige Nachweise und geeignete Abscheider – aber auch, um den Druck auf Hersteller und Anwender zu erhöhen – fest, dass der Einbau von Leichtflüssigkeitsabscheideranlagen ohne Nachweis der Beständigkeit und einer nur unerheblich verringerten Funktionsfähigkeit ab dem 01.01.2016[153] nicht mehr zulässig sei.

In der letzten Endes im März 2017 im Bundesrat verabschiedeten Fassung wurde die Frist gestrichen; geblieben ist jedoch die grundsätzliche Verpflichtung zum Nachweis der Beständigkeit und Funktionsfähigkeit von Abscheidern bei Kraftstoffen, denen Ethanol zugemischt ist. Auch wenn diese Regelung in der AwSV immer noch etwas deplatziert wirkt und konkrete materielle Anforderungen im Technischen Regelwerk für wassergefährdende Stoffe[154] zu erwarten sind, bleibt der Befund, dass im Moment noch keine Leichtflüssigkeitsabscheider auf dem Markt verfügbar sind, für die eine entsprechende Beständigkeit in Form einer bauaufsichtlichen Zulassung dokumentiert wäre.

7.8 Fachbetriebe, Sachverständigenorganisationen, bestellte Personen (§ 72)

Die AwSV formuliert neue Anforderungen an die Anerkennung von Fachbetrieben. Während bislang das Gütezeichen einer baurechtlich anerkannten Güte- und Überwachungsgemeinschaft oder der Überwachungsvertrag mit einer Technischen Überwachungsorganisation die wasserrechtliche Fachbetriebseigenschaft legitimieren konnte, ist dies zukünftig nur noch durch die Zertifizierung einer wasserrechtlich anerkannten Organisation möglich.

Fachbetrieben, die bislang durch das Gütezeichen einer baurechtlich anerkannten Güte- und Überwachungsgemeinschaft die Fachbetriebseigenschaft erlangten, wird für diese neue Zertifizierung mit § 72 Abs. 1 eine Übergangsfrist von zwei Jahren ab dem Inkrafttreten der neuen Verordnung eingeräumt. Auch die bestehenden Güte- und Überwachungsgemeinschaften selbst müssen sich in dieser Frist nach den neuen Vorgaben des § 57 Abs. 1 AwSV zertifizieren lassen.

Sachverständigenorganisationen, die bisher nach den jeweiligen landesrechtlichen Vorgaben anerkannt waren, behalten grundsätzlich diesen Status. Erfüllen allerdings

---

153 Siehe auch Bundesratsdrucksache 77/14 vom 26.02.2014, S. 51.
154 Siehe auch Ziffer 5.4.3 Rückhalteeinrichtungen im Entwässerungssystem außer Zulauf- und Verbindungsleitungen, Arbeitsblatt DWA-A 781, Technische Regel wassergefährdende Stoffe – Tankstellen für Kraftfahrzeuge, Entwurf: Juni 2015.

die jeweiligen landesrechtlichen Anerkennungsregelungen nicht die Anforderungen des AwSV, sind diese spätestens sechs Monate nach Inkrafttreten der Verordnung zu erfüllen (§ 72 Abs. 2).

Für Personen, die bislang in Fachbetrieben oder Sachverständigenorganisationen als verantwortliche Personen bestellt waren, gewährt die AwSV so etwas wie „persönlichen Bestandsschutz". So gilt ihre Anerkennung nach bisherigem Landesrecht auch dann nach neuem Recht fort, wenn dessen Anforderungen an die Fachkunde und die nachzuweisenden Erfahrungen nicht erfüllt werden. Damit greift die Anlagenverordnung inhaltlich eine bereits in den Ländern praktizierte Ausnahmeregelung auf, nach der die zuständigen Behörden im Einzelfall einer Bestellung von Personen zustimmen können, auch wenn die formellen Anforderungen nicht in allen Punkten erfüllt waren.

Kapitel 8: Ordnungswidrigkeiten, Haftung

Autor: Dr. Cedric C. Meyer

Wird gegen Pflichten aus der AwSV verstoßen, kann dies verschiedene Konsequenzen haben. Zum einen können Ordnungswidrigkeiten- oder auch Straftatbestände erfüllt sein. Zum anderen stellen sich öffentlich-rechtliche und zivilrechtliche Haftungsfragen. Dabei wird der Begriff „Haftung" hier nicht im engen zivilrechtlichen Haftungssinne verwendet, sondern umfasst weiter auch die öffentlich-rechtlich geregelten Sanktionen. Im Rahmen der öffentlich-rechtlichen Haftung geht es z. B. um die zwangsweise Umsetzung der Pflichten der AwSV, aber auch um die Sanierung von Umweltschäden auf Veranlassung durch die Behörde sowie die damit zusammenhängende Kostentragung. Demgegenüber betrifft die zivilrechtliche Haftung den Ersatz von Schäden, die bei Privaten an deren Rechtsgütern eingetreten sind. Die Einzelheiten werden im Folgenden dargestellt. Umwelthaftung ist insgesamt eine vielschichtige Materie, die hier nicht vollumfänglich abgehandelt werden kann. Die Ausführungen beschränken sich bewusst auf die Folgen, die aus einem Verstoß gegen die Pflichten der AwSV resultieren können, und die damit eng verbundenen Haftungstatbestände vor allem des Wasserrechts oder mit wasserrechtlichem Bezug.

8.1 Straftaten und Ordnungswidrigkeiten

Verstöße gegen die Pflichten der AwSV können als solche eine Ordnungswidrigkeit sein. Ist die Pflichtverletzung mit entsprechenden Folgen verbunden, kommt ausnahmsweise auch eine Straftat in Betracht.

8.1.1 Ordnungswidrigkeiten

§ 65 AwSV enthält Bußgeldtatbestände im Hinblick auf Verstöße gegen Pflichten nach der AwSV. Die in § 65 Nr. 17, 18, 25 und 27 AwSV aufgeführten Tatbestände führen die entsprechenden Bußgeldtatbestände nach § 41 Abs. 1 Nr. 6c, 6d und 6e WHG a. F. fort. Die übrigen Tatbestände entsprechen weitgehend bestehenden landesrechtlichen Bußgeldvorschriften.[155] Ergänzend gelten die in § 103 Abs. 1 Nr. 7 und 12 WHG geregelten Bußgeldtatbestände.[156]

Die AwSV bestimmt selbst keine Rechtsfolge für begangene Ordnungswidrigkeiten. Sie verweist aber auf § 103 Abs. 1 S. 1 Nr. 3a WHG. Die Höhe der Geldbuße für be-

---

155 Vgl. auch § 27 Muster-VAwS.
156 BR-Drs. 144/16 (B), S. 299.

gangene Ordnungswidrigkeiten legt § 103 Abs. 2 WHG fest. Danach können eine erste Gruppe von Ordnungswidrigkeiten mit einer Geldbuße bis zu 50.000 Euro und eine zweite Gruppe von Ordnungswidrigkeiten mit einer Geldbuße bis zu 10.000 Euro geahndet werden. Ordnungswidrigkeiten in den Fällen des § 103 Abs. 1 S. 1 Nr. 3a WHG (also auch Ordnungswidrigkeiten gem. § 65 AwSV) gehören zur ersten Gruppe und können mit einer Geldbuße bis zu 50.000 Euro geahndet werden. Der Gesetzgeber macht dadurch deutlich, dass Verstöße gegen Pflichten aus der AwSV zu den „gröberen" Verstößen innerhalb des Wasserrechts zählen.

Der Katalog der in § 65 AwSV genannten Ordnungswidrigkeiten ist ferner vergleichsweise umfangreich. Der Gesetzgeber gibt ebenfalls zu erkennen, dass er die aus der AwSV folgenden Pflichten auf breiter Front für so wichtig hält, dass er Verstöße als Ordnungswidrigkeiten sanktioniert. In § 65 AwSV werden insgesamt 34 Ordnungswidrigkeiten aufgezählt. Im Zweifel kann man annehmen, dass alle relevanten Pflichten aus der AwSV mit einer Ordnungswidrigkeit „bewehrt" sind und ihre Einhaltung auf diese Weise abgesichert wird.

So handelt z. B. nach § 65 Nr. 14 AwSV ordnungswidrig, wer vorsätzlich oder fahrlässig eine Anlage entgegen den Grundsatzanforderungen an Anlagen nach § 17 Abs. 1 AwSV errichtet oder betreibt. Auch handelt nach § 65 Nr. 23 AwSV ordnungswidrig, wer vorsätzlich oder fahrlässig entgegen § 44 Abs. 2 S. 1 AwSV Betriebspersonal nicht oder nicht rechtzeitig unterweist. Außerdem sind relativ viele der Anforderungen an Jauche-, Gülle- und Silagesickersaftanlagen (sogenannte JGS-Anlagen) gem. Anlage 7 AwSV mit einer Ordnungswidrigkeit „abgesichert" (§ 65 Nr. 2–12 AwSV).

Interessant ist dabei allerdings, dass der Gesetzgeber die Verpflichtungen zur Selbsteinstufung von Stoffen und Gemischen nicht mit einer Ordnungswidrigkeit belegt hat. Lediglich ein Verstoß gegen die Mitteilungspflicht des Betreibers gegenüber dem Umweltbundesamt über Erkenntnisse, die zu einer Änderung der veröffentlichten Einstufung eines Stoffes oder einer Stoffgruppe führen können (§ 7 Abs. 2 AwSV), stellt gem. § 65 Nr. 1 AwSV eine Ordnungswidrigkeit dar. Allerdings kann das Umweltbundesamt nach § 5 Abs. 1 AwSV den Betreiber verpflichten, fehlende oder nicht plausible Angaben zu ergänzen oder zu berichtigen. Darüber hinaus überprüft das Umweltbundesamt gem. § 5 Abs. 2 S. 1 AwSV stichprobenartig die Qualität der Dokumentation der Selbsteinstufung von Stoffen. Dabei kann das Umweltbundesamt den Betreiber gem. § 5 Abs. 2 S. 3 AwSV auch verpflichten, die Dokumentation anhand bestimmter Unterlagen zu belegen. Schließlich kann das Umweltbundesamt gem. § 6 Abs. 2 AwSV auch eine Einstufung von Stoffen oder Stoffgruppen aufgrund eigener Erkenntnisse ohne Vorliegen einer Selbsteinstufung des Betreibers vornehmen.[157]

Im Falle eines Verstoßes wird der Rahmen der Geldbuße von 50.000 Euro selten ausgeschöpft. Die Bußgeldbehörde ist auch nicht verpflichtet, einen Verstoß überhaupt zu ahnden. Im Ordnungswidrigkeitenrecht gilt nach § 47 Abs. 1 OWiG das sogenannte

---

[157] Vgl. BR-Drs. 144/16, S. 138.

Opportunitätsprinzip. Die Behörde entscheidet also darüber, ob sie es für opportun hält, einen Verstoß zu verfolgen. Bei einem fahrlässigen Erstverstoß eines ansonsten pflichtentreuen Betreibers, bei dem es zu keiner Gefährdung gekommen ist, lässt es die Behörde nicht selten bei einer Ermahnung bewenden. Darauf kann man sich indessen nicht verlassen. Aber auch wenn die Höhe der Geldbuße im Einzelfall gering sein mag, ist es wichtig zu wissen, dass bei einer Geldbuße von mehr als 200 Euro ein Eintrag in das Gewerbezentralregister erfolgt (§ 149 Abs. 2 Nr. 3 GewO). Dies gilt sowohl, wenn die Geldbuße gegen eine natürliche Person als auch wenn sie gegen das Unternehmen festgesetzt wird. Ein einzelner Eintrag ist in der Regel auch noch nicht mit Nachteilen verbunden. Bei gehäuften Einträgen oder hohen Geldbußen kann allerdings die Zuverlässigkeit der betreffenden Person oder des Unternehmens in Zweifel zu ziehen sein, was im äußersten Fall zu einer Gewerbeuntersagung führen kann (§ 35 GewO). Während die Zuverlässigkeit von Sachverständigen und Fachprüfern nach § 53 Abs. 3 AwSV oder § 58 Abs. 1 AwSV bereits ab einer Bußgeldhöhe von 500 Euro nicht mehr gegeben sein soll, wird die Schwelle für die übrigen Personen deutlich höher anzusetzen sein. Dies gilt auch für die Fachbetriebe und die bestellten verantwortlichen Personen, bei denen der Gesetzgeber keine entsprechende Regelung eingeführt hat.[158]

§ 17 Abs. 4 S. 1 OWiG legt fest, dass die Geldbuße den wirtschaftlichen Vorteil, den der Täter aus der Ordnungswidrigkeit gezogen hat, übersteigen soll. Falls das gesetzliche Höchstmaß hierzu nicht ausreicht, kann es gem. § 17 Abs. 4 S. 2 OWiG überschritten werden. In dem Fall kann bei einer Ordnungswidrigkeit gem. § 65 AwSV also auch eine Geldbuße von mehr als 50.000 Euro verhängt werden.[159] Bei der Bemessung der Bußgeldhöhe kann es z. B. relevant sein, was der Betreiber an finanziellen Aufwendungen erspart hat, indem er z. B. auf eine Eignungsfeststellung oder eine wiederkehrende Prüfung verzichtet hat.

Neben der Abschöpfung des wirtschaftlichen Vorteils nach Maßgabe des § 17 Abs. 4 OWiG besteht nach § 29a OWiG die Möglichkeit der Einziehung des Wertes von „Taterträgen" in solchen Fällen, in denen gegen den Täter keine Geldbuße festgesetzt wird (§ 29a Abs. 1 OWiG). Die Einziehung kann sich unter den Voraussetzungen des § 29a Abs. 2 OWiG auch gegen Dritte richten. Wird gegen den Täter ein Bußgeldverfahren nicht eingeleitet oder eingestellt, ist die Einziehung des Wertes des Taterlangten dennoch gem. § 29a Abs. 4 OWiG möglich.[160]

§ 29a OWiG schließt die Lücke, die in den Fällen entstehen würde, in denen der Täter einen Bußgeldtatbestand zwar rechtswidrig, jedoch nicht vorwerfbar verwirklicht oder in denen er durch die Handlung für einen anderen einen Vermögensvorteil erzielt. In diesen Fällen scheidet die Festsetzung einer Geldbuße gegen denjenigen, der durch die

---

158 Anders z. B. für Entsorgungsfachbetriebe, deren Zertifikat bereits ab einem Bußgeld von mehr als 2.500 Euro entzogen werden soll, vgl. § 8 Abs. 2 Nr. 1 EfbV.

159 Vgl. *Sackreuther*, in: Graf (Hrsg.), BeckOK OWiG, Stand: 6/2018, § 17 Rn. 118.

160 *Sackreuther*, in: Graf (Hrsg.), BeckOK OWiG, Stand: 6/2018, § 17 Rn. 116.

mit Geldbuße bedrohte Handlung Vermögensvorteile erlangt hat, aus. § 29a OWiG stellt hier sicher, dass dennoch eine Gewinnabschöpfung erfolgt.[161]

Begangen werden kann die Ordnungswidrigkeit von der Person, die in dem Betrieb für die Einhaltung der betreffenden Pflichten verantwortlich ist. So regelt § 9 Abs. 1 OWiG die erweiterte Haftung des Vertreters. Danach kann z. B. ein Vertreter einer juristischen Person (also z. B. der Geschäftsführer einer GmbH oder der Vorstand einer Aktiengesellschaft) gem. § 9 Abs. 1 Nr. 1 OWiG persönlich haften, weil die Eigenschaft, Anlagenbetreiber zu sein, ein besonderes persönliches Merkmal i. S. d. § 9 Abs. 1 OWiG ist.[162] Des Weiteren regelt § 9 Abs. 2 OWiG die ordnungsrechtliche Haftung von willentlich eingesetzten Stellvertretern in Betrieben und Unternehmen (Substitutenhaftung). Die Beauftragung, einen Betrieb ganz oder zum Teil zu leiten (gem. § 9 Abs. 2 S. 1 Nr. 1 OWiG), setzt eine Eigenverantwortung des Beauftragten voraus. Sie ist an der Einräumung eines nicht unerheblichen Entscheidungsspielraums zu erkennen. Die Beauftragung kann ausdrücklich oder auch stillschweigend erfolgen.[163] Die stillschweigende Beauftragung ist deshalb möglich, weil sich bei Leitungspersonen schon ohne Weiteres aus ihrer besonderen Stellung ergibt, dass sie von der Haftungsregelung des § 9 Abs. 2 S. 1 Nr. 1 OWiG erfasst sein sollen.[164] Dagegen ist die Beauftragung für Aufgaben des Betriebsinhabers gem. § 9 Abs. 2 S. 1 Nr. 2 OWiG nur ausdrücklich (mündlich oder schriftlich) möglich. Eine konkludente Übertragung oder eine stillschweigende Billigung reicht nicht aus.[165] Auch hier muss der Beauftragte über einen eigenen Entscheidungsspielraum verfügen. Zudem müssen die übertragenen Aufgaben nach Art und Umfang hinreichend klar umrissen sein.[166] Danach kommen als persönlich Haftende also z. B. ein Werksleiter oder ein Bereichsleiter in Betracht, in der Regel aber nicht der einfache Maschinenführer. Es kommt hier auf die konkreten Vereinbarungen mit der betreffenden Person und dabei insbesondere auf deren konkrete Aufgaben an.

Das Ordnungswidrigkeitenverfahren beginnt meistens mit einer Anhörung der Geschäftsführung. Diese muss dann darlegen, welche Personen verantwortlich sind. Gelingt die Darlegung, wird das Verfahren in der Regel gegen die betreffende Person fortgeführt. Gelingt eine solche Darlegung nicht, bleibt es jedenfalls bei der Haftung der Geschäftsführung.

§ 30 OWiG erlaubt auch die Verhängung von Geldbußen gegen juristische Personen und Personenvereinigungen. Die Pflichtverletzungen der Organe oder Vertreter werden den juristischen Personen und Personenvereinigungen durch § 30 OWiG zuge-

---

161 BT-Drs. 10/318, S. 35 f.
162 Bohnert/Krenberger/Krumm, OWiG, 4. Aufl. 2016, § 9 Rn. 4.
163 Bohnert/Krenberger/Krumm, OWiG, 4. Aufl. 2016, § 9 Rn. 21; vgl. *Rogall*, in: Karlsruher Kommentar OWiG, 4. Aufl. 2014, § 9 Rn. 83.
164 *Rogall*, in: Karlsruher Kommentar OWiG, 4. Aufl. 2014, § 9 Rn. 83.
165 Vgl. Bohnert/Krenberger/Krumm, OWiG, 4. Aufl. 2016, § 9 Rn. 22; *Valerius*, in: Graf (Hrsg.), BeckOK OWiG, Stand: 6/2018, § 9 Rn. 46.
166 *Valerius*, in: Graf (Hrsg.), BeckOK OWiG, Stand: 6/2018, § 9 Rn. 47, 50.

rechnet.[167] Wenn also eine Person, der die Leitung eines Betriebsteils verantwortlich übertragen wurde, eine Pflichtverletzung begangen hat, kann das Verfahren gegen sie oder gegen das Unternehmen geführt werden. Die Verfahren gegen die natürlichen Personen dürften dabei in der Praxis häufiger sein. Während bei § 30 OWiG das Unternehmen für seine Vertreter haftet, sieht § 130 OWiG eine Haftung des Inhabers für das Unternehmen vor. Dabei ist „Inhaber" derjenige, dem die Erfüllung der den Betrieb oder das Unternehmen treffenden Pflichten obliegt, um deren sanktionsrechtliche Durchsetzung es bei § 130 OWiG geht.[168] § 130 OWiG schließt als Auffangtatbestand eine Haftungslücke, die sich aus dem Auseinanderfallen von Betriebsinhaberschaft und den damit verbundenen Sonderstellungen auf der einen und der tatsächlichen Ausführung von Handlungen auf der anderen Seite ergibt.[169] Eine solche Haftung ist aber eher die Ausnahme.

8.1.2 Straftaten

Bei einem Verstoß gegen die in der AwSV geregelten Pflichten ist die Verwirklichung der Straftatbestände gem. §§ 324 (Gewässerverunreinigung), 324a (Bodenverunreinigung), 328 Abs. 3 (Unerlaubter Umgang mit gefährlichen Stoffen und Gütern), 329 Abs. 2 Nr. 1 und Nr. 2 (Gefährdung schutzbedürftiger Gebiete) und 330 StGB (Besonders schwerer Fall einer Umweltstraftat) möglich. Nach § 324 StGB macht sich strafbar, wer unbefugt ein Gewässer verunreinigt oder sonst dessen Eigenschaften nachteilig verändert. § 324a StGB erfasst die Verunreinigung oder sonst nachteilige Veränderung des Bodens durch das Einbringen, Eindringen-Lassen oder Freisetzen von Stoffen in den Boden unter Verletzung verwaltungsrechtlicher Pflichten. Darüber hinaus muss die Verunreinigung bzw. sonst nachteilige Veränderung geeignet sein, die Gesundheit eines anderen, Tiere, Pflanzen oder andere Sachen von bedeutendem Wert oder ein Gewässer zu schädigen. Ist eine solche Schädigungseignung nicht gegeben, liegt eine Strafbarkeit gleichwohl vor, wenn die Bodenverunreinigung von bedeutendem Umfang ist. Nach § 328 Abs. 3 StGB macht sich außerdem strafbar, wer unter Verletzung verwaltungsrechtlicher Pflichten mit gefährlichen Stoffen oder Gütern umgeht und dadurch die Gesundheit eines anderen, Tiere oder Pflanzen, Gewässer, die Luft oder den Boden oder fremde Sachen von bedeutendem Wert gefährdet. Schließlich macht sich nach § 329 Abs. 2 Nr. 1 und 2 StGB auch derjenige strafbar, der entgegen einer zum Schutz eines Wasser- oder Heilquellenschutzgebietes erlassenen Rechtsvorschrift oder vollziehbaren Untersagung betriebliche Anlagen zum Umgang mit wassergefährdenden Stoffen betreibt oder Rohrleitungsanlagen zum Befördern wassergefährdender Stoffe betreibt oder solche Stoffe befördert. Alle zuvor genannten Straftatbestände können auch durch fahrlässiges Handeln verwirklicht werden. Allerdings setzt ein besonders schwerer Fall einer Umweltstraftat gem. § 330 StGB vorsätzliches Handeln voraus.

---

167 Vgl. *Rogall*, in: Karlsruher Kommentar OWiG, 4. Aufl. 2014, § 30 Rn. 16 ff.
168 *Rogall*, in: Karlsruher Kommentar OWiG, 4. Aufl. 2014, § 30 Rn. 25.
169 Vgl. *Beck*, in: Graf (Hrsg.), BeckOK OWiG, Stand: 6/2018, § 130 vor Rn. 1.

Im besonderen Fokus steht dabei im vorliegenden Kontext die Gewässerverunreinigung (§ 324 StGB). Die erforderliche Gewässerverunreinigung kann dann gegeben sein, wenn Stoffe aus einer Anlage austreten und in das Grundwasser oder ein Oberflächenwasser gelangen. Dies geschieht in der Regel weder vorsätzlich noch durch aktives Tun, sondern fahrlässig und durch Unterlassen, also dadurch, dass jemand seinen Pflichten nicht nachgekommen ist.

Wer nichts tut (also etwas unterlässt) macht sich aber nur dann strafbar, wenn er rechtlich dafür einzustehen hat, dass eben nichts passiert. Er muss eine sogenannte Garantenstellung innehaben. Diese ergibt sich aus Vorschriften, die unmittelbar oder mittelbar dem Gewässerschutz dienen, also auch aus den in der AwSV geregelten Pflichten.[170] Diese finden sich im Kapitel 3, Abschnitte 2–4 der AwSV. So begründet z. B. die Selbstüberwachungspflicht des § 23 AwSV im Umweltstrafrecht eine Garantenstellung für die Begehung der Straftatbestände durch Unterlassen, z. B. §§ 324, 324a, 13 StGB.[171] Gleiches gilt z. B. für die Pflichten aus § 17 Abs. 4 AwSV, wonach der Betreiber bei der Stilllegung einer Anlage alle in der Anlage enthaltenen wassergefährdenden Stoffe, soweit technisch möglich, zu entfernen und die Anlage gegen missbräuchliche Nutzung zu sichern hat. Ein weiteres Beispiel für die Entstehung einer Garantenstellung ist die in § 24 Abs. 1 AwSV geregelte Pflicht, wonach der Betreiber bei bestimmten Betriebsstörungen unverzüglich Maßnahmen zur Schadensbegrenzung zu ergreifen bzw. die Anlage unverzüglich außer Betrieb zu nehmen hat.

Während sich manche Pflichten der AwSV ausdrücklich an den „Betreiber" der Anlage richten (z. B. Pflichten bei Betriebsstörungen gem. § 24 Abs. 1 AwSV oder Überwachungs- und Prüfpflichten des Betreibers gem. § 46 AwSV), stellt § 23 AwSV auf die Vorgänge des Befüllens und Entleerens ab, ohne dabei den Betreiber zu erwähnen. Die Überwachungspflicht des § 23 Abs. 1 AwSV, die praktische Bedeutung vor allem für Tankwagenfahrer entfaltet, begründet eine Garantenstellung also für denjenigen, der für den Befüll- oder Entleervorgang verantwortlich ist. Das wird in der Praxis regelmäßig der Lieferant oder Abholer des Stoffes sein, nicht aber der Betreiber der Lageranlage.[172]

Beim Austreten wassergefährdender Stoffe ist die Anzeigepflicht des Verursachers gem. § 24 Abs. 2 AwSV deshalb problematisch, weil der Verursacher häufig die Straftatbestände der §§ 324, 324a StGB verwirklicht, sofern eine Gewässer- bzw. Bodenverunreinigung eintritt und er durch die Anzeigepflicht selbst auf die von ihm begangene Straftat hinweisen muss. Diese Pflicht zur Selbstbezichtigung stellt einen Eingriff in die allgemeine Handlungsfreiheit gem. Art. 2 Abs. 1 GG sowie eine Beeinträchtigung des allgemeinen Persönlichkeitsrechts i. S. d. Art. 2 Abs. 1 i. V. m. Art. 1 Abs. 1

---

170 Vgl. *Alt*, in: MüKo StGB, 2. Aufl. 2014, § 324 Rn. 95 ff.
171 Vgl. *Sanden*, in: Giesberts/Reinhardt (Hrsg.), BeckOK Umweltrecht, Stand: 5/2017, § 62 WHG Rn. 40.1.
172 Vgl. *Sanden*, in: Giesberts/Reinhardt (Hrsg.), BeckOK Umweltrecht, Stand: 5/2017, § 62 WHG Rn. 40.1.

GG dar.[173] Dies ist jedoch wegen der besonderen Bedeutung des Grundwasserschutzes für die Allgemeinheit, die in Art. 20a GG zum Ausdruck kommt, gerechtfertigt.[174]

Im Falle der Verurteilung zu einer Geldstrafe, die den deliktischen Profit unterschreitet, oder wenn eine Bewährungsstrafe ohne eine Auflage gem. § 56b StGB verhängt wird, bestünde die Gefahr, dass sich die Begehung von Umweltstraftaten wirtschaftlich lohnen könnte. Dem beugen die Vorschriften über die Einziehung von Taterträgen und des Wertes von Taterträgen bei Tätern und Teilnehmern gem. der §§ 73 ff. StGB vor. Diese bezwecken die Abschöpfung von rechtswidrig erlangten Vermögensvorteilen aus Straftaten zugunsten der Staatskasse.[175]

8.2 Öffentlich-rechtliche Haftung, insbesondere USchadG

Neben einer Verfolgung insbesondere als Ordnungswidrigkeit kann ein Verstoß gegen die Pflichten der AwSV auch zu einer öffentlich-rechtlichen Haftung im weiteren Sinne führen. Es liegt ein Verstoß gegen die öffentliche Sicherheit vor, den die Ordnungsbehörde dadurch abstellen kann, dass sie dem Betreiber durch Ordnungsverfügungen aufgibt, seinen Pflichten nachzukommen. Die Befugnisse reichen so weit, dass dem Betreiber Zwangsgelder auferlegt werden oder die Anlage stillgelegt werden kann. Auf diese Weise kann die Behörde alle verwaltungsrechtlich normierten Pflichten durchsetzen.

Ist der Pflichtenverstoß noch mit weiteren, in speziellen Gesetzen geregelten Konsequenzen verbunden, kommt eine Haftung ggf. auch nach diesen Vorschriften in Betracht. Denkbar ist hier z. B. eine Haftung auf Untersuchung und Sanierung von schädlichen Bodenveränderungen nach dem Bundes-Bodenschutzgesetz, wenn durch austretende wassergefährdende Stoffe der Boden verunreinigt wird (§ 9 Abs. 2 BBodSchG). Soweit ein Gewässer „ohne Bodenpassage" beeinträchtigt wird, z. B. weil gefährliche Stoffe durch einen Brunnen oder eine Versickerungsanlage in das Grundwasser gelangen, kann die Behörde auf der Grundlage von § 100 WHG i. V. m. den landesgesetzlichen Anforderungen einschreiten. Die Besonderheit dieser Haftung besteht darin, dass sie auch den Eigentümer sowie den Besitzer der Grundstücke treffen kann, von dem die Beeinträchtigung des Bodens und des Grundwassers ausgeht. Hat dieser allerdings die Gefahr nicht verursacht, ist seine Haftung der Höhe nach aus Gründen der Verhältnismäßigkeit begrenzt, wobei als Anhaltspunkt der Verkehrswert des Grundstücks nach (ggf. hypothetischer) Durchführung der Sanierung heranzuziehen ist.[176] Ferner kann der Verpflichtete vom Verursacher Ersatz der Kosten verlangen (§ 24 Abs. 2 BBodSchG).

173 Vgl. BVerfG, Beschl. v. 13.01.1981 – 1 BvR 116/77, BVerfGE 56, S. 37, 41 f.

174 Vgl. *Gößl*, in: Sieder/Zeitler/Dahme (Begr.)/Knopp, WHG, Stand: 2/2017, § 62 Rn. 145.

175 Vgl. *Heuchemer*, in: von Heintschel-Heinegg (Hrsg.), BeckOK StGB, Stand: 12/2016, § 73 Rn. 1.

176 BVerfG, Beschl. v. 16.02.2000 – 1 BvR 242/91, 1 BvR 315/99, juris Rn. 56, BVerfGE 102, S. 1.

Diese öffentlich-rechtlichen Befugnisse wurden durch das Umweltschadensgesetz (USchadG) weiter ausgedehnt. Im USchadG wird ein Rahmen geschaffen, der für alle von der Umwelthaftungsrichtlinie[177] erfassten Umweltschäden gilt und die für diese Schäden geltenden allgemeinen Vorschriften einheitlich regelt. Das USchadG ist dabei auf Ergänzung durch das jeweilige Fachrecht (Naturschutz-, Wasserhaushalts- bzw. Bodenschutzrecht) angelegt.[178]

Nach § 1 USchadG findet das Gesetz Anwendung, soweit Rechtsvorschriften des Bundes oder der Länder die Vermeidung und Sanierung von Umweltschäden nicht näher bestimmen oder in ihren Anforderungen dem USchadG nicht entsprechen. Rechtsvorschriften mit weitergehenden Anforderungen bleiben unberührt. In den übrigen Fällen ist das USchadG also nicht anwendbar, weil es dann hinter den einschlägigen Fachgesetzen von Bund und Ländern zurücktritt. In § 2 USchadG werden die wesentlichen Begriffe des Gesetzes definiert. Danach umfasst der Begriff des „Umweltschadens" sowohl Schädigungen von Arten und natürlichen Lebensräumen als auch Schädigungen der Gewässer und des Bodens. Der Anwendungsbereich des USchadG umfasst nach § 3 USchadG Umweltschäden und die unmittelbare Gefahr solcher Schäden, die durch eine in Anlage 1 USchadG aufgeführte berufliche Tätigkeit verursacht wurden. Darüber hinaus gilt das USchadG auch für Schädigungen von Arten und natürlichen Lebensräumen und die Gefahr solcher Schäden, die durch andere berufliche Tätigkeiten verursacht wurden, wenn der Verantwortliche schuldhaft gehandelt hat. Für den Verantwortlichen eines Umweltschadens bzw. der Gefahr eines Umweltschadens besteht eine Informations- (§ 4 USchadG), eine Gefahrenabwehr- (§ 5 USchadG) sowie eine Sanierungspflicht (§ 6 USchadG).

Verantwortlicher ist gem. § 2 Nr. 3 USchadG jede natürliche oder juristische Person, die eine berufliche Tätigkeit ausübt oder bestimmt, einschließlich des Inhabers einer Zulassung oder Genehmigung für eine solche Tätigkeit oder der Person, die eine solche Tätigkeit anmeldet oder notifiziert, und dadurch unmittelbar einen Umweltschaden oder die unmittelbare Gefahr eines solchen Schadens verursacht hat. Erfasst werden natürliche oder juristische Personen des privaten oder öffentlichen Rechts. Dabei haben juristische Personen polizeirechtlich für das Verhalten ihrer verfassungsmäßigen Vertreter einzustehen.[179] Auch wenn juristische Personen des Privatrechts ebenfalls ordnungspflichtig im Sinne des Polizei- und Ordnungsrechts sein können, steht dies im Einzelfall einer Inanspruchnahme einer für eine juristische Person verantwortlichen natürlichen Person als Störer nicht entgegen.[180] Als diejenigen, die eine berufliche Tätigkeit bestimmen, kommen in Erweiterung gegenüber denjenigen, die eine

---

177 Richtlinie 2004/35/EG des Europäischen Parlaments und des Rates vom 21.04.2004 über Umwelthaftung zur Vermeidung und Sanierung von Umweltschäden, ABl. EG 2004 Nr. L 143, S. 56.
178 BR-Drs. 678/06, S. 1.
179 VGH BW, Beschl. v. 06.10.1995 – 10 S 1389/95, juris Rn. 15; vgl. BR-Drs. 678/06, S. 40.
180 OVG NRW, Urt. v. 06.09.1993 – 11 A 694/90, juris Rn. 38 ff., NuR 1994, S. 251; VGH BW, Beschl. v. 20.10.1992 – 10 S 2707/91, juris Rn. 7, DÖV 1993, S. 578; vgl. BR-Drs. 678/06, S. 40.

solche Tätigkeit ausüben, all jene in Betracht, die bestimmenden Einfluss auf eine schadensauslösende berufliche Tätigkeit haben (z. B. Organmitglieder von Kapitalgesellschaften, Personen mit leitender Funktion oder unter Umständen auch Kreditgeber oder Minderheitsgesellschafter).[181]

Voraussetzung für eine Verantwortlichkeit nach dem USchadG ist aber, dass die jeweilige natürliche oder juristische Person, die eine berufliche Tätigkeit i. S. d. § 2 Nr. 4 USchadG ausübt oder bestimmt, einen Umweltschaden oder die unmittelbare Gefahr eines solchen Schadens unmittelbar, also kausal, verursacht hat. Daraus folgt, dass etwa Behörden, die mit Genehmigungserteilungen, oder Gemeinden, die mit der Aufstellung von Bauleitplänen eine Voraussetzung für die Ausübung einer beruflichen Tätigkeit i. S. d. § 2 Nr. 4 USchadG schaffen, keine Verantwortlichen sind, da es sich um einen nur mittelbaren Ursachenbeitrag handelt.[182]

Eine berufliche Tätigkeit ist gem. § 2 Nr. 4 USchadG *„jede Tätigkeit, die im Rahmen einer wirtschaftlichen Tätigkeit, einer Geschäftstätigkeit oder eines Unternehmens ausgeübt wird, unabhängig davon, ob sie privat oder öffentlich und mit oder ohne Erwerbscharakter ausgeübt wird"*. Die einzelnen beruflichen Tätigkeiten werden in Anlage 1 USchadG aufgeführt. Ob hiervon auch AwSV-Anlagen erfasst werden, hängt von der konkreten AwSV-Anlage ab. Je nachdem, was in der Anlage hergestellt oder gelagert etc. wird, kann z. B. eine berufliche Tätigkeit i. S. d. Nr. 7 Anlage 1 USchadG vorliegen.

Nach § 7 Abs. 1 USchadG überwacht die zuständige Behörde, dass die erforderlichen Vermeidungs-, Schadensbegrenzungs- und Sanierungsmaßnahmen vom Verantwortlichen ergriffen werden. Außerdem stehen der zuständigen Behörde gem. § 7 Abs. 2 USchadG verschiedene Befugnisse zur Durchsetzung der Pflichten des Verantwortlichen zu. Schließlich hat der Verantwortliche gem. § 9 Abs. 1 S. 1 USchadG vorbehaltlich von Ansprüchen gegen die Behörden oder Dritte die Kosten der Vermeidungs-, Schadensbegrenzungs- und Sanierungsmaßnahmen zu tragen.

§ 90 WHG regelt i. V. m. dem USchadG die Sanierung von Gewässerschäden. § 90 Abs. 1 WHG definiert, wann eine Schädigung eines Gewässers vorliegt. Dabei werden nur Schäden mit erheblichen nachteiligen Auswirkungen auf den näher beschriebenen Zustand von oberirdischen Gewässern, Küstengewässern, Meeresgewässern oder des Grundwassers erfasst. Im Gegensatz zu § 89 WHG umfasst der Schadensbegriff des § 90 WHG keine Vermögensschäden.[183] Schaden bzw. Schädigung i. S. d. § 90 Abs. 1 WHG ist gem. § 2 Nr. 2 USchadG *„eine direkt oder indirekt eintretende feststellbare nachteilige Veränderung einer natürlichen Ressource (Arten und natürliche Lebensräume, Gewässer und Boden) oder Beeinträchtigung der Funktion einer natürlichen Ressource"*. § 90 Abs. 2 WHG normiert eine Sanierungspflicht für die verantwortliche Person, die die Gewässerschädigung verursacht hat. Dabei wiederholt § 90 Abs. 2

---

181 *Balensiefen*, USchadG, 2013, § 2 Rn. 5.
182 BR-Drs. 678/06, S. 40 f.
183 *Reinhardt*, in: Giesberts/Reinhardt (Hrsg.), BeckOK Umweltrecht, Stand: 5/2017, § 90 WHG Rn. 1.

WHG lediglich die bereits in § 6 USchadG geregelte Sanierungsverpflichtung des Verantwortlichen.[184] Zur Bestimmung des Verantwortlichen i. S. d. § 90 Abs. 2 WHG sind die Definitionen des USchadG heranzuziehen. Das Umweltschadensgesetz kommt indessen vergleichsweise selten zum Einsatz.

8.3 Zivilrechtliche Haftung

Führt die Verletzung der Pflichten der AwSV zu Schäden an Rechtsgütern Dritter, löst dies zivilrechtliche Schadensersatzansprüche aus. Hier greifen zum einen die üblichen zivilrechtlichen Haftungsnormen in §§ 823 ff. BGB. Zum anderen können Sondertatbestände greifen, die zu einer Erweiterung der Haftung führen, weil mit gefährlichen Anlagen und Stoffen umgegangen wird (§ 89 WHG, UmweltHG).

8.3.1 Die Haftung nach § 823 BGB

Führt ein Verstoß gegen Pflichten aus der AwSV z. B. zu Eigentumsverletzungen, kommt eine Haftung nach den allgemeinen Grundsätzen des § 823 Abs. 1 BGB in Betracht.[185] Zudem ist eine Haftung des Betreibers der AwSV-Anlage für Schäden, die durch einen Mitarbeiter verursacht wurden, nach § 831 Abs. 1 S. 1 BGB möglich.[186] Diese Haftung entfällt jedoch gem. § 831 Abs. 1 S. 2 BGB, wenn der Betreiber bei der Auswahl des Mitarbeiters und, sofern er Vorrichtungen oder Gerätschaften zu beschaffen oder die Ausführung der Arbeit des Mitarbeiters zu leiten hat, bei der Beschaffung oder der Leitung die im Verkehr erforderliche Sorgfalt beobachtet oder wenn der Schaden auch bei Anwendung dieser Sorgfalt entstanden wäre. Die Haftung nach §§ 823 ff. BGB ist nicht anders als für andere betriebliche Tätigkeiten.

Eine Haftung nach § 823 Abs. 2 BGB kommt hingegen nicht in Betracht, weil es sich bei der AwSV nach herrschender Auffassung nicht um ein sogenanntes Schutzgesetz handelt.[187]

8.3.2 Die Haftung nach § 89 Abs. 2 WHG

Besonderes Augenmerk ist im Rahmen der Haftung auf § 89 Abs. 2 WHG zu legen. Danach haftet der Betreiber auf Schadensersatz, wenn aus einer Anlage, die bestimmt ist, Stoffe herzustellen, zu verarbeiten, zu lagern, abzulagern, zu befördern oder weg-

---

184 BR-Drs. 678/06, S. 63.

185 Vgl. *Schwendner*, in: Sieder/Zeitler/Dahme (Begr.)/Knopp, WHG, Stand: 2/2017, § 89 Rn. 86 ff.

186 Vgl. *Petersen*, in: Landmann/Rohmer (Begr.), Umweltrecht, Stand: 12/2017, § 89 WHG Rn. 10.

187 Breuer, Öffentliches und privates Wasserrecht, 3. Aufl. 2004, Rn. 1077; *Katzenmeier*, in: Dauner-Lieb/Langen (Hrsg.), BGB, 2. Aufl. 2012, § 823 Rn. 544; *Schwendner*, in: Sieder/Zeitler/Dahme (Begr.)/Knopp, WHG, Stand: 2/2017, § 89 Rn. 91 f.; *Sprau*, in: Palandt (Begr.), BGB, 76. Aufl. 2017, § 823 Rn. 72; a. A. *Wagner*, in: MüKo BGB, 7. Aufl. 2017, § 823 Rn. 897.

zuleiten, derartige Stoffe in ein Gewässer gelangen, ohne in dieses eingebracht oder eingeleitet zu sein, und dadurch die Wasserbeschaffenheit nachteilig verändert wird. Erfasst ist z. B. der Fall, dass eine Lageranlage für wassergefährdende Stoffe undicht ist und Stoffe in Grund- oder Oberflächengewässer gelangen und dadurch bei Dritten ein Schaden entsteht. Die Besonderheit dieser Haftung besteht darin, dass sie kein Verschulden voraussetzt, sondern eine sogenannte Gefährdungshaftung ist. Der Geschädigte muss demnach – anders als sonst im Schadenersatzrecht – nicht darlegen und beweisen, dass der Betreiber z. B. sorgfaltswidrig handelte und gegen bestimmte gesetzliche Pflichten verstoßen hat. Diese Privilegierung soll der Tatsache Rechnung tragen, dass der Anlagenbetreiber die Anlage in der Regel besser kennt als der Geschädigte und rechtfertigt sich auch dadurch, dass dem Anlagenbetreiber grundsätzlich die mit dem Anlagenbetrieb verbundenen Risiken zugeordnet werden sollen. Es reicht grundsätzlich der Nachweis aus, dass die Stoffe aus der Anlage stammen. Eine Haftung aus § 89 Abs. 2 WHG droht also auch dann, wenn der Anlagenbetreiber alle Pflichten der AwSV eingehalten hat. Die Ersatzpflicht tritt allerdings nicht ein, wenn der Schaden durch höhere Gewalt verursacht wird.

Die Regelungen der AwSV und des § 89 WHG ergänzen sich. Die AwSV regelt im Wesentlichen Anforderungen an Anlagen zum Umgang mit wassergefährdenden Stoffen. Durch diese Anforderungen soll sichergestellt werden, dass es erst gar nicht zu nachteiligen Veränderungen der Eigenschaften von Gewässern durch Freisetzungen von wassergefährdenden Stoffen aus entsprechenden Anlagen kommt.[188] Vorsätzlich oder fahrlässig begangene Verstöße gegen bestimmte in der AwSV geregelte Pflichten stellen nach § 65 AwSV Ordnungswidrigkeiten dar, die hohe Geldbußen nach sich ziehen können. Die Ordnungswidrigkeiten-Tatbestände sind aber auch dann erfüllt, wenn der jeweilige Verstoß gegen Pflichten aus der AwSV gar nicht zu einer nachteiligen Veränderung der Wasserbeschaffenheit eines Gewässers geführt hat. Dagegen setzen die Haftungtatbestände des § 89 WHG voraus, dass bereits eine nachteilige Veränderung der Wasserbeschaffenheit eines Gewässers eingetreten ist. Für diese Fälle begründet § 89 WHG zivilrechtliche Schadensersatzansprüche.

Wer in ein Gewässer Stoffe einbringt oder einleitet oder wer in anderer Weise auf ein Gewässer einwirkt und dadurch die Wasserbeschaffenheit nachteilig verändert, ist gem. § 89 Abs. 1 WHG zum Ersatz des daraus einem anderen entstehenden Schadens verpflichtet. Während die Verhaltenshaftung des § 89 Abs. 1 WHG ein zweckgerichtetes und gewässerbezogenes Handeln voraussetzt, genügt für die Anlagenhaftung des § 89 Abs. 2 WHG, dass wassergefährdende Stoffe aus einer gefährlichen Anlage in ein Gewässer gelangen. Beide Tatbestände können nebeneinander zur Anwendung kommen. Sie schließen sich nicht gegenseitig aus.[189] Bei einem Verstoß gegen Pflichten aus der AwSV wird § 89 Abs. 1 WHG aber in der Regel nicht zur Anwendung kom-

---

188 Vgl. § 1 Abs. 1 AwSV.
189 BGH, Entscheidung v. 28.10.1971 – III ZR 227/68, juris Rn. 16, NJW 1972, S. 204; *Hilf*, in: Giesberts/Reinhardt (Hrsg.), BeckOK Umweltrecht, Stand: 5/2017, § 89 WHG vor Rn. 1, Rn. 51.

men, weil es bei Betriebsstörungen in der Regel an einem zweckgerichteten und gewässerbezogenen Handeln fehlen dürfte.[190]

Für Inhalt und Umfang des Schadensersatzanspruchs gelten die §§ 249 ff. BGB. Die Höhe des Anspruchs ist nicht begrenzt. Über die Höhe entscheidet das Gericht gem. § 287 Zivilprozessordnung (ZPO) nach freier Überzeugung.[191] Die Haftung nach § 89 WHG unterliegt der regelmäßigen Verjährungsfrist des § 195 BGB. Diese beträgt drei Jahre. Die Frist beginnt gem. § 199 Abs. 1 BGB grundsätzlich mit dem Schluss des Jahres, in dem der Anspruch entstanden ist und in dem der Gläubiger von den den Anspruch begründenden Umständen und der Person des Schuldners Kenntnis erlangt oder ohne grobe Fahrlässigkeit erlangen müsste.

Der Anlagenbegriff des § 89 Abs. 2 WHG ist weit gefasst.[192] Er ist auch weiter als die Anlagenbegriffe des § 62 WHG, der AwSV oder des § 1 UmweltHG.[193] Denn der Anlagenbegriff des § 89 Abs. 2 WHG erfasst auch bewegliche Einrichtungen wie z. B. Tankwagen.[194] Demgegenüber erfasst die AwSV nach § 2 Abs. 9 AwSV[195] nur ortsfeste oder ortsfest benutzte Einheiten. Daher dürften die meisten AwSV-Anlagen auch dem Anlagenbegriff des § 89 Abs. 2 WHG unterfallen. Eindeutig unterfallen AwSV-Anlagen, in denen wassergefährdende Stoffe hergestellt oder gelagert werden, auch dem Anlagenbegriff des § 89 Abs. 2 WHG, da die Tatbestandsvarianten „herstellen" und „lagern" sowohl in § 2 Abs. 9 AwSV als auch in § 89 Abs. 2 WHG Verwendung finden. Bei der Frage, ob auch AwSV-Anlagen, in denen wassergefährdende Stoffe lediglich abgefüllt, umgeschlagen, behandelt oder verwendet werden, dem Anlagenbegriff des § 89 Abs. 2 WHG unterfallen, verbleiben Unsicherheiten, weil diese Begriffe sich jedenfalls nicht vollständig mit den übrigen Tatbestandsvarianten des § 89 Abs. 2 WHG („verarbeiten", „ablagern", „befördern" und „wegleiten") decken. Die Rohrleitungsanlagen gem. § 2 Abs. 9 S. 1 Nr. 2 AwSV dürften jedenfalls Anlagen sein, die bestimmt sind, Stoffe zu befördern bzw. wegzuleiten i. S. d. § 89 Abs. 2 WHG. Auffällig ist jedoch z. B., dass Anlagen zum Verwenden wassergefährdender Stoffe jedenfalls begrifflich keine stets passende Entsprechung in § 89 Abs. 2 WHG haben. Auch wenn die Anlagen in § 89 Abs. 2 WHG weit zu fassen sein sollen, verbleiben jedenfalls begriffliche Widersprüche.

Die Anlagenhaftung des § 89 Abs. 2 WHG bezieht sich sowohl auf in Betrieb befindliche als auch auf bereits stillgelegte Anlagen.[196] Anlagen i. S. d. § 89 Abs. 2 WHG

---

190 Vgl. LG Düsseldorf, Urt. v. 02.08.2016 – 7 O 242/15, juris Rn. 53 m. w. N.
191 Vgl. *Hilf*, in: Giesberts/Reinhardt (Hrsg.), BeckOK Umweltrecht, Stand: 5/2017, § 89 WHG Rn. 39.
192 BGH, Urt. v. 22.11.1971 – III ZR 112/69, juris Rn. 21, BGHZ 57, S. 257; *Schwendner*, in: Sieder/Zeitler/Dahme (Begr.)/Knopp, WHG, Stand: 2/2017, § 89 Rn. 52.
193 Vgl. *Petersen*, in: Landmann/Rohmer (Begr.), Umweltrecht, Stand: 12/2017, § 89 WHG Rn. 62.
194 BGH, Urt. v. 23.12.1966 – V ZR 144/63, juris Rn. 13, NJW 1967, S. 1131, 1134 f.
195 Vgl. Kap. 2.1.
196 *Hilf*, in: Giesberts/Reinhardt (Hrsg.), BeckOK Umweltrecht, Stand: 5/2017, § 89 WHG Rn. 48.

sollen z. B. sein: gewerbliche Fabrikationsanlagen, Abfallentsorgungsanlagen, Kanalisations- und Kläranlagen, Tanklager, Rohrleitungen für Mineralöle, Öltanks für die Heizung von Gebäuden, Tankwagen, Tankschiffe, Tankerlöschbrücken und Kesselwagen der Bahn; im Bereich der Landwirtschaft: Misthaufen, Jauchegruben und Futtersilos, Geräte zum Aufbringen von Dünger, Klärschlamm oder Pflanzenschutzmitteln.[197] Es ist allerdings in systematischer Hinsicht zweifelhaft, ob die letztgenannten Anlagen darunter fallen, da die Anlagen zur Verwendung, anders als in § 62 Abs. 1 WHG, jedenfalls nicht ausdrücklich erfasst sind.

Darüber hinaus muss es sich nach dem Sinn und Zweck der Gefährdungshaftung um „gefährliche Anlagen" handeln. Von den Anlagen muss also mit Rücksicht auf die Stoffe, die mit ihnen hergestellt usw. werden, eine Gefahr für die Beschaffenheit des Wassers ausgehen, sei es im normalen Betrieb oder im Störfall.[198] Dies ist bei Anlagen zum Umgang mit wassergefährdenden Stoffen immer der Fall.[199] Dazu zählen überwiegend auch die allgemein wassergefährdenden Stoffe i. S. d. § 3 Abs. 2 AwSV. Zweifelhaft ist dies allerdings bei den aufschwimmenden flüssigen Stoffen i. S. d. § 3 Abs. 2 S. 1 Nr. 7 AwSV, da das „Aufschwimmen" allein jedenfalls kein Gefährlichkeitsmerkmal ist, dass der Gesetzgeber im Blick hatte, als § 89 Abs. 2 WHG erlassen wurde. Auch die „festen Gemische" i. S. d. § 3 Abs. 2 S. 1 Nr. 8 AwSV dürften nur dann dazugehören, soweit sie selbst gefährliche Eigenschaften aufweisen. Dagegen reicht der Umstand, dass in einer Anlage mit festen Gemischen umgegangen wird, die nicht nach § 10 AwSV als nicht wassergefährdend eingestuft wurden, allein noch nicht aus, um von einer „gefährlichen Anlage" auszugehen.

Die Schadensersatzpflicht des § 89 Abs. 2 WHG trifft den Betreiber der Anlage. Dies ist nicht zwangsläufig ihr Eigentümer. Entscheidend ist, wer die Anlage für eigene Rechnung in Gebrauch hat und die Verfügungsgewalt besitzt, die ein solcher Gebrauch voraussetzt.[200] Daher kann auch der Mieter, Pächter oder Nießbraucher Betreiber sein. Trägt bei einem vertraglichen Einsatz der Anlage für einen Dritten dieser mittelbar auch die Kosten der Anlage, macht ihn dieser Umstand allein noch nicht zum Betreiber.[201] Wenn der Eigentümer einer Anlage im Falle einer Gebrauchsüberlassung an einen anderen konkrete Anhaltspunkte dafür hatte, dass dieser seinen Verkehrssicherungspflichten nicht nachkommen werde, kommt für den Eigentümer eine Haftung aus § 89 Abs. 2 WHG in Betracht.[202]

---

197 *Breuer*, Öffentliches und privates Wasserrecht, 3. Aufl. 2004, Rn. 1134; *Hilf*, in: Giesberts/Reinhardt (Hrsg.), BeckOK Umweltrecht, Stand: 5/2017, § 89 WHG Rn. 48.1.

198 BGH, Urt. v. 02.12.1982 – III ZR 121/81, juris Rn. 7 f., NJW 1983, S. 2029; *Schwendner*, in: Sieder/Zeitler/Dahme (Begr.)/Knopp, WHG, Stand: 2/2017, § 89 Rn. 56.

199 BGH, Urt. v. 02.12.1982 – III ZR 121/81, juris Rn. 7 f., NJW 1983, S. 2029; *Petersen*, in: Landmann/Rohmer (Begr.), Umweltrecht, Stand: 12/2017, § 89 WHG Rn. 64.

200 BGH, Urt. v. 31.05.2007 – III ZR 3/06, juris Rn. 21, NuR 2007, S. 499, 501; BGH, Urt. v. 08.01.1981 – III ZR 157/79, juris Rn. 13, NJW 1981, 1516.

201 BGH, Urt. v. 31.05.2007 – III ZR 3/06, juris Rn. 24, NuR 2007, S. 499, 502.

202 BGH, Urt. v. 22.07.1999 – III ZR 198/98, juris Rn. 13, NJW 1999, S. 3633, 3634.

Der Betreiberbegriff des § 89 Abs. 2 WHG ist identisch mit den Betreiberbegriffen in § 62 WHG und dem BImSchG.[203] Die AwSV enthält in § 2 AwSV keine Definition. Doch auch bei der AwSV ist von demselben Betreiberbegriff auszugehen.[204]

Im Rahmen des § 89 Abs. 2 WHG ist es nicht erforderlich, dass die Stoffe unmittelbar in das Gewässer gelangen, dessen Wasserbeschaffenheit nachteilig verändert wird. Es reicht grundsätzlich aus, dass die Stoffe mittelbar in das Gewässer gelangen.[205] Allerdings erfasst § 89 WHG – wie auch sonst im Zivilrecht – nur solche Fälle, in denen ein adäquater Ursachenzusammenhang besteht.[206] Danach sind ursächlich nur solche Erfolgsbedingungen, die im Allgemeinen und nicht nur unter besonders eigenartigen, unwahrscheinlichen und nach dem gewöhnlichen Verlauf der Dinge außer Betracht zu lassenden Umständen geeignet sind, einen Erfolg dieser Art herbeizuführen.[207] Die Haftung des § 89 Abs. 2 WHG erfasst also solche Fälle nicht, in denen es außerhalb jeglicher Wahrscheinlichkeit und Vorhersehbarkeit lag, dass Stoffe aus der Anlage in ein Gewässer gelangen würden.[208]

§ 89 WHG sieht im Vergleich zu § 90 WHG i. V. m. dem USchadG eine weitergehende Haftung vor. So werden von § 89 WHG etwa Vermögensschäden erfasst, und es sind keine „erheblichen" nachteiligen Auswirkungen wie bei § 90 WHG nötig.[209] Eine Haftung aus § 89 WHG besteht neben einer Haftung aus § 823 Abs. 1 und Abs. 2 BGB oder § 1 UmweltHG.[210]

8.3.3 Die Haftung nach dem UmweltHG

Die wegen der geringen Anforderungen an den Nachweis schärfste Schadenersatzhaftung begründet das Umwelthaftungsgesetz (UmweltHG). § 1 UmweltHG regelt eine Gefährdungshaftung für Individualschäden als Folge von Umwelteinwirkungen, die von einer im Anhang 1 UmweltHG genannten Anlage ausgehen. Im Anhang 1 selbst sind größere, oftmals nach BImSchG genehmigungsbedürftige Anlagen genannt. Bei der Lektüre denkt man jedenfalls nicht sofort an Anlagen zum Umgang mit wassergefährdenden Stoffen. Zu den erfassten Anlagen gehören nach § 3 Abs. 3 UmweltHG

---

203 Vgl. *Meyer*, in: Landmann/Rohmer (Begr.), Umweltrecht, Stand: 12/2017, § 62 WHG Rn. 29.

204 Vgl. *Sanden*, in: Giesberts/Reinhardt (Hrsg.), BeckOK Umweltrecht, Stand: 5/2017, § 62 WHG Rn. 39 f.

205 Vgl. BGH, Entscheidung v. 28.10.1971 – III ZR 227/68, juris Rn. 16, 19, NJW 1972, S. 204; *Schwendner*, in: Sieder/Zeitler/Dahme (Begr.)/Knopp, WHG, Stand: 2/2017, § 89 Rn. 59.

206 Vgl. BGH, Urt. v. 10.07.1975 – III ZR 28/73, juris Rn. 23, NJW 1975, S. 2012.

207 BGH, Urt. v. 10.07.1975 – III ZR 28/73, juris Rn. 23, NJW 1975, S. 2012.

208 Vgl. *Petersen*, in: Landmann/Rohmer (Begr.), Umweltrecht, Stand: 12/2017, § 89 WHG Rn. 38.

209 *Hilf*, in: Giesberts/Reinhardt (Hrsg.), BeckOK Umweltrecht, Stand: 5/2017, § 89 WHG Rn. 2.

210 Vgl. § 18 Abs. 1 UmweltHG; *Petersen*, in: Landmann/Rohmer (Begr.), Umweltrecht, Stand: 12/2017, § 89 WHG Rn. 10.

aber auch Maschinen, Geräte, Fahrzeuge und sonstige ortsveränderliche technische Einrichtungen sowie Nebeneinrichtungen, die mit der Anlage oder einem Anlagenteil in einem räumlichen oder betriebstechnischen Zusammenhang stehen und für das Entstehen von Umwelteinwirkungen von Bedeutung sein können. AwSV-Anlagen können daher als Teil oder Nebeneinrichtung zu den Anlagen nach UmweltHG gehören.

Wird durch eine Umwelteinwirkung, die von einer Anlage nach Anhang 1 UmweltHG ausgeht, jemand getötet, sein Körper oder seine Gesundheit verletzt oder eine Sache beschädigt, so ist der Inhaber der Anlage gem. § 1 UmweltHG verpflichtet, dem Geschädigten den daraus entstehenden Schaden zu ersetzen. Durch § 2 UmweltHG wird die Haftung des § 1 UmweltHG auch auf noch nicht fertiggestellte Anlagen sowie auf nicht mehr betriebene Anlagen erstreckt.

Ökologische Schäden, die ausschließlich der Allgemeinheit entstehen, unterliegen nicht der Gefährdungshaftung des § 1 UmweltHG. Außerdem wird das nicht umweltbezogene Anlagenrisiko nicht von der Gefährdungshaftung erfasst. § 1 UmweltHG bleibt dadurch hinter dem Modell der Gefährdungshaftung für Industrieanlagen, wie es z. B. im Haftpflichtgesetz (HPflG) der Fall ist, zurück. Andererseits deckt die Gefährdungshaftung des § 1 UmweltHG auch den Normalbetrieb einer Anlage ab und ist nicht auf Unfälle und Störfalle beschränkt.[211]

In der Verursachungsvermutung des § 6 UmweltHG liegt die Verschärfung der Haftung. Ist eine Anlage nach den Gegebenheiten des Einzelfalls geeignet, den entstandenen Schaden zu verursachen, so wird gem. § 6 Abs. 1 S. 1 UmweltHG vermutet, dass der Schaden durch diese Anlage verursacht ist. (Beispiel: Hat eine Gemeinde auf einem gepachteten Grundstück eine Hausmülldeponie betrieben, so ist sie unter analoger Heranziehung der Ursachenvermutung aus § 6 Abs. 1 UmweltHG als pflichtige Handlungsstörerin i. S. d. §§ 4, 24 BBodSchG anzusehen, wenn sich die Schadstoffbelastung, aus der die Sanierungsnotwendigkeit resultiert, innerhalb der Spannweite von Befunden hält, die bei nach damaligem Stand betriebenen Hausmülldeponien zu erwarten sind.[212]) Der Gesetzgeber dreht angesichts der abstrakten Gefährlichkeit der Anlage die Beweislast um. Der Anlagenbetreiber kann allerdings seinerseits die Vermutung entkräften, wenn er hinsichtlich der Anlagenüberwachung nachlegt: Wurde die Anlage entsprechend der verwaltungsrechtlichen Zulassung betrieben und wurden die in der Zulassung oder in Rechtsvorschriften vorgeschriebenen Kontrollen (z. B. Überwachungs- und Prüfpflichten des Betreibers gem. § 46 AwSV) durchgeführt, ohne dass sich dabei Anhaltspunkte für die Verletzung von Betriebspflichten ergaben, so entfällt die Ursachenvermutung (§ 6 Abs. 2–4 UmweltHG).[213] Vor diesem Hintergrund bekommen auch die Prüfprotokolle z. B. aus der wiederkehrenden Prüfung eine be-

---

211 *Rehbinder*, in: Landmann/Rohmer (Begr.), Umweltrecht, Stand: 12/2017, § 1 UmweltHG Rn. 1.
212 OLG Schleswig, Urt. v. 20.12.2007 – 5 U 98/04.
213 Vgl. auch *Rehbinder*, in: Landmann/Rohmer (Begr.), Umweltrecht, Stand: 12/2017, § 6 UmweltHG Rn. 49.

sondere Bedeutung, weil sich mit diesen noch nach Jahren dokumentieren lässt, dass die Anlage entsprechend den Vorgaben betrieben und überwacht wurde.

§ 15 UmweltHG sieht Haftungshöchstgrenzen vor. Danach haftet der Ersatzpflichtige für Tötung, Körper- und Gesundheitsverletzung insgesamt nur bis zu einem Höchstbetrag von 85 Mio. Euro und für Sachbeschädigungen ebenfalls insgesamt nur bis zu einem Höchstbetrag von 85 Mio. Euro, soweit die Schäden aus einer einheitlichen Umwelteinwirkung entstanden sind.

Anhang

Verordnung über Anlagen zum Umgang mit wassergefährdenden Stoffen (AwSV)

vom 18. April 2017 (BGBl. I S. 905)

Inhaltsübersicht

Kapitel 1
Zweck; Anwendungsbereich; Begriffsbestimmungen

§ 1 Zweck; Anwendungsbereich

(1) Diese Verordnung dient dem Schutz der Gewässer vor nachteiligen Veränderungen ihrer Eigenschaften durch Freisetzungen von wassergefährdenden Stoffen aus Anlagen zum Umgang mit diesen Stoffen.

(2) Diese Verordnung findet keine Anwendung auf

1. den Umgang mit im Bundesanzeiger veröffentlichten nicht wassergefährdenden Stoffen,

2. nicht ortsfeste und nicht ortsfest benutzte Anlagen, in denen mit wassergefährdenden Stoffen umgegangen wird, sowie

3. Untergrundspeicher nach § 4 Absatz 9 des Bundesberggesetzes.

(3) Diese Verordnung findet auch keine Anwendung auf oberirdische Anlagen mit einem Volumen von nicht mehr als 0,22 Kubikmetern bei flüssigen Stoffen oder mit einer Masse von nicht mehr als 0,2 Tonnen bei gasförmigen und festen Stoffen, wenn sich diese Anlagen außerhalb von Schutzgebieten und festgesetzten oder vorläufig gesicherten Überschwemmungsgebieten befinden. § 62 Absatz 1 und 2 des Wasserhaushaltsgesetzes bleibt unberührt. Anlagen nach Satz 1 bedürfen keiner Eignungsfeststellung nach § 63 Absatz 1 des Wasserhaushaltsgesetzes.

(4) Diese Verordnung findet zudem keine Anwendung, wenn der Umfang der wassergefährdenden Stoffe, sofern mit ihnen neben anderen Sachen in einer Anlage umgegangen wird, während der gesamten Betriebsdauer der Anlage unerheblich ist. Auf Antrag des Betreibers stellt die zuständige Behörde fest, ob die Voraussetzung nach Satz 1 erfüllt ist.

§ 2 Begriffsbestimmungen

(1) Für diese Verordnung gelten die Begriffsbestimmungen der Absätze 2 bis 33.

(2) „Wassergefährdende Stoffe" sind feste, flüssige und gasförmige Stoffe und Gemische, die geeignet sind, dauernd oder in einem nicht nur unerheblichen Ausmaß nachteilige Veränderungen der Wasserbeschaffenheit herbeizuführen, und die nach Maßgabe von Kapitel 2 als wassergefährdend eingestuft sind oder als wassergefährdend gelten.

(3) Ein „Stoff" ist ein chemisches Element und seine Verbindungen in natürlicher Form oder gewonnen durch ein Herstellungsverfahren, einschließlich der zur Wahrung seiner Stabilität notwendigen Zusatzstoffe und der durch das angewandte Verfahren bedingten Verunreinigungen, aber mit Ausnahme von Lösungsmitteln, die von dem Stoff ohne Beeinträchtigung seiner Stabilität und ohne Änderung seiner Zusammensetzung abgetrennt werden können.

(4) Ein „Gemisch" besteht aus zwei oder mehreren Stoffen.

(5) „Gasförmig" sind Stoffe und Gemische, die

1. bei einer Temperatur von 50 Grad Celsius einen Dampfdruck von mehr als 300 Kilopascal (3 bar) haben oder

2. bei einer Temperatur von 20 Grad Celsius und dem Standarddruck von 101,3 Kilopascal vollständig gasförmig sind.

(6) „Flüssig" sind Stoffe und Gemische, die

1. bei einer Temperatur von 50 Grad Celsius einen Dampfdruck von weniger als 300 Kilopascal (3 bar) haben,

2. bei einer Temperatur von 20 Grad Celsius und einem Standarddruck von 101,3 Kilopascal nicht vollständig gasförmig sind und

3. einen Schmelzpunkt oder einen Schmelzbeginn bei einer Temperatur von 20 Grad Celsius oder weniger bei einem Standarddruck von 101,3 Kilopascal haben.

(7) „Fest" sind Stoffe und Gemische, die nicht gasförmig oder flüssig sind.

(8) „Gärsubstrate landwirtschaftlicher Herkunft zur Gewinnung von Biogas" sind

1. pflanzliche Biomassen aus landwirtschaftlicher Grundproduktion,

2. Pflanzen oder Pflanzenbestandteile, die in landwirtschaftlichen, forstwirtschaftlichen oder gartenbaulichen Betrieben oder im Rahmen der Landschaftspflege anfallen, sofern sie zwischenzeitlich nicht anders genutzt worden sind,

3. pflanzliche Rückstände aus der Herstellung von Getränken sowie Rückstände aus der Be- und Verarbeitung landwirtschaftlicher Produkte, wie Obst-, Getreide- und Kartoffelschlempen, soweit bei der Be- und Verarbeitung keine wassergefährdenden Stoffe zugesetzt werden und sich die Gefährlichkeit bei der Be- und Verarbeitung nicht erhöht,

4. Silagesickersaft sowie

5. tierische Ausscheidungen wie Jauche, Gülle, Festmist und Geflügelkot.

(9) „Anlagen zum Umgang mit wassergefährdenden Stoffen" (Anlagen) sind

1. selbständige und ortsfeste oder ortsfest benutzte Einheiten, in denen wassergefährdende Stoffe gelagert, abgefüllt, umgeschlagen, hergestellt, behandelt oder im Bereich der gewerblichen Wirtschaft oder im Bereich öffentlicher Einrichtungen verwendet werden, sowie

2. Rohrleitungsanlagen nach § 62 Absatz 1 Satz 2 des Wasserhaushaltsgesetzes.

Als ortsfest oder ortsfest benutzt gelten Einheiten, wenn sie länger als ein halbes Jahr an einem Ort zu einem bestimmten betrieblichen Zweck betrieben werden; Anlagen können aus mehreren Anlagenteilen bestehen.

(10) „Fass- und Gebindelager" sind Lageranlagen für ortsbewegliche Behälter und Verpackungen, deren Einzelvolumen 1,25 Kubikmeter nicht überschreitet.

(11) „Heizölverbraucheranlagen" sind Lageranlagen und im Bereich der gewerblichen Wirtschaft und öffentlicher Einrichtungen auch Verwendungsanlagen,

1. die dem Beheizen oder Kühlen von Wohnräumen, Geschäfts- und sonstigen Arbeitsräumen oder dem Erwärmen von Wasser dienen,

2. deren Jahresverbrauch an Heizöl leicht (Heizöl EL) nach DIN 51603-1, Ausgabe August 2008, die bei der Beuth Verlag GmbH, Berlin, zu beziehen und bei der Deutschen Nationalbibliothek archivmäßig gesichert niedergelegt ist, an anderen leichten Heizölen mit gleich-

wertiger Qualität, an flüssigen Triglyceriden oder an flüssigen Fettsäuremethylestern 100 Kubikmeter nicht übersteigt und

3. deren Behälter jährlich höchstens viermal befüllt werden.

Notstromanlagen stehen Heizölverbraucheranlagen gleich.

(12) „Eigenverbrauchstankstellen" sind Lager- und Abfüllanlagen,

1. die für die Öffentlichkeit nicht zugänglich sind,

2. die dafür bestimmt sind, Fahrzeuge und Geräte, die für den zugehörigen Betrieb genutzt werden, mit Kraftstoffen zu versorgen,

3. deren Jahresabgabe 100 Kubikmeter nicht übersteigt und

4. die nur vom Betreiber oder den von ihm bestimmten und unterwiesenen Personen bedient werden.

(13) „Jauche-, Gülle- und Silagesickersaftanlagen (JGS-Anlagen)" sind Anlagen zum Lagern oder Abfüllen ausschließlich von

1. Wirtschaftsdünger, insbesondere Gülle oder Festmist, im Sinne des § 2 Satz 1 Nummer 2 bis 4 des Düngegesetzes,

2. Jauche im Sinne des § 2 Satz 1 Nummer 5 des Düngegesetzes,

3. tierischen Ausscheidungen nicht landwirtschaftlicher Herkunft, auch in Mischung mit Einstreu oder in verarbeiteter Form,

4. Flüssigkeiten, die während der Herstellung oder Lagerung von Gärfutter durch Zellaufschluss oder Pressdruck anfallen und die überwiegend aus einem Gemisch aus Wasser, Zellsaft, organischen Säuren und Mikroorganismen sowie etwaigem Niederschlagswasser bestehen (Silagesickersaft), oder

5. Silage oder Siliergut, soweit hierbei Silagesickersaft anfallen kann.

(14) „Biogasanlagen" sind

1. Anlagen zum Herstellen von Biogas, insbesondere Vorlagebehälter, Fermenter, Kondensatbehälter und Nachgärer,

2. Anlagen zum Lagern von Gärresten oder Gärsubstraten, wenn sie in einem engen räumlichen und funktionalen Zusammenhang mit Anlagen nach Nummer 1 stehen, und

3. zu den Anlagen nach den Nummern 1 und 2 gehörige Abfüllanlagen.

(15) „Unterirdische Anlagen" sind Anlagen, bei denen zumindest ein Anlagenteil unterirdisch ist; unterirdisch sind Anlagenteile,

1. die vollständig oder teilweise im Erdreich eingebettet sind oder

2. die nicht vollständig einsehbar in Bauteilen, die unmittelbar mit dem Erdreich in Berührung stehen, eingebettet sind.

Alle anderen Anlagen sind oberirdisch; oberirdisch sind insbesondere auch Anlagen, deren Rückhalteeinrichtungen teilweise im Erdreich eingebettet sind, sowie Behälter, die mit ihren flachen Böden vollflächig oder mit Stützkonstruktionen auf dem Untergrund aufgestellt sind.

(16) „Rückhalteeinrichtungen" sind Anlagenteile zur Rückhaltung von wassergefährdenden Stoffen, die aus undicht gewordenen Anlagenteilen, die bestimmungsgemäß wassergefährdende Stoffe umschließen, austreten; dazu zählen insbesondere Auffangräume, Auffangwannen, Auf-

fangtassen, Auffangvorrichtungen, Rohrleitungen, Schutzrohre, Behälter oder Flächen, in oder auf denen Stoffe zurückgehalten oder in oder auf denen Stoffe abgeleitet werden.

(17) „Doppelwandige Anlagen" sind Anlagen, die aus zwei unabhängigen Wänden bestehen, deren Zwischenraum als Überwachungsraum ausgestaltet ist, der mit einem Leckanzeigesystem ausgestattet ist, das ein Undichtwerden der inneren und der äußeren Wand anzeigt.

(18) „Abfüll- oder Umschlagflächen" sind Anlagenteile, die beim Abfüllen oder Umschlagen im Fall einer Betriebsstörung mit wassergefährdenden Stoffen beaufschlagt werden können, zuzüglich der Ablauf- und Stauflächen sowie der Abtrennung von anderen Flächen.

(19) „Rohrleitungen" sind feste oder flexible Leitungen zum Befördern wassergefährdender Stoffe, einschließlich ihrer Formstücke, Armaturen, Förderaggregate, Flansche und Dichtmittel.

(20) „Lagern" ist das Vorhalten von wassergefährdenden Stoffen zur weiteren Nutzung, Abgabe oder Entsorgung.

(21) „Erdbecken" sind ins Erdreich gebaute oder durch Dämme errichtete Becken zum Lagern von Jauche, Gülle und Silagesickersäften, die im Sohlen- und Böschungsbereich aus Erdreich bestehen und gegenüber dem Boden mit Dichtungsbahnen abgedichtet sind.

(22) „Abfüllen" ist das Befüllen von Behältern oder Verpackungen mit wassergefährdenden Stoffen.

(23) „Umschlagen" ist das Laden und Löschen von Schiffen, soweit es unverpackte wassergefährdende Stoffe betrifft, sowie das Umladen von wassergefährdenden Stoffen in Behältern oder Verpackungen von einem Transportmittel auf ein anderes. Zum Umschlagen gehört auch das vorübergehende Abstellen von Behältern oder Verpackungen mit wassergefährdenden Stoffen in einer Umschlaganlage im Zusammenhang mit dem Transport.

(24) „Intermodaler Verkehr" umfasst den Transport von Gütern in ein und derselben Ladeeinheit oder demselben Straßenfahrzeug mit zwei oder mehr Verkehrsträgern, wobei ein Wechsel der Verkehrsträger, aber kein Umschlag der transportierten Güter selbst erfolgt.

(25) „Herstellen" ist das Erzeugen und Gewinnen von wassergefährdenden Stoffen.

(26) „Behandeln" ist das Einwirken auf wassergefährdende Stoffe, um deren Eigenschaften zu verändern.

(27) „Verwenden" ist das Anwenden, Gebrauchen und Verbrauchen von wassergefährdenden Stoffen unter Ausnutzung ihrer Eigenschaften im Bereich der gewerblichen Wirtschaft und im Bereich öffentlicher Einrichtungen.

(28) „Errichten" ist das Aufstellen, Einbauen oder Einfügen von Anlagen und Anlagenteilen.

(29) „Instandhalten" ist das Aufrechterhalten des ordnungsgemäßen Zustands einer Anlage, „Instandsetzen" ist das Wiederherstellen dieses Zustands.

(30) „Stilllegen" ist die dauerhafte Außerbetriebnahme einer Anlage.

(31) „Wesentliche Änderungen" einer Anlage sind Maßnahmen, die die baulichen oder sicherheitstechnischen Merkmale der Anlage verändern.

(32) „Schutzgebiete" sind

1. Wasserschutzgebiete nach § 51 Absatz 1 Satz 1 Nummer 1 und 2 des Wasserhaushaltsgesetzes,

2. Gebiete, für die eine vorläufige Anordnung nach § 52 Absatz 2 in Verbindung mit § 51 Absatz 1 Satz 1 Nummer 1 oder Nummer 2 des Wasserhaushaltsgesetzes erlassen worden ist, und

3. Heilquellenschutzgebiete nach § 53 Absatz 4 des Wasserhaushaltsgesetzes.

Ist die weitere Zone eines Schutzgebietes unterteilt, so gilt als Schutzgebiet nur deren innerer Bereich; sind Zonen zum Schutz gegen qualitative und quantitative Beeinträchtigungen unterschiedlich abgegrenzt, gelten die Abgrenzungen zum Schutz gegen qualitative Beeinträchtigungen.

(33) „Sachverständige" sind von nach § 52 anerkannten Sachverständigenorganisationen bestellte Personen, die berechtigt sind, Anlagen zu prüfen und zu begutachten.

Kapitel 2
Einstufung von Stoffen und Gemischen
Abschnitt 1
Grundsätze

§ 3 Grundsätze

(1) Nach Maßgabe der Bestimmungen dieses Kapitels werden Stoffe und Gemische, mit denen in Anlagen umgegangen wird, entsprechend ihrer Gefährlichkeit als nicht wassergefährdend oder in eine der folgenden Wassergefährdungsklassen eingestuft:

Wassergefährdungsklasse 1:   schwach wassergefährdend,

Wassergefährdungsklasse 2:   deutlich wassergefährdend,

Wassergefährdungsklasse 3:   stark wassergefährdend.

Die Absätze 2 bis 4 bleiben unberührt.

(2) Folgende Stoffe und Gemische gelten als allgemein wassergefährdend und werden nicht in Wassergefährdungsklassen eingestuft:

1. Wirtschaftsdünger, insbesondere Gülle oder Festmist, im Sinne des § 2 Satz 1 Nummer 2 bis 4 des Düngegesetzes,

2. Jauche im Sinne des § 2 Satz 1 Nummer 5 des Düngegesetzes,

3. tierische Ausscheidungen nicht landwirtschaftlicher Herkunft, auch in Mischung mit Einstreu oder in verarbeiteter Form,

4. Silagesickersaft,

5. Silage oder Siliergut, bei denen Silagesickersaft anfallen kann,

6. Gärsubstrate landwirtschaftlicher Herkunft zur Gewinnung von Biogas sowie die bei der Vergärung anfallenden flüssigen und festen Gärreste,

7. aufschwimmende flüssige Stoffe, die nach Anlage 1 Nummer 3.2 vom Umweltbundesamt im Bundesanzeiger veröffentlicht worden sind, und Gemische, die nur aus derartigen Stoffen bestehen, sowie

8. feste Gemische, vorbehaltlich einer abweichenden Einstufung gemäß § 10.

Abweichend von Satz 1 Nummer 8 ist ein festes Gemisch nicht wassergefährdend, wenn das Gemisch oder die darin enthaltenen Stoffe vom Umweltbundesamt nach § 6 Absatz 4 oder § 66 als nicht wassergefährdend im Bundesanzeiger veröffentlicht wurden. Als nicht wassergefährdend gelten auch feste Gemische, bei denen insbesondere auf Grund ihrer Herkunft oder ihrer Zusammensetzung eine nachteilige Veränderung der Gewässereigenschaften nicht zu besorgen ist.

(3) Als nicht wassergefährdend gelten:

1. Stoffe und Gemische, die dazu bestimmt sind oder von denen erwartet werden kann, dass sie als Lebensmittel aufgenommen werden, und

2. Stoffe und Gemische, die zur Tierfütterung bestimmt sind, mit Ausnahme von Siliergut und Silage, soweit bei diesen Silagesickersaft anfallen kann.

(4) Solange Stoffe und Gemische nicht nach Maßgabe dieses Kapitels oder nach § 66 eingestuft sind, gelten sie als stark wassergefährdend. Dies gilt nicht für Stoffe und Gemische, die unter Absatz 2 oder Absatz 3 fallen.

Abschnitt 2
Einstufung von Stoffen und Dokumentation; Entscheidung über die Einstufung

§ 4 Selbsteinstufung von Stoffen; Ausnahmen; Dokumentation

(1) Beabsichtigt ein Betreiber, in einer Anlage mit einem Stoff umzugehen, hat er diesen nach Maßgabe der Kriterien von Anlage 1 als nicht wassergefährdend oder in eine Wassergefährdungsklasse nach § 3 Absatz 1 einzustufen.

(2) Die Verpflichtung zur Selbsteinstufung nach Absatz 1 gilt nicht für

1. Stoffe nach § 3 Absatz 2 und 3,

2. Stoffe, deren Einstufung bereits nach § 6 Absatz 4 oder § 66 im Bundesanzeiger veröffentlicht worden ist,

3. Stoffe, die zu einer Stoffgruppe gehören, deren Einstufung bereits nach § 6 Absatz 4 oder § 66 im Bundesanzeiger veröffentlicht worden ist,

4. Stoffe, die der Betreiber unabhängig von ihren Eigenschaften als stark wassergefährdend betrachtet, sowie

5. Stoffe, die während der Durchführung einer Beförderung in Behältern oder Verpackungen umgeschlagen werden.

(3) Der Betreiber hat die Selbsteinstufung eines Stoffes nach Maßgabe von Anlage 2 Nummer 1 zu dokumentieren und diese Dokumentation dem Umweltbundesamt vorzulegen.

(4) Ist der Betreiber der Auffassung, dass die Einstufung eines Stoffes nach Maßgabe der Anlage 1 die Wassergefährdung unzureichend abbildet, kann er dem Umweltbundesamt eine abweichende Einstufung vorschlagen. Dem Vorschlag sind zusätzlich zu der Dokumentation nach Absatz 3 alle für die Beurteilung der abweichenden Einstufung erforderlichen Unterlagen beizufügen.

§ 5 Kontrolle und Überprüfung der Dokumentation; Stoffgruppen

(1) Das Umweltbundesamt kontrolliert die Dokumentationen zur Selbsteinstufung von Stoffen auf ihre Vollständigkeit und Plausibilität. Das Umweltbundesamt kann den Betreiber verpflichten, fehlende oder nicht plausible Angaben zu ergänzen oder zu berichtigen.

(2) Darüber hinaus überprüft das Umweltbundesamt stichprobenartig die Qualität der Dokumentation der Selbsteinstufungen von Stoffen. Hierbei wird die ausgewählte Dokumentation anhand von Prüfberichten, Literatur und anderen geeigneten Unterlagen überprüft. Zum Zweck der Überprüfung kann das Umweltbundesamt den Betreiber verpflichten, die nach § 4 Absatz 3 und 4 dokumentierten Angaben anhand vorhandener und ihm zugänglicher Unterlagen zu belegen.

(3) Das Umweltbundesamt kann Stoffe zu Stoffgruppen zusammenfassen und die Stoffgruppen einstufen.

§ 6 Entscheidung über die Einstufung; Veröffentlichung im Bundesanzeiger

(1) Das Umweltbundesamt entscheidet auf Grund der Ergebnisse der Kontrollen und Überprüfungen nach § 5 Absatz 1 und 2 über die Einstufung von Stoffen und Stoffgruppen. Bei der Entscheidung kann auch Folgendes berücksichtigt werden:

1. vorliegende eigene Erkenntnisse oder Bewertungen, insbesondere zur Toxizität, zur Mobilität eines Stoffes im Boden, zur Grundwassergängigkeit oder zur Anreicherung im Sediment sowie

2. vorliegende Stellungnahmen der Kommission zur Bewertung wassergefährdender Stoffe nach § 12 Absatz 1.

(2) Das Umweltbundesamt kann nach Maßgabe von Absatz 1 Satz 2 auch unabhängig von einer Selbsteinstufung des Betreibers eine Entscheidung zur Einstufung von Stoffen und Stoffgruppen treffen.

(3) Das Umweltbundesamt gibt die Entscheidung nach Absatz 1 Satz 1 dem Betreiber in schriftlicher Form bekannt; Absatz 4 bleibt hiervon unberührt.

(4) Das Umweltbundesamt gibt die Entscheidungen nach Absatz 1 Satz 1 und Absatz 2 im Bundesanzeiger öffentlich bekannt. Es stellt zudem im Internet eine Suchfunktion bereit, mit der die bestehenden Einstufungen wassergefährdender Stoffe und Stoffgruppen ermittelt werden können.

§ 7 Änderung bestehender Einstufungen; Mitteilungspflicht

(1) Liegen dem Umweltbundesamt Erkenntnisse vor, die die Änderung einer Einstufung nach § 6 Absatz 1 oder Absatz 2 notwendig machen können, nimmt es eine Neubewertung und erforderlichenfalls eine Änderung der Einstufung vor. § 6 Absatz 3 und 4 gilt entsprechend.

(2) Liegen dem Betreiber Erkenntnisse vor, die zu einer Änderung der veröffentlichten Einstufung eines Stoffes oder einer Stoffgruppe führen können, muss er diese Erkenntnisse unverzüglich schriftlich dem Umweltbundesamt mitteilen.

Abschnitt 3
Einstufung von Gemischen und Dokumentation; Überprüfung der Einstufung

§ 8 Selbsteinstufung von flüssigen oder gasförmigen Gemischen; Dokumentation

(1) Beabsichtigt ein Betreiber, in einer Anlage mit einem flüssigen oder gasförmigen Gemisch umzugehen, hat er dieses nach Maßgabe der Kriterien von Anlage 1 als nicht wassergefährdend oder in eine Wassergefährdungsklasse nach § 3 Absatz 1 einzustufen.

(2) Die Verpflichtung zur Selbsteinstufung nach Absatz 1 gilt nicht für

1. Gemische nach § 3 Absatz 2 und 3,

2. Gemische, deren Einstufung nach § 66 im Bundesanzeiger veröffentlicht worden ist,

3. Gemische, für die bereits eine Dokumentation nach Absatz 3 erstellt worden ist,

4. Gemische, die der Betreiber unabhängig von ihren Eigenschaften als stark wassergefährdend betrachtet,

5. Gemische, die im intermodalen Verkehr umgeschlagen werden, sowie

6. Gemische, die vom Umweltbundesamt nach § 11 eingestuft sind und deren Einstufung im Bundesanzeiger veröffentlicht worden ist.

(3) Der Betreiber hat die Selbsteinstufung eines Gemisches nach Absatz 1 nach Maßgabe von Anlage 2 Nummer 2 zu dokumentieren und diese Dokumentation der zuständigen Behörde im Rahmen der Zulassung der Anlage sowie auf Verlangen der Behörde im Rahmen der Überwachung der Anlage vorzulegen. Der Betreiber hat die Dokumentation und die Selbsteinstufung des Gemisches auf dem aktuellen Stand zu halten.

(4) Sofern die Dokumentation Betriebsgeheimnisse zur Rezeptur eines Gemisches enthält, kann der Betreiber die Vorlage der Dokumentation nach Absatz 3 verweigern. In diesem Fall hat er der zuständigen Behörde mitzuteilen, wie groß jeweils der Anteil aller Stoffe der jeweiligen Wassergefährdungsklassen ist. Die zuständige Behörde dokumentiert die Nachvollziehbarkeit der Einstufung.

§ 9 Überprüfung der Selbsteinstufung von flüssigen oder gasförmigen Gemischen; Änderung der Selbsteinstufung

(1) Die zuständige Behörde kann die Dokumentation nach § 8 Absatz 3 überprüfen. Die zuständige Behörde kann den Betreiber verpflichten, fehlende oder nicht plausible Angaben zu ergänzen oder zu berichtigen. Sie kann die Gemische abweichend von der Selbsteinstufung nach § 8 Absatz 1 einstufen. Die Entscheidung nach Satz 3 ist dem Betreiber schriftlich bekannt zu geben.

(2) Das Umweltbundesamt berät die zuständige Behörde auf deren Ersuchen in Fragen, die die Einstufung von flüssigen oder gasförmigen Gemischen betreffen.

§ 10 Einstufung fester Gemische

(1) Der Betreiber kann ein festes Gemisch abweichend von § 3 Absatz 2 Satz 1 Nummer 8 als nicht wassergefährdend einstufen, wenn

1. das Gemisch nach Anlage 1 Nummer 2.2 als nicht wassergefährdend eingestuft werden kann,

2. das Gemisch nach anderen Rechtsvorschriften selbst an hydrogeologisch ungünstigen Standorten und ohne technische Sicherungsmaßnahmen offen eingebaut werden darf oder

3. das Gemisch der Einbauklasse Z 0 oder Z 1.1 der Mitteilung 20 der Länderarbeitsgemeinschaft Abfall (LAGA) „Anforderungen an die stoffliche Verwertung von mineralischen Reststoffen/Abfällen – Technische Regeln", Erich Schmidt-Verlag, Berlin, 2004, die bei der Deutschen Nationalbibliothek archivmäßig gesichert niedergelegt ist und in der Bibliothek des Bundesministeriums für Umwelt, Naturschutz, Bau und Reaktorsicherheit eingesehen werden kann, entspricht.

(2) Der Betreiber kann ein festes Gemisch abweichend von § 3 Absatz 2 Satz 1 Nummer 8 nach Maßgabe von Anlage 1 Nummer 5 in eine Wassergefährdungsklasse einstufen.

(3) Der Betreiber hat die Selbsteinstufung eines festen Gemisches als nicht wassergefährdend oder in eine Wassergefährdungsklasse nach Maßgabe von Anlage 2 Nummer 2 oder Nummer 3 zu dokumentieren und die Dokumentation der zuständigen Behörde im Rahmen der Zulassung der Anlage sowie auf Verlangen der Behörde im Rahmen der Überwachung der Anlage vorzulegen. Der Betreiber hat die Dokumentation und die Selbsteinstufung des Gemisches auf dem aktuellen Stand zu halten. Die zuständige Behörde kann die Dokumentation überprüfen. Sie kann den Betreiber verpflichten, fehlende oder nicht plausible Angaben zu ergänzen oder zu berichtigen.

(4) Die zuständige Behörde kann auf Grund der Überprüfung nach Absatz 3 Satz 3 der Selbsteinstufung nach Absatz 1 oder Absatz 2 widersprechen; im Fall des Absatzes 2 kann sie das Gemisch auch in eine abweichende Wassergefährdungsklasse einstufen. Sie kann sich dabei vom Umweltbundesamt beraten lassen. Die Entscheidung ist dem Betreiber schriftlich bekannt zu geben.

§ 11 Einstufung von Gemischen durch das Umweltbundesamt

Das Umweltbundesamt kann Gemische nach Maßgabe von Anlage 1 als nicht wassergefährdend oder in eine Wassergefährdungsklasse einstufen. § 6 Absatz 4 gilt entsprechend.

Abschnitt 4
Kommission zur Bewertung wassergefährdender Stoffe

§ 12 Kommission zur Bewertung wassergefährdender Stoffe

(1) Beim Bundesministerium für Umwelt, Naturschutz, Bau und Reaktorsicherheit wird als Beirat eine Kommission zur Bewertung wassergefährdender Stoffe eingerichtet. Sie berät das Bundesministerium für Umwelt, Naturschutz, Bau und Reaktorsicherheit und das Umweltbundesamt in Fragen, die die Einstufung betreffen.

(2) In die Kommission zur Bewertung wassergefährdender Stoffe sind Vertreterinnen und Vertreter aus den betroffenen Bundes- und Landesbehörden, aus der Wissenschaft sowie von Betreibern von Anlagen zu berufen. Die Kommission soll nicht mehr als zwölf Mitglieder umfassen. Die Mitgliedschaft ist ehrenamtlich. Die Mitglieder der Kommission sind zur Wahrung von Betriebs- und Geschäftsgeheimnissen verpflichtet, die ihnen im Rahmen ihrer Tätigkeit in der Kommission bekannt werden. Die Vertreterinnen und Vertreter von Betreibern in der Kommission sind darüber hinaus verpflichtet, Betriebs- und Geschäftsgeheimnisse, die ihnen im Rahmen ihrer Tätigkeit in der Kommission bekannt werden, nicht für eigene Zwecke, insbesondere für Geschäftszwecke, zu nutzen.

(3) Das Bundesministerium für Umwelt, Naturschutz, Bau und Reaktorsicherheit beruft die Mitglieder der Kommission zur Bewertung wassergefährdender Stoffe. Die Kommission gibt sich eine Geschäftsordnung und wählt aus ihrer Mitte eine Vorsitzende oder einen Vorsitzenden. Die Geschäftsordnung bedarf der Zustimmung des Bundesministeriums für Umwelt, Naturschutz, Bau und Reaktorsicherheit.

Kapitel 3
Technische und organisatorische Anforderungen an Anlagen zum Umgang mit wassergefährdenden Stoffen
Abschnitt 1
Allgemeine Bestimmungen

§ 13 Einschränkungen des Geltungsbereichs dieses Kapitels

(1) Dieses Kapitel gilt für Anlagen, in denen mit aufschwimmenden flüssigen Stoffen gemäß § 3 Absatz 2 Satz 1 Nummer 7 umgegangen wird, nur, sofern nicht ausgeschlossen werden kann, dass diese Stoffe in ein oberirdisches Gewässer gelangen können. Satz 1 gilt auch für Gemische, die nur aufschwimmende flüssige Stoffe gemäß § 3 Absatz 2 Satz 1 Nummer 7 enthalten, sowie für Gemische aus diesen aufschwimmenden flüssigen Stoffen und nicht wassergefährdenden Stoffen.

(2) Dieses Kapitel gilt nicht für

1. Anlagen zum Lagern von Haushaltsabfällen und vergleichbaren Abfällen, insbesondere aus Büros, Behörden, Schulen oder Gaststätten, die in oder an den Gebäuden eingerichtet sind, bei denen diese Abfälle anfallen;

2. Anlagen zum Lagern und Behandeln von Bioabfällen im Rahmen der Eigenkompostierung im privaten Bereich;

3. Anlagen zum Lagern von festen gewerblichen Abfällen und festen gewerblichen Abfällen, denen wassergefährdende Stoffe anhaften, wenn

a) das Volumen des Lagerbehälters 1,25 Kubikmeter nicht übersteigt,

b) der Lagerbehälter dicht ist,

c) die Fläche, auf der der Lagerbehälter aufgestellt ist, so ausgeführt ist, dass bei Betriebsstörungen wassergefährdende Stoffe nicht in ein Gewässer gelangen können, und

d) ein für Betriebsstörungen geeignetes Bindemittel vorgehalten wird;

4. Anlagen zum Lagern von festen Gemischen, die auf der Baustelle unmittelbar durch die Bautätigkeit entstehen.

(3) Für JGS-Anlagen gelten aus diesem Kapitel nur die §§ 16, 24 Absatz 1 und 2 und § 51 sowie Anlage 7.

§ 14 Bestimmung und Abgrenzung von Anlagen

(1) Der Betreiber einer Anlage hat zu dokumentieren, welche Anlagenteile zu der Anlage gehören und wo die Schnittstellen zu anderen Anlagen sind.

(2) Zu einer Anlage gehören alle Anlagenteile, die in einem engen funktionalen oder verfahrenstechnischen Zusammenhang miteinander stehen. Dies ist insbesondere dann anzunehmen, wenn zwischen den Anlagenteilen wassergefährdende Stoffe ausgetauscht werden oder ein unmittelbarer sicherheitstechnischer Zusammenhang zwischen ihnen besteht.

(3) Zu einer Anlage gehören auch die Flächen einschließlich ihrer Einrichtungen, die dem Lagern oder dem regelmäßigen Abstellen von wassergefährdenden Stoffen in Behältern oder Verpackungen dienen.

(4) Flächen, auf denen Transportmittel mit wassergefährdenden Stoffen abgestellt werden, sind keine Lageranlagen. Bei Umschlaganlagen sind auch solche Flächen, auf denen Behälter oder

Verpackungen mit wassergefährdenden Stoffen vorübergehend im Zusammenhang mit dem Transport abgestellt werden, keine Lageranlagen, sondern der Umschlaganlage zuzuordnen.

(5) Eine Fläche, von der aus eine Anlage mit wassergefährdenden Stoffen befüllt wird oder von der aus Behälter oder Verpackungen mit wassergefährdenden Stoffen in eine Anlage hineingestellt oder aus einer Anlage genommen werden, ist Teil dieser Anlage.

(6) Ein Behälter, in dem wassergefährdende Stoffe weder hergestellt noch behandelt noch verwendet werden, der jedoch in engem funktionalen Zusammenhang mit einer Herstellungs-, Behandlungs- oder Verwendungsanlage steht, ist Teil dieser Anlage. Ein Behälter ist jedoch dann Teil einer Lageranlage, wenn er mehreren Herstellungs-, Behandlungs- und Verwendungsanlagen zugeordnet ist oder wenn er ein größeres Volumen enthalten kann, als für eine Tagesproduktion oder Charge benötigt wird.

(7) Eine Rohrleitung, die nach § 62 Absatz 1 Satz 2 Nummer 2 des Wasserhaushaltsgesetzes Zubehör einer Anlage zum Umgang mit wassergefährdenden Stoffen ist oder die nach § 62 Absatz 1 Satz 2 Nummer 3 des Wasserhaushaltsgesetzes Anlagen verbindet, die in einem engen räumlichen und betrieblichen Zusammenhang miteinander stehen, ist der Anlage zuzuordnen, deren Zubehör sie ist oder mit der sie im Zusammenhang steht.

§ 15 Technische Regeln

(1) Den allgemein anerkannten Regeln der Technik nach § 62 Absatz 2 des Wasserhaushaltsgesetzes entsprechende Regeln (technische Regeln) sind insbesondere die folgenden Regeln:

1. technische Regeln wassergefährdender Stoffe der Deutschen Vereinigung für Wasserwirtschaft, Abwasser und Abfall e. V. (DWA),

2. technische Regeln, die in der Musterliste der technischen Baubestimmungen oder in der Bauregelliste des Deutschen Instituts für Bautechnik (DIBt) aufgeführt sind, soweit sie den Gewässerschutz betreffen, sowie

3. DIN-Normen und EN-Normen, soweit sie den Gewässerschutz betreffen und nicht in der Bauregelliste des Deutschen Instituts für Bautechnik aufgeführt sind.

(2) Normen und sonstige Bestimmungen anderer Mitgliedstaaten der Europäischen Union oder anderer Vertragsstaaten des Abkommens über den Europäischen Wirtschaftsraum stehen technischen Regeln nach Absatz 1 gleich, wenn mit ihnen dauerhaft das gleiche Schutzniveau erreicht wird.

§ 16 Behördliche Anordnungen

(1) Ist auf Grund der besonderen Umstände des Einzelfalls, insbesondere auf Grund der hydrogeologischen Beschaffenheit und der Schutzbedürftigkeit des Aufstellungsortes, nicht gewährleistet, dass die Anforderungen des § 62 Absatz 1 des Wasserhaushaltsgesetzes erfüllt werden, kann die zuständige Behörde Anforderungen stellen, die über die im Folgenden genannten hinausgehen:

1. über die allgemein anerkannten Regeln der Technik,

2. über die Anforderungen nach diesem Kapitel oder

3. über die Anforderungen, die in einer Eignungsfeststellung oder in einer die Eignungsfeststellung ersetzenden sonstigen Regelung festgelegt sind.

Unter den Voraussetzungen nach Satz 1 kann die zuständige Behörde auch die Errichtung einer Anlage untersagen.

(2) Die zuständige Behörde kann dem Betreiber Maßnahmen zur Beobachtung der Gewässer und des Bodens auferlegen, soweit dies zur frühzeitigen Erkennung von Verunreinigungen erforderlich ist, die von seiner Anlage ausgehen können.

(3) Die zuständige Behörde kann im Einzelfall Ausnahmen von den Anforderungen dieses Kapitels zulassen, wenn die Anforderungen des § 62 Absatz 1 des Wasserhaushaltsgesetzes dennoch erfüllt werden.

Abschnitt 2
Allgemeine Anforderungen an Anlagen

§ 17 Grundsatzanforderungen

(1) Anlagen müssen so geplant und errichtet werden, beschaffen sein und betrieben werden, dass

1. wassergefährdende Stoffe nicht austreten können,

2. Undichtheiten aller Anlagenteile, die mit wassergefährdenden Stoffen in Berührung stehen, schnell und zuverlässig erkennbar sind,

3. austretende wassergefährdende Stoffe schnell und zuverlässig erkannt und zurückgehalten sowie ordnungsgemäß entsorgt werden; dies gilt auch für betriebsbedingt auftretende Spritz- und Tropfverluste, und

4. bei einer Störung des bestimmungsgemäßen Betriebs der Anlage (Betriebsstörung) anfallende Gemische, die ausgetretene wassergefährdende Stoffe enthalten können, zurückgehalten und ordnungsgemäß als Abfall entsorgt oder als Abwasser beseitigt werden.

(2) Anlagen müssen dicht, standsicher und gegenüber den zu erwartenden mechanischen, thermischen und chemischen Einflüssen hinreichend widerstandsfähig sein.

(3) Einwandige unterirdische Behälter für flüssige wassergefährdende Stoffe sind unzulässig. Einwandige unterirdische Behälter für gasförmige wassergefährdende Stoffe sind unzulässig, wenn die gasförmigen wassergefährdenden Stoffe flüssig austreten, schwerer sind als Luft oder sich nach Austritt im umgebenden Boden in vorhandener Feuchtigkeit lösen.

(4) Der Betreiber hat bei der Stilllegung einer Anlage oder von Anlagenteilen alle in der Anlage oder in den Anlagenteilen enthaltenen wassergefährdenden Stoffe, soweit technisch möglich, zu entfernen. Er hat die Anlage gegen missbräuchliche Nutzung zu sichern.

§ 18 Anforderungen an die Rückhaltung wassergefährdender Stoffe

(1) Anlagen müssen ausgetretene wassergefährdende Stoffe auf geeignete Weise zurückhalten. Dazu sind sie mit einer Rückhalteeinrichtung im Sinne von § 2 Absatz 16 auszurüsten. Satz 2 gilt nicht, wenn es sich um eine doppelwandige Anlage im Sinne von § 2 Absatz 17 handelt. Einzelne Anlagenteile können über unterschiedliche, jeweils voneinander unabhängige Rückhalteeinrichtungen verfügen. Bei Anlagen, die nur teilweise doppelwandig ausgerüstet sind, sind einwandige Anlagenteile mit einer Rückhalteeinrichtung zu versehen.

(2) Rückhalteeinrichtungen müssen flüssigkeitsundurchlässig sein und dürfen keine Abläufe haben. Flüssigkeitsundurchlässig sind Bauausführungen dann, wenn sie ihre Dicht- und Tragfunktion während der Dauer der Beanspruchung durch die wassergefährdenden Stoffe, mit denen in der Anlage umgegangen wird, nicht verlieren.

(3) Rückhalteeinrichtungen müssen für folgendes Volumen ausgelegt sein:

1. bei Anlagen zum Lagern, Herstellen, Behandeln oder Verwenden wassergefährdender Stoffe muss das Rückhaltevolumen dem Volumen an wassergefährdenden Stoffen entsprechen, das bei Betriebsstörungen bis zum Wirksamwerden geeigneter Sicherheitsvorkehrungen freigesetzt werden kann,

2. bei Anlagen zum Abfüllen flüssiger wassergefährdender Stoffe muss das Rückhaltevolumen dem Volumen entsprechen, das bei größtmöglichem Volumenstrom bis zum Wirksamwerden geeigneter Sicherheitsvorkehrungen freigesetzt werden kann,

3. bei Anlagen zum Umschlagen wassergefährdender Stoffe muss das Rückhaltevolumen dem Volumen entsprechen, das aus dem größten Behälter, der größten Verpackung oder der größten Umschlagseinheit, in dem oder in der sich wassergefährdende Stoffe befinden und für den oder für die die Anlage ausgelegt ist, freigesetzt werden kann.

Auf ein Rückhaltevolumen kann bei oberirdischen Anlagen zum Umgang mit wassergefährdenden Stoffen der Wassergefährdungsklasse 1 mit einem Volumen bis 1 000 Liter verzichtet werden, sofern sich diese auf einer Fläche befinden, die

1. den betriebstechnischen Anforderungen genügt, und eine Leckerkennung durch infrastrukturelle Maßnahmen gewährleistet ist, oder

2. flüssigkeitsundurchlässig ausgebildet ist.

(4) Bei Anlagen zum Lagern, Herstellen, Behandeln oder Verwenden wassergefährdender Stoffe der Gefährdungsstufe D nach § 39 Absatz 1 muss die Rückhalteeinrichtung abweichend von Absatz 3 Satz 1 Nummer 1 so ausgelegt sein, dass das Volumen flüssiger wassergefährdender Stoffe, das aus der größten abgesperrten Betriebseinheit bei Betriebsstörungen freigesetzt werden kann, ohne dass Gegenmaßnahmen getroffen werden, vollständig zurückgehalten werden kann.

(5) Einwandige Behälter, Rohrleitungen und sonstige Anlagenteile müssen von Wänden, Böden und sonstigen Bauteilen sowie untereinander einen solchen Abstand haben, dass die Erkennung von Leckagen und die Zustandskontrolle, insbesondere auch der Rückhalteeinrichtungen, jederzeit möglich sind.

(6) Bei oberirdischen doppelwandigen Behältern, die über ein Leckanzeigesystem mit Flüssigkeiten der Wassergefährdungsklasse 1 verfügen, ist eine Rückhaltung der Leckanzeigeflüssigkeit nicht erforderlich, wenn das Volumen dieser Flüssigkeit 1 Kubikmeter nicht übersteigt.

(7) Wassergefährdende Stoffe, die beim Austreten so miteinander reagieren können, dass die Funktion der Rückhaltung nach Absatz 1 beeinträchtigt wird, müssen getrennt aufgefangen werden.

§ 19 Anforderungen an die Entwässerung

(1) Bei unvermeidlichem Zutritt von Niederschlagswasser sind abweichend von § 18 Absatz 2 Abläufe zulässig, wenn sie nur nach vorheriger Feststellung, dass keine wassergefährdenden Stoffe im Niederschlagswasser enthalten sind, geöffnet werden. Mit wassergefährdenden Stoffen verunreinigtes Niederschlagswasser ist ordnungsgemäß als Abwasser zu beseitigen oder als Abfall zu entsorgen.

(2) Bei Abfüll- oder Umschlaganlagen, bei denen ein Zutritt von Niederschlagswasser unvermeidlich ist, kann abweichend von Absatz 1 und § 18 Absatz 2 das Niederschlagswasser, das mit wassergefährdenden Stoffen verunreinigt sein kann, in einen Abwasserkanal oder in ein Gewässer eingeleitet werden, wenn

1. die bei einer Betriebsstörung freigesetzten wassergefährdenden Stoffe zurückgehalten werden und

2. die Einleitung des verunreinigten Niederschlagswassers den wasserrechtlichen Anforderungen und örtlichen Einleitungsbedingungen entspricht.

Bei Transformatoren und Schaltanlagen im Bereich der Elektrizitätswirtschaft, bei denen ein Zutritt von Niederschlagswasser unvermeidlich ist, kann dieses abweichend von Absatz 1 und § 18 Absatz 2 in einen Abwasserkanal oder in ein Gewässer eingeleitet werden, wenn die bei einer Betriebsstörung freigesetzten wassergefährdenden Stoffe zurückgehalten werden.

(3) Bei Eigenverbrauchstankstellen gelten die Absätze 1 und 2 und § 18 Absatz 3 nicht, wenn durch Maßnahmen technischer oder organisatorischer Art sichergestellt ist, dass ein gleichwertiges Sicherheitsniveau erreicht wird.

(4) Das Niederschlagswasser von Flächen, auf denen Kühlaggregate von Kälteanlagen mit Ethylen- oder Propylenglycol im Freien aufgestellt werden, ist in einen Schmutz- oder Mischwasserkanal einzuleiten. Wasserrechtliche Anforderungen an die Einleitung sowie örtliche Einleitungsbedingungen bleiben unberührt.

(5) Mit Gärsubstraten oder Gärresten verunreinigtes Niederschlagswasser in Biogasanlagen ist vollständig aufzufangen und ordnungsgemäß als Abwasser zu beseitigen oder als Abfall zu verwerten. Dies gilt für Biogasanlagen mit Gärsubstraten landwirtschaftlicher Herkunft zur Gewinnung von Biogas nicht, soweit das verunreinigte Niederschlagswasser entsprechend der guten fachlichen Praxis der Düngung verwendet wird. Die Umwallung nach § 37 Absatz 3 ist ordnungsgemäß zu entwässern.

(6) Bei Rückhalteeinrichtungen, bei denen

1. der Zutritt von Niederschlagswasser unvermeidlich ist und

2. eine Kontrolle des Ablaufs vor dessen Öffnung nur mit unverhältnismäßigem Aufwand möglich wäre,

entscheidet die zuständige Behörde über die Art der Rückhaltung wassergefährdender Stoffe und die Beseitigung des Niederschlagswassers.

(7) Nicht überdachte Rückhalteeinrichtungen müssen zusätzlich zum Rückhaltevolumen für wassergefährdende Stoffe nach § 18 Absatz 3 ein Rückhaltevolumen für Niederschlagswasser haben.

§ 20 Rückhaltung bei Brandereignissen

Anlagen müssen so geplant, errichtet und betrieben werden, dass die bei Brandereignissen austretenden wassergefährdenden Stoffe, Lösch-, Berieselungs- und Kühlwasser sowie die entstehenden Verbrennungsprodukte mit wassergefährdenden Eigenschaften nach den allgemein anerkannten Regeln der Technik zurückgehalten werden. Satz 1 gilt nicht für Anlagen, bei denen eine Brandentstehung nicht zu erwarten ist, und für Heizölverbraucheranlagen.

§ 21 Besondere Anforderungen an die Rückhaltung bei Rohrleitungen

(1) Oberirdische Rohrleitungen zum Befördern flüssiger wassergefährdender Stoffe sind mit Rückhalteeinrichtungen auszurüsten. Das Rückhaltevolumen muss dem Volumen wassergefährdender Stoffe entsprechen, das bei Betriebsstörungen bis zum Wirksamwerden geeigneter Sicherheitsvorkehrungen freigesetzt werden kann. Die Sätze 1 und 2 gelten nicht, wenn auf der Grundlage einer Gefährdungsabschätzung durch Maßnahmen technischer oder organisatorischer Art sichergestellt ist, dass ein gleichwertiges Sicherheitsniveau erreicht wird. Bei Heizölverbraucheran-

lagen der Gefährdungsstufen A und B gilt die Gefährdungsabschätzung als geführt, wenn die Heizölverbraucheranlage den geltenden allgemein anerkannten Regeln der Technik im Sinne des § 15 entspricht. Für oberirdische Rohrleitungen zum Befördern von flüssigen wassergefährdenden Stoffen der Wassergefährdungsklasse 1 kann ohne eine Gefährdungsabschätzung von Rückhalteeinrichtungen abgesehen werden, wenn die Standorte der Rohrleitungen auf Grund ihrer hydrogeologischen Eigenschaften keines besonderen Schutzes bedürfen.

(2) Bei unterirdischen Rohrleitungen zum Befördern flüssiger oder gasförmiger wassergefährdender Stoffe sind lösbare Verbindungen und Armaturen in flüssigkeitsundurchlässigen Kontrolleinrichtungen anzuordnen, die regelmäßig zu kontrollieren sind. Diese Rohrleitungen müssen

1. doppelwandig sein; Undichtheiten der Rohrwände müssen durch ein Leckanzeigesystem selbsttätig angezeigt werden,

2. als Saugleitung ausgeführt sein, in der die Flüssigkeitssäule bei Undichtheiten abreißt, in den Lagerbehälter zurückfließt und eine Heberwirkung ausgeschlossen ist, oder

3. mit einem Schutzrohr versehen oder in einem Kanal verlegt sein; austretende wassergefährdende Stoffe müssen in einer flüssigkeitsundurchlässigen Kontrolleinrichtung sichtbar werden; derartige Rohrleitungen dürfen keine Flüssigkeiten mit einem Flammpunkt bis zu einer Temperatur von 55 Grad Celsius führen.

Kann insbesondere aus Gründen der Betriebssicherheit keine der Anforderungen nach Satz 2 erfüllt werden, ist durch Maßnahmen technischer oder organisatorischer Art sicherzustellen, dass ein gleichwertiges Sicherheitsniveau erreicht wird.

(3) Auf Rohrleitungen von Sprinkleranlagen und von Heizungs- und Kühlanlagen, die in Gebäuden mit einem Gemisch aus Wasser und Glycol betrieben werden, sind die Absätze 1 und 2 Satz 2 nicht anzuwenden.

(4) Bei Kälteanlagen, in denen Ammoniak als Kältemittel verwendet wird, dürfen in dem Anlagenteil, durch den die Kühlleistung erbracht wird, unterirdisch einwandige Rohrleitungen verwendet werden.

(5) Rohrleitungen zum Befördern fester wassergefährdender Stoffe müssen über die betriebstechnischen Erfordernisse hinaus keine Anforderungen bezüglich der Rückhaltung erfüllen.

§ 22 Anforderungen bei der Nutzung von Abwasseranlagen als Auffangvorrichtung

(1) Wassergefährdende Stoffe, deren Austreten aus einer Anlage im bestimmungsgemäßen Betrieb unvermeidbar ist und die aus betriebstechnischen Gründen nicht schnell und zuverlässig erkannt, zurückgehalten und ordnungsgemäß entsorgt werden können, dürfen in die betriebliche Kanalisation eingeleitet werden, wenn

1. es sich um unerhebliche Mengen handelt,

2. die betriebliche Abwasserbehandlungsanlage dafür geeignet ist und

3. die Einleitung den wasserrechtlichen Anforderungen und örtlichen Einleitungsbedingungen entspricht.

(2) Können bei Leckagen oder Betriebsstörungen austretende wassergefährdende Stoffe oder mit diesen Stoffen verunreinigte andere Stoffe oder Gemische aus betriebstechnischen Gründen nicht in der Anlage selbst zurückgehalten werden, dürfen sie in einer geeigneten Auffangvorrichtung der betrieblichen Kanalisation zurückgehalten werden, wenn sie von dort aus schadlos als Abfall entsorgt oder als Abwasser beseitigt werden können.

(3) In den Fällen der Absätze 1 und 2 ist auf Grund einer Bewertung der Anlage, der möglichen Betriebsstörungen, des Anfalls wassergefährdender Stoffe, der Abwasseranlagen und der Empfindlichkeit der Gewässer in der Betriebsanweisung nach § 44 zu regeln, welche technischen und organisatorischen Maßnahmen zu treffen sind, um den Austritt wassergefährdender Stoffe zu erkennen und zu kontrollieren. Außerdem ist in der Betriebsanweisung zu regeln, ob die wassergefährdenden Stoffe getrennt vom Abwasser aufzufangen sind oder in die Abwasseranlagen eingeleitet werden dürfen.

(4) Die Teile von Abwasseranlagen, die nach Absatz 2 oder § 19 Absatz 2 Satz 1 auch für die Rückhaltung wassergefährdender Stoffe oder nach Absatz 1 genutzt werden dürfen, müssen flüssigkeitsundurchlässig ausgeführt werden und sind von den Sachverständigen in die Prüfungen nach § 46 einzubeziehen, wenn die zugehörige Anlage prüfpflichtig ist.

§ 23 Anforderungen an das Befüllen und Entleeren

(1) Wer eine Anlage befüllt oder entleert, hat diesen Vorgang zu überwachen und sich vor Beginn der Arbeiten von dem ordnungsgemäßen Zustand der dafür erforderlichen Sicherheitseinrichtungen zu überzeugen. Die zulässigen Belastungsgrenzen der Anlage und der Sicherheitseinrichtungen sind beim Befüllen oder Entleeren einzuhalten.

(2) Behälter in Anlagen zum Umgang mit flüssigen wassergefährdenden Stoffen dürfen nur mit festen Leitungsanschlüssen unter Verwendung einer Überfüllsicherung befüllt werden. Bei Anlagen zum Herstellen, Behandeln oder Verwenden flüssiger wassergefährdender Stoffe sowie bei oberirdischen Behältern jeweils mit einem Rauminhalt von bis zu 1,25 Kubikmetern, die nicht miteinander verbunden sind, sind auch andere technische oder organisatorische Sicherungsmaßnahmen, die zu einem gleichwertigen Sicherheitsniveau führen, zulässig. Bei Anlagen zum Abfüllen nicht ortsfest benutzter Behälter mit einem Volumen von mehr als 1,25 Kubikmetern kann die Überfüllsicherung durch eine volumen- oder gewichtsabhängige Steuerung ersetzt werden.

(3) Behälter in Anlagen zum Lagern von Brennstoffen nach § 2 Absatz 11 Satz 1 Nummer 2, Dieselkraftstoffen, Ottokraftstoffen oder Kraftstoffen, die aus Biomasse hergestellte Stoffe unabhängig von ihrem Anteil enthalten, dürfen aus Straßentankwagen, Aufsetztanks und ortsbeweglichen Tanks nur unter Verwendung einer selbsttätig schließenden Abfüllsicherung befüllt werden. Heizölverbraucheranlagen mit einem Volumen von bis zu 1,25 Kubikmetern dürfen abweichend von Satz 1 auch unter Verwendung selbsttätig schließender Zapfventile befüllt werden.

§ 24 Pflichten bei Betriebsstörungen; Instandsetzung

(1) Kann bei einer Betriebsstörung nicht ausgeschlossen werden, dass wassergefährdende Stoffe aus Anlagenteilen austreten, hat der Betreiber unverzüglich Maßnahmen zur Schadensbegrenzung zu ergreifen. Er hat die Anlage unverzüglich außer Betrieb zu nehmen, wenn er eine Gefährdung oder Schädigung eines Gewässers nicht auf andere Weise verhindern kann; soweit erforderlich, ist die Anlage zu entleeren.

(2) Wer eine Anlage betreibt, befüllt, entleert, ausbaut, stilllegt, instand hält, instand setzt, reinigt, überwacht oder überprüft, hat das Austreten wassergefährdender Stoffe in einer nicht nur unerheblichen Menge unverzüglich der zuständigen Behörde oder einer Polizeidienststelle anzuzeigen. Die Verpflichtung besteht auch bei dem Verdacht, dass wassergefährdende Stoffe in einer nicht nur unerheblichen Menge bereits ausgetreten sind, wenn eine Gefährdung eines Gewässers oder von Abwasseranlagen nicht auszuschließen ist. Anzeigepflichtig ist auch, wer das Austreten wassergefährdender Stoffe verursacht hat oder Maßnahmen zur Ermittlung oder Beseitigung wassergefährdender Stoffe durchführt, die aus Anlagen ausgetreten sind. Falls

Dritte, insbesondere Betreiber von Abwasseranlagen oder Wasserversorgungsunternehmen, betroffen sein können, hat der Betreiber diese unverzüglich zu unterrichten.

(3) Für die Instandsetzung einer Anlage oder eines Teils einer Anlage ist auf der Grundlage einer Zustandsbegutachtung ein Instandsetzungskonzept zu erarbeiten.

Abschnitt 3
Besondere Anforderungen an die Rückhaltung bei bestimmten Anlagen

§ 25 Vorrang der Regelungen des Abschnitts 3

Soweit dieser Abschnitt für bestimmte Anlagen besondere Anforderungen an die Rückhaltung wassergefährdender Stoffe vorsieht oder nach diesem Abschnitt unter bestimmten Voraussetzungen eine Rückhaltung nicht erforderlich ist, gehen diese Regelungen den jeweiligen Anforderungen nach § 18 Absatz 1 bis 3 vor.

§ 26 Besondere Anforderungen an Anlagen zum Lagern, Abfüllen, Herstellen, Behandeln oder Verwenden fester wassergefährdender Stoffe

(1) Anlagen zum Lagern, Abfüllen, Herstellen, Behandeln oder Verwenden fester wassergefährdender Stoffe bedürfen keiner Rückhaltung, wenn

1. sich diese Stoffe

a) in dicht verschlossenen Behältern oder Verpackungen befinden, die gegen Beschädigung und vor Witterungseinflüssen geschützt und gegen die Stoffe beständig sind, oder

b in geschlossenen oder vor Witterungseinflüssen geschützten Räumen befinden, die eine Verwehung verhindern, und

2. die Bodenfläche den betriebstechnischen Anforderungen genügt.

(2) Anlagen zum Lagern, Abfüllen, Herstellen, Behandeln oder Verwenden fester wassergefährdender Stoffe, bei denen der Zutritt von Niederschlagswasser oder anderem Wasser zu diesen Stoffen nicht unter allen Betriebsbedingungen verhindert werden kann, bedürfen keiner Rückhaltung, wenn

1. die Löslichkeit der wassergefährdenden Stoffe in Wasser unter 10 Gramm pro Liter liegt,

2. mit den festen wassergefährdenden Stoffen so umgegangen wird, dass eine nachteilige Veränderung der Eigenschaften von Gewässern durch ein Verwehen, Abschwemmen, Auswaschen oder sonstiges Austreten dieser Stoffe oder von mit diesen Stoffen verunreinigtem Niederschlagswasser verhindert wird, und

3. die Flächen, auf denen mit den festen wassergefährdenden Stoffen umgegangen wird, so befestigt sind, dass das dort anfallende Niederschlagswasser auf der Unterseite der Befestigung nicht austritt und ordnungsgemäß als Abwasser beseitigt oder ordnungsgemäß als Abfall entsorgt wird.

§ 27 Besondere Anforderungen an Anlagen zum Lagern oder Abfüllen fester Stoffe, denen flüssige wassergefährdende Stoffe anhaften

Bei Anlagen zum Lagern oder Abfüllen fester Stoffe, denen flüssige wassergefährdende Stoffe anhaften, ist abweichend von § 18 Absatz 3 für die Bemessung des Volumens der Rückhalteeinrichtungen das Volumen flüssiger wassergefährdender Stoffe maßgeblich, das sich ansammeln kann. Ist dieses nicht bekannt, ist ein Volumen von 5 Prozent des Anlagenvolumens anzusetzen.

§ 28 Besondere Anforderungen an Umschlagflächen für wassergefährdende Stoffe

(1) Die Umschlagflächen von Umschlaganlagen für flüssige wassergefährdende Stoffe müssen flüssigkeitsundurchlässig sein. Das dort anfallende Niederschlagswasser ist ordnungsgemäß als Abfall zu entsorgen oder nach Maßgabe von § 19 Absatz 2 Satz 1 ordnungsgemäß als Abwasser zu beseitigen. Für Umschlagflächen von Umschlaganlagen für feste wassergefährdende Stoffe gilt § 26 Absatz 1 entsprechend.

(2) An Verkehrsflächen, die dem Rangieren von Transportmitteln mit Transportbehältern und Verpackungen mit wassergefährdenden Stoffen dienen, werden über die betrieblichen Anforderungen hinaus keine Anforderungen gestellt.

§ 29 Besondere Anforderungen an Umschlaganlagen des intermodalen Verkehrs

(1) Flächen von Umschlaganlagen des intermodalen Verkehrs sind diejenigen, auf denen wassergefährdende Stoffe in Ladeeinheiten oder Straßenfahrzeugen, die gefahrgutrechtlich gekennzeichnet sind, umgeladen werden. Flächen nach Satz 1 müssen in Beton- oder Asphaltbauweise so befestigt sein, dass das dort anfallende Niederschlagswasser auf der Unterseite nicht austritt und nach Maßgabe von § 19 Absatz 2 Satz 1 ordnungsgemäß als Abwasser beseitigt wird oder ordnungsgemäß als Abfall entsorgt wird.

(2) Umschlaganlagen des intermodalen Verkehrs müssen über eine flüssigkeitsundurchlässige Havariefläche oder -einrichtung verfügen, auf der Ladeeinheiten oder Straßenfahrzeuge, aus denen wassergefährdende Stoffe austreten, abgestellt werden können und auf der wassergefährdende Stoffe zurückgehalten werden. Das auf den Havarieflächen anfallende Niederschlagswasser ist nach Maßgabe von § 19 Absatz 2 Satz 1 ordnungsgemäß als Abwasser zu beseitigen oder ordnungsgemäß als Abfall zu entsorgen.

(3) § 28 Absatz 2 gilt entsprechend.

§ 30 Besondere Anforderungen an Anlagen zum Laden und Löschen von Schiffen sowie an Anlagen zur Betankung von Wasserfahrzeugen

(1) Anlagen zum Laden und Löschen von Schiffen mit wassergefährdenden Stoffen sowie Anlagen zur Betankung von Wasserfahrzeugen bedürfen schiffsseitig keiner Rückhaltung.

(2) Beim Laden und Löschen unverpackter flüssiger wassergefährdender Stoffe und beim Betanken von Wasserfahrzeugen müssen jedoch folgende besondere Anforderungen erfüllt sein:

1. die land- und schiffsseitigen Sicherheitssysteme sind aufeinander abzustimmen,

2. beim Laden und Löschen im Druckbetrieb müssen Abreißkupplungen verwendet werden, die beidseitig selbsttätig schließen,

3. beim Saugbetrieb muss sichergestellt sein, dass bei einem Schaden an der Saugleitung die angeschlossenen Behälter durch Heberwirkung nicht leerlaufen können,

4. soweit sich Rohrleitungen oder Schläuche über Gewässern befinden, ist durch Maßnahmen technischer oder organisatorischer Art sicherzustellen, dass der bestmögliche Schutz der Gewässer vor nachteiligen Veränderungen ihrer Eigenschaften erreicht wird.

(3) Schüttgüter sind so zu laden und zu löschen, dass der Eintrag von festen wassergefährdenden Stoffen in oberirdische Gewässer durch geeignete Maßnahmen verhindert wird.

§ 31 Besondere Anforderungen an Fass- und Gebindelager

(1) Bei Fass- und Gebindelagern müssen die wassergefährdenden Stoffe in dicht verschlossenen Behältern oder Verpackungen gelagert werden, die

1. gefahrgutrechtlich zugelassen sind oder

2. gegen die Flüssigkeiten beständig und gegen Beschädigung, im Freien auch gegen Witterungseinflüsse, geschützt sind.

(2) Fass- und Gebindelager müssen über eine Rückhalteeinrichtung mit einem Rückhaltevolumen verfügen, das sich abweichend von § 18 Absatz 3 Satz 1 Nummer 1 wie folgt bestimmt:

Maßgebendes Volumen (V_{ges}) der Anlage in Kubikmetern	Rückhaltevolumen
≤ 100	10 % von V_{ges}, wenigstens jedoch der Rauminhalt des größten Behältnisses
$> 100 \leq 1\ 000$	3 % von V_{ges}, wenigstens jedoch 10 Kubikmeter
$> 1\ 000$	2 % von V_{ges}, wenigstens jedoch 30 Kubikmeter

(3) Bei Fass- und Gebindelagern für ortsbewegliche Behälter und Verpackungen mit einem Einzelvolumen von bis zu 0,02 Kubikmetern oder für restentleerte Behälter und Verpackungen ist abweichend von Absatz 2 eine flüssigkeitsundurchlässige Fläche ohne definiertes Rückhaltevolumen ausreichend, sofern ausgetretene wassergefährdende Stoffe schnell aufgenommen werden können und die Schadenbeseitigung mit einfachen betrieblichen Mitteln gefahrlos möglich ist.

§ 32 Besondere Anforderungen an Abfüllflächen von Heizölverbraucheranlagen

Abfüllflächen von Heizölverbraucheranlagen bedürfen keiner Rückhaltung, wenn die Heizölverbraucheranlage aus hierfür zugelassenen Straßentankwagen im Vollschlauchsystem befüllt wird und hierbei eine zugelassene selbsttätig schließende Abfüllsicherung und ein Grenzwertgeber verwendet werden. Satz 1 gilt auch für Heizölverbraucheranlagen mit einem Volumen von bis zu 1,25 Kubikmetern, die unter Verwendung eines selbsttätig schließenden Zapfventils befüllt werden.

§ 33 Besondere Anforderungen an Abfüllflächen von bestimmten Anlagen zum Verwenden flüssiger wassergefährdender Stoffe

Abfüllflächen als Teile von Anlagen zum Verwenden flüssiger wassergefährdender Stoffe, bei denen auf Grund des Einsatzzweckes davon auszugehen ist, dass sie grundsätzlich nur einmal befüllt oder entleert werden, bedürfen keiner Rückhaltung. Zu den Anlagen im Sinne von Satz 1 gehören insbesondere Hydraulikanlagen sowie ölgefüllte Transformatoren.

§ 34 Besondere Anforderungen an Anlagen zum Verwenden wassergefährdender Stoffe im Bereich der Energieversorgung und in Einrichtungen des Wasserbaus

(1) Oberirdische Anlagen zum Verwenden flüssiger wassergefährdender Stoffe der Wassergefährdungsklasse 1 oder Wassergefährdungsklasse 2 als Kühl-, Schmier- oder Isoliermittel oder als Hydraulikflüssigkeit im Bereich der Energieversorgung und in Einrichtungen des Wasser-

baus, die über ein Volumen von bis zu 10 Kubikmetern verfügen, bedürfen keiner Rückhaltung, wenn sie die Anforderungen nach den Absätzen 2 und 3 erfüllen.

(2) Anlagen und Anlagenteile einschließlich Rohrleitungen, die betriebs- oder bauartbedingt nicht über eine Rückhalteeinrichtung verfügen können, sind durch selbsttätige Störmeldeeinrichtungen in Verbindung mit einer ständig besetzten Betriebsstelle oder Messwarte oder durch regelmäßige Kontrollgänge zu überwachen. Für sie sind Alarm- und Maßnahmepläne aufzustellen, die wirksame Maßnahmen und Vorkehrungen zur Vermeidung von Gewässerschäden beschreiben und die mit den in die Maßnahmen einbezogenen Stellen abgestimmt sind. Die Alarm- und Maßnahmepläne sind der zuständigen Behörde auf Verlangen vorzulegen.

(3) Werden Kühler mit Direktkontakt zum Wasser eingesetzt, sind sie als Doppelrohrkühler, Zweikreiskühler oder als diesen Kühlern technisch gleichwertige Kühlsysteme auszuführen. Die Kühlsysteme sind mit automatischen Störmeldeeinrichtungen auszurüsten.

§ 35 Besondere Anforderungen an Erdwärmesonden und -kollektoren, Solarkollektoren und Kälteanlagen

(1) Für Erdwärmesonden und -kollektoren, Solarkollektoren und Kälteanlagen, in denen wassergefährdende Stoffe im Bereich der gewerblichen Wirtschaft oder im Bereich öffentlicher Einrichtungen verwendet werden, gelten die Absätze 2 bis 4. (2) Die Wärmeträgerkreisläufe von Erdwärmesonden und -kollektoren dürfen unterirdisch nur einwandig ausgeführt werden, wenn

1. sie aus einem werkseitig geschweißten Sondenfuß und endlosen Sondenrohren bestehen,

2. sie durch selbsttätige Überwachungs- und Sicherheitseinrichtungen so gesichert sind, dass im Fall einer Leckage des Wärmeträgerkreislaufs die Umwälzpumpe sofort abgeschaltet und ein Alarm ausgelöst wird, und

3. als Wärmeträgermedium nur die folgenden Stoffe oder Gemische verwendet werden:

   a) nicht wassergefährdende Stoffe oder

   b) Gemische der Wassergefährdungsklasse 1, deren Hauptbestandteile Ethylen- oder Propylenglycol sind.

Sind die Anforderungen nach Satz 1 erfüllt, finden § 18 Absatz 1 bis 3 und § 21 Absatz 2 Satz 2 keine Anwendung.

(3) Solarkollektoren und Kälteanlagen im Freien mit flüssigen wassergefährdenden Stoffen bedürfen keiner Rückhaltung, wenn

1. sie durch selbsttätige Überwachungs- und Sicherheitseinrichtungen so gesichert sind, dass im Fall einer Leckage die Umwälzpumpe sofort abgeschaltet und ein Alarm ausgelöst wird,

2. sie als Wärmeträgermedien nur die folgenden Stoffe oder Gemische verwenden:

   a) nicht wassergefährdende Stoffe oder

   b) Gemische der Wassergefährdungsklasse 1, deren Hauptbestandteile Ethylen- oder Propylenglycol sind, und

3. Kühlaggregate auf einer befestigten Fläche aufgestellt sind.

(4) Kälteanlagen mit gasförmigen wassergefährdenden Stoffen der Wassergefährdungsklasse 1 bedürfen keiner Rückhaltung.

§ 36 Besondere Anforderungen an unterirdische Ölkabel- und Massekabelanlagen

Bei unterirdischen Massekabelanlagen sind Einrichtungen zur Rückhaltung von Kabeltränkmasse nicht erforderlich. Bei unterirdischen Ölkabelanlagen sind Einrichtungen zur Rückhaltung von Isolierölen nicht erforderlich, wenn der Betreiber die Anlagen elektrisch und hydraulisch durch selbsttätige Störmeldeeinrichtungen überwacht, Störungen in einer ständig besetzten Betriebsstelle angezeigt werden und die Betriebswerte ständig erfasst und auf die Abweichung von Sollwerten kontrolliert werden.

§ 37 Besondere Anforderungen an Biogasanlagen mit Gärsubstraten landwirtschaftlicher Herkunft

(1) Abweichend von § 18 Absatz 1 bis 3 ist die Rückhaltung wassergefährdender Stoffe in Biogasanlagen, in denen ausschließlich Gärsubstrate nach § 2 Absatz 8 eingesetzt werden, nach Maßgabe der Absätze 2 bis 5 auszugestalten.

(2) Einwandige Anlagen mit flüssigen allgemein wassergefährdenden Stoffen müssen mit einem Leckageerkennungssystem ausgestattet sein. Anlagen zur Lagerung von festen Gärsubstraten oder festen Gärresten müssen über eine flüssigkeitsundurchlässige Lagerfläche verfügen; sie bedürfen keines Leckageerkennungssystems.

(3) Anlagen, bei denen Leckagen oberhalb der Geländeoberkante auftreten können, sind mit einer Umwallung zu versehen, die das Volumen zurückhalten kann, das bei Betriebsstörungen bis zum Wirksamwerden geeigneter Sicherheitsvorkehrungen freigesetzt werden kann, mindestens aber das Volumen des größten Behälters; dies gilt nicht für die Lageranlagen für feste Gärsubstrate oder feste Gärreste. Einzelne Anlagen nach § 2 Absatz 14 können mit einer gemeinsamen Umwallung ausgerüstet werden.

(4) Unterirdische Behälter, Rohrleitungen sowie Sammeleinrichtungen, in denen regelmäßig wassergefährdende Stoffe angestaut werden, dürfen einwandig ausgeführt werden, wenn sie mit einem Leckageerkennungssystem ausgerüstet sind und den technischen Regeln entsprechen.

(5) Unterirdische Behälter, bei denen der tiefste Punkt der Bodenplattenunterkante unter dem höchsten zu erwartenden Grundwasserstand liegt, sowie unterirdische Behälter in Schutzgebieten sind als doppelwandige Behälter mit Leckanzeigesystem auszuführen.

(6) Erdbecken sind für die Lagerung von Gärresten aus dem Betrieb von Biogasanlagen nicht zulässig.

§ 38 Besondere Anforderungen an oberirdische Anlagen zum Umgang mit gasförmigen wassergefährdenden Stoffen

(1) Oberirdische Anlagen zum Umgang mit gasförmigen wassergefährdenden Stoffen bedürfen keiner Rückhaltung.

(2) Abweichend von Absatz 1 sind auf der Grundlage einer Gefährdungsabschätzung Maßnahmen zur Schadenerkennung, zur Rückhaltung sowie zur ordnungsgemäßen und schadlosen Verwertung oder Beseitigung der Stoffe zu treffen, wenn

1. mit gasförmigen wassergefährdenden Stoffen umgegangen wird, die auf Grund ihrer chemischen oder physikalischen Eigenschaften bei einer Betriebsstörung flüssig austreten können, oder

2. bei Schadenbekämpfungsmaßnahmen Stoffe anfallen können, die mit ausgetretenen wassergefährdenden Stoffen verunreinigt sind.

(3) Für Anlagen mit einer maßgebenden Masse bis zu 1 Tonne gasförmiger wassergefährdender Stoffe sind auch beim Vorliegen der Voraussetzungen nach Absatz 2 keine Rückhaltemaßnahmen erforderlich, wenn die Behälter den gefahrgutrechtlichen Anforderungen genügen und die Schadenbeseitigung mit einfachen betrieblichen Mitteln möglich ist.

Abschnitt 4
Anforderungen an Anlagen in Abhängigkeit von ihren Gefährdungsstufen

§ 39 Gefährdungsstufen von Anlagen

(1) Betreiber haben Anlagen nach Maßgabe der nachstehenden Tabelle einer Gefährdungsstufe zuzuordnen. Bei flüssigen Stoffen ist das für die jeweilige Anlage maßgebende Volumen zugrunde zu legen, bei gasförmigen und festen Stoffen die für die jeweilige Anlage maßgebende Masse.

Ermittlung der Gefährdungsstufen	Wassergefährdungsklasse (WGK)		
Volumen in Kubikmetern (m^3) oder Masse in Tonnen (t)	1	2	3
≤ 0,22 m^3 oder 0,2 t	Stufe A	Stufe A	Stufe A
> 0,22 m^3 oder 0,2 t ≤ 1	Stufe A	Stufe A	Stufe B
> 1 ≤ 10	Stufe A	Stufe B	Stufe C
> 10 ≤ 100	Stufe A	Stufe C	Stufe D
> 100 ≤ 1 000	Stufe B	Stufe D	Stufe D
> 1 000	Stufe C	Stufe D	Stufe D

(2) Soweit in den Absätzen 3 bis 8 nichts anderes geregelt ist,

1. ist das maßgebende Volumen das Nennvolumen der Anlage einschließlich aller Anlagenteile oder nach sicherheitstechnischer Umrüstung das Volumen, das im Betrieb maximal genutzt werden kann und das auf nicht zu entfernende Art auf der Anlage angegeben ist, und

2. ist die maßgebende Masse die Masse wassergefährdender Stoffe, mit der in der Anlage einschließlich aller Anlagenteile umgegangen werden kann.

Betrieblich genutzte Absperreinrichtungen innerhalb einer Anlage bleiben außer Betracht.

(3) Bei Lageranlagen ergibt sich das maßgebende Volumen aus dem betriebstechnisch nutzbaren Rauminhalt aller zur Anlage gehörenden Behälter. Das maßgebende Volumen eines Fass- und Gebindelagers ergibt sich aus der Summe der Rauminhalte aller Behältnisse und Verpackungen, für die die Lageranlage ausgelegt ist.

(4) Bei Abfüllanlagen ist das maßgebende Volumen entweder der Rauminhalt, der sich beim größten Volumenstrom über einen Zeitraum von zehn Minuten ergibt, oder der Rauminhalt, der sich aus dem mittleren Tagesdurchsatz der Anlage ergibt, wobei der größere Wert maßgebend ist.

(5) Bei Anlagen zum Umladen wassergefährdender Stoffe in Behältern oder Verpackungen von einem Transportmittel auf ein anderes sowie bei Anlagen zum Laden und Löschen von Stückgut oder losen Schüttungen von Schiffen entspricht das maßgebende Volumen oder die maßgebende Masse der größten Umladeeinheit, für die die Anlage ausgelegt ist.

(6) Bei Anlagen zum Herstellen, Behandeln oder Verwenden wassergefährdender Stoffe bestimmt sich das maßgebende Volumen nach dem unter Berücksichtigung der Verfahrenstechnik ermittelten größten Volumen, das bei bestimmungsgemäßem Betrieb in einer Anlage vorhanden ist.

(7) Bei Rohrleitungsanlagen ist das maßgebende Volumen entweder der Rauminhalt, der sich beim größten Volumenstrom über einen Zeitraum von zehn Minuten zusätzlich zum Volumen der Rohrleitungsanlage ergibt, oder der Rauminhalt, der sich aus dem mittleren Tagesdurchsatz der Anlage ergibt, wobei der größere Wert maßgebend ist.

(8) Bei Anlagen zum Lagern, Abfüllen oder Umschlagen fester Stoffe, denen flüssige wassergefährdende Stoffe anhaften, ist das Volumen flüssiger wassergefährdender Stoffe maßgeblich, das sich ansammeln kann.

(9) Das maßgebende Volumen einer Biogasanlage ergibt sich aus der Summe der Volumina der in § 2 Absatz 14 genannten Anlagen.

(10) Bei Anlagen, in denen gleichzeitig mit wassergefährdenden Stoffen unterschiedlicher Wassergefährdungsklassen umgegangen wird, sind für die Ermittlung der Gefährdungsstufe die Stoffe mit der höchsten Wassergefährdungsklasse maßgebend, sofern der Anteil dieser Stoffe mehr als 3 Prozent des Gesamtinhalts der Anlage beträgt. Ist dieser Prozentsatz kleiner, ist die nächstniedrigere Wassergefährdungsklasse maßgebend.

(11) Anlagen zum Umgang mit allgemein wassergefährdenden Stoffen nach § 3 Absatz 2 werden keiner Gefährdungsstufe zugeordnet.

§ 40 Anzeigepflicht

(1) Wer eine nach § 46 Absatz 2 oder Absatz 3 prüfpflichtige Anlage errichten oder wesentlich ändern will oder an dieser Anlage Maßnahmen ergreifen will, die zu einer Änderung der Gefährdungsstufe nach § 39 Absatz 1 führen, hat dies der zuständigen Behörde mindestens sechs Wochen im Voraus schriftlich anzuzeigen.

(2) Die Anzeige nach Absatz 1 muss Angaben zum Betreiber, zum Standort und zur Abgrenzung der Anlage, zu den wassergefährdenden Stoffen, mit denen in der Anlage umgegangen wird, zu bauaufsichtlichen Verwendbarkeitsnachweisen sowie zu den technischen und organisatorischen Maßnahmen, die für die Sicherheit der Anlage bedeutsam sind, enthalten.

(3) Nicht anzeigepflichtig nach Absatz 1 ist das Errichten von

1. Anlagen zum Lagern, Abfüllen oder Umschlagen wassergefährdender Stoffe, für die eine Eignungsfeststellung nach § 63 Absatz 1 des Wasserhaushaltsgesetzes beantragt wird, und

2. sonstigen Anlagen, die Gegenstand eines Zulassungsverfahrens nach anderen Rechtsvorschriften sind, sofern im Zulassungsverfahren auch die Erfüllung der Anforderungen dieser Verordnung sichergestellt wird.

Nicht anzeigepflichtig sind in den Fällen des Satzes 1 Nummer 2 auch zulassungsbedürftige wesentliche Änderungen der Anlage.

(4) Nach einem Wechsel des Betreibers einer nach § 46 Absatz 2 oder Absatz 3 prüfpflichtigen Anlage hat der neue Betreiber diesen Wechsel der zuständigen Behörde unverzüglich schriftlich anzuzeigen. Satz 1 gilt nicht für Betreiber von Heizölverbraucheranlagen.

§ 41 Ausnahmen vom Erfordernis der Eignungsfeststellung

(1) Die Eignungsfeststellung nach § 63 Absatz 1 des Wasserhaushaltsgesetzes ist über die in § 63 Absatz 2 und 3 des Wasserhaushaltsgesetzes geregelten Fälle hinaus nicht erforderlich für

1. Anlagen zum Lagern, Abfüllen oder Umschlagen gasförmiger wassergefährdender Stoffe sowie Anlagen zum Lagern, Abfüllen oder Umschlagen flüssiger oder fester wassergefährdender Stoffe der Gefährdungsstufe A,

2. Anlagen zum Lagern, Abfüllen oder Umschlagen von aufschwimmenden flüssigen Stoffen nach § 3 Absatz 2 Satz 1 Nummer 7,

3. Anlagen zum Lagern, Abfüllen oder Umschlagen von allgemein wassergefährdenden Stoffen, die keiner Prüfpflicht nach § 46 Absatz 2 oder Absatz 3 unterliegen,

4. Heizölverbraucheranlagen und

5. Anlagen mit einem Volumen von bis zu 1 Kubikmeter, die doppelwandig sind oder über ein Rückhaltevolumen verfügen, das das gesamte in der Anlage vorhandene Volumen wassergefährdender Stoffe zurückhalten kann.

(2) Eine Eignungsfeststellung ist für Anlagen der Gefährdungsstufen B und C sowie für nach § 46 Absatz 2 oder Absatz 3 prüfpflichtige Anlagen mit allgemein wassergefährdenden Stoffen nicht erforderlich, wenn

1. für alle Teile einer Anlage einschließlich ihrer technischen Schutzvorkehrungen einer der folgenden Nachweise vorliegt:

   a) ein CE-Kennzeichen, das zulässige Klassen und Leistungsstufen nach § 63 Absatz 3 Satz 1 Nummer 1 des Wasserhaushaltsgesetzes aufweist,

   b) Zulassungen oder Nachweise nach § 63 Absatz 3 Satz 1 Nummer 2 und Satz 2 des Wasserhaushaltsgesetzes oder

   c) bei Behältern und Verpackungen die Zulassungen nach gefahrgutrechtlichen Vorschriften

und

2. durch das Gutachten eines Sachverständigen bestätigt wird, dass die Anlage insgesamt die Gewässerschutzanforderungen erfüllt.

Die Anlage darf wie geplant errichtet und betrieben werden, wenn die zuständige Behörde innerhalb einer Frist von sechs Wochen nach Vorlage der in Satz 1 Nummer 1 genannten Nachweise und des Gutachtens nach Satz 1 Nummer 2 weder die Errichtung oder den Betrieb untersagt noch Anforderungen an die Errichtung oder den Betrieb festgesetzt hat. Anforderungen nach anderen Rechtsbereichen bleiben unberührt.

(3) Bei Anlagen der Gefährdungsstufe D kann die zuständige Behörde von einer Eignungsfeststellung absehen, wenn die Anforderungen nach Absatz 2 Satz 1 erfüllt sind.

§ 42 Antragsunterlagen für die Eignungsfeststellung

Dem Antrag auf Erteilung einer Eignungsfeststellung sind die zum Nachweis der Eignung erforderlichen Unterlagen beizufügen. Auf Verlangen der zuständigen Behörde ist dem Antrag ein Gutachten eines Sachverständigen beizufügen. Als Nachweise gelten auch Prüfbescheinigungen und Gutachten von in anderen Mitgliedstaaten der Europäischen Union und anderen Vertragsstaaten des Abkommens über den Europäischen Wirtschaftsraum zugelassenen Prüfstellen oder Sachverständigen, wenn die Anforderungen an die Prüfung der Anlage denen nach dieser Verordnung gleichwertig sind; für die Prüfbescheinigungen und Gutachten gilt § 52 Absatz 2 Satz 2 und 3 entsprechend.

§ 43 Anlagendokumentation

(1) Der Betreiber hat eine Anlagendokumentation zu führen, in der die wesentlichen Informationen über die Anlage enthalten sind. Hierzu zählen insbesondere Angaben zum Aufbau und zur Abgrenzung der Anlage, zu den eingesetzten Stoffen, zur Bauart und zu den Werkstoffen der einzelnen Anlagenteile, zu Sicherheitseinrichtungen und Schutzvorkehrungen, zur Löschwasserrückhaltung und zur Standsicherheit. Die Dokumentation ist bei einem Wechsel des Betreibers an den neuen Betreiber zu übergeben.

(2) Ist die Anlage nach § 46 Absatz 2 oder Absatz 3 prüfpflichtig, hat der Betreiber neben der Dokumentation nach Absatz 1 zusätzlich die Unterlagen bereitzuhalten, die für die Prüfung der Anlage und für die Durchführung fachbetriebspflichtiger Tätigkeiten nach § 45 erforderlich sind. Hierzu gehören insbesondere eine Dokumentation der Abgrenzung der Anlage nach § 14 Absatz 1, eine erteilte Eignungsfeststellung, bauaufsichtliche Verwendbarkeitsnachweise sowie der letzte Prüfbericht nach § 47 Absatz 3 Satz 1.

(3) Der Betreiber hat die Unterlagen nach Absatz 2 der zuständigen Behörde, Sachverständigen vor Prüfungen und Fachbetrieben nach § 62 vor fachbetriebspflichtigen Tätigkeiten jeweils auf Verlangen vorzulegen.

(4) Absatz 1 gilt nicht für Anlagen, die zu einem EMAS-Standort im Sinne von § 3 Nummer 12 des Wasserhaushaltsgesetzes gehören, sofern die Anlagendokumentation vergleichbare Angaben enthalten sind in

1. einer der Registrierung zugrunde gelegten Umwelterklärung nach Artikel 2 Nummer 18 der Verordnung (EG) Nr. 1221/2009 des Europäischen Parlaments und des Rates vom 25. November 2009 über die freiwillige Teilnahme von Organisationen an einem Gemeinschaftssystem für Umweltmanagement und Umweltbetriebsprüfung und zur Aufhebung der Verordnung (EG) Nr. 761/2001, sowie der Beschlüsse der Kommission 2001/681/EG und 2006/193/EG (ABl. L 342 vom 22.12.2009, S. 1), die durch die Verordnung (EU) Nr. 517/2013 (ABl. L 158 vom 10.6.2013, S. 1) geändert worden ist, die der zuständigen Behörde vorliegt und validiert worden ist, oder

2. einem Umweltbetriebsprüfungsbericht nach Anhang III Buchstabe C der Verordnung (EG) Nr. 1221/2009.

§ 44 Betriebsanweisung; Merkblatt

(1) Der Betreiber hat eine Betriebsanweisung vorzuhalten, die einen Überwachungs-, Instandhaltungs- und Notfallplan enthält und Sofortmaßnahmen zur Abwehr nachteiliger Veränderungen der Eigenschaften von Gewässern festlegt. Der Plan ist mit den Stellen abzustimmen, die im Rahmen des Notfallplans und der Sofortmaßnahmen beteiligt sind. Der Betreiber hat die Einhaltung der Betriebsanweisung und deren Aktualisierung sicherzustellen.

(2) Das Betriebspersonal der Anlage ist vor Aufnahme der Tätigkeit und dann regelmäßig in angemessenen Zeitabständen, mindestens jedoch einmal jährlich, zu unterweisen, wie es sich laut Betriebsanweisung zu verhalten hat. Die Durchführung der Unterweisung ist vom Betreiber zu dokumentieren.

(3) Die Betriebsanweisung muss dem Betriebspersonal der Anlage jederzeit zugänglich sein.

(4) Die Absätze 1 bis 3 gelten nicht für

1. Anlagen der Gefährdungsstufe A,

2. Eigenverbrauchstankstellen,

3. Heizölverbraucheranlagen,

4. Anlagen zum Umgang mit aufschwimmenden flüssigen Stoffen mit einem Volumen bis zu 100 Kubikmetern und

5. Anlagen mit festen Gemischen bis zu 1 000 Tonnen.

Stattdessen ist bei Anlagen nach Satz 1 Nummer 3 das Merkblatt zu Betriebs- und Verhaltensvorschriften beim Betrieb von Heizölverbraucheranlagen nach Anlage 3 und bei Anlagen nach Satz 1 Nummer 1, 2, 4 und 5 das Merkblatt zu Betriebs- und Verhaltensvorschriften beim Umgang mit wassergefährdenden Stoffen nach Anlage 4 an gut sichtbarer Stelle in der Nähe der Anlage dauerhaft anzubringen. Auf das Anbringen des Merkblattes nach Anlage 4 kann verzichtet werden, wenn die dort vorgegebenen Informationen auf andere Weise in der Nähe der Anlage gut sichtbar dokumentiert sind. Bei Anlagen zum Verwenden wassergefährdender Stoffe der Gefährdungsstufe A, die im Freien außerhalb von Ortschaften betrieben werden, ist die gut sichtbare Anbringung einer Telefonnummer ausreichend, unter der bei Betriebsstörungen eine Alarmierung erfolgen kann.

§ 45 Fachbetriebspflicht; Ausnahmen

(1) Folgende Anlagen einschließlich der zu ihnen gehörenden Anlagenteile dürfen nur von Fachbetrieben nach § 62 errichtet, von innen gereinigt, instand gesetzt und stillgelegt werden:

1. unterirdische Anlagen,

2. oberirdische Anlagen zum Umgang mit flüssigen wassergefährdenden Stoffen der Gefährdungsstufen C und D,

3. oberirdische Anlagen zum Umgang mit flüssigen wassergefährdenden Stoffen der Gefährdungsstufe B innerhalb von Wasserschutzgebieten,

4. Heizölverbraucheranlagen der Gefährdungsstufen B, C und D,

5. Biogasanlagen,

6. Umschlaganlagen des intermodalen Verkehrs sowie

7. Anlagen zum Umgang mit aufschwimmenden flüssigen Stoffen nach § 3 Absatz 2 Satz 1 Nummer 7.

(2) Abweichend von Absatz 1 müssen Tätigkeiten an Anlagen oder Anlagenteilen, die keine unmittelbare Bedeutung für die Anlagensicherheit haben, nicht von Fachbetrieben ausgeführt werden.

§ 46 Überwachungs- und Prüfpflichten des Betreibers

(1) Der Betreiber hat die Dichtheit der Anlage und die Funktionsfähigkeit der Sicherheitseinrichtungen regelmäßig zu kontrollieren. Die zuständige Behörde kann im Einzelfall anordnen, dass der Betreiber einen Überwachungsvertrag mit einem Fachbetrieb nach § 62 abschließt, wenn er selbst nicht die erforderliche Sachkunde besitzt und auch nicht über sachkundiges Personal verfügt.

(2) Betreiber haben Anlagen außerhalb von Schutzgebieten und außerhalb von festgesetzten oder vorläufig gesicherten Überschwemmungsgebieten nach Maßgabe der in Anlage 5 geregelten Prüfzeitpunkte und -intervalle auf ihren ordnungsgemäßen Zustand prüfen zu lassen.

(3) Betreiber haben Anlagen in Schutzgebieten und in festgesetzten oder vorläufig gesicherten Überschwemmungsgebieten nach Maßgabe der in Anlage 6 geregelten Prüfzeitpunkte und -intervalle auf ihren ordnungsgemäßen Zustand prüfen zu lassen.

(4) Die zuständige Behörde kann unabhängig von den sich nach den Absätzen 2 und 3 ergebenden Prüfzeitpunkten und -intervallen eine einmalige Prüfung oder wiederkehrende Prüfungen anordnen, insbesondere wenn die Besorgnis einer nachteiligen Veränderung von Gewässereigenschaften besteht.

(5) Betreiber haben Anlagen, bei denen nach § 47 Absatz 2 ein erheblicher oder ein gefährlicher Mangel festgestellt worden ist, nach Beseitigung des Mangels nach § 48 Absatz 1 erneut prüfen zu lassen.

(6) Die Prüfung nach Absatz 2 oder Absatz 3 entfällt, wenn die Anlage der Forschung, Entwicklung oder Erprobung neuer Einsatzstoffe, Brennstoffe, Erzeugnisse oder Verfahren dient und nicht länger als ein Jahr betrieben wird.

(7) Weiter gehende Regelungen, insbesondere in einer Eignungsfeststellung nach § 63 Absatz 1 des Wasserhaushaltsgesetzes, bleiben unberührt.

§ 47 Prüfung durch Sachverständige

(1) Prüfungen nach § 46 Absatz 2 bis 5 dürfen nur von Sachverständigen durchgeführt werden.

(2) Der Sachverständige hat die Anlage auf Grund des Ergebnisses der Prüfungen nach § 46 in eine der folgenden Klassen einzustufen:

1. ohne Mangel,

2. mit geringfügigem Mangel,

3. mit erheblichem Mangel oder

4. mit gefährlichem Mangel.

(3) Der Sachverständige hat der zuständigen Behörde über das Ergebnis jeder von ihm durchgeführten Prüfung nach § 46 innerhalb von vier Wochen nach Durchführung der Prüfung einen Prüfbericht vorzulegen. Über einen gefährlichen Mangel hat er die zuständige Behörde unverzüglich zu unterrichten. Der Prüfbericht nach Satz 1 muss Angaben zu Folgendem enthalten:

1. zum Betreiber,

2. zum Standort,

3. zur Anlagenidentifikation,

4. zur Anlagenzuordnung,

5. zu den wassergefährdenden Stoffen, mit denen in der Anlage umgegangen wird,

6. zu behördlichen Zulassungen,

7. zum Sachverständigen und zu der Sachverständigenorganisation, die ihn bestellt hat,

8. zu Art und Umfang der Prüfung,

9. dazu, ob die Prüfung der gesamten Anlage abgeschlossen ist oder welche Anlagenteile noch nicht geprüft wurden,

10. zu Art und Umfang der festgestellten Mängel,

11. zu Datum und Ergebnis der Prüfung,

12. zu erforderlichen Maßnahmen und zu einem Vorschlag für eine angemessene Frist für ihre Umsetzung oder zur Erforderlichkeit der Erarbeitung eines Instandsetzungskonzeptes,

13. zum Datum der nächsten Prüfung und

14. zu einer erfolgreichen Beseitigung festgestellter Mängel bei Nachprüfungen nach § 46 Absatz 5.

Die Angaben nach Satz 3 Nummer 1, 2, 3, 9, 11 und 13 sind auf der ersten Seite des Prüfberichts in optisch deutlich hervorgehobener Form darzustellen.

(4) Stuft der Sachverständige eine Heizölverbraucheranlage nach Abschluss ihrer Prüfung in die Klasse „ohne Mangel" oder „mit geringfügigem Mangel" nach Absatz 2 ein, hat er auf der Anlage an gut sichtbarer Stelle eine Plakette anzubringen, aus der das Datum der Prüfung und das Datum der nächsten Prüfung ersichtlich sind.

(5) Bei der Prüfung einer Heizölverbraucheranlage hat der Sachverständige dem Betreiber das Merkblatt nach Anlage 3 auszuhändigen, sofern an der Anlage ein solches Merkblatt nicht bereits aushängt.

§ 48 Beseitigung von Mängeln

(1) Werden bei Prüfungen nach § 46 durch einen Sachverständigen geringfügige Mängel festgestellt, hat der Betreiber diese Mängel innerhalb von sechs Monaten und, soweit nach § 45 erforderlich, durch einen Fachbetrieb nach § 62 zu beseitigen. Erhebliche und gefährliche Mängel sind dagegen unverzüglich zu beseitigen.

(2) Hat der Sachverständige bei seiner Prüfung nach § 46 einen gefährlichen Mangel im Sinne von § 47 Absatz 2 Nummer 4 festgestellt, hat der Betreiber die Anlage unverzüglich außer Betrieb zu nehmen und, soweit dies nach Feststellung des Sachverständigen erforderlich ist, zu entleeren. Die Anlage darf erst wieder in Betrieb genommen werden, wenn der zuständigen Behörde eine Bestätigung des Sachverständigen über die erfolgreiche Beseitigung der festgestellten Mängel vorliegt.

Abschnitt 5
Anforderungen an Anlagen in Schutzgebieten und Überschwemmungsgebieten

§ 49 Anforderungen an Anlagen in Schutzgebieten

(1) Im Fassungsbereich und in der engeren Zone von Schutzgebieten dürfen keine Anlagen errichtet und betrieben werden.

(2) In der weiteren Zone von Schutzgebieten dürfen folgende Anlagen nicht errichtet und folgende bestehende Anlagen nicht erweitert werden:

1. Anlagen der Gefährdungsstufe D,

2. Biogasanlagen mit einem maßgebenden Volumen von insgesamt über 3 000 Kubikmetern,

3. unterirdische Anlagen der Gefährdungsstufe C sowie

4. Anlagen mit Erdwärmesonden.

Anlagen in der weiteren Zone von Schutzgebieten dürfen nicht so geändert werden, dass sie durch diese Änderung zu Anlagen nach Satz 1 werden. Satz 1 Nummer 2 gilt nicht, soweit die Überschreitung des Volumens zur Erfüllung der Anforderungen gemäß § 12 der Düngeverordnung an die Kapazität des Gärrestelagers erforderlich ist oder in den Biogasanlagen ausschließlich mit den tierischen Ausscheidungen aus einer eigenen in der weiteren Schutzzone bestehenden Tierhaltung umgegangen wird.

(3) Unbeschadet des Absatzes 2 dürfen in der weiteren Zone von Schutzgebieten nur Lageranlagen und Anlagen zum Herstellen, Behandeln und Verwenden wassergefährdender Stoffe errichtet und betrieben werden, die

1. mit einer Rückhalteeinrichtung ausgerüstet sind, die abweichend von § 18 Absatz 3 das gesamte in der Anlage vorhandene Volumen wassergefährdender Stoffe aufnehmen kann, oder

2. doppelwandig ausgeführt und mit einem Leckanzeigesystem ausgerüstet sind.

Abweichend von Satz 1 gelten für die in Abschnitt 3 bestimmten Anlagen nur die dort geregelten Anforderungen; dies gilt nicht für die in §§ 31 und 38 genannten Anlagen sowie die in § 34 genannten Anlagen zum Verwenden wassergefährdender Stoffe im Bereich der Energieversorgung.

(4) Die zuständige Behörde kann eine Befreiung von den Anforderungen nach den Absätzen 1 und 2 erteilen, wenn

1. das Wohl der Allgemeinheit dies erfordert oder das Verbot zu einer unzumutbaren Härte führen würde und

2. der Schutzzweck des Schutzgebietes nicht beeinträchtigt wird.

(5) Die Absätze 2 und 3 gelten nicht, soweit landesrechtliche Verordnungen zur Festsetzung von Schutzgebieten weiter gehende Regelungen treffen.

§ 50 Anforderungen an Anlagen in festgesetzten und vorläufig gesicherten Überschwemmungsgebieten

(1) Anlagen dürfen in festgesetzten und vorläufig gesicherten Überschwemmungsgebieten im Sinne des § 76 des Wasserhaushaltsgesetzes oder nach landesrechtlichen Vorschriften nur errichtet und betrieben werden, wenn wassergefährdende Stoffe durch Hochwasser nicht abgeschwemmt oder freigesetzt werden und auch nicht auf eine andere Weise in ein Gewässer oder eine Abwasserbehandlungsanlage gelangen können.

(2) Für Befreiungen von den Anforderungen nach Absatz 1 gilt § 49 Absatz 4 entsprechend.

(3) § 78 des Wasserhaushaltsgesetzes sowie weiter gehende landesrechtliche Vorschriften für Überschwemmungsgebiete bleiben unberührt.

§ 51 Abstand zu Trinkwasserbrunnen, Quellen und oberirdischen Gewässern

Der Abstand von JGS-Anlagen und Biogasanlagen, in denen ausschließlich Gärsubstrate nach § 2 Absatz 8 eingesetzt werden, zu privat oder gewerblich genutzten Quellen oder zu Brunnen, die der Trinkwassergewinnung dienen, hat mindestens 50 Meter, der Abstand zu oberirdischen Gewässern mindestens 20 Meter zu betragen. Dies gilt nicht, wenn der Betreiber nachweist, dass ein entsprechender Schutz der Trinkwassergewinnung oder der Gewässer auf andere Weise gewährleistet ist.

Kapitel 4
Sachverständigenorganisationen und Sachverständige;
Güte- und Überwachungsgemeinschaften und Fachprüfer; Fachbetriebe

§ 52 Anerkennung von Sachverständigenorganisationen

(1) Sachverständigenorganisationen bedürfen der Anerkennung durch die zuständige Behörde. Anerkannte Sachverständigenorganisationen sind berechtigt,

1. Sachverständige zu bestellen, die

   a) Anlagenprüfungen nach § 46 Absatz 2 bis 5 und Anlage 7 Nummer 6.4 und 6.7 Satz 3 durchführen und

   b) Gutachten nach § 41 Absatz 2 Satz 1 Nummer 2, auch in Verbindung mit Absatz 3, oder nach § 42 Satz 2 erstellen, sowie

2. Fachbetriebe nach § 62 Absatz 1 zu zertifizieren und zu überwachen, sofern sich die Anerkennung auch darauf erstreckt.

(2) Anerkennungen aus einem anderen Mitgliedstaat der Europäischen Union oder einem anderen Vertragsstaat des Abkommens über den Europäischen Wirtschaftsraum stehen Anerkennungen nach Absatz 1 gleich, wenn sie ihnen gleichwertig sind. Sie sind der zuständigen Behörde vor Aufnahme der Prüf- oder Überwachungstätigkeiten im Original oder in Kopie vorzulegen; eine Beglaubigung der Kopie kann verlangt werden. Die zuständige Behörde kann darüber hinaus verlangen, dass gleichwertige Anerkennungen nach Satz 1 in beglaubigter deutscher Übersetzung vorgelegt werden.

(3) Eine Organisation kann als Sachverständigenorganisation anerkannt werden, wenn sie

1. eine vertretungsberechtigte natürliche Person benennt und deren Vertretungsbefugnis gegenüber der zuständigen Behörde nachweist,

2. nachweist, dass eine technische Leitung und eine Stellvertretung bestellt wurden, die die für Sachverständige geltenden Anforderungen nach § 53 erfüllen,

3. eine ausreichende Anzahl von Sachverständigen bestellt hat, die die in § 53 genannten Anforderungen erfüllen und an fachliche Weisungen der technischen Leitung gebunden sind,

4. Grundsätze aufgestellt hat, die bei den Anlagenprüfungen zu beachten sind,

5. ein betriebliches Qualitätssicherungssystem nachweist,

6. den Nachweis über das Bestehen einer Haftpflichtversicherung für Boden- und Gewässerschäden für die Tätigkeit ihrer Sachverständigen mit einer Deckungssumme von mindestens 2,5 Millionen Euro pro Schadenfall erbringt und

7. erklärt, dass sie die Länder, in denen die Sachverständigen Prüfungen vornehmen, von jeder Haftung für die Tätigkeit ihrer Sachverständigen freistellt.

Das Qualitätssicherungssystem nach Satz 1 Nummer 5 hat sicherzustellen, dass geeignete Organisationsstrukturen vorhanden sind, die ordnungsgemäße Anlagenprüfungen nach § 46 gewährleisten. Es muss insbesondere Vorgaben zu Kontrollen der Prüfberichte und der Prüfmittel, zur Durchführung von Einzelgesprächen mit den Sachverständigen sowie zu Kontrollen der Prüftätigkeit der Sachverständigen an Referenzanlagen enthalten. Soll sich die Anerkennung auch auf die Zertifizierung und Überwachung von Fachbetrieben nach § 62 Absatz 1 erstrecken, gilt für die Sachverständigenorganisation zusätzlich zu den in Satz 1 genannten Voraussetzungen § 57 Absatz 3 Satz 1 Nummer 3 und 4 entsprechend. In diesem Fall hat das Qualitätssicherungssystem nach Satz 1 Nummer 5 ungeachtet des Satzes 2 auch sicherzustellen, dass geeignete Organisationsstrukturen vorhanden sind, nach denen die Fachprüfer überwacht werden und die die ordnungsgemäße Überprüfung der Fachbetriebe gewährleisten.

(4) Bei der Prüfung des Antrages auf Anerkennung stehen Nachweise einzelner Voraussetzungen aus einem anderen Mitgliedstaat der Europäischen Union oder einem anderen Vertragsstaat des Abkommens über den Europäischen Wirtschaftsraum inländischen Nachweisen gleich, wenn aus ihnen hervorgeht, dass die Organisation die betreffenden Anforderungen nach Absatz 3 oder die auf Grund ihrer Zielsetzung im Wesentlichen vergleichbaren Anforderungen des Ausstellungsstaats erfüllt. Absatz 2 Satz 2 und 3 gilt entsprechend.

(5) Die Anerkennung kann mit einem Vorbehalt des Widerrufs, einer Befristung, mit Bedingungen, Auflagen und dem Vorbehalt von Auflagen versehen werden. Die Anerkennung gilt im gesamten Bundesgebiet.

(6) Über einen Antrag auf Anerkennung ist innerhalb einer Frist von vier Monaten zu entscheiden; § 42a Absatz 2 Satz 2 bis 4 des Verwaltungsverfahrensgesetzes ist anzuwenden. Das Anerkennungsverfahren kann über eine einheitliche Stelle abgewickelt werden.

(7) Als Sachverständigenorganisation können auch Gruppen anerkannt werden, die in selbständigen organisatorischen Einheiten eines Unternehmens zusammengefasst und hinsichtlich ihrer Prüftätigkeit nicht weisungsgebunden sind. Absatz 3 bleibt unberührt.

§ 53 Bestellung von Sachverständigen

(1) Eine Sachverständigenorganisation darf nur solche Personen als Sachverständige bestellen, die

1. für die Tätigkeit als Sachverständige die erforderliche Zuverlässigkeit besitzen,

2. hinsichtlich der Prüftätigkeit unabhängig sind; insbesondere darf kein Zusammenhang zwischen den Aufgaben nach § 52 Absatz 1 Satz 2 Nummer 1 und anderen Leistungen bestehen, die im Zusammenhang mit der Planung oder Herstellung, dem Vertrieb, dem Betrieb oder der Instandhaltung der zu prüfenden Anlagen oder Anlagenteile erbracht werden oder erbracht wurden,

3. körperlich in der Lage sind, die Prüfungen ordnungsgemäß durchzuführen,

4. auf Grund ihrer Fachkunde und ihrer durch praktische Tätigkeit gewonnenen Erfahrungen die Gewähr dafür bieten, dass sie Prüfungen ordnungsgemäß durchführen,

5. über die erforderlichen Kenntnisse der maßgeblichen Vorschriften des Wasser-, Bau-, Betriebssicherheits-, Immissionsschutz- und Abfallrechts und der technischen Regeln verfügen und

6. von keiner anderen im Bundesgebiet tätigen Sachverständigenorganisation bestellt sind.

Die Bestellung kann auf bestimmte Tätigkeitsbereiche beschränkt werden. Die Erfüllung der Anforderungen nach Satz 1 ist von der Sachverständigenorganisation vor der Bestellung in einer Bestellungsakte zu dokumentieren.

(2) Die nach Absatz 1 Satz 1 Nummer 1 erforderliche Zuverlässigkeit ist in der Regel nicht gegeben, wenn der Sachverständige zu einer Freiheitsstrafe, Jugendstrafe oder Geldstrafe rechtskräftig verurteilt worden ist wegen Verletzung von Vorschriften

1. des Strafrechts über gemeingefährliche Delikte, über Delikte gegen die Umwelt oder über Urkundenfälschung,

2. des Natur- und Landschaftsschutz-, Chemikalien-, Gentechnik- oder Strahlenschutzrechts,

3. des Lebensmittel-, Arzneimittel-, Pflanzenschutz- oder Infektionsschutzrechts,

4. des Gewerbe-, Produktsicherheits- oder Arbeitsschutzrechts oder

5. des Betäubungsmittel-, Waffen- oder Sprengstoffrechts.

(3) Die erforderliche Zuverlässigkeit ist außerdem in der Regel nicht gegeben, wenn der Sachverständige innerhalb der letzten fünf Jahre vor der Bestellung mit einer Geldbuße in Höhe von mehr als fünfhundert Euro belegt worden ist wegen Verletzung von Vorschriften

1. des Immissionsschutz-, Abfall-, Wasser-, Natur- und Landschaftsschutz-, Bodenschutz-, Chemikalien-, Gentechnik- oder Atom- und Strahlenschutzrechts,

2. des Lebensmittel-, Arzneimittel-, Pflanzenschutz- oder Infektionsschutzrechts,

3. des Gewerbe-, Produktsicherheits- oder Arbeitsschutzrechts oder

4. des Betäubungsmittel-, Waffen- oder Sprengstoffrechts.

Die Zuverlässigkeit ist auch nicht bei Personen gegeben, die die Fähigkeit, öffentliche Ämter zu bekleiden, gemäß § 45 des Strafgesetzbuches nicht mehr besitzen.

(4) Die erforderliche Zuverlässigkeit ist in der Regel auch dann nicht gegeben, wenn der Sachverständige

1. wiederholt oder grob pflichtwidrig gegen in den Absätzen 2 und 3 genannte Vorschriften verstoßen hat,

2. Prüfungsergebnisse vorsätzlich oder grob fahrlässig verändert oder nicht vollständig wiedergegeben hat,

3. wiederholt gegen Anforderungen des technischen Regelwerks verstoßen hat, die für die Richtigkeit der Prüfungsergebnisse relevant sind,

4. vorsätzlich oder grob fahrlässig Pflichten, die sich aus dieser Verordnung ergeben, verletzt hat oder

5. wiederholt Prüfberichte erstellt hat, die erhebliche oder schwerwiegende Mängel aufweisen, oder vorsätzlich oder grob fahrlässig wiederholt Fristen für deren Vorlage versäumt hat.

(5) Die nach Absatz 1 Satz 1 Nummer 4 erforderliche Fachkunde liegt vor, wenn der Sachverständige ein ingenieur- oder naturwissenschaftliches Studium in einer für die ausgeübte Tätigkeit einschlägigen Fachrichtung erfolgreich abgeschlossen hat oder über eine als gleichwertig anerkannte Berufsausbildung verfügt. Die Erfahrungen nach Absatz 1 Satz 1 Nummer 4 erfordern eine mindestens fünfjährige berufliche Tätigkeit auf dem Gebiet der Planung, der Errichtung oder des Betriebs sowie der Prüfung von Anlagen zum Umgang mit wassergefährdenden Stoffen. Die Sachverständigenorganisation hat sich mittels einer theoretischen und praktischen Prüfung vor der Bestellung davon zu überzeugen, dass der zu bestellende Sachverständige den Anforderungen nach Absatz 1 Satz 1 Nummer 4 genügt. Das Ergebnis dieser Prüfung ist zu dokumentieren.

(6) Sollen bei einer Sachverständigenorganisation, die berechtigt ist, Fachbetriebe zu zertifizieren und zu überwachen, Sachverständige eingesetzt werden, die ausschließlich Fachbetriebe zertifizieren und überwachen sollen, darf für diese Sachverständigen von den Anforderungen an die Fachkunde und die Erfahrung nach Absatz 5 nach Zustimmung der zuständigen Behörde abgewichen werden.

(7) Mit der Bestellung ist dem Sachverständigen ein Bestellungsschreiben auszuhändigen.

§ 54 Widerruf und Erlöschen der Anerkennung; Erlöschen der Bestellung von Sachverständigen

(1) Die Anerkennung der Sachverständigenorganisation kann unbeschadet des § 49 Absatz 2 Satz 1 Nummer 2 bis 5 des Verwaltungsverfahrensgesetzes widerrufen werden, wenn die Sachverständigenorganisation

1. eine der Anforderungen nach § 52 Absatz 3 oder Absatz 4 nicht mehr erfüllt,

2. trotz Aufforderung durch die zuständige Behörde die Bestellung eines Sachverständigen, der die Voraussetzungen nach § 53 nicht mehr erfüllt oder wiederholt Anlagenprüfungen nach § 46 fehlerhaft durchgeführt hat, nicht aufhebt,

3. Verpflichtungen nach § 55 Nummer 1 bis 4 oder Nummer 6 bis 9, § 61 Absatz 1 Satz 1 Nummer 1 oder Absatz 4 oder § 62 Absatz 2 nicht oder nicht ordnungsgemäß erfüllt oder

4. trotz Aufforderung durch die zuständige Behörde einem Fachbetrieb, der die Voraussetzungen nach § 62 Absatz 2 nicht mehr erfüllt oder wiederholt fachbetriebspflichtige Arbeiten fehlerhaft durchgeführt hat, nicht die Zertifizierung entzieht.

(2) Mit der Auflösung der Sachverständigenorganisation oder der Entscheidung über die Eröffnung des Insolvenzverfahrens erlischt die Anerkennung. Die zuständige Behörde kann im Fall der Eröffnung des Insolvenzverfahrens auf Antrag die Sachverständigenorganisation für einen befristeten Zeitraum erneut anerkennen.

(3) Die Bestellung eines Sachverständigen erlischt, wenn

1. sie aufgehoben wird,

2. der Sachverständige aus der Sachverständigenorganisation, von der er bestellt wurde, ausscheidet oder

3. die Anerkennung der Sachverständigenorganisation, von der der Sachverständige bestellt wurde, nach Absatz 1 widerrufen wird oder nach Absatz 2 Satz 1 erlischt.

Der Sachverständige hat in den Fällen des Satzes 1 das Bestellungsschreiben nach § 53 Absatz 7 zurückzugeben.

§ 55 Pflichten der Sachverständigenorganisationen

Die Sachverständigenorganisation ist verpflichtet,

1. die Bestellung eines Sachverständigen aufzuheben, wenn

   a) die Bestellung durch arglistige Täuschung, Drohung oder Bestechung erwirkt worden ist,

   b) der Sachverständige wiederholt Anlagenprüfungen fehlerhaft durchgeführt hat, wiederholt grob fahrlässig oder vorsätzlich gegen Pflichten nach § 56 verstoßen hat oder die in § 53 aufgeführten Anforderungen an Sachverständige nicht mehr erfüllt oder

   c) die zuständige Behörde die Aufhebung der Bestellung anordnet,

2. die Bestellung der Sachverständigen, ihre Tätigkeitsbereiche, die Änderung ihrer Tätigkeitsbereiche sowie das Erlöschen der Bestellung der Sachverständigen der zuständigen Behörde innerhalb von vier Wochen anzuzeigen,

3. die ordnungsgemäße Durchführung der Prüfungen der Sachverständigen stichprobenweise zu kontrollieren,

4. die bei Prüfungen gewonnenen Erkenntnisse zu sammeln und auszuwerten und mindestens viermal im Jahr einen internen Austausch dieser Erkenntnisse, auch zur Weiterbildung der Sachverständigen, durchzuführen,

5. an einem jährlichen Erfahrungsaustausch der technischen Leitungen aller Sachverständigenorganisationen teilzunehmen,

6. jeweils bis zum 31. März eines Jahres für das vergangene Kalenderjahr der zuständigen Behörde zur Erfüllung ihrer aufsichtlichen Aufgaben folgende Angaben zu übermitteln:

   a) Änderungen ihrer Organisationsstruktur und ihrer Prüfgrundsätze,

   b) eine Übersicht der von jedem Sachverständigen durchgeführten Prüfungen sowie

   c) die Erkenntnisse, die bei Prüfungen sowie bei der Feststellung von Abweichungen nach § 68 Absatz 3 gewonnen wurden,

7. der zuständigen Behörde unverzüglich einen Wechsel der vertretungsberechtigten Person mitzuteilen,

8. sicherzustellen, dass die technische Leitung sowie die bestellten Sachverständigen regelmäßig, mindestens alle zwei Jahre, an Fortbildungsveranstaltungen teilnehmen,

9. Betriebs- und Geschäftsgeheimnisse, die ihr im Rahmen ihrer Tätigkeit bekannt werden, nicht unbefugt zu offenbaren oder zu verwerten und

10. der zuständigen Behörde unverzüglich die Auflösung der Sachverständigenorganisation mitzuteilen.

§ 56 Pflichten der bestellten Sachverständigen

(1) Jeder Sachverständige ist verpflichtet, ein Prüftagebuch zu führen, aus dem sich mindestens Art, Umfang und Ergebnisse aller durchgeführten Prüfungen ergeben. Das Prüftagebuch hat der Sachverständige der zuständigen Behörde auf Verlangen vorzulegen.

(2) Sachverständige dürfen Betriebs- und Geschäftsgeheimnisse, die ihnen im Rahmen ihrer Tätigkeit bekannt werden, nicht unbefugt offenbaren oder verwerten.

§ 57 Anerkennung von Güte- und Überwachungsgemeinschaften

(1) Güte- und Überwachungsgemeinschaften bedürfen der Anerkennung durch die zuständige Behörde. Anerkannte Güte- und Überwachungsgemeinschaften sind berechtigt, Fachprüfer zur Zertifizierung und Überwachung von Fachbetrieben nach § 62 Absatz 1 zu bestellen.

(2) Anerkennungen aus einem anderen Mitgliedstaat der Europäischen Union oder einem anderen Vertragsstaat des Abkommens über den Europäischen Wirtschaftsraum stehen Anerkennungen nach Absatz 1 gleich, wenn sie ihnen gleichwertig sind. Sie sind der zuständigen Behörde vor Aufnahme der Tätigkeiten nach Absatz 1 Satz 2 im Original oder in Kopie vorzulegen; eine Beglaubigung der Kopie kann verlangt werden. Die zuständige Behörde kann darüber hinaus verlangen, dass gleichwertige Anerkennungen nach Satz 1 in beglaubigter deutscher Übersetzung vorgelegt werden.

(3) Eine Organisation ist als Güte- und Überwachungsgemeinschaft anzuerkennen, wenn sie

1. eine vertretungsberechtigte natürliche Person benennt und deren Vertretungsbefugnis gegenüber der zuständigen Behörde nachweist,

2. nachweist, dass sie eine technische Leitung und eine Stellvertretung bestellt hat, die die für Fachprüfer geltenden Anforderungen nach § 58 Absatz 1 erfüllen,

3. eine ausreichende Anzahl von Fachprüfern bestellt hat, die die in § 58 Absatz 1 genannten Anforderungen erfüllen und an fachliche Weisungen der technischen Leitung gebunden sind,

4. Grundsätze aufgestellt hat, die bei der Zertifizierung und Überwachung von Fachbetrieben zu beachten sind, und

5. ein betriebliches Qualitätssicherungssystem nachweist.

Das Qualitätssicherungssystem nach Satz 1 Nummer 5 hat sicherzustellen, dass geeignete Organisationsstrukturen vorhanden sind, nach denen die Fachprüfer überwacht werden und die die ordnungsgemäße Überprüfung der Fachbetriebe gewährleisten.

(4) Für Nachweise einzelner Anerkennungsvoraussetzungen aus einem anderen Mitgliedstaat der Europäischen Union oder einem anderen Vertragsstaat des Abkommens über den Europäischen Wirtschaftsraum gilt § 52 Absatz 4 entsprechend.

(5) Die Anerkennung kann auf bestimmte Fachgebiete beschränkt werden. Sie kann mit einem Vorbehalt des Widerrufs, einer Befristung, mit Bedingungen, Auflagen und dem Vorbehalt von Auflagen versehen werden. Die Anerkennung gilt im gesamten Bundesgebiet.

(6) Über einen Antrag auf Anerkennung ist innerhalb einer Frist von vier Monaten zu entscheiden; § 42a Absatz 2 Satz 2 bis 4 des Verwaltungsverfahrensgesetzes ist anzuwenden. Das Anerkennungsverfahren kann über eine einheitliche Stelle abgewickelt werden.

§ 58 Bestellung von Fachprüfern

(1) Eine Güte- und Überwachungsgemeinschaft darf für die Zertifizierung und Überwachung von Fachbetrieben nur solche Personen als Fachprüfer bestellen, die

1. für die Tätigkeit als Fachprüfer die erforderliche Zuverlässigkeit besitzen,

2. hinsichtlich ihrer Tätigkeit unabhängig sind; insbesondere darf kein Zusammenhang zwischen der Zertifizierung oder der Überwachung und anderen Leistungen für den Fachbetrieb bestehen,

3. auf Grund ihrer Fachkunde und ihrer durch praktische Tätigkeit gewonnenen Erfahrungen in der Lage sind, Fachbetriebe daraufhin zu überprüfen, ob sie die Anforderungen nach § 62 Absatz 2 erfüllen,

4. über die erforderlichen Kenntnisse der maßgeblichen Vorschriften des Wasser-, Bau-, Betriebssicherheits-, Immissionsschutz- und Abfallrechts und der technischen Regeln verfügen und

5. von keiner anderen im Bundesgebiet tätigen Güte- und Überwachungsgemeinschaft bestellt sind.

Für die Zuverlässigkeit nach Satz 1 Nummer 1 gilt § 53 Absatz 2 bis 4 entsprechend. Die nach Satz 1 Nummer 3 erforderliche Fachkunde liegt vor, wenn der zu bestellende Fachprüfer ein ingenieur- oder naturwissenschaftliches Studium in einer für die ausgeübte Tätigkeit einschlägigen Fachrichtung erfolgreich abgeschlossen hat oder über eine als gleichwertig anerkannte Berufsausbildung verfügt. Die Erfahrungen nach Satz 1 Nummer 3 erfordern eine mindestens fünfjährige berufliche Tätigkeit auf dem Gebiet der Planung, der Errichtung, der Instandsetzung, des Betriebs oder der Prüfung von Anlagen zum Umgang mit wassergefährdenden Stoffen. Die Güte- und Überwachungsgemeinschaft hat sich mittels einer Prüfung vor der Bestellung davon zu überzeugen, dass der zu bestellende Fachprüfer den Anforderungen nach Satz 1 Nummer 3 genügt. Das Ergebnis dieser Prüfung ist zu dokumentieren. Die Erfüllung der Anforderungen nach Satz 1 ist von der Güte- und Überwachungsgemeinschaft vor der Bestellung in einer Bestellungsakte zu dokumentieren.

(2) Von den Anforderungen an die Fachkunde und die Erfahrung nach Absatz 1 Satz 3 und 4 darf nach Zustimmung der zuständigen Behörde abgewichen werden. Dies gilt nicht für die technische Leitung.

(3) Mit der Bestellung ist dem Fachprüfer ein Bestellungsschreiben auszuhändigen.

(4) Eine Güte- und Überwachungsgemeinschaft kann mit einer anderen Güte- und Überwachungsgemeinschaft oder mit einer Sachverständigenorganisation vereinbaren, dass Personen, die von der anderen Organisation für die Zertifizierung und Überwachung von Fachbetrieben bestellt worden sind, für sie tätig werden, wenn sichergestellt ist, dass diese Personen

1. an die nach § 57 Absatz 3 Satz 1 Nummer 4 bei der Zertifizierung und Überwachung von Fachbetrieben zu beachtenden Grundsätze der Güte- und Überwachungsgemeinschaft, für die sie tätig werden, gebunden sind und

2. dem betrieblichen Qualitätssicherungssystem nach § 57 Absatz 3 Satz 1 Nummer 5 der Güte- und Überwachungsgemeinschaft, für die sie tätig werden, unterworfen sind.

§ 59 Widerruf und Erlöschen der Anerkennung; Erlöschen der Bestellung von Fachprüfern

(1) Die Anerkennung der Güte- und Überwachungsgemeinschaft kann unbeschadet des § 49 Absatz 2 Satz 1 Nummer 2 bis 5 des Verwaltungsverfahrensgesetzes widerrufen werden, wenn die Güte- und Überwachungsgemeinschaft

1. eine der Anforderungen nach § 57 Absatz 3 oder Absatz 4 nicht mehr erfüllt,

2. trotz Aufforderung durch die zuständige Behörde einem Fachbetrieb, der die Voraussetzungen nach § 62 Absatz 2 nicht mehr erfüllt oder wiederholt fachbetriebspflichtige Arbeiten fehlerhaft durchgeführt hat, nicht die Zertifizierung entzieht oder

3. Verpflichtungen nach § 60 Absatz 1 Nummer 1 bis 6 oder Nummer 8, § 61 Absatz 1 Satz 1 Nummer 1 oder Absatz 4 oder § 62 Absatz 2 nicht oder nicht ordnungsgemäß erfüllt.

(2) Mit der Auflösung der Güte- und Überwachungsgemeinschaft oder der Entscheidung über die Eröffnung des Insolvenzverfahrens erlischt die Anerkennung. Die zuständige Behörde kann im Fall der Eröffnung des Insolvenzverfahrens auf Antrag die Güte- und Überwachungsgemeinschaft für einen befristeten Zeitraum erneut anerkennen.

(3) Die Bestellung eines Fachprüfers erlischt, wenn

1. sie aufgehoben wird,

2. der Fachprüfer aus der Güte- und Überwachungsgemeinschaft, von der er bestellt wurde, ausscheidet oder

3. die Anerkennung der Güte- und Überwachungsgemeinschaft, von der der Fachprüfer bestellt wurde, nach Absatz 1 widerrufen wird oder nach Absatz 2 Satz 1 erlischt.

Der Fachprüfer hat in den Fällen des Satzes 1 das Bestellungsschreiben nach § 58 Absatz 3 zurückzugeben.

§ 60 Pflichten von Güte- und Überwachungsgemeinschaften und Fachprüfern

(1) Die Güte- und Überwachungsgemeinschaft ist verpflichtet,

1. die Bestellung eines Fachprüfers aufzuheben, wenn

a) die Bestellung durch arglistige Täuschung, Drohung oder Bestechung erwirkt worden ist,

b) der Fachprüfer wiederholt grob fahrlässig oder vorsätzlich gegen Pflichten nach Absatz 2 verstoßen hat oder die in § 58 Absatz 1 aufgeführten Anforderungen an Fachprüfer nicht mehr erfüllt oder

c) die zuständige Behörde die Aufhebung der Bestellung anordnet,

2. die Bestellung der Fachprüfer, ihre Tätigkeitsbereiche, die Änderung ihrer Tätigkeitsbereiche sowie das Erlöschen der Bestellung der Fachprüfer der zuständigen Behörde innerhalb von vier Wochen anzuzeigen,

3. jeweils bis zum 31. März eines Jahres für das vergangene Kalenderjahr der zuständigen Behörde zur Erfüllung ihrer aufsichtlichen Aufgaben Änderungen der Organisationsstruktur zu übermitteln,

4. der zuständigen Behörde unverzüglich einen Wechsel der vertretungsberechtigten Person mitzuteilen,

5. sicherzustellen, dass die technische Leitung, ihre Stellvertretung und die Fachprüfer regelmäßig, mindestens alle zwei Jahre, an Fortbildungsveranstaltungen teilnehmen,

6. mindestens viermal im Jahr einen internen Austausch der bei den Zertifizierungen und der Überwachung der Fachbetriebe gewonnenen Erkenntnisse durchzuführen, der auch für Schulungen des Personals der Fachbetriebe genutzt wird,

7. an einem jährlichen Erfahrungsaustausch der technischen Leitungen der Güte- und Überwachungsgemeinschaften teilzunehmen,

8. Betriebs- und Geschäftsgeheimnisse, die ihr im Rahmen ihrer Tätigkeit bekannt werden, nicht unbefugt zu offenbaren oder zu verwerten und

9. der zuständigen Behörde unverzüglich die Auflösung der Güte- und Überwachungsgemeinschaft mitzuteilen.

(2) Fachprüfer dürfen Betriebs- und Geschäftsgeheimnisse, die ihnen im Rahmen ihrer Tätigkeit bekannt werden, nicht unbefugt offenbaren oder verwerten.

§ 61 Gemeinsame Pflichten der Sachverständigenorganisationen und der Güte- und Überwachungsgemeinschaften

(1) Sachverständigenorganisationen, die berechtigt sind, Fachbetriebe zu zertifizieren und zu überwachen, sowie Güte- und Überwachungsgemeinschaften sind verpflichtet,

1. die Einhaltung der Anforderungen nach § 62 Absatz 2 sowie das ordnungsgemäße Arbeiten des Fachbetriebs regelmäßig, mindestens alle zwei Jahre, sowie bei gegebenem Anlass zu kontrollieren und Art, Umfang und Ergebnisse sowie Ort und Zeitpunkt der jeweiligen Kontrolle zu dokumentieren,

2. die bei den Kontrollen der Fachbetriebe gewonnenen Erkenntnisse zu sammeln und auszuwerten,

3. der zuständigen Behörde die bei den Kontrollen der Fachbetriebe gewonnenen Erkenntnisse jeweils bis zum 31. März eines Jahres für das vergangene Kalenderjahr zu übermitteln.

Zu den Kontrollen nach Satz 1 Nummer 1 gehören insbesondere Kontrollen der Ergebnisse und der Qualität von praktischen, vom Fachbetrieb ausgeführten Tätigkeiten, Kontrollen der Teilnahme an Schulungen oder Fortbildungsveranstaltungen nach Absatz 2 sowie Kontrollen der Geräte und Ausrüstungsteile nach § 62 Absatz 2 Satz 1 Nummer 1.

(2) Sachverständigenorganisationen und Güte- und Überwachungsgemeinschaften müssen für ihr Tätigkeitsgebiet Schulungen anbieten, mit denen der betrieblich verantwortlichen Person und dem eingesetzten Personal der Fachbetriebe die erforderlichen Kenntnisse, insbesondere auf den in § 62 Absatz 2 Satz 2 genannten Gebieten, vermittelt werden.

(3) Sachverständigenorganisationen und Güte- und Überwachungsgemeinschaften müssen Fachbetriebe, die für Dritte tätig werden, unverzüglich nach der Zertifizierung in geeigneter Weise im Internet bekannt machen; die Angaben sind aktuell zu halten. Bei der Bekanntmachung nach Satz 1 sind die Fachbereiche und Tätigkeiten anzugeben, in denen der Fachbetrieb von der Sachverständigenorganisation oder der Güte- und Überwachungsgemeinschaft überwacht wird.

(4) Sachverständigenorganisationen und Güte- und Überwachungsgemeinschaften sind verpflichtet, einem Fachbetrieb die Zertifizierung unverzüglich zu entziehen, wenn dieser

1. wiederholt fachbetriebspflichtige Arbeiten fehlerhaft durchgeführt hat,

2. die in § 62 Absatz 2 und § 63 Absatz 1 aufgeführten Anforderungen an Fachbetriebe nicht mehr erfüllt oder

3. die Pflicht nach § 63 Absatz 2 nicht erfüllt.

§ 62 Fachbetriebe; Zertifizierung von Fachbetrieben

(1) Betriebe, die die in § 45 Absatz 1 genannten Tätigkeiten an den dort genannten Anlagen und Anlagenteilen ausführen, bedürfen der Zertifizierung als Fachbetrieb durch eine Sachverständigenorganisation oder eine Güte- und Überwachungsgemeinschaft. Die Zertifizierung kann auf bestimmte Tätigkeiten beschränkt werden. Sie ist auf einen Zeitraum von zwei Jahren zu befristen.

(2) Eine Sachverständigenorganisation oder eine Güte- und Überwachungsgemeinschaft darf einen Betrieb nur als Fachbetrieb zertifizieren, wenn dieser Betrieb

1. über die Geräte und Ausrüstungsteile verfügt, durch die die Erfüllung der Anforderungen nach § 62 Absatz 1 und 2 des Wasserhaushaltsgesetzes und dieser Verordnung gewährleistet wird,

2. eine betrieblich verantwortliche Person bestellt hat mit

a) erfolgreich abgeschlossener Meisterprüfung in einem einschlägigen Handwerk, mit erfolgreichem Abschluss eines ingenieurwissenschaftlichen Studiums in einer für die ausgeübte Tätigkeit einschlägigen Fachrichtung oder mit einer geeigneten gleichwertigen Ausbildung,

b) mindestens zweijähriger Praxis in dem Tätigkeitsgebiet des Fachbetriebs und

c) ausreichenden Kenntnissen in den in Satz 2 genannten Bereichen, die in einer Prüfung nachgewiesen wurden,

3. nur Personal einsetzt, das über die erforderlichen Fähigkeiten für die vorgesehenen Tätigkeiten verfügt, beispielsweise auch an Schulungen von Herstellern zu einzusetzenden Produkten teilgenommen hat, und

4. Arbeitsbedingungen schafft, die eine ordnungsgemäße Ausführung der Tätigkeiten gewährleisten.

Die Kenntnisse nach Satz 1 Nummer 2 Buchstabe c müssen Folgendes umfassen:

1. Aufbau und Funktionsweise der Anlagen sowie deren Gefährdungspotenzial,

2. Eigenschaften der Stoffe, mit denen in den Anlagen umgegangen wird, insbesondere hinsichtlich ihrer Wassergefährdung,

3. maßgebliche Vorschriften des Wasser-, Bau-, Betriebssicherheits-, Immissionsschutz- und Abfallrechts und

4. Anforderungen an das Verarbeiten von bestimmten Bauprodukten und Anlagenteilen.

(3) Die Sachverständigenorganisation oder die Güte- und Überwachungsgemeinschaft stellt nach abgeschlossener Zertifizierung eine Urkunde über die Zertifizierung aus. Die Urkunde muss folgende Angaben enthalten:

1. Name und Anschrift des Fachbetriebs,

2. Name und Anschrift der Sachverständigenorganisation oder der Güte- und Überwachungsgemeinschaft, die den Betrieb zertifiziert hat,

3. eine Beschreibung des Tätigkeitsbereichs des Fachbetriebs sowie

4. die Geltungsdauer der Zertifizierung.

(4) Als Fachbetrieb gilt auch, wer die Anforderungen nach Absatz 2 erfüllt und berechtigt ist, in einem anderen Mitgliedstaat der Europäischen Union oder in einem anderen Vertragsstaat des Abkommens über den Europäischen Wirtschaftsraum Tätigkeiten durchzuführen, die in der Bundesrepublik Deutschland nach § 45 Fachbetrieben vorbehalten sind, sofern der Betrieb in dem anderen Staat einer gleichwertigen Überwachung unterliegt.

§ 63 Pflichten der Fachbetriebe

(1) Der Fachbetrieb hat sicherzustellen, dass die betrieblich verantwortliche Person mindestens alle zwei Jahre sowie das eingesetzte Personal regelmäßig an Schulungen nach § 61 Absatz 2 oder an anderen gleichwertigen Fortbildungsveranstaltungen teilnimmt.

(2) Fachbetriebe sind verpflichtet, der Sachverständigenorganisation oder der Güte- und Überwachungsgemeinschaft, die sie überwacht, Änderungen ihrer Organisationsstruktur unverzüglich mitzuteilen.

(3) Ein Betrieb, dem die Zertifizierung als Fachbetrieb entzogen wurde, hat die Zertifizierungsurkunde nach § 62 Absatz 3 der Sachverständigenorganisation oder der Güte- und Überwachungsgemeinschaft unverzüglich zurückzugeben; sie darf nicht weiter verwendet werden.

§ 64 Nachweis der Fachbetriebseigenschaft

Fachbetriebe haben die Fachbetriebseigenschaft unaufgefordert gegenüber dem Betreiber einer Anlage nachzuweisen, wenn dieser den Fachbetrieb mit fachbetriebspflichtigen Tätigkeiten beauftragt. Gegenüber der zuständigen Behörde haben sie ihre Fachbetriebseigenschaft auf Verlangen nachzuweisen. Der Nachweis nach den Sätzen 1 und 2 ist geführt, wenn der Fachbetrieb die Zertifizierungsurkunde nach § 62 Absatz 3 oder eine beglaubigte Kopie der Zertifizierungsurkunde vorlegt. Die Sätze 1 und 2 gelten in den Fällen des § 62 Absatz 4 mit der Maßgabe, dass die Berechtigung und die gleichwertige Kontrolle nachzuweisen sind; § 52 Absatz 2 Satz 2 und 3 gilt entsprechend.

Kapitel 5
Ordnungswidrigkeiten; Schlussvorschriften

§ 65 Ordnungswidrigkeiten

Ordnungswidrig im Sinne des § 103 Absatz 1 Satz 1 Nummer 3 Buchstabe a des Wasserhaushaltsgesetzes handelt, wer vorsätzlich oder fahrlässig

1. entgegen § 7 Absatz 2 eine Mitteilung nicht, nicht richtig, nicht vollständig, nicht in der vorgeschriebenen Weise oder nicht rechtzeitig macht,

2. entgegen § 13 Absatz 3 in Verbindung mit Anlage 7 Nummer 2.2 eine Anlage nicht richtig errichtet oder nicht richtig betreibt,

3. entgegen § 13 Absatz 3 in Verbindung mit Anlage 7 Nummer 5.1 Buchstabe a einen Vorgang nicht überwacht oder sich nicht oder nicht rechtzeitig vom ordnungsgemäßen Zustand einer dort genannten Sicherheitseinrichtung überzeugt,

4. entgegen § 13 Absatz 3 in Verbindung mit Anlage 7 Nummer 5.1 Buchstabe b eine Belastungsgrenze einer Anlage oder einer Sicherheitseinrichtung nicht einhält,

5. entgegen § 13 Absatz 3 in Verbindung mit Anlage 7 Nummer 6.1 Satz 1 eine Anzeige nicht, nicht richtig oder nicht rechtzeitig erstattet,

6. entgegen § 13 Absatz 3 in Verbindung mit Anlage 7 Nummer 6.2 Satz 2 oder Nummer 6.3 eine Maßnahme nicht, nicht richtig oder nicht rechtzeitig ergreift,

7. entgegen § 13 Absatz 3 in Verbindung mit Anlage 7 Nummer 6.2 Satz 3 eine Benachrichtigung nicht, nicht richtig oder nicht rechtzeitig vornimmt,

8. entgegen § 13 Absatz 3 in Verbindung mit Anlage 7 Nummer 6.4 eine Anlage nicht oder nicht rechtzeitig prüfen lässt,

9. entgegen § 13 Absatz 3 in Verbindung mit Anlage 7 Nummer 6.5 Satz 1 einen Prüfbericht nicht oder nicht rechtzeitig vorlegt,

10. entgegen § 13 Absatz 3 in Verbindung mit Anlage 7 Nummer 6.7 Satz 1 oder Satz 2 einen Mangel nicht, nicht richtig, nicht in der vorgeschriebenen Weise oder nicht rechtzeitig beseitigt,

11. entgegen § 13 Absatz 3 in Verbindung mit Anlage 7 Nummer 6.7 Satz 4 eine Anlage nicht oder nicht rechtzeitig außer Betrieb nimmt oder nicht oder nicht rechtzeitig entleert,

12. entgegen § 13 Absatz 3 in Verbindung mit Anlage 7 Nummer 6.7 Satz 5 eine Anlage wieder in Betrieb nimmt,

13. einer vollziehbaren Anordnung nach § 16 Absatz 1 zuwiderhandelt,

14. entgegen § 17 Absatz 1 eine Anlage nicht richtig errichtet oder nicht richtig betreibt,

15. entgegen § 17 Absatz 4 Satz 1 einen dort genannten Stoff nicht oder nicht rechtzeitig entfernt,

16. entgegen § 17 Absatz 4 Satz 2 eine Anlage nicht oder nicht rechtzeitig sichert,

17. entgegen § 23 Absatz 1 Satz 1 einen Vorgang nicht überwacht oder sich nicht oder nicht rechtzeitig vom ordnungsgemäßen Zustand einer dort genannten Sicherheitseinrichtung überzeugt,

18. entgegen § 23 Absatz 1 Satz 2 eine Belastungsgrenze einer Anlage oder einer Sicherheitseinrichtung nicht einhält,

19. entgegen § 23 Absatz 2 Satz 1 oder Absatz 3 Satz 1 einen Behälter befüllt,

20. entgegen § 24 Absatz 1 Satz 2 eine Anlage nicht oder nicht rechtzeitig außer Betrieb nimmt,

21. entgegen § 24 Absatz 2 Satz 1, auch in Verbindung mit Satz 2 oder Satz 3, oder entgegen § 40 Absatz 1 eine Anzeige nicht, nicht richtig, nicht vollständig, nicht in der vorgeschriebenen Weise oder nicht rechtzeitig erstattet,

22. entgegen § 44 Absatz 1 Satz 1 eine Betriebsanweisung nicht vorhält,

23. entgegen § 44 Absatz 2 Satz 1 Betriebspersonal nicht oder nicht rechtzeitig unterweist,

24. entgegen § 44 Absatz 4 Satz 2 ein Merkblatt nicht, nicht in der vorgeschriebenen Weise oder nicht für die vorgeschriebene Dauer anbringt,

25. entgegen § 45 Absatz 1 eine Anlage errichtet, reinigt, instand setzt oder stilllegt,

26. entgegen § 46 Absatz 2, Absatz 3 oder Absatz 5 eine Anlage nicht oder nicht rechtzeitig prüfen lässt,

27. einer vollziehbaren Anordnung nach § 46 Absatz 4 zuwiderhandelt,

28. entgegen § 47 Absatz 1 eine Prüfung durchführt,

29. entgegen § 47 Absatz 3 Satz 1 einen Prüfbericht nicht oder nicht rechtzeitig vorlegt,

30. entgegen § 48 Absatz 1 Satz 1 oder Satz 2 einen Mangel nicht, nicht richtig, nicht in der vorgeschriebenen Weise oder nicht rechtzeitig beseitigt,

31. entgegen § 48 Absatz 2 Satz 1 eine Anlage nicht oder nicht rechtzeitig außer Betrieb nimmt oder nicht oder nicht rechtzeitig entleert,

32. entgegen § 48 Absatz 2 Satz 2 eine Anlage wieder in Betrieb nimmt,

33. entgegen § 49 Absatz 1, Absatz 2 Satz 1 oder § 50 Absatz 1 eine dort genannte Anlage errichtet, betreibt oder erweitert oder

34. entgegen § 53 Absatz 1 Satz 1 Nummer 2 eine Person als Sachverständigen bestellt.

§ 66 Bestehende Einstufungen von Stoffen und Gemischen

Stoffe, Stoffgruppen und Gemische, die am 1. August 2017 bereits durch die oder auf Grund der Verwaltungsvorschrift wassergefährdende Stoffe (VwVwS) vom 17. Mai 1999 (BAnz. Nr. 98a S. 3), die durch die Verwaltungsvorschrift vom 27. Juli 2005 (BAnz. Nr. 142a S. 3) geändert worden ist, eingestuft worden sind, gelten nach Maßgabe dieser Einstufung als eingestuft im Sinne von Kapitel 2; diese Einstufungen werden jeweils vom Umweltbundesamt im Bundesanzeiger veröffentlicht. Das Umweltbundesamt stellt zudem im Internet eine Suchfunktion bereit, mit der die bestehenden Einstufungen wassergefährdender Stoffe, Stoffgruppen und Gemische nach Satz 1 ermittelt werden können.

§ 67 Änderung der Einstufung wassergefährdender Stoffe

Führt die Änderung der Einstufung eines wassergefährdenden Stoffes zur Erhöhung der Gefährdungsstufe einer Anlage, sind die hieraus folgenden weiter gehenden Anforderungen an die Anlage erst zu erfüllen, wenn die zuständige Behörde dies anordnet. Satz 1 gilt auch für Anlagen, die am 1. August 2017 bereits errichtet sind (bestehende Anlagen).

§ 68 Bestehende wiederkehrend prüfpflichtige Anlagen

(1) Für bestehende Anlagen, die einer wiederkehrenden Prüfpflicht nach § 46 Absatz 2 bis 4 unterliegen, gelten ab dem 1. August 2017:

1. § 23 Absatz 1 und die §§ 24, 40 bis 48 und

2. die übrigen Vorschriften dieser Verordnung, soweit sie Anforderungen beinhalten, die den Anforderungen entsprechen, die nach den jeweiligen landesrechtlichen Vorschriften am 31. Juli 2017 zu beachten waren; Anforderungen in behördlichen Zulassungen gelten als Anforderungen nach landesrechtlichen Vorschriften.

Informationen nach § 43 Absatz 1 Satz 1 und 2, deren Beschaffung nicht oder nur mit unverhältnismäßigem Aufwand möglich ist, müssen in der Anlagendokumentation nicht enthalten sein.

(2) Bei bestehenden Anlagen, die einer wiederkehrenden Prüfpflicht nach § 46 Absatz 2 bis 4 unterliegen, hat der Sachverständige zu prüfen, inwieweit die Anlage die Anforderungen nach Absatz 1 Satz 1 Nummer 2 nicht erfüllt.

(3) Für bestehende Anlagen, die einer wiederkehrenden Prüfpflicht nach § 46 Absatz 2 bis 4 unterliegen, hat der Sachverständige bei der ersten Prüfung nach diesen Vorschriften festzustellen, inwieweit für die Anlage Anforderungen dieser Verordnung bestehen, die über die Anforderungen hinausgehen, die nach den jeweiligen landesrechtlichen Vorschriften am 31. Juli 2017 zu beachten waren, mit Ausnahme der in Absatz 1 Satz 1 Nummer 1 genannten Vorschriften. Die Feststellung nach Satz 1 ist der zuständigen Behörde zusammen mit dem Prüfbericht nach § 47 Absatz 3 vorzulegen.

(4) Werden nach Absatz 3 Satz 1 Abweichungen festgestellt, kann die zuständige Behörde technische oder organisatorische Anpassungsmaßnahmen anordnen,

1. mit denen diese Abweichungen behoben werden,

2. die für diese Abweichungen in technischen Regeln für bestehende Anlagen vorgesehen sind oder

3. mit denen eine Gleichwertigkeit zu den in Absatz 3 Satz 1 bezeichneten Anforderungen erreicht wird.

In den Fällen des Satzes 1 Nummer 2 und 3 sind die Anforderungen des § 62 Absatz 1 des Wasserhaushaltsgesetzes zu beachten.

(5) Auf Grund von nach Absatz 3 Satz 1 festgestellten Abweichungen können die Stilllegung oder die Beseitigung einer Anlage oder Anpassungsmaßnahmen, die einer Neuerrichtung der Anlage gleichkommen oder die den Zweck der Anlage verändern, nicht verlangt werden.

(6) Werden bei einer Prüfung nach § 46 Absatz 2 bis 4 von bestehenden Anlagen erhebliche oder gefährliche Mängel am Behälter oder an der Rückhalteeinrichtung festgestellt, sind bei der Beseitigung dieser Mängel die Anforderungen dieser Verordnung einzuhalten.

(7) Sollen wesentliche bauliche Teile oder wesentliche Sicherheitseinrichtungen einer bestehenden Anlage geändert werden, gelten für diese Teile oder diese Sicherheitseinrichtungen die Anforderungen dieser Verordnung, die über die Anforderungen hinausgehen, die nach den jeweiligen landesrechtlichen Vorschriften am 31. Juli 2017 zu beachten waren, mit Ausnahme der in Absatz 1 Satz 1 Nummer 1 genannten Vorschriften, bereits ab dem Zeitpunkt der Änderung.

(8) Bestehende Anlagen, die im Sinne von § 19h Absatz 1 Satz 2 Nummer 1 des Wasserhaushaltsgesetzes in der am 28. Februar 2010 geltenden Fassung und nach näherer Maßgabe der am 31. Juli 2017 geltenden landesrechtlichen Vorschriften einfacher oder herkömmlicher Art sind, bedürfen keiner Eignungsfeststellung nach § 63 Absatz 1 Satz 1 des Wasserhaushaltsgesetzes.

(9) Gleisflächen von bestehenden Umschlaganlagen müssen abweichend von § 28 Absatz 1 Satz 1 und § 29 Absatz 1 Satz 2 nicht flüssigkeitsundurchlässig nachgerüstet werden.

(10) Bestehende Biogasanlagen mit Gärsubstraten ausschließlich landwirtschaftlicher Herkunft sind bis zum 1. August 2022 mit einer Umwallung nach § 37 Absatz 3 zu versehen. Mit Zustimmung der zuständigen Behörde kann darauf verzichtet werden, wenn eine Umwallung, insbesondere aus räumlichen Gründen, nicht zu verwirklichen ist. Weitere Anpassungsmaßnahmen sind nach Maßgabe von Absatz 4 auf Anordnung der zuständigen Behörde erst nach dem 1. August 2022 zu verwirklichen.

§ 69 Bestehende nicht wiederkehrend prüfpflichtige Anlagen

(1) Für bestehende Anlagen, die keiner wiederkehrenden Prüfpflicht nach § 46 Absatz 2 bis 4 unterliegen, sind die am 31. Juli 2017 geltenden landesrechtlichen Vorschriften weiter anzuwenden, solange und soweit die zuständige Behörde keine Entscheidung nach Satz 2 getroffen hat. Die zuständige Behörde kann für Anlagen im Sinne von Satz 1 festlegen, welche Anforderungen nach dieser Verordnung zu welchem Zeitpunkt erfüllt werden müssen. Unbeschadet der Sätze 1 und 2 gelten § 23 Absatz 1 und die §§ 24, 40 und 43 bis 48 bereits ab dem 1. August 2017.

(2) Im Übrigen gilt § 68 Absatz 5, 7 und 8 entsprechend.

§ 70 Prüffristen für bestehende Anlagen

(1) Die Frist für die erste wiederkehrende Prüfung von Anlagen nach Spalte 3 der Anlage 5 oder der Anlage 6 beginnt bei Anlagen, die am 1. August 2017 bereits errichtet sind, mit dem Abschluss der letzten Prüfung nach landesrechtlichen Vorschriften. Als Prüfung im Sinne von Satz 1 gelten auch Tätigkeiten eines Fachbetriebs, die nach Landesrecht die Prüfung ersetzten.

(2) Bestehende Anlagen, die nach Spalte 3 der Anlage 5 oder der Anlage 6 einer wiederkehrenden Prüfung unterliegen, die aber nach den landesrechtlichen Vorschriften vor dem 1. August 2017 nicht wiederkehrend prüfpflichtig waren, sind innerhalb der folgenden Fristen erstmals zu prüfen:

1. Anlagen, die vor dem 1. Januar 1971 in Betrieb genommen wurden, bis zum 1. August 2019,

2. Anlagen, die im Zeitraum vom 1. Januar 1971 bis zum 31. Dezember 1975 in Betrieb genommen wurden, bis zum 1. August 2021,

3. Anlagen, die im Zeitraum vom 1. Januar 1976 bis zum 31. Dezember 1982 in Betrieb genommen wurden, bis zum 1. August 2023,

4. Anlagen, die im Zeitraum vom 1. Januar 1983 bis zum 31. Dezember 1993 in Betrieb genommen wurden, bis zum 1. August 2025,

5. Anlagen, die nach dem 31. Dezember 1993 in Betrieb genommen wurden, bis zum 1. August 2027.

§ 71 Einbau von Leichtflüssigkeitsabscheidern

Leichtflüssigkeitsabscheider für Kraftstoffe mit Zumischung von Ethanol dürfen nur eingebaut werden, wenn der Nachweis erbracht worden ist, dass sie gegenüber diesen Kraftstoffen beständig sind und ihre Funktionsfähigkeit nur unerheblich verringert wird.

§ 72 Übergangsbestimmung für Fachbetriebe, Sachverständigenorganisationen und bestellte Personen

(1) Ein Betrieb, der am 21. April 2017 berechtigt war, Gütezeichen einer baurechtlich anerkannten Überwachungs- oder Gütegemeinschaft zu führen, oder der vor dem 22. April 2017 einen Überwachungsvertrag mit einer Technischen Überwachungsorganisation abgeschlossen hatte, gilt bis zum 22. April 2019 als Fachbetrieb im Sinne von § 62 Absatz 1, solange die Anforderungen nach § 62 Absatz 2 erfüllt sind und die baurechtlich anerkannte Überwachungs- oder Gütegemeinschaft oder die Technische Überwachungsorganisation die Einhaltung der Anforderungen überwacht. In den Fällen des § 64 Satz 1 ist der Nachweis der Fachbetriebseigenschaft geführt, wenn der Fachbetrieb eine Bestätigung der Überwachungs- oder Gütegemeinschaft, dass er zur Führung des Gütezeichens berechtigt ist, oder eine Bestätigung einer Technischen Überwachungsorganisation, dass der Fachbetrieb von ihr im Rahmen eines Überwachungsvertrages überwacht wird, vorlegt.

(2) Anerkennungen von Sachverständigenorganisationen nach landesrechtlichen Vorschriften, die vor dem 1. August 2017 erteilt worden sind, gelten als Anerkennungen nach § 52 Absatz 1 Satz 1 fort. Soweit § 52 Absatz 3 Anforderungen enthält, die über die Anforderungen der bisherigen landesrechtlichen Vorschriften hinausgehen, sind diese Anforderungen ab dem 1. Oktober 2017 zu erfüllen. Wurde die Anerkennung nach Satz 1 befristet erteilt und endet diese Befristung vor dem 1. Februar 2018, so gilt sie bis zum 1. Februar 2018 als Anerkennung im Sinne des § 52 Absatz 1 Satz 1 fort.

(3) Die Anforderungen nach § 53 Absatz 1 Satz 1 Nummer 4 in Verbindung mit Absatz 5 sowie nach § 62 Absatz 2 Satz 1 Nummer 2 Buchstabe a bis c gelten nicht für Personen, die vor dem 1. August 2017 von einer Sachverständigenorganisation oder einem Fachbetrieb bestellt worden sind.

§ 73 Inkrafttreten; Außerkrafttreten

Die §§ 57 bis 60 treten am Tag nach der Verkündung in Kraft. Im Übrigen tritt diese Verordnung am 1. August 2017 in Kraft. Zu dem in Satz 2 genannten Zeitpunkt tritt die Verordnung über Anlagen zum Umgang mit wassergefährdenden Stoffen vom 31. März 2010 (BGBl. I S. 377) außer Kraft.

Schlussformel

Der Bundesrat hat zugestimmt.

Anlage 1 (zu § 4 Absatz 1, § 8 Absatz 1 und § 10 Absatz 2)
Einstufung von Stoffen und Gemischen als nicht wassergefährdend und in Wassergefährdungsklassen (WGK); Bestimmung aufschwimmender flüssiger Stoffe als allgemein wassergefährdend

(Fundstelle: BGBl. I 2017, 933 – 940)

1   Grundsätze

1.1   Die in dieser Anlage verwendeten Fachbegriffe, insbesondere zu toxischen Eigenschaften und zu Auswirkungen von Stoffen und Gemischen auf die Umwelt, werden im Sinne der Verordnung (EG) Nr. 1272/2008 des Europäischen Parlaments und des Rates vom 16. Dezember 2008 über die Einstufung, Kennzeichnung und Verpackung von Stoffen und Gemischen, zur Änderung und Aufhebung der Richtlinien 67/548/EWG und 1999/45/EG und zur Änderung der Verordnung (EG) Nr. 1907/2006 (ABl. L 353 vom 31.12.2008, S. 1; L 16 vom 20.1.2011, S. 1), die zuletzt durch die Verordnung (EU) 2015/1221 (ABl. L 197 vom 25.7.2015, S. 10) geändert worden ist, in der jeweils geltenden Fassung und der Richtlinie 67/548/EWG des Rates vom 27. Juni 1967 zur Angleichung der Rechts- und Verwaltungsvorschriften für die Einstufung, Verpackung und Kennzeichnung gefährlicher Stoffe (ABl. L 196 vom 16.8.1967, S. 1), die zuletzt durch die Verordnung (EU) Nr. 944/2013 (ABl. L 261 vom 3.10.2013, S. 5) geändert worden ist, verwendet.

1.2   Krebserzeugende Stoffe sind alle Stoffe, die einzustufen sind

a) nach Anhang VI Tabelle 3.1 der Verordnung (EG) Nr. 1272/2008 als karzinogene Stoffe der Kategorie 1A oder Kategorie 1B (H350: „Kann Krebs verursachen"),

b) nach Anhang VI Tabelle 3.2 der Verordnung (EG) Nr. 1272/2008 als karzinogene Stoffe der Kategorie 1 oder Kategorie 2 (R45: „Kann Krebs erzeugen") oder

c) nach Anhang I der Verordnung (EG) Nr. 1272/2008 als karzinogene Stoffe der Kategorie 1A oder Kategorie 1B (H350: „Kann Krebs verursachen").

Krebserzeugend sind auch die Stoffe, die in einer Bekanntmachung des Bundesministeriums für Arbeit und Soziales nach § 20 Absatz 4 der Gefahrstoffverordnung vom 26. November 2010 (BGBl. I S. 1643, 1644), die zuletzt durch Artikel 2 der Verordnung vom 3. Februar 2015 (BGBl. I S. 49) geändert worden ist, als krebserzeugend bezeichnet werden. Stoffe, die nur auf inhalativem Weg krebserzeugend wirken, gelten bei der Bestimmung der Wassergefährdungsklasse nicht als krebserzeugend.

1.3   Aufschwimmende flüssige Stoffe sind alle flüssigen Stoffe, die unter Normalbedingungen folgende physikalische Eigenschaften aufweisen:

a) eine Dichte von kleiner oder gleich 1 000 kg/m^3,

b) einen Dampfdruck von kleiner oder gleich 0,3 kPa und

c) eine Wasserlöslichkeit von kleiner oder gleich 1 g/l.

1.4   Wird nach Artikel 10 Absatz 2 der Verordnung (EG) Nr. 1272/2008 in Verbindung mit Anhang I Teil 4 Abschnitt 4.1.3.5.5.5 der Verordnung (EG) Nr. 1272/2008 für Stoffe wegen ihrer hohen aquatischen Toxizität ein Multiplikationsfaktor (M-Faktor) festgelegt, wird dieser bei der Ermittlung des prozentualen Gehaltes eines Stoffes in Gemischen berücksichtigt.

2   Einstufung von Stoffen und Gemischen als nicht wassergefährdend

2.1   Stoffe

Stoffe sind nicht wassergefährdend, wenn sie alle im Folgenden genannten Anforderungen erfüllen:

a) Die Summe nach Nummer 4.4 ist Null.

b) Ein flüssiger Stoff weist eine Wasserlöslichkeit von kleiner als 10 mg/l auf.

c) Ein fester Stoff weist eine Wasserlöslichkeit von kleiner als 100 mg/l auf.

d) Es ist keine Prüfung bekannt, nach der die akute Toxizität an einer Fischart (96 h LC_{50}) oder einer Wasserflohart (48 h EC_{50}) oder die Hemmung des Algenwachstums (72 h IC_{50}) unterhalb der Löslichkeitsgrenze liegt. Es müssen valide Prüfungen an zwei der vorgenannten Organismen durchgeführt worden sein.

e) Ein flüssiger organischer Stoff ist leicht biologisch abbaubar.

f) Ein fester organischer Stoff ist entweder leicht biologisch abbaubar oder weist kein erhöhtes Bioakkumulationspotenzial auf.

g) Durch leichte biologische oder abiotische Abbaubarkeit entsteht kein wassergefährdender Stoff.

h) Der Stoff ist kein aufschwimmender flüssiger Stoff nach Nummer 1.3.

2.2   Gemische

Gemische sind nicht wassergefährdend, wenn sie alle im Folgenden genannten Anforderungen erfüllen:

a) Der Gehalt an Stoffen der WGK 1 ist geringer als 3 Prozent Massenanteil.

b) Der Gehalt an Stoffen der WGK 2 ist geringer als 0,2 Prozent Massenanteil.

c) Der Gehalt an Stoffen der WGK 3 ist geringer als 0,2 Prozent Massenanteil.

d) Der Gehalt an nicht identifizierten Stoffen ist geringer als 0,2 Prozent Massenanteil.

e) Dem Gemisch wurden keine krebserzeugenden Stoffe nach Nummer 1.2 gezielt zugesetzt.

f) Dem Gemisch wurden keine Stoffe der WGK 3 gezielt zugesetzt.

g) Dem Gemisch wurden keine Stoffe gezielt zugesetzt, deren wassergefährdende Eigenschaften nicht bekannt sind.

h) Dem Gemisch wurden keine Dispergatoren oder Emulgatoren gezielt zugesetzt.

i) Das Gemisch schwimmt in oberirdischen Gewässern nicht auf.

Muss bei einem Stoff der WGK 2 oder WGK 3 wegen seiner hohen aquatischen Toxizität ein M-Faktor nach Nummer 1.4 berücksichtigt werden, wird der prozentuale Gehalt dieses Stoffes mit diesem Faktor multipliziert. Das sich daraus ergebende Produkt wird zur Ermittlung des Massenanteils im Sinne von Satz 1 Buchstabe b und c verwendet.

3   **Bestimmung aufschwimmender flüssiger Stoffe und Gemische als allgemein wassergefährdend**

3.1   Aufschwimmende flüssige Stoffe nach Nummer 1.3 sind allgemein wassergefährdend, wenn sie die Anforderungen nach Nummer 2.1 Buchstabe a bis g erfüllen.

3.2 Die aufschwimmenden flüssigen Stoffe nach Nummer 3.1 werden vom Umweltbundesamt im Bundesanzeiger öffentlich bekannt gegeben. Zudem stellt das Umweltbundesamt im Internet eine Suchfunktion bereit, mit der die nach Satz 1 bekannt gegebenen Stoffe ermittelt werden können.

3.3 Ein aufschwimmendes Gemisch aus aufschwimmenden flüssigen Stoffen nach Nummer 3.1 und nicht wassergefährdenden Stoffen gilt als allgemein wassergefährdend.

4 Einstufung von Stoffen in Wassergefährdungsklassen

4.1 Methodische Vorgaben

Grundlage für die Einstufung sind wissenschaftliche Prüfungen an dem jeweiligen Stoff gemäß den Vorgaben der Verordnung (EG) Nr. 440/2008 der Kommission vom 30. Mai 2008 zur Festlegung von Prüfmethoden gemäß der Verordnung (EG) Nr. 1907/2006 des Europäischen Parlaments und des Rates zur Registrierung, Bewertung, Zulassung und Beschränkung chemischer Stoffe (REACH) (ABl. L 142 vom 31.5.2008, S. 1), die zuletzt durch die Verordnung (EU) Nr. 900/2014 (ABl. L 247 vom 21.8.2014, S. 1) geändert worden ist, in der jeweils geltenden Fassung.

Wurden aus diesen wissenschaftlichen Prüfungen für den jeweiligen Stoff

a) R-Sätze gemäß den Anhängen I und VI der Richtlinie 67/548/EWG oder

b) Gefahrenhinweise nach den Anhängen I, II und VI der Verordnung (EG) Nr. 1272/2008

in der jeweils geltenden Fassung abgeleitet, werden den R-Sätzen bzw. Gefahrenhinweisen Bewertungspunkte nach Maßgabe von Nummer 4.2 zugeordnet.

Wurden wissenschaftliche Prüfungen zur akuten oralen oder dermalen Toxizität oder zu Auswirkungen auf die Umwelt für den jeweiligen Stoff nicht durchgeführt, werden dem Stoff Vorsorgepunkte nach Maßgabe von Nummer 4.3 zugeordnet.

Aus der Summe der Bewertungs- und Vorsorgepunkte für den jeweiligen Stoff wird die Wassergefährdungsklasse nach Maßgabe von Nummer 4.4 ermittelt.

4.2 R-Sätze, Gefahrenhinweise und Bewertungspunkte

Den R-Sätzen oder Gefahrenhinweisen im Sinne von Nummer 4.1 Satz 2 werden folgende Bewertungspunkte zugeordnet:

R-Satz	Bezeichnungen der besonderen Gefahren	Vorrangigkeit anderer R-Sätze	Bewertungspunkte
R21	gesundheitsschädlich bei Berührung mit der Haut	wird nicht zusätzlich zu R25, R23/25, R28 oder R26/28 berücksichtigt	1
R22	gesundheitsschädlich beim Verschlucken	wird nicht zusätzlich zu R24, R23/24, R27 oder R26/27 berücksichtigt	1
R24	giftig bei Berührung mit der Haut	wird nicht zusätzlich zu R28 oder R26/28 berücksichtigt	3
R25	giftig beim Verschlucken	wird nicht zusätzlich zu R27 oder R26/27 berücksichtigt	3

R-Satz	Bezeichnungen der besonderen Gefahren	Vorrangigkeit anderer R-Sätze	Bewertungs-punkte
R27	sehr giftig bei Berührung mit der Haut		4
R28	sehr giftig beim Verschlucken		4
R29	entwickelt bei Berührung mit Wasser giftige Gase		2
R33	Gefahr kumulativer Wirkungen		2
R40*	Verdacht auf krebserzeugende Wirkung	wird nicht zusätzlich zu R68 berücksichtigt	2
R45*	kann Krebs erzeugen		9
R46	kann vererbbare Schäden verursachen	wird nicht zusätzlich zu R45 berücksichtigt	9
R50	sehr giftig für Wasserorganismen		6
R52	schädlich für Wasserorganismen		3
R53	kann in Gewässern längerfristig schädliche Wirkungen haben		3
R60	kann die Fortpflanzungsfähigkeit beeinträchtigen		4
R61	kann das Kind im Mutterleib schädigen	wird nicht zusätzlich zu R60 berücksichtigt	4
R62	kann möglicherweise die Fortpflan-zungsfähigkeit beeinträchtigen	wird nicht zusätzlich zu R61 berücksichtigt	2
R63	kann das Kind im Mutterleib möglicherweise schädigen	wird nicht zusätzlich zu R60 und R62 berücksichtigt	2
R65	gesundheitsschädlich: kann beim Verschlucken Lungenschäden verursachen	wird nicht zusätzlich zu R21 und R22 berücksichtigt	1
R68	irreversibler Schaden möglich	wird nicht zusätzlich zu R40 berücksichtigt	2
R15/29	reagiert mit Wasser unter Bildung giftiger und hochentzündlicher Gase		2
R20/21	gesundheitsschädlich beim Einatmen und bei Berührung mit der Haut	wird nicht zusätzlich zu R25 oder R28 berücksichtigt	1
R20/22	gesundheitsschädlich beim Einatmen und Verschlucken	wird nicht zusätzlich zu R24 oder R27 berücksichtigt	1
R20/21/22	gesundheitsschädlich beim Einatmen, Verschlucken und Berührung mit der Haut		1

R-Satz	Bezeichnungen der besonderen Gefahren	Vorrangigkeit anderer R-Sätze	Bewertungs-punkte
R21/22	gesundheitsschädlich bei Berührung mit der Haut und beim Verschlucken		1
R23/24	giftig beim Einatmen und bei Berührung mit der Haut	wird nicht zusätzlich zu R28 berücksichtigt	3
R23/25	giftig beim Einatmen und Verschlu-cken	wird nicht zusätzlich zu R27 berücksichtigt	3
R23/24/25	giftig beim Einatmen, Verschlucken und Berührung mit der Haut		3
R24/25	giftig bei Berührung mit der Haut und beim Verschlucken		3
R26/27	sehr giftig beim Einatmen und bei Berührung mit der Haut		4
R26/28	sehr giftig beim Einatmen und Ver-schlucken		4
R26/27/28	sehr giftig beim Einatmen, Verschlu-cken und Berührung mit der Haut		4
R27/28	sehr giftig bei Berührung mit der Haut und beim Verschlucken		4
R39/24	giftig: ernste Gefahr irreversiblen Schadens bei Berührung mit der Haut		4
R39/25	giftig: ernste Gefahr irreversiblen Schadens durch Verschlucken		4
R39/23/24	giftig: ernste Gefahr irreversiblen Schadens durch Einatmen und bei Berührung mit der Haut		4
R39/23/25	giftig: ernste Gefahr irreversiblen Schadens durch Einatmen und durch Verschlucken		4
R39/24/25	giftig: ernste Gefahr irreversiblen Schadens bei Berührung mit der Haut und durch Verschlucken		4
R39/23/24/25	giftig: ernste Gefahr irreversiblen Schadens durch Einatmen, Berührung mit der Haut und durch Verschlucken		4
R39/27	sehr giftig: ernste Gefahr irreversiblen Schadens bei Berührung mit der Haut		4
R39/28	sehr giftig: ernste Gefahr irreversiblen Schadens durch Verschlucken		4

R-Satz	Bezeichnungen der besonderen Gefahren	Vorrangigkeit anderer R-Sätze	Bewertungs- punkte
R39/26/ 27	sehr giftig: ernste Gefahr irreversiblen Schadens durch Einatmen und bei Berührung mit der Haut		4
R39/26/28	sehr giftig: ernste Gefahr irreversiblen Schadens durch Einatmen und durch Verschlucken		4
R39/27/28	sehr giftig: ernste Gefahr irreversiblen Schadens bei Berührung mit der Haut und durch Verschlucken		4
R39/26/27/ 28	sehr giftig: ernste Gefahr irreversiblen Schadens durch Einatmen, Berührung mit der Haut und durch Verschlucken		4
R48/21	gesundheitsschädlich: Gefahr ernster Gesundheitsschäden bei längerer Exposition durch Berührung mit der Haut		2
R48/22	gesundheitsschädlich: Gefahr ernster Gesundheitsschäden bei längerer Exposition durch Verschlucken		2
R48/20/21	gesundheitsschädlich: Gefahr ernster Gesundheitsschäden bei längerer Exposition durch Einatmen und durch Berührung mit der Haut		2
R48/20/22	gesundheitsschädlich: Gefahr ernster Gesundheitsschäden bei längerer Exposition durch Einatmen und durch Verschlucken		2
R48/21/22	gesundheitsschädlich: Gefahr ernster Gesundheitsschäden bei längerer Exposition durch Berührung mit der Haut und durch Verschlucken		2
R48/20/21/ 22	gesundheitsschädlich: Gefahr ernster Gesundheitsschäden bei längerer Exposition durch Einatmen, Berührung mit der Haut und durch Verschlucken		2
R48/24	giftig: Gefahr ernster Gesundheits- schäden bei längerer Exposition durch Berührung mit der Haut		4
R48/25	giftig: Gefahr ernster Gesundheits- schäden bei längerer Exposition durch Verschlucken		4

R-Satz	Bezeichnungen der besonderen Gefahren	Vorrangigkeit anderer R-Sätze	Bewertungspunkte
R48/23/24	giftig: Gefahr ernster Gesundheitsschäden bei längerer Exposition durch Einatmen und durch Berührung mit der Haut		4
R48/23/25	giftig: Gefahr ernster Gesundheitsschäden bei längerer Exposition durch Einatmen und durch Verschlucken		4
R48/24/25	giftig: Gefahr ernster Gesundheitsschäden bei längerer Exposition durch Berührung mit der Haut und durch Verschlucken		4
R48/23/24/25	giftig: Gefahr ernster Gesundheitsschäden bei längerer Exposition durch Einatmen, Berührung mit der Haut und durch Verschlucken		4
R50/53	sehr giftig für Wasserorganismen, kann in Gewässern längerfristig schädliche Wirkungen haben		8
R51/53	giftig für Wasserorganismen, kann in Gewässern längerfristig schädliche Wirkungen haben		6
R52/53	schädlich für Wasserorganismen, kann in Gewässern längerfristig schädliche Wirkungen haben		4
R68/21	gesundheitsschädlich: Möglichkeit irreversiblen Schadens bei Berührung mit der Haut		2
R68/22	gesundheitsschädlich: Möglichkeit irreversiblen Schadens durch Verschlucken		2
R68/20/21	gesundheitsschädlich: Möglichkeit irreversiblen Schadens durch Einatmen und bei Berührung mit der Haut		2
R68/20/22	gesundheitsschädlich: Möglichkeit irreversiblen Schadens durch Einatmen und durch Verschlucken		2
R68/21/22	gesundheitsschädlich: Möglichkeit irreversiblen Schadens bei Berührung mit der Haut und durch Verschlucken		2

R-Satz	Bezeichnungen der besonderen Gefahren	Vorrangigkeit anderer R-Sätze	Bewertungs- punkte
R68/20/21/ 22	gesundheitsschädlich: Möglichkeit irreversiblen Schadens durch Einatmen, Berührung mit der Haut und durch Verschlucken		2

* Stoffen, die nur auf inhalativem Expositionsweg wirken, werden keine Bewertungspunkte zugeordnet.

Gefahren- hinweis	Bezeichnung der Gefahrenhinweise	Vorrangigkeit anderer Gefahrenhinweise	Bewertungs- punkte
EUH029	entwickelt bei Berührung mit Wasser giftige Gase		2
H300	Lebensgefahr bei Verschlucken		4
H301	giftig bei Verschlucken	wird nicht zusätzlich zu H310 berücksichtigt	3
H302	gesundheitsschädlich bei Ver- schlucken	wird nicht zusätzlich zu H311 oder H310 berücksich- tigt	1
H304	kann bei Verschlucken und Eindrin- gen in die Atemwege tödlich sein	wird nicht zusätzlich zu H312 und H302 berücksich- tigt	1
H310	Lebensgefahr bei Hautkontakt	wird nicht zusätzlich zu H300 berücksichtigt	4
H311	giftig bei Hautkontakt	wird nicht zusätzlich zu H301 oder H300 berücksich- tigt	3
H312	gesundheitsschädlich bei Hautkontakt	wird nicht zusätzlich zu H302, H301 oder H300 berücksichtigt	1
H340*	kann genetische Defekte verursachen (Expositionsweg angeben, sofern schlüssig belegt ist, dass diese Gefahr bei keinem anderen Expositionsweg besteht)	wird nicht zusätzlich zu H350 berücksichtigt	9
H341*	kann vermutlich genetische Defekte verursachen (Expositionsweg ange- ben, sofern schlüssig belegt ist, dass diese Gefahr bei keinem anderen Expositionsweg besteht)	wird nicht zusätzlich zu H351 berücksichtigt	2

Gefahren- hinweis	Bezeichnung der Gefahrenhinweise	Vorrangigkeit anderer Gefahrenhinweise	Bewertungs- punkte
H350*	kann Krebs verursachen (Expositionsweg angeben, sofern schlüssig belegt ist, dass diese Gefahr bei keinem anderen Expositionsweg besteht)		9
H351*	kann vermutlich Krebs verursachen (Expositionsweg angeben, sofern schlüssig belegt ist, dass diese Gefahr bei keinem anderen Expositionsweg besteht)	wird nicht zusätzlich zu H341 berücksichtigt	2
H360D	kann das Kind im Mutterleib schädigen	wird nicht zusätzlich zu H360F berücksichtigt	4
H360F	kann die Fruchtbarkeit beeinträchtigen		4
H361d	kann vermutlich das Kind im Mutterleib schädigen	wird nicht zusätzlich zu H360F und H361f berücksichtigt	2
H361f	kann vermutlich die Fruchtbarkeit beeinträchtigen	wird nicht zusätzlich zu H360D berücksichtigt	2
H370*	schädigt die Organe (oder alle betroffenen Organe nennen, sofern bekannt) (Expositionsweg angeben, sofern schlüssig belegt ist, dass diese Gefahr bei keinem anderen Expositionsweg besteht)		4
H371*	kann die Organe schädigen (oder alle betroffenen Organe nennen, sofern bekannt) (Expositionsweg angeben, sofern schlüssig belegt ist, dass diese Gefahr bei keinem anderen Expositionsweg besteht)		2
H372*	schädigt die Organe (alle betroffenen Organe nennen) bei längerer oder wiederholter Exposition (Expositionsweg angeben, wenn schlüssig belegt ist, dass diese Gefahr bei keinem anderen Expositionsweg besteht)		4
H373*	kann die Organe schädigen (alle betroffenen Organe nennen) bei längerer oder wiederholter Exposition (Expositionsweg angeben, wenn schlüssig belegt ist, dass diese Gefahr bei keinem anderen Expositionsweg besteht)		2

Gefahren- hinweis	Bezeichnung der Gefahrenhinweise	Vorrangigkeit anderer Gefahrenhinweise	Bewertungs- punkte
H400	sehr giftig für Wasserorganismen	wird nicht zusätzlich zu H410 berücksichtigt	6
H410	sehr giftig für Wasserorganismen mit langfristiger Wirkung		8
H411	giftig für Wasserorganismen mit langfristiger Wirkung		6
H412	schädlich für Wasserorganismen mit langfristiger Wirkung		4
H413	kann für Wasserorganismen schädlich sein, mit langfristiger Wirkung		3

*   Stoffen, die nur auf inhalativem Expositionsweg wirken, werden keine Bewertungspunkte zugeordnet.

4.3   Vorsorgepunkte

4.3.1   Sind zu einem Stoff keine Informationen im Sinne von Nummer 4.1 Satz 1 und 2 zur akuten oralen und dermalen Toxizität vorhanden, werden dem Stoff 4 Vorsorgepunkte zugewiesen.

4.3.2   Sind zu einem Stoff keine Informationen im Sinne von Nummer 4.1 Satz 1 und 2 zu Auswirkungen auf die Umwelt vorhanden, werden dem Stoff 8 Vorsorgepunkte zugewiesen.

Die Anzahl der Vorsorgepunkte wird um 2 vermindert, wenn die leichte biologische Abbaubarkeit nachgewiesen und ein Bioakkumulationspotenzial ausgeschlossen wurde.

4.3.3   Wurden einem Stoff keine R-Sätze oder Gefahrenhinweise zu Auswirkungen auf die Umwelt im Sinne von Nummer 4.1 Satz 2 zugeordnet und sind Prüfungen im Sinne von Nummer 4.1 Satz 1 zu Auswirkungen auf die Umwelt für den Stoff bekannt, werden die folgenden Vorsorgepunkte zugewiesen:

a) 8 Vorsorgepunkte, wenn eine Prüfung bekannt ist, nach der die akute Toxizität an einer Fischart (96 h LC_{50}) oder einer Wasserflohart (48 h EC_{50}) oder die Hemmung des Algenwachstums (72 h IC_{50}) nicht mehr als 1 mg/l beträgt und

    aa) kein Nachweis der leichten biologischen Abbaubarkeit vorhanden ist oder

    bb) kein Nachweis zum Ausschluss eines Bioakkumulationspotenzials vorhanden ist,

b) 6 Vorsorgepunkte, wenn eine Prüfung bekannt ist, nach der die akute Toxizität an einer Fischart (96 h LC_{50}) oder einer Wasserflohart (48 h EC_{50}) oder die Hemmung des Algenwachstums (72 h IC_{50}) mehr als 1 mg/l und nicht mehr als 10 mg/l beträgt und

    aa) kein Nachweis der leichten biologischen Abbaubarkeit vorhanden ist oder

    bb) kein Nachweis zum Ausschluss eines Bioakkumulationspotenzials vorhanden ist,

c) 4 Vorsorgepunkte, wenn eine Prüfung bekannt ist, nach der die akute Toxizität an einer Fischart (96 h LC_{50}) oder einer Wasserflohart (48 h EC_{50}) oder die Hemmung des Algenwachstums (72 h IC_{50}) mehr als 10 mg/l und nicht mehr als 100 mg/l beträgt und kein Nachweis der biologischen Abbaubarkeit in Gewässern vorhanden ist,

d) 2 Vorsorgepunkte, wenn nur Prüfungen bekannt sind, nach denen die akute Toxizität an einer Fischart (96 h LC_{50}) oder einer Wasserflohart (48 h EC_{50}) oder die Hemmung des Algenwachstums (72 h IC_{50}) mehr als 100 mg/l beträgt und

aa) kein Nachweis der biologischen Abbaubarkeit in Gewässern vorhanden ist sowie

bb) kein Nachweis zum Ausschluss eines Bioakkumulationspotenzials vorhanden ist.

4.4 Ermittlung der Wassergefährdungsklasse

Aus den nach den Nummern 4.2 und 4.3 ermittelten Bewertungs- und Vorsorgepunkten für den jeweiligen Stoff wird die Summe gebildet. Entsprechend dieser Summe wird eine der folgenden Wassergefährdungsklassen zugeordnet:

Die Summe beträgt 0 bis 4:   WGK 1

Die Summe beträgt 5 bis 8:   WGK 2

Die Summe beträgt mehr als 8:   WGK 3

5   Einstufung von Gemischen in Wassergefährdungsklassen

5.1 Grundsätze

5.1.1 Die Wassergefährdungsklasse von Gemischen wird aus den Wassergefährdungsklassen der enthaltenen Stoffe rechnerisch ermittelt. Dabei werden nicht identifizierte Stoffe und Stoffe gemäß § 3 Absatz 4 Satz 1 wie Stoffe der WGK 3 behandelt.

5.1.2 Werden feste Gemische bei der Herstellung von flüssigen Gemischen verwendet und wurden diese festen Gemische nicht als nicht wassergefährdend oder in eine Wassergefährdungsklasse eingestuft, werden die festen Gemische bei der Ableitung der Wassergefährdungsklasse des flüssigen Gemisches wie Stoffe der WGK 3 behandelt. Wurden die festen Gemische nach Nummer 5.2 oder Nummer 5.3 in eine Wassergefährdungsklasse eingestuft, werden sie bei der Ableitung der Wassergefährdungsklasse des flüssigen Gemisches wie Stoffe dieser Wassergefährdungsklasse behandelt. Satz 2 gilt entsprechend für eingestufte flüssige Gemische.

5.1.3 Krebserzeugende Stoffe nach Nummer 1.2 sind ab einem Massenanteil von 0,1 Prozent, bezogen auf den Einzelstoff, zu berücksichtigen. Sind für die Einstufung des Gemisches als krebserzeugend (R45 bzw. H350) nach Anhang VI der Verordnung (EG) Nr. 1272/2008 und Anhang II der Richtlinie 1999/45/EG des Europäischen Parlaments und des Rates vom 31. Mai 1999 zur Angleichung der Rechts- und Verwaltungsvorschriften der Mitgliedstaaten für die Einstufung, Verpackung und Kennzeichnung gefährlicher Zubereitungen (ABl. L 200 vom 30.7.1999, S. 1; L 6 vom 10.1.2002, S. 71), die zuletzt durch die Verordnung (EG) Nr. 1272/2008 (ABl. L 353 vom 31.2.2008, S. 1) geändert worden ist, oder nach den Anhängen I und II der Verordnung (EG) Nr. 1272/2008 andere Massenanteile maßgebend, gelten diese. Bei der Ableitung der WGK 1 sind zugesetzte krebserzeugende Stoffe immer zu berücksichtigen.

5.1.4 Nicht krebserzeugende Stoffe mit einem Massenanteil von weniger als 0,2 Prozent, bezogen auf den Einzelstoff, werden nicht berücksichtigt.

Muss bei einem Stoff der WGK 2 oder WGK 3 wegen seiner hohen aquatischen Toxizität ein M-Faktor nach Nummer 1.4 berücksichtigt werden, wird der prozentuale Gehalt dieses Stoffes mit diesem Faktor multipliziert. Das sich daraus ergebende Produkt wird zur Ermittlung des Massenanteils verwendet.

5.1.5 Liegen wissenschaftliche Prüfungen im Sinne von Nummer 4.1 Satz 1 zur akuten oralen oder dermalen Toxizität oder zur aquatischen Toxizität für das Gemisch vor, kann die Wassergefährdungsklasse abweichend von den Nummern 5.1.1, 5.1.2 und 5.1.4 aus diesen Prüfergebnissen bestimmt werden. Den Prüfergebnissen werden Bewertungspunkte nach Maßgabe von Nummer 5.3 zugeordnet. Wurden bestimmte wissenschaftliche Prüfungen zur akuten oralen oder dermalen Toxizität oder zu Auswirkungen auf die Umwelt für das jeweilige Gemisch nicht durchgeführt, werden dem Gemisch Vorsorgepunkte nach Maßgabe von Nummer 5.3 zugeordnet.

Aus der Summe der Bewertungs- und Vorsorgepunkte für das jeweilige Gemisch wird die Wassergefährdungsklasse ermittelt.

Führen beide Methoden zu unterschiedlichen Wassergefährdungsklassen, so ist die aus den am Gemisch bestimmten Prüfdaten ermittelte Wassergefährdungsklasse maßgeblich.

5.1.6 Wurde zu einem Gemisch die Wassergefährdungsklasse anhand der Prüfdaten ermittelt, kann auf eine erneute Prüfung des Gemisches verzichtet werden, wenn nur ein Stoff ausgetauscht worden ist und

a) der neue Stoff bereits eingestuft und in die gleiche oder eine niedrigere Wassergefährdungsklasse wie der ausgetauschte Stoff eingestuft ist oder der neue Stoff als nicht wassergefährdend eingestuft ist und

b) keine Eigenschaften des neuen Stoffes bekannt sind, die zu einer Erhöhung des wassergefährdenden Potenzials des Gemisches führen können.

5.2 Rechnerische Ableitung der Wassergefährdungsklasse aus den Wassergefährdungsklassen der enthaltenen Stoffe

5.2.1 Ableitung der Wassergefährdungsklasse 3

Das Gemisch wird in die WGK 3 eingestuft, wenn eine der folgenden Voraussetzungen erfüllt ist:

a) Das Gemisch enthält krebserzeugende Stoffe der WGK 3.

b) Die Summe der Massenanteile aller im Gemisch enthaltenen Stoffe der WGK 3 beträgt 3 Prozent oder mehr.

Muss bei einem Stoff der WGK 3 wegen seiner hohen aquatischen Toxizität ein M-Faktor nach Nummer 1.4 berücksichtigt werden, wird der prozentuale Gehalt dieses Stoffes mit diesem Faktor multipliziert. Das sich daraus ergebende Produkt wird zur Ermittlung des Massenanteils im Sinne von Satz 1 Buchstabe b verwendet.

5.2.2 Ableitung der Wassergefährdungsklasse 2

Trifft keine der unter Nummer 5.2.1 genannten Voraussetzungen zu, wird das Gemisch in die WGK 2 eingestuft, wenn eine der folgenden Voraussetzungen erfüllt ist:

a) Das Gemisch enthält krebserzeugende Stoffe der WGK 2.

b) Die Summe der Massenanteile aller im Gemisch enthaltenen Stoffe der WGK 2 beträgt 5 Prozent oder mehr.

c) Das Gemisch enthält Stoffe der WGK 3, die nichtkrebserzeugend sind, mit einem Massenanteil von 0,2 Prozent oder mehr, bezogen auf den Einzelstoff.

d) Die Summe der Massenanteile aller im Gemisch enthaltenen nichtkrebserzeugenden Stoffe der WGK 3 beträgt weniger als 3 Prozent.

Muss bei einem Stoff der WGK 2 oder WGK 3 wegen seiner hohen aquatischen Toxizität ein M-Faktor nach Nummer 1.4 berücksichtigt werden, wird der prozentuale Gehalt dieses Stoffes mit diesem Faktor multipliziert. Das sich daraus ergebende Produkt wird zur Ermittlung des Massenanteils im Sinne von Satz 1 Buchstabe b bis d verwendet.

5.2.3   Ableitung der Wassergefährdungsklasse 1

Trifft keine der unter den Nummern 5.2.1 und 5.2.2 genannten Voraussetzungen zu, wird das Gemisch in die WGK 1 eingestuft, wenn eine der folgenden Voraussetzungen erfüllt ist:

a) Das Gemisch enthält zugesetzte krebserzeugende Stoffe unterhalb der in Nummer 5.1.3 genannten Berücksichtigungsgrenze.

b) Das Gemisch enthält nichtkrebserzeugende Stoffe der WGK 2 mit einem Massenanteil von 0,2 Prozent oder mehr, bezogen auf den Einzelstoff.

c) Die Summe der Massenanteile aller im Gemisch enthaltenen nichtkrebserzeugenden Stoffe der WGK 2 beträgt weniger als 5 Prozent.

d) Die Summe der Massenanteile aller im Gemisch enthaltenen Stoffe der WGK 1 beträgt 3 Prozent oder mehr.

e) Das Gemisch erfüllt nicht alle der unter Nummer 2.2 genannten Voraussetzungen für eine Einstufung als nicht wassergefährdend.

Muss bei einem Stoff der WGK 2 wegen seiner hohen aquatischen Toxizität ein M-Faktor nach Nummer 1.4 berücksichtigt werden, wird der prozentuale Gehalt dieses Stoffes mit diesem Faktor multipliziert. Das sich daraus ergebende Produkt wird zur Ermittlung des Massenanteils im Sinne von Satz 1 Buchstabe b und c verwendet.

5.3   Ableitung der Wassergefährdungsklasse aus am Gemisch gewonnenen Prüfergebnissen

5.3.1   Berücksichtigung der am Gemisch bestimmten akuten oralen oder dermalen Toxizität

Sind wissenschaftliche Prüfungen im Sinne von Nummer 4.1 Satz 1 zur akuten oralen oder dermalen Toxizität bekannt, ist festzustellen, ob das Gemisch nach Anhang II der Richtlinie 1999/45/EG oder Anhang I und II der Verordnung (EG) Nr. 1272/2008 einzustufen ist.

Satz 1 gilt entsprechend, wenn diese wissenschaftlichen Prüfungen für alle enthaltenen Stoffe, nicht jedoch für das Gemisch bekannt sind. Werden aus den Prüfergebnissen nach Anhang II der Richtlinie 1999/45/EG oder den Anhängen I und II der Verordnung (EG) Nr. 1272/2008 R-Sätze oder Gefahrenhinweise zur akuten oralen oder dermalen Toxizität abgeleitet, werden diesen die in Nummer 4.2 genannten Bewertungspunkte zugeordnet.

Sind wissenschaftliche Prüfungen im Sinne von Nummer 4.1 Satz 1 zur akuten oralen oder dermalen Toxizität weder für das Gemisch noch für alle enthaltenen Stoffe bekannt, werden dem Gemisch 4 Vorsorgepunkte zugewiesen.

5.3.2   Berücksichtigung der am Gemisch gewonnenen Prüfergebnisse zu Auswirkungen auf die Umwelt

Sind wissenschaftliche Prüfungen im Sinne von Nummer 4.1 Satz 1 zur akuten Toxizität an einer Fischart (96 h LC_{50}) oder einer Wasserflohart (48 h EC_{50}) oder zur Hemmung des Algenwachstums (72 h IC_{50}) für mindestens zwei der vorgenannten Organismen bekannt, werden die folgenden Bewertungspunkte zugeordnet:

a) 8 Bewertungspunkte, wenn die Toxizität beim empfindlichsten Organismus 1 mg/l oder weniger beträgt,

b) 6 Bewertungspunkte, wenn die Toxizität beim empfindlichsten Organismus mehr als 1 und bis zu 10 mg/l beträgt,

c) 4 Bewertungspunkte, wenn die Toxizität beim empfindlichsten Organismus mehr als 10 und bis zu 100 mg/l beträgt,

d) 2 Bewertungspunkte, wenn die Toxizität beim empfindlichsten Organismus mehr als 100 mg/l beträgt oder oberhalb der in Wasser erreichbaren Konzentration liegt.

Sind wissenschaftliche Prüfungen im Sinne von Nummer 4.1 Satz 1 zur akuten Toxizität an einer Fischart, zur akuten Toxizität an einer Wasserflohart und zur Hemmung des Algenwachstums nicht bekannt oder nur für einen dieser Organismen bestimmt, werden dem Gemisch 8 Vorsorgepunkte zugewiesen.

Ist bekannt, dass einer der vorgenannten Organismen besonders empfindlich auf einen im Gemisch enthaltenen Stoff reagiert, so muss die Prüfung am Gemisch auch mit diesem Organismus durchgeführt worden sein.

Ist für alle Stoffe eines Gemisches jeweils die leichte biologische Abbaubarkeit nachgewiesen und ein Bioakkumulationspotenzial ausgeschlossen, werden die für die Auswirkungen auf die Umwelt ermittelten Bewertungspunkte oder Vorsorgepunkte um 2 vermindert.

5.3.3   Berücksichtigung anderer am Gemisch gewonnener Prüfergebnisse

Sind wissenschaftliche Prüfungen im Sinne von Nummer 4.1 Satz 1 bekannt, aus denen für das Gemisch nach den Anhängen II und III der Richtlinie 1999/45/EG oder nach den Anhängen I und II der Verordnung (EG) Nr. 1272/2008 ein in Nummer 4.2 genannter R-Satz oder Gefahrenhinweis abgeleitet wird (ausgenommen R21 bis R28, R50 bis R53 und R65, jeweils einzeln oder in Kombination, oder H300, H301, H302, H304, H310, H311, H312, H400 und H410 bis H413, jeweils einzeln oder in Kombination), werden die dort aufgeführten Bewertungspunkte zugeordnet.

5.3.4   Ermittlung der Wassergefährdungsklasse

Aus den nach den Nummern 5.3.1 bis 5.3.3 ermittelten Bewertungs- und Vorsorgepunkten für das jeweilige Gemisch wird die Summe gebildet. Entsprechend dieser Summe wird dem Gemisch in entsprechender Anwendung von Nummer 4.4 eine Wassergefährdungsklasse zugeordnet.

Anlage 2 (zu § 4 Absatz 3, § 8 Absatz 3 und § 10 Absatz 3)
Dokumentation der Selbsteinstufung von Stoffen und Gemischen

(Fundstelle: BGBl. I 2017, 943 – 948)

1   Dokumentationsformblatt für Stoffe

1.1   Für die Dokumentation der Selbsteinstufung von Stoffen nach § 4 Absatz 3 ist das Dokumentationsformblatt 1 zu verwenden.

1.2   Angaben für die Selbsteinstufung von Stoffen

1.2.1   Für die Selbsteinstufung eines Stoffes müssen folgende Angaben dokumentiert werden:

     a) Name und Anschrift des Betreibers, Datum der Erstellung der Dokumentation,

     b) chemisch eindeutige Stoffbezeichnung,

     c) EG-Nummer sowie – soweit vorhanden – CAS-Nummer und Index-Nummer nach Anhang VI der Verordnung (EG) Nr. 1272/2008,

     d) Gefahrenhinweise oder R-Sätze nach Anlage 1 Nummer 4.1 Satz 2,

     e) Multiplikationsfaktoren nach Anlage 1 Nummer 1.4,

     f) Konzentrationsgrenzwerte nach Anhang VI der Verordnung (EG) Nr. 1272/2008,

     g) zugeordnete Bewertungspunkte nach Anlage 1 Nummer 4.2,

     h) zugeordnete Vorsorgepunkte nach Anlage 1 Nummer 4.3,

     i) Summe nach Anlage 1 Nummer 4.4 und

     j) Vorschlag für die Einstufung als nicht wassergefährdend oder in eine Wassergefährdungsklasse.

1.2.2   Zusätzlich zu den unter Nummer 1.2.1 genannten Angaben sollen zu einem Stoff folgende Angaben dokumentiert werden, soweit sie vorhanden und dem Betreiber zugänglich sind:

     a) Aggregatzustand, Dampfdruck, relative Dichte,

     b) Wasserlöslichkeit, Verteilungsverhalten (log P_{ow} oder BCF),

     c) akute orale und dermale Toxizität,

     d) Toxizität gegenüber zwei aquatischen Arten aus zwei verschiedenen Ebenen der Nahrungskette und

     e) biologische Abbaubarkeit.

Sofern ein Stoff als nicht wassergefährdend eingestuft werden soll, ist der Betreiber verpflichtet, die Angaben nach Satz 1 vollständig zu dokumentieren.

1.2.3   Für die Einstufung von Polymeren müssen darüber hinaus folgende Angaben dokumentiert werden:

     a) die mittlere Molmasse und der Molekulargewichtsbereich, für den die Einstufung Gültigkeit haben soll,

     b) der Restmonomerengehalt, wenn dieser oberhalb eines Massenanteils von 0,2 Prozent liegt,

c) der Gehalt und die Identität von Additiven und Verunreinigungen, wenn ihr Gehalt oberhalb eines Massenanteils von 0,2 Prozent liegt, und

d) der Gehalt und die Identität von krebserzeugenden Stoffen nach Anlage 1 Nummer 1.2, wenn ihr Gehalt oberhalb eines Massenanteils von 0,1 Prozent liegt.

Abweichend von Nummer 1.2.1 ist eine Dokumentation von Polymeren auch dann vollständig, wenn keine EG-Nummer und keine CAS-Nummer vorliegen.

2   **Dokumentationsformblatt für Gemische**

Für die Dokumentation der Selbsteinstufung von flüssigen oder gasförmigen Gemischen nach § 8 Absatz 3 und im Fall der Selbsteinstufung von festen Gemischen in Wassergefährdungsklassen nach § 10 Absatz 3 Satz 1 ist das Dokumentationsformblatt 2 zu verwenden.

3   **Dokumentationsformblatt für feste Gemische, die als nicht wassergefährdend eingestuft werden**

Für die Dokumentation der Selbsteinstufung von festen Gemischen als nicht wassergefährdend nach § 10 Absatz 3 Satz 1 ist das Dokumentationsformblatt 3 zu verwenden.

Dokumentationsformblatt 1
Dokumentation der Selbsteinstufung eines Stoffes

Angaben zum Betreiber der Anlage

Firma	
Abteilung	
Ansprechpartner/-in	
Straße/Postfach	
PLZ Ort	
Staat (bei Sitz des Betreibers außerhalb der Bundesrepublik Deutschland)	

Von der Dokumentationsstelle auszufüllen

Kenn-Nr.:	
Aufnahme am:	
Kürzel:	

Datum	
E-Mail-Adresse	
Telefon/Fax	

Angaben zum Stoff

chemisch eindeutige Stoffbezeichnung[2] ☐ EG-Name ☐ CAS-Name[1]	
synonyme Bezeichnungen (englische Stoffbezeichnung)	

	CAS-Nr.	EG-Nr.[2]	Index-Nr.[3]

Wasserlöslichkeit in mg/l bei 20 °C		relative Dichte bei 20 °C	
Aggregatzustand bei 20 °C		Dampfdruck in kPa bei 20 °C	

zusätzliche Angaben bei Polymeren

mittlere Molmasse	
Molekulargewichtsbereich[4]	
Identität und Gehalt von Restmonomeren, Additiven und Verunreinigungen > 0,2 % Massenanteil	
Identität und Gehalt krebserzeugender Stoffe > 0,1 % Massenanteil	
Konzentrationsgrenzwerte nach Anhang VI der Verordnung (EG) Nr. 1272/2008	

Gefahrenhinweise nach Anlage III der Verordnung (EG) Nr. 1272/2008

Gefahrenhinweise Säugetiertoxizität		☐ nicht klassifiziert auf der Basis vorhandener Daten[1] ☐ nicht klassifiziert auf Grund fehlender Daten[1]
Gefahrenhinweise Umweltgefährlichkeit		☐ nicht klassifiziert auf der Basis vorhandener Daten[1] ☐ nicht klassifiziert auf Grund fehlender Daten[1]
Multiplikationsfaktor		(gemäß Artikel 10 der Verordnung (EG) Nr. 1272/2008)

[1] Zutreffendes bitte ankreuzen.

[2] Auch für Stoffe, deren Identitätsmerkmale vertraulich behandelt werden sollen, ist die Angabe der EG-Nummer und des chemisch eindeutigen Namens bzw. des EG-Namens erforderlich.

[3] Index-Nummer nach Anhang VI der Verordnung (EG) Nr. 1272/2008.

[4] Bestimmt z. B. mit Ausschlusschromatographie [Size Exclusion Chromatography (SEC) oder Gel Permeations Chromatography (GPC)].

R-Satz-Einstufung nach Anhang III der Richtlinie 67/548/EWG

Gefahrensätze (R-Sätze) Säugetiertoxizität		□ nicht klassifiziert auf der Basis vorhandener Daten[1] □ nicht klassifiziert auf Grund fehlender Daten[1]
Gefahrensätze (R-Sätze) Umweltgefährlichkeit		□ nicht klassifiziert auf der Basis vorhandener Daten[1] □ nicht klassifiziert auf Grund fehlender Daten[1]

Prüfergebnisse[2]

				Quelle[3]			
akute orale/dermale Toxizität	Säugetierart	Dauer/LD$_x$/ Applikationsweg	Wert in mg/kg Körpergewicht	E	L	S	U
				□	□	□	□
aquatische Toxizität	Artname	Dauer/Endpunkt	Wert in mg/l				
Fisch				□	□	□	□
Wasserfloh				□	□	□	□
Alge				□	□	□	□
andere Organismen				□	□	□	□
biologisches Abbauverhalten	Testmethode	Abbaugrad nach 28 Tagen in %	10-Tage-Fenster eingehalten?				
			□ ja[1] □ nein[1]	□	□	□	□
Bioakkumulationspotenzial	log P$_{OW}$		□ gemessen[1] □ berechnet[1]	□	□	□	□
	BCF		□ gemessen[1] □ berechnet[1]	□	□	□	□

Bewertungspunkte

	Säugetiertoxizität	Umweltgefährlichkeit
Bewertungspunkte auf Basis der R-Sätze oder Gefahrenhinweise		
oder Bewertungspunkte auf Basis von Prüfergebnissen		
Vorsorgepunkte		
Summe		

Gesamtbewertung

WGK[4]	

Dokumentationsbezogene Bemerkungen des Betreibers (z. B. Erkenntnisse, die eine von Anlage 1 AwSV abweichende Einstufung rechtfertigen)

Erkenntnisse, die zu einer Änderung der WGK führen, hat der Betreiber dem Umweltbundesamt umgehend mitzuteilen.

Unterschrift des Betreibers, ggf. Stempel

[1] Zutreffendes bitte ankreuzen.
[2] Die Angaben sind obligatorisch für nicht wassergefährdende Stoffe (nwg-Stoffe).
[3] Bitte ankreuzen: E = firmeneigene Studie; L = Literaturwert; S = Sekundärliteratur; U = Untersuchungsbericht liegt bei.
[4] Bei nicht wassergefährdenden Stoffen bitte „nwg" eintragen.

Dokumentationsformblatt 2
Dokumentation der Selbsteinstufung eines Gemisches

Angaben zum Betreiber der Anlage

Ggf. Eingangsvermerk der zuständigen Behörde:

Firma	
Abteilung	
Ansprechpartner/-in	
Straße/Postfach	
PLZ Ort	
Staat (bei Sitz des Betreibers außerhalb der Bundesrepublik Deutschland)	

Datum	
E-Mail-Adresse	
Telefon/Fax	

Angaben zur Identität des Gemisches

Bezeichnung	
Handelsname	

Ableitung der WGK nach Anlage 1 Nummer 5.2 AwSV

		ja	nein
Massenanteil krebserzeugender Stoffe nach Anlage 1 Nummer 5.1.3 AwSV $\geq$ 0,1 %[1]	WGK 2		
	WGK 3		
Dem Gemisch wurden krebserzeugende Stoffe nach Anlage 1 Nummer 1.2 AwSV zugesetzt.			
Dem Gemisch wurden Dispergatoren zugesetzt.			

Im Gemisch enthaltene Stoffe	Summe der Massenanteile in %
WGK 3	
WGK 3 mit M-Faktor[2]	
WGK 2	
WGK 2 mit M-Faktor[2]	
WGK 1	
aufschwimmende flüssige Stoffe nach Anlage 1 Nummer 3.1 AwSV	
nicht wassergefährdende Stoffe (nwg-Stoffe)	
nicht identifizierte Stoffe und Stoffe nach § 3 Absatz 4 Satz 1 (gemäß Anlage 1 Nummer 5.1.1 Satz 2 AwSV) AwSV	
resultierende WGK[3]	

[1] Andere Massenanteile nach Anlage 1 Nummer 5.1.3 Satz 2 AwSV können maßgebend sein.

[2] Multiplikationsfaktor (M-Faktor) nach Anlage 1 Nummer 1.4 AwSV. Bitte die Massenanteile mit den jeweiligen M-Faktoren multiplizieren.

[3] Bei nicht wassergefährdenden Gemischen bitte „nwg" eintragen.

Ableitung der WGK aus Prüfergebnissen nach Anlage 1 Nummer 5.3 AwSV

akute orale/dermale Toxizität	Säugetierart	Dauer/LD$_X$/ Applikationsweg	Wert in mg/kg Körpergewicht	Quelle[1] E L S U
				☐ ☐ ☐ ☐
aquatische Toxizität (an mindestens zwei aquatischen Arten aus zwei verschiedenen Ebenen der Nahrungskette)	Artname	Dauer/Endpunkt	Wert in mg/l	
Fisch		96 h LC$_{50}$		☐ ☐ ☐ ☐
Wasserfloh		48 h EC$_{50}$		☐ ☐ ☐ ☐
Alge		72 h IC$_{50}$		☐ ☐ ☐ ☐
andere Organismen				☐ ☐ ☐ ☐
biologisches Abbauverhalten	Alle Stoffe dieses Gemisches sind leicht biologisch abbaubar gemäß OECD 301.			☐ ja ☐ nein
Bioakkumulationspotenzial	Für alle Stoffe dieses Gemisches wird ein Bioakkumulationspotenzial ausgeschlossen.			☐ ja ☐ nein
andere Gefährlichkeitsmerkmale (nach Anlage 1 Nummer 5.3.3 AwSV)				☐ ☐ ☐ ☐

Bewertungspunkte

	Säugetiertoxizität	Umweltgefährlichkeit
Bewertungspunkte auf Basis von Prüfergebnissen		
Vorsorgepunkte		
Bewertungspunkte entsprechend Anlage 1 Nummer 5.3.3 AwSV		
Summe		

Gesamtbewertung

WGK[2]	

Dokumentationsbezogene Bemerkungen des Betreibers (z. B. Erkenntnisse, die eine von Anlage 1 AwSV abweichende Einstufung rechtfertigen)

Erkenntnisse, die zu einer Änderung der WGK führen, hat der Betreiber der zuständigen Behörde umgehend mitzuteilen.

Unterschrift des Betreibers, ggf. Stempel

[1] Bitte ankreuzen: E = firmeneigene Studie; L = Literaturwert; S = Sekundärliteratur; U = Untersuchungsbericht liegt bei.
[2] Bei nicht wassergefährdenden Gemischen bitte „nwg" eintragen.

Dokumentationsformblatt 3
Dokumentation der Selbsteinstufung eines festen nicht wassergefährdenden Gemisches

Angaben zum Betreiber der Anlage

Ggf. Eingangsvermerk der zuständigen Behörde:

Firma	
Abteilung	
Ansprechpartner/-in	
Straße/Postfach	
PLZ Ort	
Staat (bei Sitz des Betreibers außerhalb der Bundesrepublik Deutschland)	

Datum	
E-Mail-Adresse	
Telefon/Fax	

Angaben zum Gemisch

Beschreibung	

Einstufung durch den Betreiber

Das Gemisch wird als **nicht wassergefährdend eingestuft**, da

☐ das Gemisch oder die darin enthaltenen Stoffe als nicht wassergefährdend im Bundesanzeiger veröffentlicht wurden (§ 3 Absatz 2 Satz 2 AwSV).

☐ das Gemisch nach Anlage 1 Nummer 2.2 AwSV als nicht wassergefährdend eingestuft werden kann (§ 10 Absatz 1 Nummer 1 AwSV).

☐ das Gemisch nach anderen Rechtsvorschriften selbst an hydrogeologisch ungünstigen Standorten und ohne technische Sicherungsmaßnahmen offen eingebaut werden darf (§ 10 Absatz 1 Nummer 2 AwSV).

☐ das Gemisch den Einbauklassen Z 0 oder Z 1.1 der „Anforderungen an die stoffliche Verwertung von Abfällen – Technische Regeln" entspricht (§ 10 Absatz 1 Nummer 3 AwSV).

Dokumentationsbezogene Bemerkungen des Betreibers (z. B. Erkenntnisse, die eine von Anlage 1 AwSV abweichende Einstufung rechtfertigen)

Erkenntnisse, nach denen das feste Gemisch nicht mehr als nicht wassergefährdend einzustufen ist, hat der Betreiber der zuständigen Behörde umgehend mitzuteilen.

Unterschrift des Betreibers, ggf. Stempel

Anlage 3 (zu § 44 Absatz 4 Satz 2)
Merkblatt zu Betriebs- und Verhaltensvorschriften beim Betrieb von Heizölverbraucheranlagen

(Fundstelle: BGBl. I 2017, 949)

Bitte gut sichtbar in der Nähe der Anlage aushängen!

Wer eine Heizölverbraucheranlage betreibt, ist für ihren ordnungsgemäßen Betrieb verantwortlich. Der Betreiber hat sich nach § 46 Absatz 1 AwSV regelmäßig insbesondere davon zu überzeugen, dass die Anlage keine Mängel aufweist, die dazu führen können, dass Heizöl freigesetzt wird.

Besondere örtliche Lage:	O	Wasserschutzgebiet, Schutzzone: . . . .
	O	Heilquellenschutzgebiet . . . .
	O	Überschwemmungsgebiet . . . .
Sachverständigen-Prüfpflicht: (§ 46 Absatz 2 und 3 AwSV)	O	bei Inbetriebnahme
		Datum der Inbetriebnahmeprüfung: . . . .
	O	regelmäßig wiederkehrend alle 2,5/5 Jahre
		nächste Prüfung: . . . .
		nächste Prüfung: . . . .
		nächste Prüfung: . . . .
Fachbetriebspflicht: (§ 45 AwSV)	O	die Anlage ist nicht fachbetriebspflichtig
	O	die Anlage ist fachbetriebspflichtig

Besteht die Gefahr, dass Heizöl austreten kann, oder ist dieses bereits geschehen, sind unverzüglich Maßnahmen zur Schadenbegrenzung zu ergreifen (§ 24 Absatz 1 AwSV).

Das Austreten einer nicht nur unerheblichen Menge Heizöl ist unverzüglich einer der folgenden Behörden zu melden, wenn die Stoffe in den Untergrund, in die Kanalisation oder in ein oberirdisches Gewässer gelangt sind oder gelangen können (§ 24 Absatz 2 AwSV):

Feuerwehr	Telefon: 112
Polizeidienststelle	Telefon: 110
örtlich zuständige Behörde:	Telefon: . . . .
	Adresse: . . . .

Anlage 4 (zu § 44 Absatz 4 Satz 2 und 3)
Merkblatt zu Betriebs- und Verhaltensvorschriften beim Umgang mit wassergefährdenden Stoffen

(Fundstelle: BGBl. I 2017, 950)

Bitte gut sichtbar in der Nähe der Anlage aushängen!

Wer eine Anlage betreibt, ist für ihren ordnungsgemäßen Betrieb verantwortlich. Der Betreiber hat sich nach § 46 Absatz 1 AwSV regelmäßig insbesondere davon zu überzeugen, dass die Anlage keine Mängel aufweist, die dazu führen können, dass wassergefährdende Stoffe freigesetzt werden.

Anlagenbezeichnung:	. . . .
Füllgut (wassergefährdender Stoff):	. . . . WGK: . . . .
Besondere örtliche Lage:	O Wasserschutzgebiet, Schutzzone: . . . .
	O Heilquellenschutzgebiet, Schutzzone: . . . .
	O Überschwemmungsgebiet . . . .
Fachbetriebspflicht: (§ 45 AwSV)	O die Anlage ist nicht fachbetriebspflichtig
	O die Anlage ist fachbetriebspflichtig

Besteht die Gefahr, dass wassergefährdende Stoffe austreten können, oder ist dieses bereits geschehen, sind unverzüglich Maßnahmen zur Schadenbegrenzung zu ergreifen (§ 24 Absatz 1 AwSV).

Das Austreten einer nicht nur unerheblichen Menge eines wassergefährdenden Stoffes ist unverzüglich einer der folgenden Behörden zu melden, wenn die Stoffe in den Untergrund, in die Kanalisation oder in ein oberirdisches Gewässer gelangt sind oder gelangen können (§ 24 Absatz 2 AwSV):

Feuerwehr	Telefon: 112
Polizeidienststelle	Telefon: 110
örtlich zuständige Behörde:	Telefon: . . . .
	Adresse: . . . .
Betriebliche/-r Ansprechpartner/-in:	Telefon: . . . .
	Herr/Frau: . . . .

Anlage 5 (zu § 46 Absatz 2)
Prüfzeitpunkte und -intervalle für Anlagen außerhalb von Schutzgebieten und festgesetzten oder vorläufig gesicherten Überschwemmungsgebieten

(Fundstelle: BGBl. I 2017, 951)

	Anlagen[1,2]	Prüfzeitpunkte und -intervalle		
	Spalte 1	Spalte 2	Spalte 3	Spalte 4
Zeile 1		vor Inbetriebnahme[3] oder nach einer wesentlichen Änderung	wiederkehrende Prüfung[4,5]	bei Stilllegung einer Anlage
Zeile 2	unterirdische Anlagen mit flüssigen oder gasförmigen wassergefährdenden Stoffen	A, B, C und D	A, B, C und D alle 5 Jahre	A, B, C und D
Zeile 3	oberirdische Anlagen mit flüssigen oder gasförmigen wassergefährdenden Stoffen, einschließlich Heizölverbraucheranlagen	B, C und D	C und D alle 5 Jahre	C und D
Zeile 4	Anlagen mit festen wassergefährdenden Stoffen	über 1 000 t	unterirdische Anlagen und Anlagen im Freien über 1 000 t alle 5 Jahre	unterirdische Anlagen und Anlagen im Freien über 1 000 t
Zeile 5	Anlagen zum Umschlagen wassergefährdender Stoffe im intermodalen Verkehr	über 100 t umgeschlagener Stoffe pro Arbeitstag	Anlagen über 100 t umgeschlagener Stoffe pro Arbeitstag alle 5 Jahre	Anlagen über 100 t umgeschlagener Stoffe pro Arbeitstag
Zeile 6	Anlagen mit aufschwimmenden flüssigen Stoffen	über 100 m^3	über 1 000 m^3 alle 5 Jahre	über 1 000 m^3
Zeile 7	Biogasanlagen, in denen ausschließlich Gärsubstrate nach § 2 Absatz 8 eingesetzt	über 100 m^3	über 1 000 m^3 alle 5 Jahre	über 1 000 m^3

	Anlagen[1,2]	Prüfzeitpunkte und -intervalle		
	Spalte 1	Spalte 2	Spalte 3	Spalte 4
	werden[6]			
Zeile 8	Abfüll- und Umschlag anlagen sowie Anlagen zum Laden und Löschen von Schiffen	B, C und D	B alle 10 Jahre; C und D alle 5 Jahre	B, C und D

[1]   Die in der Tabelle verwendeten Buchstaben A, B, C und D beziehen sich auf die Gefährdungsstufen nach § 39 Absatz 1 der zu prüfenden Anlagen.

[2]   Die in der Tabelle enthaltenen Angaben zum Volumen und zur Masse beziehen sich auf das maßgebende Volumen oder die maßgebende Masse wassergefährdender Stoffe (§ 39), mit denen in der Anlage umgegangen wird.

[3]   Zur Inbetriebnahmeprüfung sowie zur Prüfung nach einer wesentlichen Änderung von Abfüll- oder Umschlaganlagen gehört eine Nachprüfung der Abfüll- oder Umschlagflächen nach einjähriger Betriebszeit. Die Nachprüfung verschiebt das Abschlussdatum der Prüfung vor Inbetriebnahme nicht.

[4]   Die Fristen für die wiederkehrenden Prüfungen beginnen mit dem Abschluss der Prüfung vor Inbetriebnahme oder nach einer wesentlichen Änderung nach Spalte 2.

[5]   Zur Wahrung der Fristen der wiederkehrenden Prüfungen ist es ausreichend, die Prüfungen bis zum Ende des Fälligkeitsmonats durchzuführen.

[6]   Maßgebendes Volumen einer Biogasanlage im Sinne von § 39 Absatz 9.

Anlage 6 (zu § 46 Absatz 3)
Prüfzeitpunkte und -intervalle für Anlagen in Schutzgebieten und festgesetzten oder vorläufig gesicherten Überschwemmungsgebieten

(Fundstelle: BGBl. I 2017, 952)

	Anlagen[1,2]	Prüfzeitpunkte und -intervalle		
	Spalte 1	Spalte 2	Spalte 3	Spalte 4
Zeile 1		vor Inbetriebnahme[3] oder nach einer wesentlichen Änderung	wiederkehrende Prüfung[4,5]	bei Stilllegung einer Anlage
Zeile 2	unterirdische Anlagen mit flüssigen oder gasförmigen wassergefährdenden Stoffen	A, B, C und D[3]	A, B, C und D alle 30 Monate[4]	A, B, C und D
Zeile 3	oberirdische Anlagen mit flüssigen oder gasförmigen wassergefährdenden Stoffen, einschließlich oberirdischer Heizölverbraucheranlagen	B, C und D	B, C und D alle 5 Jahre	B, C und D
Zeile 4	Anlagen mit festen wassergefährdenden Stoffen	über 1 000 t	unterirdische Anlagen und Anlagen im Freien über 1 000 t alle 5 Jahre	unterirdische Anlagen und Anlagen im Freien über 1 000 t
Zeile 5	Anlagen zum Umschlagen wassergefährdender Stoffe im intermodalen Verkehr	über 100 t umgeschlagener Stoffe pro Arbeitstag	über 100 t umgeschlagener Stoffe pro Arbeitstag alle 5 Jahre	über 100 t umgeschlagener Stoffe pro Arbeitstag
Zeile 6	Anlagen mit aufschwimmenden flüssigen Stoffen	über 100 m³	über 1 000 m³ alle 5 Jahre	über 1 000 m³
Zeile 7	Biogasanlagen, in denen ausschließlich Gärsubstrate nach § 2 Absatz 8 eingesetzt werden[6]	über 100 m³	über 1 000 m³ alle 5 Jahre	über 1 000 m³

	Anlagen[1,2]	Prüfzeitpunkte und -intervalle		
	Spalte 1	Spalte 2	Spalte 3	Spalte 4
Zeile 8	Abfüll- und Umschlag anlagen sowie Anlagen zum Laden und Löschen von Schiffen	B, C und D	B, C und D alle 5 Jahre	B, C und D

[1] Die in der Tabelle verwendeten Buchstaben A, B, C und D beziehen sich auf die Gefährdungsstufen nach § 39 Absatz 1 der zu prüfenden Anlagen.

[2] Die in der Tabelle enthaltenen Angaben zum Volumen und zur Masse beziehen sich auf das maßgebende Volumen oder die maßgebende Masse wassergefährdender Stoffe (§ 39), mit denen in der Anlage umgegangen wird.

[3] Zur Inbetriebnahmeprüfung sowie zur Prüfung nach einer wesentlichen Änderung von Abfüll- oder Umschlaganlagen gehört eine Nachprüfung der Abfüll- oder Umschlagflächen nach einjähriger Betriebszeit. Die Nachprüfung verschiebt das Abschlussdatum der Prüfung vor Inbetriebnahme nicht.

[4] Die Fristen für die wiederkehrenden Prüfungen beginnen mit dem Abschluss der Prüfung vor Inbetriebnahme oder nach einer wesentlichen Änderung nach Spalte 2.

[5] Zur Wahrung der Fristen der wiederkehrenden Prüfungen ist es ausreichend, die Prüfungen bis zum Ende des Fälligkeitsmonats durchzuführen.

[6] Maßgebendes Volumen einer Biogasanlage im Sinne von § 39 Absatz 9.

Anlage 7 (zu § 13 Absatz 3, § 52 Absatz 1 Satz 2 Nummer 1 Buchstabe a) Anforderungen an Jauche-, Gülle- und Silagesickersaftanlagen (JGS-Anlagen)

(Fundstelle: BGBl. I 2017, 953–955)

1   Begriffsbestimmungen

1.1 Zu JGS-Anlagen zählen insbesondere Behälter, Sammelgruben, Erdbecken, Silos, Fahrsilos, Güllekeller und -kanäle, Festmistplatten, Abfüllflächen mit den zugehörigen Rohrleitungen, Sicherheitseinrichtungen, Fugenabdichtungen, Beschichtungen und Auskleidungen.

1.2 Sammeleinrichtungen sind alle baulich-technischen Einrichtungen zum Sammeln und Fördern von Jauche, Gülle und Silagesickersäften. Zu ihnen gehören auch die Entmistungskanäle und -leitungen, Vorgruben, Pumpstationen sowie die Zuleitung zur Vorgrube, sofern sie nicht regelmäßig eingestaut sind.

2   Allgemeine Anforderungen

2.1 Es dürfen für die Anlagen nur Bauprodukte, Bauarten oder Bausätze verwendet werden, für die die bauaufsichtlichen Verwendbarkeitsnachweise unter Berücksichtigung wasserrechtlicher Anforderungen vorliegen.

2.2 Anlagen müssen so geplant und errichtet werden, beschaffen sein und betrieben werden, dass

a) allgemein wassergefährdende Stoffe nach § 3 Absatz 2 Satz 1 Nummer 1 bis 5 nicht austreten können,

b) Undichtheiten aller Anlagenteile, die mit Stoffen nach Buchstabe a in Berührung stehen, schnell und zuverlässig erkennbar sind,

c) austretende allgemein wassergefährdende Stoffe nach § 3 Absatz 2 Satz 1 Nummer 1 bis 5 schnell und zuverlässig erkannt werden und

d) bei einer Betriebsstörung anfallende Gemische, die ausgetretene wassergefährdende Stoffe enthalten können, ordnungsgemäß und schadlos verwertet oder beseitigt werden.

2.3 JGS-Anlagen müssen flüssigkeitsundurchlässig, standsicher und gegen die zu erwartenden mechanischen, thermischen und chemischen Einflüsse widerstandsfähig sein.

2.4 Der Betreiber hat mit dem Errichten und dem Instandsetzen einer JGS-Anlage einen Fachbetrieb nach § 62 zu beauftragen, sofern er nicht selbst die Anforderungen an einen Fachbetrieb erfüllt. Dies gilt nicht für Anlagen zum Lagern von Silagesickersaft mit einem Volumen von bis zu 25 Kubikmetern, sonstige JGS-Anlagen mit einem Gesamtvolumen von bis zu 500 Kubikmetern oder für Anlagen zum Lagern von Festmist oder Siliergut mit einem Volumen von bis zu 1 000 Kubikmetern.

2.5 Unzulässig ist das Errichten von Behältern aus Holz.

3   Anlagen zum Lagern von flüssigen allgemein wassergefährdenden Stoffen

3.1 Einwandige JGS-Lageranlagen für flüssige allgemein wassergefährdende Stoffe mit einem Gesamtvolumen von mehr als 25 Kubikmetern müssen mit einem Leckageerkennungssystem ausgerüstet sein. Einwandige Rohrleitungen sind zulässig, wenn sie den technischen Regeln entsprechen.

3.2 Sammel- und Lagereinrichtungen sind in das Leckageerkennungssystem nach Nummer 3.1 mit einzubeziehen. Bei Sammel- und Lagereinrichtungen unter Ställen kann auf ein Leckageerkennungssystem verzichtet werden, wenn die Aufstauhöhe auf das zur Entmistung notwendige Maß begrenzt wird und insbesondere Fugen und Dichtungen vor Inbetriebnahme auf ihren ordnungsgemäßen Zustand geprüft werden.

4 Anlagen zum Lagern von Festmist und Siliergut

4.1 Die Lagerflächen von Anlagen zur Lagerung von Festmist und Siliergut sind seitlich einzufassen und gegen das Eindringen von oberflächig abfließendem Niederschlagswasser aus dem umgebenden Gelände zu schützen. An Flächen von Foliensilos für Rund- und Quaderballen werden keine Anforderungen gestellt, wenn auf ihnen keine Entnahme von Silage erfolgt.

4.2 Es ist sicherzustellen, dass Jauche, Silagesickersaft und das mit Festmist oder Siliergut verunreinigte Niederschlagswasser vollständig aufgefangen und ordnungsgemäß als Abwasser beseitigt oder als Abfall verwertet wird, soweit keine Verwendung entsprechend der guten fachlichen Praxis der Düngung möglich ist.

5 Abfülleinrichtungen

5.1 Wer eine JGS-Anlage befüllt oder entleert, hat

a) diesen Vorgang zu überwachen und sich vor Beginn der Arbeiten von dem ordnungsgemäßen Zustand der dafür erforderlichen Sicherheitseinrichtungen zu überzeugen und

b) die zulässigen Belastungsgrenzen der Anlage und der Sicherheitseinrichtungen beim Befüllen und beim Entleeren einzuhalten.

5.2 Es ist sicherzustellen, dass das beim Abfüllen durch allgemein wassergefährdende Stoffe verunreinigte Niederschlagswasser vollständig aufgefangen und ordnungsgemäß als Abwasser beseitigt oder als Abfall verwertet wird, soweit keine Verwendung entsprechend der guten fachlichen Praxis der Düngung möglich ist.

6 Pflichten des Betreibers zur Anzeige und zur Überwachung

6.1 Soll eine Anlage zum Lagern von Silagesickersaft mit einem Volumen von mehr als 25 Kubikmetern, eine sonstige JGS-Anlage mit einem Gesamtvolumen von mehr als 500 Kubikmetern oder eine Anlage zum Lagern von Festmist oder Silage mit einem Volumen von mehr als 1 000 Kubikmetern errichtet, stillgelegt oder wesentlich geändert werden, hat der Betreiber dies der zuständigen Behörde mindestens sechs Wochen im Voraus schriftlich anzuzeigen. Satz 1 gilt nicht für das Errichten von Anlagen, die einer Zulassung im Einzelfall nach anderen Rechtsvorschriften bedürfen oder diese erlangt haben, sofern durch die Zulassung auch die Erfüllung der Anforderungen dieser Verordnung sichergestellt wird.

6.2 Der Betreiber hat den ordnungsgemäßen Betrieb und die Dichtheit der Anlagen sowie die Funktionsfähigkeit der Sicherheitseinrichtungen regelmäßig zu überwachen. Ergibt die Überwachung nach Satz 1 einen Verdacht auf Undichtheit, hat er unverzüglich die erforderlichen Maßnahmen zu ergreifen, um ein Austreten der Stoffe zu verhindern. Besteht der Verdacht, dass wassergefährdende Stoffe in einer nicht nur unerheblichen Menge bereits ausgetreten sind und eine Gefährdung eines Gewässers nicht auszuschließen ist, hat er unverzüglich die zuständige Behörde zu benachrichtigen.

6.3 Bestätigt sich der Verdacht auf Undichtheit oder treten wassergefährdende Stoffe aus, hat der Betreiber unverzüglich Maßnahmen zur Schadensbegrenzung zu ergreifen und eine Instandsetzung durch einen Fachbetrieb zu veranlassen, sofern er nicht selbst Fachbetrieb ist.

6.4   Betreiber haben nach Nummer 6.1 anzeigepflichtige Anlagen einschließlich der Rohrleitungen vor Inbetriebnahme und auf Anordnung der zuständigen Behörde durch einen Sachverständigen auf ihre Dichtheit und Funktionsfähigkeit prüfen zu lassen. Betreiber haben Erdbecken alle fünf Jahre, in Wasserschutzgebieten alle 30 Monate, durch einen Sachverständigen prüfen zu lassen.

6.5   Der Sachverständige hat der zuständigen Behörde über das Ergebnis jeder von ihm durchgeführten Prüfung nach Nummer 6.4 innerhalb von vier Wochen nach Durchführung der Prüfung einen Prüfbericht vorzulegen. Er hat die Anlage auf Grund des Ergebnisses der Prüfungen in eine der folgenden Klassen einzustufen:

a) ohne Mangel,

b) mit geringfügigem Mangel,

c) mit erheblichem Mangel oder

d) mit gefährlichem Mangel.

Über gefährliche Mängel hat der Sachverständige die zuständige Behörde unverzüglich zu unterrichten.

6.6   Der Prüfbericht nach Nummer 6.5 muss Angaben zu Folgendem enthalten:

a) zum Betreiber,

b) zum Standort,

c) zur Anlagenidentifikation,

d) zur Anlagenzuordnung,

e) zu behördlichen Zulassungen,

f) zum Sachverständigen und zu der Sachverständigenorganisation, die ihn bestellt hat,

g) zu Art und Umfang der Prüfung,

h) dazu, ob die Prüfung der gesamten Anlage abgeschlossen ist oder welche Anlagenteile noch nicht geprüft wurden,

i) zu Art und Umfang der festgestellten Mängel,

j) zu Datum und Ergebnis der Prüfung und

k) zu erforderlichen Maßnahmen und zu einem Vorschlag für eine angemessene Frist für ihre Umsetzung.

6.7   Der Betreiber hat die bei Prüfungen nach Nummer 6.4 festgestellten geringfügigen Mängel innerhalb von sechs Monaten nach Feststellung und, soweit nach Nummer 2.4 erforderlich, durch einen Fachbetrieb nach § 62 zu beseitigen. Erhebliche und gefährliche Mängel hat der Betreiber unverzüglich zu beseitigen. Die Beseitigung erheblicher Mängel bedarf der Nachprüfung durch einen Sachverständigen. Stellt der Sachverständige einen gefährlichen Mangel fest, hat der Betreiber die Anlage unverzüglich außer Betrieb zu nehmen und, soweit dies nach Feststellung des Sachverständigen erforderlich ist, zu entleeren. Die Anlage darf erst wieder in Betrieb genommen werden, wenn der zuständigen Behörde eine Bestätigung des Sachverständigen über die erfolgreiche Beseitigung der festgestellten Mängel vorliegt.

7   Bestehende Anlagen

7.1   Für JGS-Anlagen, die am 1. August 2017 bereits errichtet sind (bestehende Anlagen), gelten ab diesem Datum

a) § 24 Absatz 1 und 2 sowie die Nummern 5.1 und 6.1 bis 6.3,

b) die Nummern 6.4 bis 6.7 mit der Maßgabe, dass die zuständige Behörde die Prüfung der dort genannten Anlagen und Erdbecken durch einen Sachverständigen nur dann anordnen kann, wenn der Verdacht erheblicher oder gefährlicher Mängel vorliegt und

c) die Nummern 1 bis 4 und 5.2, soweit sie Anforderungen beinhalten, die den Anforderungen entsprechen, die nach den jeweiligen landesrechtlichen Vorschriften am 31. Juli 2017 zu beachten waren.

Im Übrigen gelten für bestehende Anlagen, die vor dem 1. August 2017 bereits nach den jeweils geltenden landesrechtlichen Vorschriften prüfpflichtig waren, diese Prüfpflichten auch weiterhin.

7.2   Bei bestehenden Anlagen mit einem Volumen von mehr als 1 500 Kubikmetern, die den Anforderungen nach den Nummern 2 bis 4 und 5.2 nicht entsprechen, kann die zuständige Behörde technische oder organisatorische Anpassungsmaßnahmen anordnen,

a) mit denen diese Abweichungen behoben werden,

b) die für diese Abweichungen in technischen Regeln für bestehende Anlagen vorgesehen sind oder

c) mit denen eine Gleichwertigkeit zu den in den Nummern 2 bis 4 und 5.2 bezeichneten Anforderungen erreicht wird.

In den Fällen des Satzes 1 Buchstabe b und c sind die Anforderungen des § 62 Absatz 1 des Wasserhaushaltsgesetzes zu beachten.

Davon unberührt bleibt für alle bestehenden Anlagen die Anordnungsbefugnis nach § 100 Absatz 1 Satz 2 des Wasserhaushaltsgesetzes.

7.3   Bei bestehenden Anlagen mit einem Volumen von mehr als 1 500 Kubikmetern, bei denen eine Nachrüstung mit einem Leckageerkennungssystem aus technischen Gründen nicht möglich oder nur mit unverhältnismäßigem Aufwand zu erreichen ist, ist die Dichtheit der Anlage durch geeignete technische und organisatorische Maßnahmen nachzuweisen.

7.4   In den Anordnungen nach Nummer 7.2 kann die Behörde nicht verlangen, dass die Anlage stillgelegt oder beseitigt wird oder Anpassungsmaßnahmen fordern, die einer Neuerrichtung gleichkommen oder die den Zweck der Anlage verändern. Bei der Beseitigung von erheblichen oder gefährlichen Mängeln eines JGS-Behälters sind die Anforderungen dieser Verordnung zu beachten. Im Übrigen gilt für bestehende Anlagen § 68 Absatz 7 entsprechend.

7.5   Bei bestehenden Anlagen mit einem Volumen von mehr als 1 500 Kubikmetern hat der Betreiber die Einhaltung der Anforderungen nach den Nummern 6.2 und 6.3, insbesondere Art, Umfang, Ergebnis, Ort und Zeitpunkt der jeweiligen Überwachung sowie die ergriffenen Maßnahmen zu dokumentieren und die Dokumentation der zuständigen Behörde auf Verlangen vorzulegen.

8   Anforderungen in besonderen Gebieten

8.1   Im Fassungsbereich und in der engeren Zone von Schutzgebieten dürfen keine JGS-Anlagen errichtet und betrieben werden. In der weiteren Zone von Schutzgebieten dürfen einwandige JGS-Lageranlagen für flüssige allgemein wassergefährdende Stoffe nur mit einem Leckageerkennungssystem errichtet und betrieben werden.

8.2   In festgesetzten und vorläufig gesicherten Überschwemmungsgebieten dürfen JGS-Anlagen nur errichtet und betrieben werden, wenn

a) sie nicht aufschwimmen oder anderweitig durch Hochwasser beschädigt werden können und

b) wassergefährdende Stoffe durch Hochwasser nicht abgeschwemmt werden, nicht freigesetzt werden und nicht auf eine andere Weise in ein Gewässer gelangen können.

8.3   Die zuständige Behörde kann eine Befreiung von den Anforderungen nach den Nummern 8.1 und 8.2 erteilen, wenn

a) das Wohl der Allgemeinheit dies erfordert oder das Verbot zu einer unzumutbaren Härte führen würde und

b) wenn der Schutzzweck des Schutzgebietes nicht beeinträchtigt wird.

8.4   Weiter gehende Vorschriften in landesrechtlichen Verordnungen zur Festsetzung von Schutzgebieten bleiben unberührt.